JN233452

森林微生物生態学

二井一禎
肘井直樹 編著

朝倉書店

執筆者

堀越 孝雄	広島大学総合科学部自然環境科学講座
二井 一禎	京都大学大学院農学研究科
肘井 直樹	名古屋大学大学院生命農学研究科
畑 邦彦	鹿児島大学農学部生物環境学科
岡部 宏秋	農林水産省森林総合研究所森林生物部
菊地 淳一	大阪市立自然史博物館
山中 高史	農林水産省森林総合研究所森林生物部
金子 信博	横浜国立大学環境科学研究センター
津田 格	京都大学大学院農学研究科
山岡 郁雄	山口大学理学部自然情報科学科
近藤 栄造	佐賀大学農学部応用生物科学科
島津 光明	農林水産省森林総合研究所森林生物部
山岡 裕一	筑波大学農林学系
福田 秀志	日本福祉大学情報社会科学部
梶村 恒	名古屋大学大学院生命農学研究科
前原 紀敏	農林水産省森林総合研究所森林生物部
鎌田 直人	金沢大学理学部生物学科
松田 陽介	三重大学生物資源学部資源循環学科
佐橋 憲生	農林水産省森林総合研究所九州支所保護部
伊藤 進一郎	三重大学生物資源学部資源循環学科

(執筆順)

まえがき

　ここ数年,秋が近くなるとそわそわと気もそぞろになる.それは,1993年以来,毎秋開かれている「微生物をめぐる生物間相互作用研究集会」(代表　堀越孝雄)という会に参加するのが心待ちだからである.集会は,メンバーが50名ほどの小さなもので,1泊2日の日程で,当番を引き受けた方のお世話で日本各地で開かれている.発足の主旨は,動物学会,植物学会,菌学会といった伝統的な縦割りの学会の範疇にはおさまらず,生理学会や生態学会などではとかく看過されがちな,微生物どうし,微生物と植物あるいは動物の間,あるいは微生物,動物,植物という三者以上の間での相互関係について,現象のおもしろさやこの分野の将来の展望について,心ゆくまで議論しようというものである.通常は,ある統一テーマのもとに,10前後の話題が討論の糸口として提供されている.興味を引かれる生き物やものの見方について共通の土俵を持ち,既成の学会のように時間にとらわれることなく納得いくまで意見が交換できるこの集会は,いつしかメンバーにとって年一度の心のオアシスになりつつある.実は,本書の執筆者の多くの方々がこの集会のメンバーでもある.

　筆者の専門分野は,菌類と植物根の共生系である菌根についての生態学であるが,この菌根共生系を例にとって,微生物がかかわる生物間相互作用の学問的意義やおもしろさを少し具体的に説明しよう.一般に,菌根の特徴は,共生菌類が水や栄養塩類を土壌中から吸収してそれらを宿主植物に与え,一方,宿主植物は光合成産物を共生菌類に供給するという,関係する植物－菌類間での相利的な作用としてとらえられてきた.しかし,近年,この共生系はパートナー生物にとってのみ意義のあるものではなく,生態系や地球環境といったより大きな空間的スケールでの,しかも長い時間的スケールを通じてのダイナミズムとも深い関連のあることが明らかになってきた.

　4億数千万年前,初めて海中から陸上に進出してきた植物の根には,すでに菌類

が共生していた．デボン紀初期に栄えた原始維管束植物の根茎の化石中に，その証拠を見ることができる．吸収根が未発達であった当時の植物にとって，極貧栄養の陸上環境で生き延びるためには，菌類との共生が必須の条件であっただろう．その後植物は，環境条件の不均質な内陸部に適応・進出していくのにともなって種の多様性を増し，それとともに共生菌類の多様性も増していったと考えられる．このように，植物と菌類は持ちつ持たれつの関係を保ちながらこの厳しい地球環境に巧みに適応し，ともに進化の道を歩んできた．共生菌類の中には土壌中に大型の胞子を作るものがあるが，このような胞子の分散には土壌動物が深くかかわっていたであろう．現在，陸上植物種の9割が菌根を有していると考えられており，われわれの眼前に広がる豊かで柔らかな緑の被いは，それを支える多様な菌根共生系があってはじめて存在しうるのである．

　近年，菌根を作る共生菌類はある植物個体と共生関係を結ぶだけではなく，同じ菌糸体によって同時に同種あるいは他種の他の植物個体とも菌根を形成し，そのことによって複数の植物個体を菌糸体ネットワークで連結していることがわかってきた．このネットワークによって，盛んに光合成を行っている植物から被陰されている植物へ，あるいは成木から幼木へと物質の移動が起こっているというのである．また，成長時期の異なる植物間では季節による物質の交互移動も起こるという．これらの事実は，単なる個体あるいは種間での競争関係ではとらえきれない，菌類を介した生態系としての効率的な物質の生産と配分，あるいは適応度の増大という，新たなる生態学的概念の創出が求められていることを示すように思う．さらに，芽を出したばかりの実生がそこにすでに確立されている菌根系に参入することにより，実生の定着の可能性が増すことにもなり，森林の更新とも深いかかわりのあることがわかってくる．

　菌根は，大気中の酸性有害物質などによる森林衰退における原因と結果にかかわっているとの指摘がある．さらに，地球温暖化などによる環境変容の影響を大きく受ける可能性もある．このように，菌根は，地球環境問題が地球生態系に与える影響を考える際にもキーポイントになる．

　以上に述べたように，おもに土壌中に生息する顕微鏡的な生物である菌類が，植物や動物との相互作用を通じて時空間的な生態系のダイナミズムに重要な役割

を演じていることが多少はご理解いただけたのではないかと思う．

　本書は，フィールドを森林に限定し，そこに繰り広げられる，微生物と植物あるいは昆虫・線虫などの動物との間の興味深い相互関係や，それらが森林の成熟・更新・衰退などに与える影響を，最新の研究成果をもとに体系的に整理したものである．個々のテーマの奥行きの深さや今後の研究の方向性を考えられるような配慮もなされている．微生物がかかわる生物間の相互作用については従来とかく看過されてきたのであるが，実は，上にも述べたように，神秘に満ちた驚嘆すべきできごとが起こっている．これらに対しては，従来の考え方や方法では対処しきれず，今こそ新しい学問分野の創出が望まれている．本書は，この分野では文字通りわが国で初めての教科書であり，とりわけ若い学徒に限りなく魅力に満ちた世界を提供しうるものと自負している．

　2000 年 10 月

堀 越 孝 雄

シリーズ完結！ 農学の基礎から先端までを概観する

朝倉農学大系
〈全11巻完結！〉
大杉 立・堤 伸浩 監修

農学の中心的な科目について、基礎から最先端の成果までを専門家が解説。スタンダードかつ骨太な教科書・専門書。

第1巻 植物育種学
奥野 員敏 編　A5判 192頁
定価 3,960円（本体3,600円）[40571-2]

第2巻 植物病理学 I
日比 忠明 編　A5判 336頁
定価 6,600円（本体6,000円）[40572-9]

第3巻 植物病理学 II
日比 忠明 編　A5判 256頁
定価 4,950円（本体4,500円）[40573-6]

第4巻 生産環境統計学
岸野 洋久 編　A5判 240頁
定価 4,950円（本体4,500円）[40574-3]

第5巻 発酵醸造学
北本 勝ひこ 編　A5判 296頁
定価 6,050円（本体5,500円）[40575-0]

第6巻 農業工学
渡邉 紹裕・飯田 訓久・清水 浩 編
A5判 320頁
定価 6,600円（本体6,000円）[40576-7]

第7巻 農業昆虫学
藤崎 憲治・石川 幸男 編
A5判 356頁
定価 7,150円（本体6,500円）[40577-4]

第8巻 畜産学
眞鍋 昇 編　A5判 340頁
定価 7,150円（本体6,500円）[40578-1]

第9巻 土壌学
妹尾 啓史・早津 雅仁・平舘 俊太郎・和穎 朗太 編
A5判 368頁
定価 7,150円（本体6,500円）[40579-8]

第10巻 作物学
大杉 立 編　A5判 208頁
定価 4,950円（本体4,500円）[40580-4]

第11巻 植物生理学
篠崎 和子・篠崎 一雄 編
A5判 240頁
定価 5,280円（本体4,800円）[40581-1]

朝倉書店

〒162-8707 東京都新宿区新小川町 6-29 ／ 振替 00160-9-8673 ／ 価格は2024年3月現在
電話 03-3260-7631／FAX 03-3260-0180／https://www.asakura.co.jp/eigyo@asakura.co.jp

第1巻 植物育種学
奥野 員敏 編　A5判 192頁　口絵4頁
定価 3,960円（本体3,600円）［40571-2］
植物を遺伝的に改良して新品種を作り出す理論と手法を研究する植物育種学について，基礎から先端までを概観する。

第1章　植物育種と植物育種学
第2章　植物育種学の基礎
第3章　栽培植物の起源と進化
第4章　植物遺伝資源の開発と利用
第5章　遺伝変異の創出
第6章　遺伝変異の選抜と固定
第7章　育種目標

第2巻 植物病理学 I
奥野 員敏 編　A5判 336頁
定価 6,600円（本体6,000円）［40572-9］
農作物，園芸作物，樹木などの病害を防ぐ植物病理学について，基礎から先端までを概観する。

第1章　序論
第2章　植物病原学 ………… 日比 忠明・

第3巻 植物病理学 II
日比 忠明 編　A5判 256頁
定価 4,950円（本体4,500円）［40573-6］
農作物，園芸作物，樹木などの病害を防ぐ植物病理学について，基礎から先端までを概観する。

第3章　植物感染生理学
第4章　植物疫学
第5章　植物保護学
第6章　主要植物病害一覧

第4巻 生産環境統計学
岸野 洋久 編　A5判 240頁
定価 4,950円（本体4,500円）［40574-3］
農学の生産環境の最前線において用いられている統計手法・分析法を解説。

序　章
第1章　作物生産性
第2章　野外栽培下
第3章　植物フェ
第4章　水産増殖
第5章　植物ウ

第5巻 発酵醸造学
北本 勝ひこ 編　A5判 296頁
定価 6,050円（本体6,000円）［40575-0］
有用な微生物を用いた酒，醤油，味噌等の食品生産を研究する発酵・醸造学について，基礎から先端までを概観する。

第1章　総論
第2章　酒類
第3章　発
第4章

第6巻 農業工学
渡邉 紹裕・飯田 訓久・清水 浩 編　A5判 320頁
定価 6,600円（本体6,000円）［40576-7］
灌漑，圃場整備等を扱う農業土木学と，農産物生産・貯蔵・加工等の機械・施設を扱う農業機械学を合わせた農業工学について，基礎から先端までを概観する。

第7巻 農業昆虫学
藤崎 憲治・石川 幸男 編　A5判 356頁
定価 7,150円（本体6,500円）［40577-4］
農業に関わる昆虫の生理・生態から，害虫としての管理，資源としての利用などの応用までを解説。

第4章　農業昆
第5章　農業昆虫
第6章　農業昆虫のゲノム
第7章　農業昆虫の管理
第8章　農業昆虫の利用 ………… 多田内

第8巻 畜産学
眞鍋 昇　A5判 340頁
定価 7,150円（本体6,500円）［40578-1］
現代の畜産業を支える基盤科学としての畜産学を育種から動物福祉，動物との共生まで詳述。

第1章　畜産の歴史と未来　　　　　　　桑原
第2章　動物育種・生殖科学　　　　　　柏崎 直巳
第3章　家畜の栄養学と飼料学　　　　　川島 知之
第4章　安全な畜産物の生産と流通　　　山野 淳一
第5章　伝染病の統御　　　佐藤 英明・木村 直子・眞鍋　昇
第6章　アニマルウェルフェア・動物との共生　佐藤 英明・眞鍋　昇
第7章　環境の保全　　　　　　　佐藤 英明・東　泰好・眞鍋　昇
第8章　使役動物の飼養管理　　　　　　　　　　　　　朝井　洋

改訂 土壌学概論
【好評既刊】
犬伏 和之・白鳥 豊 編
A5判 208頁
定価3,960円（本体3,600円）
［43127-8］

土壌学全般をコンパクトにまとめた初学者向けテキスト。
〔内容〕土壌の生成／土壌調査／作物生育／物理性／生物性／化学性／物質循環／水田／畑／草地／里山と都市土壌／放射能／土壌教育／歴史／主要土壌／栄養塩

熱帯作物学
【好評既刊】
志和地 弘信・遠城 道雄 編
A5判 216頁
定価3,960円（本体3,600円）
［41042-6］

熱帯作物学の平易なテキスト。特に各論に重点を置き，食用・薬用・油糧・繊維など様々な作物を取り上げて解説。
〔内容〕キャッサバ／イネ／マメ類／イモ類／野菜／果実／バナナ／マンゴー／パパイヤ／バイオ燃料／ドリアン／チェリモヤ／パンノキ／コーヒー／他　熱帯の環境

実践土壌学シリーズ（全5巻）
各A5判／各定価3,960円（本体3,600円）

1. 土壌微生物学
豊田 剛己 編
A5判 208頁
［43571-9］

2. 土壌生態学
金子 信博 編
A5判 216頁
［43572-6］

3. 土壌化学
犬伏 和之 編
A5判 192頁
［43573-3］

4. 土壌

朝倉書店

【お申し込み書】こちらにご記

書名
お名前
ご住所（〒
TEL（　）

朝倉

目　　次

第1章　森林微生物に関する研究の歴史

1.1　はじめに……………………………………（二井一禎・肘井直樹）…2
1.2　森林土壌の生成と微生物……………………………………………………2
1.3　植物リターの分解と微生物…………………………………………………3
1.4　植物リターの分解と"土壌動物-微生物"の関係 ……………………………4
1.5　土壌の肥沃性を支配する微生物の探索……………………………………6
1.6　菌根共生の重要性の発見……………………………………………………7
1.7　"森林を脅かす微生物"の研究 ………………………………………………8
1.8　森林昆虫と微生物が木を枯らす……………………………………………8
1.9　昆虫と微生物の消化（栄養）共生系の解明………………………………9
1.10　昆虫を殺す微生物…………………………………………………………11
1.11　微生物と昆虫の新たな関係………………………………………………12

第2章　微生物が関与する森林の栄養連鎖
　　　　　　―植物との関係を中心に―

2.1　森林における栄養連鎖と"微生物-植物"の関係…………（二井一禎）…16
　2.1.1　植物リターの分解にともなって何が起こるのか ………………………17
　2.1.2　分解速度を左右する要因 ………………………………………………19
　2.1.3　分解にともない変わる微生物の顔ぶれ・遷移現象 ……………………22
　2.1.4　どの微生物が何を？―微生物の研究法とその問題点― ………………24
　2.1.5　エコシステムとしての森林と微生物の役割 …………………………25
2.2　落葉分解に関与する植物の内部共生菌―見えざる共生者・内生菌と
　　　その生態学的位置づけ― …………………………（二井一禎・畑　邦彦）…27
　2.2.1　落葉分解における微小遷移… ………………………（畑　邦彦）…29
　2.2.2　内生菌とは ………………………………………………………………30
　2.2.3　樹木の内生菌の特性―マツ針葉の内生菌― …………………………31

2.2.4　内生菌—その普遍性の意味するもの— ································38
　2.3　植物根系を利用する共生戦略 ··························（岡部宏秋）···41
　　2.3.1　走り，休む栄養体 ···41
　　2.3.2　移り変わる共生の舞台とその占拠様式 ···························44
　　2.3.3　生殖後のゆくえ ···51
　2.4　樹木の成長と菌根 ····································（菊地淳一）···57
　　2.4.1　樹木の細根の役割 ···59
　　2.4.2　根の吸収機能の拡張 ···60
　　2.4.3　根の保護 ···61
　　2.4.4　菌根形成と樹木の成長 ···62
　　2.4.5　菌根菌の利用 ···64
　　2.4.6　森林生態系における菌根の役割 ·································65
　2.5　森林における窒素固定と微生物 ························（山中高史）···67
　　2.5.1　共生窒素固定 ···67
　　2.5.2　ゆるい共生窒素固定 ···73
　　2.5.3　単生窒素固定 ···74

第3章　微生物が関与する森林の栄養連鎖
　　　　　　—動物との関係を中心に—

　3.1　微生物と動物の相互依存関係 ··························（金子信博）···78
　　3.1.1　森林生態系における食物連鎖 ···································78
　　3.1.2　森林土壌における資源の存在様式 ·······························79
　　3.1.3　緑の地球を食べるシロアリ ·····································80
　　3.1.4　微生物にとっての土壌と動物 ···································80
　　3.1.5　動物にとっての土壌と微生物 ···································82
　　3.1.6　森林生態系における土壌の意味 ·································82
　3.2　土壌生態系の微生物と動物の相互作用 ··················（金子信博）···83
　　3.2.1　土壌動物の機能的なグループ分け ·······························83
　　3.2.2　落ち葉はまずい—では，キノコを食べるべきか，菌糸を食べる
　　　　　　べきか— ···84
　　3.2.3　菌糸の選択性 ···86
　　3.2.4　土はうまいか？ ···88

3.3　キノコに棲息する線虫 ……………………………………(津田　格)…91
　3.3.1　ヒラタケに棲息する線虫 ……………………………………………92
　3.3.2　伝播者（vector）はなにか …………………………………………93
　3.3.3　*Iotonchium* 属線虫とキノコバエ科昆虫の関係……………………96
　3.3.4　*Deladenus* 属線虫とキバチの関係 …………………………………98
　3.3.5　*Iotonchium* 属線虫とキノコバエ科昆虫は共進化してきたのか …100
3.4　微生物利用による昆虫の栄養摂取―シロアリと原生動物―
　　　……………………………………………………………(山岡郁雄)…102
　3.4.1　シロアリ腸内原虫は体外培養できるのか……………………………103
　3.4.2　原虫は腸内で棲み分けている………………………………………111
　3.4.3　原虫の感染時期と消化活動…………………………………………112
　3.4.4　シロアリの生きざま…………………………………………………112
3.5　細菌利用による昆虫からの栄養摂取―昆虫病原性線虫―
　　　……………………………………………………………(近藤栄造)…114
　3.5.1　昆虫病原性線虫の生活史……………………………………………116
　3.5.2　共生細菌を餌にした培養……………………………………………119
　3.5.3　共生細菌がいないと線虫はどうなるか……………………………121
　3.5.4　自活性から昆虫病原性へ……………………………………………122
3.6　昆虫から栄養摂取する微生物―昆虫疫病菌類による昆虫の病気―
　　　……………………………………………………………(島津光明)…126
　3.6.1　疫病菌類の生活史……………………………………………………128
　3.6.2　胞子の作り分け………………………………………………………130
　3.6.3　休眠胞子の発芽………………………………………………………132
　3.6.4　疫病菌類の導入と定着………………………………………………134

第4章　微生物を利用した森林生物の繁殖戦略

4.1　森林生物の繁殖戦略と微生物……………………………(肘井直樹)…140
　4.1.1　共生の概念……………………………………………………………141
　4.1.2　様々な共生の姿………………………………………………………143
　4.1.3　微生物を利用する昆虫の繁殖戦略…………………………………144
4.2　微生物による繁殖源の創出―樹皮下キクイムシと青変菌―
　　　……………………………………………………………(山岡裕一)…148

4.2.1 樹皮下キクイムシが伝搬する菌類……………………………………149
4.2.2 樹皮下キクイムシが菌類から得ている利益……………………………153
4.2.3 菌類が樹皮下キクイムシから得ている利益……………………………156
4.2.4 樹木に対する青変菌の病原性……………………………………………158
4.2.5 樹皮下キクイムシ-青変菌-針葉樹の相互関係………………………160

4.3 微生物を組み込んだ昆虫の繁殖戦略—キバチによる木材利用—
……………………………………………………………(福田秀志)…163
4.3.1 キバチが好きな木・嫌いな木……………………………………………165
4.3.2 *Amylostereum* 菌にとって好適な木…………………………………170
4.3.3 菌と共生しないキバチ……………………………………………………172
4.3.4 キバチと *Amylostereum* 菌の損得勘定………………………………174
4.3.5 日本でキバチが害虫になった理由………………………………………176

4.4 微生物を"栽培"する繁殖戦略—養菌性キクイムシとアンブロシア菌—
……………………………………………………………(梶村　恒)…179
4.4.1 トンネル内の虫と菌………………………………………………………182
4.4.2 アンブロシア菌の正体……………………………………………………183
4.4.3 菌が確保できる理由………………………………………………………187
4.4.4 マイカンギアの謎を探る…………………………………………………190
4.4.5 共生関係のルーツを求めて………………………………………………192

4.5 微生物と線虫を利用する昆虫の繁殖戦略—マツノマダラカミキリに
よるマツノザイセンチュウの伝播—………………………(前原紀敏)…196
4.5.1 マツ材線虫病………………………………………………………………197
4.5.2 マツノザイセンチュウ……………………………………………………198
4.5.3 マツノマダラカミキリとマツノザイセンチュウ………………………199
4.5.4 マツノザイセンチュウと菌………………………………………………200
4.5.5 マツ材線虫病におけるマツノマダラカミキリ-マツノザイセン
チュウ-菌の関係…………………………………………………………203
4.5.6 マツ材線虫病における生物間相互作用…………………………………207

第5章　微生物が動かす森林生態系

5.1 森林生態系の駆動因子としての微生物………………………(鎌田直人)…210
5.1.1 昆虫の大発生—昆虫の流行病と植物の防御—…………………………210

5.1.2　樹木の枯死……………………………………………212
　5.1.3　枯死木の分解…………………………………………213
　5.1.4　更新の促進と阻害……………………………………215
5.2　森林食葉性昆虫の大発生と微生物……………（鎌田直人）…216
　5.2.1　森林生態系の恒常性と昆虫の大発生………………216
　5.2.2　昆虫に病気を引き起こす微生物・小動物…………218
　5.2.3　昆虫病原性微生物の感染……………………………219
　5.2.4　森林昆虫の個体群動態と疫学………………………220
　5.2.5　天敵微生物の防除への応用…………………………226
5.3　森林における外生菌根菌の群集構造―樹木をつなぐ菌根菌ネット
　　ワーク―…………………………………………（松田陽介）…230
　5.3.1　野外で菌根菌を見つけるには………………………232
　5.3.2　菌根菌の分布様式……………………………………239
　5.3.3　森林における菌根の役割……………………………241
5.4　森林の更新初期動態を制御する微生物―実生・稚樹における病原菌の
　　働き―……………………………………………（佐橋憲生）…244
　5.4.1　実生を枯死させる菌類………………………………245
　5.4.2　種子を腐敗させる菌類………………………………251
　5.4.3　菌類が森林の動態に与える影響……………………253
5.5　森林生態系を脅かす"微生物-昆虫連合軍"…（伊藤進一郎）…257
　5.5.1　森林被害にみられる微生物と昆虫の共生関係……258
　5.5.2　針葉樹を脅かす"線虫-昆虫連合軍"…………………259
　5.5.3　広葉樹を脅かす"微生物-昆虫連合軍"………………261

まとめにかえて………………………………（二井一禎・肘井直樹）…271
引用文献…………………………………………………………………275
用語説明…………………………………………………………………301
索　引
　日本語索引…………………………………………………………307
　英文索引……………………………………………………………315
　学名索引……………………………………………………………319

BOX

- 微生物とは　　14
- 菌類と細菌類　　26
- グラスエンドファイトと樹木の内生菌　　39
- 微生物の分類体系は激変中　　55
- 森林の窒素循環にかかわる微生物　　75
- 昆虫の病気と微生物　　137
- キバチは世界的な悪者？　　177
- キクイムシ類の食性進化　　194
- 生命表解析による死亡要因の働きの査定　　228
- 病原菌とエンドファイト　　255

第1章

森林微生物に関する研究の歴史

1.1 はじめに

　森林にはどのような微生物が，どのくらい多数棲息しているのか．そして，個々の微生物はその森林でどのような働きをしているのか．あるいはまた，それらの微生物は，樹木をはじめとする他の森林の生物とどのような関係を結んでいるのか．森林で生活する微生物の生態に関するこうした素朴な疑問について微生物の側から研究が始まったのはそれほど遠い昔のことではない．

　微生物学が近代科学としての基礎を整えたのはやっと19世紀も後半になってからのことで，フランスの有名な微生物学者パストゥール（Louis Pasteur）によって1861年に微生物の自然発生説が否定され，このことによってはじめて，微生物も他の生物と同じように，生理作用を営み，誕生と死を繰り返す生物の一員であると認知されるようになった．その後，パストゥールはヒトや家畜，あるいはカイコの病気の原因となる微生物の研究に没頭することになるが，この分野でパストゥールと成果を競ったもう一人の微生物学の巨人がドイツのコッホ（Robert Koch）である．本来医学者であったコッホは，終生病原微生物の研究に身をおいたが，彼が微生物の培養のために開発した平板培養法や培地は，今日もなお微生物研究の第一線で使われている．パストゥールやコッホが活躍した19世紀は紛れもなく微生物学の揺籃期であった．

　このような19世紀にあって，森林に棲息する微生物を対象にした研究は主として三つの応用的な関心から始まったと考えてよかろう．その一つは，林学的な視点から進められた森林土壌の成因をめぐる研究に源をたどることができるが，それは当然の帰結としてリター（litter：落葉・落枝など林地に降り積る動植物の遺体）の分解の研究を促すことになった．また，もう一つの研究の流れは農耕土壌の肥沃度に対する関心から進められたもので，この分野の研究を通じて窒素をはじめとする土壌無機養分に関係する様々な微生物が発見され，やがてそうした微生物探索の矛先は森林土壌にも向けられるようになった．そして，残る一つの流れは，植物に病気を起こす病原体としての微生物の研究で，次第に樹病学としてその形を整えることになる．その後，森林の腐食連鎖にかかわる分解者，土壌動物と微生物の相互作用に関する研究や，昆虫を媒介者とする樹病の研究，森林昆虫個体群の大発生機構に関する研究などを通じて，昆虫と微生物との共生関係や微生物を介した様々な生物間相互作用が，森林生態系の成立過程や維持機構において重要な役割を果たしていることが広く認識されるようになった．

1.2　森林土壌の生成と微生物

　森林生態系において最も重要な微生物の役割はリターの分解作用であろうが，この点に関する研究の起源は，デンマークの有名な林学者P. E. Mullerによる腐植形成に関する論文にさかのぼることができる．彼は注意深い野外調査や顕微鏡観察，化学的な実験

をふまえて，ブナ林での落葉・落枝から腐植層が形成されるとき，ミミズの活動が活発な土壌では，植物残渣は無機土壌とよく混合され，腐植層があまり発達しないムル（mull）型となり，ミミズのような土壌動物の活動が少ない土壌では，腐植層は下層の無機土壌と混じりあうことなく厚く堆積し，その下層が菌糸に覆われるモル（mor）型となると，異なるタイプの土壌形成を生物の活動と結びつけて説明した（Muller 1879）．

彼の考え方は，その後，ヨーロッパ各地や北アメリカの森林土壌における腐植層の比較調査の中で活かされることになる．やがてこれらの調査は，地点間で異なる腐植層のタイプがいくつかの類型に区分できることを明らかにし，そのような明瞭に異なる腐植層の形成が何に起因するかという点に関心が向けられるようになる．温度などの気象要因や地下水位，土壌要因，樹種の違いなどについて検討が加えられたが，微生物因子についての検討はなおざりにされていた．

1.3　植物リターの分解と微生物

森林土壌の肥沃度は，植物リターの落下量と落下後の分解速度により制御されているといえる．ところで，リターの落下量とその分解速度は，リターの供給源である樹種や林齢により異なる．たとえば Melin (1930) は，広葉樹や針葉樹から選んだ十数種の樹木の葉のそれぞれ一定量を少量の腐植と混ぜ合わせ，発生してくる炭酸ガスの量を指標に分解速度の比較を行った．これらの研究から，リターを構成する樹種により分解速度が異なることが明らかになったが，それは，樹種ごとにリターの化学成分や組織・構造が違うことによる．リターに含まれる化学成分は，分解過程を通じて放出される無機養分の量を決めるだけでなく，分解に関与する微生物の活性そのものにも影響を与えるので重要である．このような視点から植物リターの化学成分と分解速度の関係を取り上げたMelin は，リターの分解速度がそこに含まれる窒素成分と正の関係があることを見出した．しかし，それぞれの樹種のリターについて，そこに含まれる有機物や無機元素の量に注目した研究が本格的に進められるようになったのは，やっと 1960 年代になってからのことである．とくに，炭素/窒素比（C/N 比：Witkamp 1966）や，リグニン量（Fogel & Cromack 1977），あるいはリグニンと窒素の比率（Melillo et al. 1972）などは，リターの分解速度に影響を与える要因として検討されており，さらに，分解を抑制する物質として，タンニン（Dix 1979）やフェノール成分（Handley 1954）なども研究されてきた．つまり，これらの成分やその成分比は，いずれも，分解者である微生物や土壌動物の分解作用に，直接，間接に影響を与えている．

20 世紀に入って最初の四半世紀の間に，森林土壌における微生物の機能に関する多くの研究が繰り広げられたが，その大部分は窒素化合物の変化に関係する研究であった．しかも，森林土壌における窒素固定に関する当時の知識は，まだ，きわめてあいまいな

ものであった．一方，植物リターに含まれる窒素化合物以外の有機成分に関してはほとんど研究が行われていなかった．

　落葉・落枝の分解について，微生物学の立場から真っ正面に取り組んだ最初の研究者はWaksmanである．最初，土壌微生物の個体数の研究法について研究を始めたWaksmanは，菌類を分離・計数するためには，細菌や放線菌類に用いる分離培地より低いpHのものを用い，（個体数が細菌や放線菌に比べて少ないので）希釈平板法で菌類を計数する際には，あまり希釈せずに，コロニー形成させねばならないことを明らかにしていた（Waksman 1922）．つまり，微生物を総体として扱うのではなく，個々の微生物の特徴に留意して研究することの重要性をWaksmanは当時，すでに心得ていた．土壌肥沃度と深く関係するアンモニア化作用や硝化作用を研究し，土壌微生物の活性を炭酸ガス発生量で評価する方法を確立させたWaksmanは，やがて，森林におけるリター分解過程における微生物の役割にも興味をいだくようになる．腐植形成とセルロースの関係や，植物の齢が分解速度にどのような影響を与えるかといった問題に次々に挑戦したあと，マツの針葉やカシの葉を含むいくつかの植物リターの分解経過を，セルロース，ヘミセルロース，リグニン，粗タンパク質など，それらに含まれる成分別に明らかにし，一方で腐植の成分についても調査し，両者の比較から森林腐植が植物リターと，菌糸成分をはじめとする微生物遺体やその生成物からできていることを明らかにした（Waksman et al. 1928）．このように，森林微生物の研究に取り組んだWaksmanこそ，1944年に放線菌からストレプトマイシンを発見し，その功績により1952年にノーベル生理学・医学賞を授与されたその人である．

　落葉・落枝の分解にかかわる微生物をその個体数から理解しようという試みがなされたのはずっとあとのことで，いくつかの樹種別に，しかも細菌と菌類とを区別して調べた1960年代のWitkampの一連の仕事がその代表例であろう（Witkamp 1966など）．その後，いくつかの樹種の落葉・落枝リターの分解に関与する微生物の目録作り（たとえば細菌については，Remacle (1971)，菌類についてはHering (1965)らの報告がある）が進められたが，この分野の研究はまだまだ遅れており，リター分解にかかわる微生物に限っても，これまでに明らかにされた種は全体から見ればごく一部にすぎないものと考えられる．今後，種の多様性といった新しい視点も踏まえて，微生物の目録作りを充実させねばならない．

1.4　植物リターの分解と"土壌動物−微生物"の関係

　落葉・落枝のような植物リターの分解にかかわるもう一つの立役者は土壌動物群である．進化論で有名なDarwinはその晩年(1881)に，大型土壌動物であるミミズがその糞の排出によって，植土形成において重要な役割を果たしていることを著作に残している

(Darwin 1881)．このミミズのほかにも森林の土壌中には様々な無脊椎動物が棲息している（青木 1973）が，数の上で重要なのは原生動物，線虫類，ダニ類，トビムシ類である．これら土壌動物が植物リターの分解にどの程度，またどのような形でかかわっているのかについては多くの議論が行われてきた．植物リターには，これを餌とする動物にとって忌避的なポリフェノールのような物質が含まれている．これらの忌避的な物質が降雨による溶け出し（leaching）や微生物による分解（breakdown）を経て減少すると，土壌動物による摂食，分解が促される．一方，土壌動物の摂食行動は植物リターの化学的性質をあまり変えることなく，リターの構造を機械的に細片化し，組織を粉砕する．たとえば，マツ針葉はササラダニやトビムシに摂食され糞となると，その表面積が1万倍も増加するという．このことにより，新たに植物リターの組織内部の広い面積が微生物にさらされることになり，分解が促進されることになる．

　土壌動物はまた，微生物の胞子を運搬したり，休眠胞子を摂食したり，糞などの排泄により栄養供給したりすることにより微生物活性を高める．このように，植物リターの分解における微生物と土壌動物の役割は補完的かつ相互制御的であるが，その役割をそれぞれ区別して量的に評価するためには，ちょっとした工夫が必要であった．それはリターバッグ法と呼ばれる方法で，Edwards と Heath（1963）がこの方法を確立した．彼らは異なったメッシュサイズの網袋にカシ（*Quercus*）とブナ（*Fagus*）の葉の disc（丸く切り抜いた試料）を入れて分解速度を比較することにより，分解過程において土壌動物がどれほど分解に寄与しているかを動物のサイズ別に判定することを試みた．たとえば，メッシュサイズが 1 mm のものを用いれば，微生物と線虫類，トビムシ類，ダニ類などの中型の土壌動物が出入りできる．さらにメッシュサイズを 0.01 mm まで細かくすると，もう微生物しか侵入できないので，この袋の中の分解は降雨による溶け出しを別にすれば，菌類か細菌のような微生物によるものと限定できる．また，殺菌剤や殺虫剤，殺ダニ剤などを用いて選択的に特定の生物群を除去し，分解速度の変化を調べることにより，除去した生物群の働きを知ろうという方法も開発された．

　しかし，これらの方法では，ある調査地点での分解速度を，微生物，小型・中型・大型土壌動物それぞれの生物群の分解速度を単純に足し算したものであると仮定しているが，実際にはそれぞれの生物群間での相互作用があり，そう単純に計算できるものではない．たとえば，単純な生態系である砂漠などでは，捕食性のダニを除くと，それに食われていた菌食や細菌食性の線虫類が増加し，結局分解に直接かかわっていた微生物が減少することにより，分解速度が低下したという（Whitford et al. 1982）．腐食連鎖には，このような生物群の複雑な相互作用が含まれていることに留意しなくてはならない．

1.5 土壌の肥沃性を支配する微生物の探索

ヨーロッパでは17世紀中頃にはすでに，牛小屋の土から採った，家畜の排泄物に由来する硝石を土に施すと，作物の収量が飛躍的に高まることが知られており，この硝石こそ植物生育をつかさどる物質と考えられた．しかし，この硝石が家畜の排泄物（アンモニア）から微生物の働きにより生成されることが明らかになり，その微生物が単離されたのは19世紀も終わり近くのことで，微生物狩りの名手Winogradskyの手による．その後，20世紀の最初の四半世紀には，アンモニア化，硝化，窒素固定など，土壌中での窒素化合物の変化に関与する様々な微生物の探索とその生理作用についての研究が進められた．

マメ科植物に土壌の肥沃度を高める働きがあることは，ローマ時代から知られていたという．また，マメ科植物の根にできる根粒については，1542年にすでに記録がある．しかし，17, 18世紀の植物形態学者はマメ科植物の根に形成される根粒を虫コブ類似の病組織と考えていた．しかし，19世紀になって，土壌肥沃度と植物成長の関係が化学的立場から解析されるようになると，マメ科植物に備わった秘密を解き明かそうという研究が始められ，1838年にはBoussingaultが実験的に，マメ科のエンドウやクローバーにはムギなどにはない空中窒素を固定する作用があることを発見している．さらに，微生物学が一斉に花開く19世紀の後半には，Beijerinckが根粒細菌 *Rhizobium*（リゾビウム）（当時は *Bacillus*（バチルス）の一種と考えられた）を単離・培養し，さらにこの細菌の接種により根粒の人工形成に成功している．そしてHellriegelやGilbertが，この根粒が窒素固定に関与することを明らかにした（石沢1977）．

世界で約500属，10000種以上あるといわれているマメ科植物から分離された数多くの根粒細菌は，親和性のある宿主植物の範囲（相互接種群）により8～20のグループに（Fred et al. 1932），さらに，培地上での生育速度，抗原特異性などを加味することにより，①アルファルファ菌群，②クローバー・エンドウ・インゲン菌群，③ルーピン・ダイズ・カウピー菌群の三つのグループに分けられることが明らかになっていた．今日では，このうちダイズの根粒細菌は他の細菌とはかなり隔たったグループと考えられるようになっており，別属の *Bradyrhizobium*（ブラディリゾビウム）として取り扱われている．また，培地上で生育の速い *Rhizobium* の他の菌株は，系統的に 根頭癌腫病細菌 *Agrobacterium*（アグロバクテリウム）にむしろ近縁であることがわかってきている．最近では，根粒形成に関する細菌側の遺伝子や，その遺伝子の発現により合成され，細菌体外に放出される物質の化学構造が明らかにされ，宿主との親和性（特異性）の決定機構についてさらに詳細な研究が繰り広げられている（河内1997）．

大気中の窒素を固定するのは何もマメ科植物の共生細菌だけではない．マメ科以外の植物にも細菌（放線菌）が共生することはすでに1930年代に報告があり，1959年には

Pommerがハンノキ属の *Alnus glutinosa* から共生する細菌（放線菌）を分離している（Pommer 1959）．しかし，共生細菌 *Frankia*（フランキア）の純粋分離・培養ができるのはその20年後のことである．ハンノキ属樹木は森林土壌を肥沃にする肥料木として有名であるが，それはこの *Frankia* 属の共生細菌の窒素固定作用による．

1.6 菌根共生の重要性の発見

樹木と共生する微生物としては，上に述べた *Rhizobium* や *Frankia* 属細菌のほかに，菌類と樹木の根の間で結ばれる菌根共生が有名である．菌根共生の研究の始まりについても初期の記録は19世紀半ばにたどらねばならない．ドイツの菌学者，Hartigが外生菌根を最初に図示したのは1840年のことであるし，ラン科植物の菌根についての最初の記載があるのもこの頃である．また，同じ頃，食用菌トリュフ（*Tuber* spp.：地下生菌）の増産を託されたベルリン大学の樹病学の教授 A. B. Frank は，トリュフの増産には失敗したが，その研究の過程で樹木と菌の共生関係の基本について記録し，この関係を"mykorrhiza（マイコリザ）"と名づけた（Frank 1885）．Frank は，菌が宿主植物の根の細胞壁を貫通しているかどうかで，菌根を内生菌根と外生菌根の二つに分けたその人である．

20世紀初頭にはラン科の菌根に関する研究報告がいくつかみられるが，そのなかで，東京大学の草野俊介による無葉緑ラン，オニノヤガラ（*Gastrodia elata*）とナラタケ（*Armillaria mellea*）菌の菌根共生に関する詳細な細胞学的研究（Kusano 1911）は，ナラタケが樹木の寄生菌であるだけに興味深い．

有用植物に病気を起こし，人間に直接，間接に被害を及ぼす病原菌の研究とは異なり，20世紀に入っても，菌根を専門に研究する研究者の数は極端に少なかった．たとえば，無葉緑ラン，ツチアケビ（*Galeora septentrionalis*）とナラタケの菌根共生を研究し，さらに，菌根菌マツタケ（*Tricholoma matsutake*）の研究に大きな足跡を残した濱田 稔は「菌根研究の変遷」と題した小文（濱田 1954）の中で，「…しかし，菌根はやはりその後もずっとまま子扱いであった．一生を菌根研究に捧げた人は10人とはないであろう」と，その当時（1954）までの世界での菌根研究の状況を嘆いている．そんななかで，アイソトープでラベルした窒素を用いて，菌根菌を介してマツの実生苗への物質移動を証明したり，菌根合成を試みたMelinとNilsson（1953）の仕事が目につく．

しかし，なんといっても菌根の重要性が劇的な形で明らかになったのは，新しい土地，オーストラリアやアフリカ南部にマツ類を持ち込み，造林しようとした時のことであった．造林のために準備された多くの苗畑が，理由不明のまま壊滅の危機に瀕したという．ただし，同じ所に植えた農作物はいたって正常に育ち，また鉢に植えたマツは菌根を形成していたため正常に発育した．その後，菌根菌を含む土壌を苗畑に導入することによ

って，マツ苗はまもなく健全になり，かろうじて事なきを得たという(Hatch 1936)．菌根はその後，菌糸と寄主細胞の間の栄養関係の視点（Lewis 1973）や，生態系との関係（Read 1983）によりタイプ分けが試みられたが，さらにその後，形態や構造から七つのグループに整理したHarleyとSmith (1983)の分類体系が広く受け入れられるようになった．

今日，森林生態系の大きなバイオマスとして，また物質輸送の装置として，さらには栄養塩類循環の制御機構として菌根共生に大きな関心が寄せられており，研究者の数も飛躍的に増え，その研究も膨大な数に上るようになっている．

1.7 "森林を脅かす微生物"の研究

ヒトや動物の病気が微生物の感染によるものであるという考えが広がり，病原微生物の探索がパストゥールやコッホらによって精力的に進められたのは19世紀の中頃以降のことであるが，それより100年近く前の1774年，スウェーデンのFabriciusは，病気にかかった植物の罹病部に微小な生物が存在すること，これが病原微生物であることをすでにノルウェー学士院記事に論文として発表している．19世紀中頃になると植物の病気についても，その原因を微生物に求める研究が盛んになり，そんななかで，1845年にはM. J. Berkeleyが，ジャガイモ飢饉の原因であるジャガイモ疫病が菌類により起こることを証明し，1861年にはドイツのde Baryがその病原菌を発見している．1870年代に森林病理学の基礎を築いてきた，ドイツのR. Hartigは1882年に"*Lehrbuch der Baumkrankheiten*"を著し，植物病理学から独立した学問分野として，樹病学を体系づけた．しかし，概して19世紀の樹病学は，病原菌を分離・同定したり，病徴や標徴から病気を診断する菌学的色彩の強いものであった．

一方，学問の流れとは別に，19世紀から20世紀にかけて時代は次第に人々の移動，交流を促すようになり，それにともない，植物やその生産品に紛れて病原体が国から国へ，ある時は大陸から大陸へと蔓延，侵入するようになった．こうして，有名な森林流行病であるゴヨウマツ類の発疹さび病，ニレの立枯病，クリの胴枯病，そしてわが国のマツ類に深刻な打撃を与えてきたマツ材線虫病のいずれもが，この時代を契機に世界の森林を脅かすようになった．しかし，皮肉なことだが，これらの森林流行病は病原菌の生活史や，病原菌と宿主樹木の相互関係，あるいはこれらを結びつける昆虫との関係など，森林流行病の生態学的研究を飛躍的に進展させることになった．

1.8 森林昆虫と微生物が木を枯らす

ヒトの感染症と同じく，微生物に由来する木や森の病気は，空気や水などの生物以外の要素，または昆虫に代表される様々な生物を媒介者(vector)として蔓延していく．一

般に，植物の病気の発病は，宿主 (host) である植物の感受性 (susceptibility)，環境条件 (environment)，病原体の病原性 (pathogen virulence) という，いわゆる disease triangle を構成する三者間の相互作用によって決まることが知られている．しかしそれには，病原体が何らかの方法で伝播されていなければならない．上記のニレの立枯病やマツ材線虫病が，それぞれある種の昆虫を媒介者（運び屋）とする病原体によって引き起こされていることはあまりにも有名である（詳しくは5.5節参照）．

ニレの立枯病 (Dutch elm disease) が北西ヨーロッパにおいて最初に発見されたのは，20世紀初頭のことであった．その後，この病気に感染した木材の輸入などにより，他のヨーロッパ各地や北アメリカにまたたく間に広がった．1927年までには，この病気が樹体内に侵入した菌によって起こることが確認されたものの，その感染経路については，当初は気孔から雨に混じって侵入するといった説 (Schwarz 1922) や，菌が風に乗って分散し傷ついた樹皮から侵入するといった説 (Smucker 1935) が有力であった．しかし，1930年代に入って，Fransen (1931) らの実験的研究により，ようやくこの病気の媒介者が樹皮下キクイムシ (bark beetle) の一種であることがつきとめられた．ヨーロッパにおいて森のペストと恐れられ，猛威をふるった樹病が，キクイムシと菌類 (*Ophiostoma ulmi*) の協同作業によって引き起こされていたことがこうして証明されたのであった．発見から1世紀あまり，ヨーロッパからアメリカにかけて莫大な数のニレの木を枯らしたこの病気も，決して過去の病気ではなく，現在もなお脅威であり続けている (Webber & Brasier 1984)．

1.9 昆虫と微生物の消化（栄養）共生系の解明

森林において最大の現存量（バイオマス）を誇る有機物，セルロースの食物としての利用は，やはりその消化酵素を作ることのできる原生動物，バクテリア，菌類などの微生物の独壇場であったともいえる．この莫大な量の宝の山を前にして，新たな食物資源の獲得を狙っていた昆虫にとって，これらの微生物との出会いはまさに千載一遇のチャンスであったに違いない．それが「共生」と呼ばれる関係になるまでにはさらに長い時間を要したであろうが，昆虫は微生物との共生関係を結ぶことによってはじめて，新たな世界に足を踏み入れることができたといえる．森林昆虫と微生物の共生関係に関する研究は，まさしくこの"食"の問題から始まった．

森林において，微生物の利用によって今なお最も繁栄をきわめている昆虫はシロアリである．シロアリと微生物の緊密な共生構造や植物遺体の分解への寄与については，20世紀初めの腸内原生動物の発見 (Cleveland 1923 など) 以降，長い研究の歴史がある．その詳細は本書の別項（3.4節）や他の優れた解説（松本1983；Breznak 1984；安部1989；山岡1992；安部・東1992）に譲るが，本来，栄養的価値の低い植物遺体を食物と

しながら，熱帯・亜熱帯を中心として2500もの種を擁し，地球上でミミズやアリとともにわたしたち人間に匹敵する現存量を持っていることは驚きに値する．昆虫と微生物との緊密な協力関係が，森林における昆虫の適応放散をさらに推し進め，両者の協同作業が森林の物質循環における駆動力となっていることに私たちの目を向けさせたのは，まさにこのシロアリであったといえよう．

シロアリ以外の昆虫と微生物の共生についても，多くの自然科学者がその存在に気づいていた（Paracer & Ahmadjan 2000）．本書に登場するキバチ（4.3節）やアンブロシアキクイムシ（4.4節）はその代表的なものであるが，その一例として，菌を"栽培"して子育てをするアンブロシアキクイムシの研究の歩みを振り返ってみることにしよう（梶村1995）．

アンブロシアキクイムシ（養菌性キクイムシ）の発見は今から160年以上も前にさかのぼる．Schmidberger（1836）は，キクイムシが材に掘ったトンネルの中で，正体不明の白色物質を食べているのを発見し，この物質をambrosia（アンブロシア：ギリシャ神話で不老不死のための聖なる食べ物の意）と名づけた．さらにHartig（1844）は，この物質が木材に由来するものではなく，キクイムシが持ちこんで培養した「菌」であることを明らかにした．以来，これらの菌類はambrosia fungi（アンブロシア菌）と呼ばれるようになり，これを食物とするキクイムシの一群をambrosia beetleと総称するようになった．

もし，これらの菌の利用が緊密な共生関係の上に成り立っているとするならば，その永続性を保証する何らかのしくみが必要である．これらの菌がどのようにして樹木に運ばれるのかは長い間謎とされてきたが，Nunberg（1951）はこれらの仲間のキクイムシの体内に，アンブロシア菌の胞子を貯蔵・保護して運搬する特別の器官が存在することを発見した．これにより，キクイムシと菌の共生的関係が立証されたのである．その後Francke-Grosmann（1956）は，様々な種のアンブロシアキクイムシについてこの器官の構造や存在部位を明らかにし，のちにBatra（1963）はこの器官をマイカンギア（mycangia：単数形mycangium）と名づけた．マイカンギアはこれまで20余のタイプに分類され，どれに属するかはキクイムシの分類学上の位置によって決まると考えられている（Beaver 1989）．

一方，キクイムシの種と共生する菌の種の対応関係もまた興味深いものがある．初期の研究では，どのキクイムシも同じ菌を持つ（Fisher et al. 1953），種ごとに異なる菌を持つ（Graham 1952），同一種でも異なる菌を持ち得る（Francke-Grosmann 1956）などといった具合に様々な見解があったが，その後は，不完全菌類の仲間の種特異的なアンブロシア菌1種と，バクテリアなどその他の微生物を複合的に利用しているとする考え方が支配的になっている（Haanstad & Norris 1985；Beaver 1989）．今日，その関

心は，このようなキクイムシと菌の種特異的な共生関係が，いつどのようにして成立したかを解明することに向けられている（梶村 1995，1998）．キクイムシと菌種の様々な組合せ実験から明らかにされた菌の利用可能性と，キクイムシの生活史，繁殖生態，種に特有なトンネル（坑道）の形状などとの関係は，このような食性が進化してきた過程を解き明かす有力な手がかりを与えるに違いない（4.4節，p.194のBOX参照）．

1.10　昆虫を殺す微生物

こうした共生的な関係とは別に，森林の微生物の中には，森林昆虫を宿主(host)として，一方的に利用するものも少なくない（Evans 1989）．それらはしばしば，昆虫の「病気」というかたちで現れる．森林昆虫にとっては，決して嬉しくない出会いである．本書にも取り上げられている，昆虫病原性の微生物(3.6節，5.2節，p.137のBOX参照)についての認識は，古くは紀元前のアリストテレスの時代にまでさかのぼるといわれているが，本格的な研究が行われるようになったのは19世紀に入ってからのことである．日本の森林昆虫においても広くみられる白（黄）きょう病の病原微生物が最初にイタリアで発見されたのも19世紀前半（1834年）のことであり，発見者バッシ（A. Bassi：1773-1856）の名がその学名（*Beauveria bassiana* ボーベリア・バッシアーナ）に残されている．

しかし，微生物が森林昆虫の大発生の終息に重要な役割を果たすことをわれわれに知らしめたのは，20世紀初頭のことであった．1910年代，ヨーロッパではある鱗翅目昆虫ノンネマイマイ（*Lymantria monacha*）の大発生が問題化していたが，核多角体病という病気を引き起こすウイルスに感染して死亡した幼虫体の磨砕液の大量散布は，この被害の終息に大きな効果をもたらした．1940～50年代に入ると，北アメリカやヨーロッパにおいてウイルス病による森林害虫の防除の研究が活発化し，とくに北アメリカにおいてマツやモミの森林で大発生したハバチの一種による被害を，ヨーロッパから導入した核多角体病ウイルス（NPV）の大量散布によって終息させた歴史的な成功もこの頃のことである．その後，これらのウイルスは散布地域に定着し，ハバチによる森林被害の軽減に大きく貢献した（Stairs 1972）．

日本における昆虫病原菌に関する感染・発病機構の研究が，養蚕業との関係からカイコを中心として進められてきたことはよく知られているが，森林昆虫と病原微生物との関係についての基礎的研究や微生物感染の昆虫個体群動態への影響を評価する疫学的研究は，その有用性についての疑念や野外での検証の困難さから立ち遅れてきた．日本でも，前述の *Beauveria bassiana* が，森林害虫の天敵としての可能性を持つことが早くから注目されていて，日高（1933）は，マツ林でしばしば大被害を引き起こしていたマツカレハ（*Dendrolimus spectabilis*）という鱗翅目昆虫を防除するため，この菌に感染した

幼虫の死体を林内に導入し，高い防除効果を得た．それ以降も，応用的な見地からこの菌の微生物殺虫剤としての実用化に向けての研究が続けられてきたが，野外での定着性，他の生物への影響など，なお検証すべき課題も多く残されている．世界的には，バチルス属の細菌（*Bacillus thuringiensis*）が微生物殺虫剤（BT）として40年も前から製品化されているが，やはり他の生物への影響などから，日本では森林害虫を対象とした登録はまだなされていない．1950年代前半には林野庁が，苗畑のコガネムシの幼虫を防除するため，当時林業試験場（現在の森林総合研究所）で研究していたイサリアコガネ菌，オースポラ菌と呼ばれていた2種の菌（現在の *Beauveria brongniartii*，*Metarhizium anisopliae*）を百t規模で生産し，全国の国有林苗畑に配布するという画期的事業を行っている（浜1959）．多くの苗畑で効果が認められたが，ちょうどその時期に安価で即効的な化学農薬が導入されはじめ，残念ながらこの事業は中止のやむなきに至った．

一方，すでに登場した，核多角体病や細胞質多角体病と呼ばれる病気を引き起こすウイルス群のなかには，マツカレハに対する微生物防除剤として，製品化されたものがある．この細胞質多角体病ウイルス（CPV）利用に関する研究は，1960年代に林業試験場で始まったが，その5年後には安全性などの検討を経て航空散布試験が行われ，やがて日本最初の生物農薬マツカレハCPV（マツケミン）として登録され，各地のマツ林においてマツカレハ防除に局所的に使用されてきた．しかし，近年は大規模な被害の発生がみられないこともあって，これを用いた防除はほとんど行われていない（5.2節参照）．

近年，こうした森林微生物は，応用的な視点ばかりでなく，自然条件下においてもしばしば森林昆虫の大発生を終息させるという点で，昆虫の個体群動態に影響を及ぼす重要な潜在要因の一つとしてとらえられるようになってきている．また最近では，ブナアオシャチホコ（*Syntypistis punctatella*）と呼ばれる森林昆虫の周期的大発生について，菌類（冬虫夏草菌）が重要な制御因子として働いているという新たな事実も明らかになってきている（Kamata 1998；5.2節参照）．このように，微生物による森林昆虫の利用に関しては，害虫防除という実用的問題のほか，森林における昆虫個体群の密度制御機構という観点から微生物生態をとらえようとする研究もまた，一つの大きな流れとなりつつある．

1.11 微生物と昆虫の新たな関係

言うまでもなく本書は，森林でみられるであろう微生物をめぐる生物間の相互関係のすべてを網羅するものではない．本書では取り上げていないが，昆虫の性をコントロールして自らの適応度を高めているボルバキア（*Wolbachia*）とよばれる細胞内共生バクテリア（Werren et al. 1986；石川1994；Werren 1997）や，寄主となる昆虫の防御機構をウイルス（ポリドナウイルス polydnavirus）を用いて突破する寄生バチ（田中1988；

高林・田中 1995) など，様々な微生物と昆虫の新たな関係が明らかになってきている．性比の偏りや寄生者の寄生の成否は，寄主である森林昆虫の繁殖率や寄生率の増減を通じて，森林昆虫の密度変動に，ひいては森林生態系全体の安定性に，直接的・間接的影響をもたらしているに違いない．

　昆虫を生かす微生物，昆虫を殺す微生物，昆虫を繰る微生物—森の中で繰り広げられる昆虫と微生物が織りなすドラマへの興味は尽きない．　　　　　**（二井一禎・肘井直樹）**

BOX　微生物（microbe）とは

「微生物」は，一般的によく使われる用語だが，どのような生物をさすのだろうか．『生物学辞典』（岩波書店，第4版）によれば，「微生物とは，微小で，肉眼では観察できないような生物に対する便宜的な総称である．単細胞生物はもちろん，多細胞であっても構成細胞間の形態・機能分化がほとんどない生物も含まれる．すなわち，すべての原核生物（細菌類）と，真核生物の一部（糸状菌，酵母，単細胞の大形藻類，原生動物）が微生物とされる．ときには，多細胞性の大形藻類，ウイルスも微生物とされることがある．一般に微生物を扱う場合は，目的とする微生物の純粋分離・無菌操作，培養などの手段が必要である」とされている．

また，"*Ainsworth & Bisby's Dictionary of the Fungi*"（8 th edition, CAB International）では，「肉眼では見ることができない，または顕微鏡による検査が必要な，さらに同定のために培地で成長する生物」としている．そして，そのような生物として，藻類，細菌，菌類(酵母も含む)，原生動物，ウイルスなどが挙げられている．細菌やウイルスのみを微生物として扱っている場合もあるが，上の説明からするとそれは間違いになる．

これら微生物は，細胞が小さく，増殖する速度が速く，代謝活性も高いという共通点がある．しかし，上で挙げられた微生物は，生物学的には異なる生物群であり，それぞれ形態的，生理的性質，生殖法などに大きな違いがある．

学問分野として，病原微生物学，発酵微生物学，土壌微生物学，海洋微生物学などが使われている．微生物の中には，農学・医学の中で私たちのくらしと深い関係を持っている．とくに，細菌類や菌類は，最終的な分解者として森林生態系の中で重要な役割を担っているし，酒，チーズの製造や医薬品の製造などに利用され，私たちの普段のくらしの中で重要な生物である．

微生物の中で，頻繁に使われる用語として「カビやキノコ」があるが，これらも生物学的に定義された用語ではない．キノコ（茸，mushroom）とは，子のう菌類や担子菌類の中の菌類であり，食用になるマツタケやシイタケなどがその代表といえる．キノコという言葉は，肉眼的に識別でき，手でつまむことができるような大きさの子実体に対する通俗的な名称として使われている．また，カビ（黴，mold）も生物学上の厳密な呼称ではなく，パンに生えるアカパンカビや酒やみその製造に使われるコウジカビなどの菌類で，有機質を含んだものの表面に生え，よく発達した菌糸や胞子の塊を形成する腐生的な性質の微生物をさしている．いずれも，大まかな分類形態学的な概念として使われる．なお，バイキン（黴菌，bacterium）という場合には，広く細菌までを含める呼称として使われている．

（伊藤進一郎）

第 2 章

微生物が関与する森林の栄養連鎖
―植物との関係を中心に―

2.1 森林における栄養連鎖と"微生物-植物"の関係

　森林は樹木のみならず，低木や草本，シダ類，蘚苔類などの植物や，動物，微生物などからなる生物共同体であると説明されることが多い．しかし植物の種類構成を別にすれば，これは何も森林生態系に限った特徴ではなく，他の陸上生態系，たとえば草原などについてもそのままあてはまる定義である．森林生態系の特徴は，なんといっても樹木があらゆる意味で"主役"を演じる生態系（ecosystem）であるということであろう．たとえば，樹木は光合成作用によって太陽エネルギーを有機物の形に固定し，この生態系全体の主たるエネルギーソース（源泉）の役割を担っている．また，自らエネルギーのシンク（利用・消費される場）として，この生態系で最大のバイオマスを構成するほか，食葉性昆虫をはじめとする生食連鎖の他のメンバーに有機物を提供し，またその遺体も，枯れ葉や枯れ枝，あるいは倒木といった形で腐食連鎖（detritus food-chain）に取り込まれる．

　ここでとくに注意すべき点は，森林生態系では，樹体という形で生産された有機物は，食葉性昆虫の大発生のような異常時を除けば，生食連鎖には少ししか流れないのが普通で，その大部分（70～90%）は落葉，落枝，倒木といった形で森林土壌に堆積し腐食連鎖の方へ流れる点である（図1）．ここで，森林生態系の二つ目の特徴が明らかになる．つまり，森林では微生物や土壌動物のような分解者の役割がきわめて重要で，目につかぬこれらの生物が，この系における物質循環をつかさどる"陰の主役"を務めている．動物の遺体や排泄物などと共に腐食連鎖に取り込まれた植物リターは，微生物や土壌動

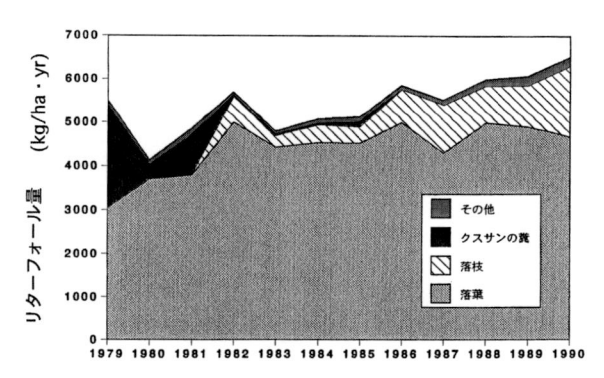

図1 モミジバフウの落葉・落枝量の年次変動
（古野1992を改変）

物による分解を経て，腐植などの有機物として土壌に蓄積される．一方，落葉や落枝に含まれていた窒素 N，リン P，カリウム K などの元素は無機態で放出され，樹木により再吸収される．このような無機養分のリサイクルによる自己施肥システムは森林生態系が持つもう一つの特徴であるが，ここでも微生物と土壌動物からなる腐食連鎖がこのシステムを支えているといえる．

本章では，森林生態系の主役である樹木と，"陰の主役"微生物の間で繰り広げられる多様な関係のなかからいくつかを取り上げ，栄養連鎖という視点から検討してみよう．

2.1.1 植物リターの分解にともなって何が起こるのか

森林生態系においては落葉，落枝のような植物リターこそが樹木への養分の最大の供給源である．したがって，樹木の成長や森林の管理を考えるとき，その土地で落葉・落枝の分解がどのように進行するかを考えることはきわめて重要である．とくに，土壌養分の少ない痩せ地ではこの点が決定的な意味を持つ．

植物体は言うまでもなく細胞から構成されており，頑丈な細胞壁と生命活動の場である細胞質からできている．植物は落葉時期に先立ち，その細胞内容物の多くを生存部分に回収し（葉のタンパク質の 60% は再利用のため転流する），いたずらに養分を浪費することを防ぐ手だてを取っているので，落葉・落枝では細胞壁成分の比率が大きくなっている．しかし，落葉の化学成分は生葉のそれを反映しており，細胞壁を構成する三つの主要成分，セルロース (cellulose)，ヘミセルロース (hemicellulose)，リグニン (lignin) をはじめ，水溶性糖類・アミノ酸・脂肪酸，脂質，精油，ロウ，樹脂，色素類，タンパク質などからできている．

落葉・落枝が腐食連鎖に取り込まれるとき，これらの成分は一定の様式を経ていち早く分解していくことが知られている．まず，有機成分を例に取ると，水溶性で低分子のフルクトース (fructose) やシュークロース (sucrose) などの糖類やアミノ酸は分解しやすく，2～3 か月で消失する．一方，細胞壁構成成分のセルロースやヘミセルロース，リグニンは難分解性で，2 年を経ても 50% 以上が未分解のまま残っている (Berg et al. 1982：図 2)．一方，無機栄養素の動向はこれらの有機成分の変化とリンクして決まることがわかっており，カリウムやカルシウム Ca，マグネシウム Mg，マンガン Mn などは，有機物の分解・減少率と同等かあるいはそれ以上の速さで減少していく．ところが，窒素やリン，硫黄 S などは有機物の分解・減少率ほどには減らないため，濃度はむしろ次第に高まっていく．また，窒素とリンに話を限れば，絶対量も次第に増加していくことが観察されている (Staaf & Berg 1982；仁王ら 1989)．

各無機養分の間にみられるこの違いは，次のように説明されている．ナトリウム Na やカリウム，マグネシウム，マンガンなどは細胞壁成分とは結合していないか，していて

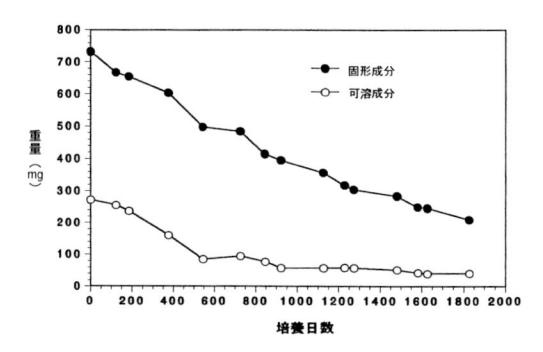

図 2　植物リター分解にともなう固形成分と可溶成分の重量減少（Berg et al. 1982 から作図）

もきわめて部分的でしかない．そのため降雨などにより溶脱しやすい．一方，窒素やリンは有機物と結合しているため溶脱しにくい上，窒素固定細菌や菌根菌の定着により純増する可能性がある．

しかし，これらの元素間に存在する分解・減少率の違いを統一的に理解するためには，落葉・落枝の分解を担っているのが微生物であることを思い出さなくてはならない．落葉・落枝を分解する従属栄養微生物はこれらを分解し，その 20〜40％ を使って自らの成長や増殖にあて，残りを呼吸に消費してしまう（Waksman & Stevens 1930）．このとき，微生物の体，すなわち細胞を合成するには，エネルギー源や細胞壁構成成分としての炭素だけでは不十分である．生化学反応の通貨と呼ばれる ATP や ADP はリン化合物であるし，生化学反応の触媒である酵素はすべて窒素を含むタンパク質である．また，生物共通の遺伝情報物質である核酸は，窒素とリンの両方を含んでいる．つまり，窒素やリン，硫黄など無機栄養分も，微生物が成長し増殖するのに不可欠の要素なのである．

ところで，落葉・落枝の成分の中では，有機物の方が無機物よりはるかに多量に含まれている．普通，両者の量比を表すのに，有機物として炭素量，無機物として窒素量をあてて，C/N 比でこの関係を表現するが，落葉でこの比は 40 から 170 と樹種によって幅がある（河田 1961）．ところが，微生物の場合，この比はおおよそ 10 前後であることが知られている．つまり，落葉・落枝を分解してこれを成長と増殖の糧とする微生物にとって炭素源はあり余るほどの量があるが，調子に乗って増え続ければ，やがて窒素やリンなどの無機要素が不足することになる．すなわち，窒素やリンといった元素は，落葉分解微生物にとって成長制限因子となっている．しかし，窒素やリンが利用できるうちは，微生物はこれら無機養分をどんどんその細胞に取り込むので，この間，これら元素は微生物体に姿を変えながらその量が維持され続ける（不動化期）．さらに，分解の場へ菌類などが侵入してくると，枯渇しがちな資源は菌糸を通して外部から供給されるので，

絶対量の増加が起こることになる．

　スウェーデンのヨーロッパアカマツ（*Pinus sylvestris*）林で，このマツの針葉の分解にともなう無機養分の動態を5年間にわたって調べたStaafとBerg(1982)の研究例では，このような窒素やリンの絶対量が増加する期間は，実験開始後1年半続いた．やがて有機物が十分に消費され，C/N比が60を下回るようになると，今度は有機物量の方が制限要因となり，窒素やリンが余るようになる．こうなると，窒素やリンもその他の元素と同じように，有機物の重量減少速度に対応した速度で，リターから放出されるようになった(無機化期)．このように，落葉の分解過程は炭素と窒素の利用様式により，大きく不動化期と動化（無機化）期に分けられることが示されたが，研究が行われた森林はなにぶん寒冷な森林であるため，溶脱が少なく，また土壌動物の活動もきわめて低レベルにあった．したがって，この結果から導かれた仮説をただちに温帯林や熱帯林に応用するのには問題があった．

　温帯林や熱帯林で精力的にリター分解の問題に取り組んできた武田は，調査した温帯林では不動化期に先立つ過程として，可溶性の炭水化物やワックスの量，すなわちこれらの物質の溶脱にかかる時間が分解速度を左右する重要な因子であること，また，リターが蓄積するその下の腐植層の発達度，ひいてはミミズなど大型土壌動物の活動の大きさが，分解速度に影響を与えることを明らかにしている（Takeda et al. 1987)．

2.1.2　分解速度を左右する要因

　落葉・落枝の分解を左右する因子としては，その土壌に存在する堆積腐植の発達度(これは大型土壌動物の活動の大きさと関連している：Bocock et al. 1960；Gilbert & Bocock 1960）や，C/N比が重要であることを述べた．とくに，C/N比が影響してくるメカニズムについては，分解の担い手である微生物の成長・増殖がC/N比と深いかかわりがあることを述べた．また，落葉のC/N比を微生物活性と関連づけて調査した例(Witkamp 1966)では，発生してくる炭酸ガス量を指標にもとめた微生物活性は，その葉がどの種の樹木のものであるかということに一番強く影響された（図3）．それは植物の種類によって，その葉の物理的，化学的特徴が異なるためであり，C/N比を求めることによって，これら二つの特徴をうまく説明できるという．つまり，栄養価が低いセルロースやリグニンが多く含まれると，C/N比が高くなるが，同時にその葉は硬くなり土壌動物の食欲を損なうものとなる．そして，C/N比の値が大きいほど，微生物の活動はこの値に反比例して低調なものとなるわけである．リグニンと窒素の量比に注目したMelilloら(1982)の仕事では，リグニン自体の難分解性のほかに，リグニンがセルロースや他の炭水化物の分解酵素の作用を阻害する働きがあることに注目している．つまりこの場合も，リグニンの阻害作用の標的は微生物なのである．

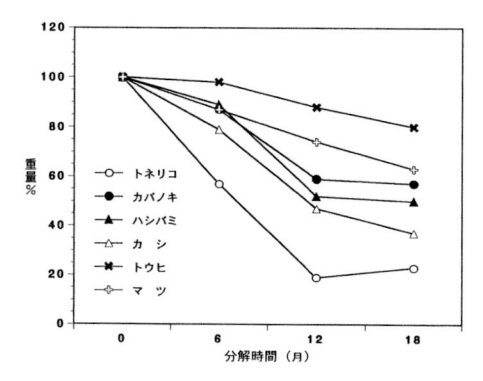

図 3 落葉の分解にともなう重量減少（6 樹種の比較）
（Hering 1965 と Henningsson 1962 より作図）

　加水分解性タンニンの一種，没食子酸（gallic acid）は多くの樹種やその落葉に含まれているが，この物質は樹木の葉や土壌から分離した菌類に対して阻害的であることが知られている．したがって，その含有量が高い落葉は分解速度が遅くなるであろう（Dix 1979）．このように，植物リターの分解速度を制御する因子として，より直接的に微生物を視野に入れた研究も数多く行われている．しかし，落葉・落枝の分解速度と微生物の活性や個体数を直接関連づけるために行われた実験例は意外に少ない．そのなかで，仁王ら（1989）は，スギ落葉の分解にともなう化学的変化を追跡するとともに，リター中の微生物数の変化を菌類と細菌に分けて追跡している．この実験では，リター分解の初期には菌類の方が細菌より大きな役割を果たしているように見える．また，窒素固定細菌やセルロース分解細菌の個体数や酵素活性の変化も追跡しているが，これらはよく落葉中の窒素固定活性の動向や，セルロースの分解経過を説明している．Entry と Backman（1995）は，森林の表層 10 cm の土壌に実験的に α セルロース（炭素源）と硝酸アンモニウム（窒素源）を加えることにより土壌の C/N 比を 9 通りに変えておき，そこにアイソトープでラベルしたセルロースとリグニンを基質として加えることにより，土壌中の C/N 比が，落葉に擬して与えられたこれら標識炭素高分子の分解にどのように影響するかを調べた．この処理により土壌中の細菌量には大きな変化は見られなかったが，菌の生物量には添加した炭素と窒素の量に応じた変化が現れ，またこの微生物量に応じてセルロースとリグニンが分解された（図 4）．

　樹木の成長，ひいては森林の生産力と土壌中の窒素量の間に密接な関係があることはよく知られているが，ここで見てきたように，落葉・落枝の分解過程に関与する腐食連鎖の生物群にも窒素の量が大きな影響を与えていることがわかる．一方，森林の土壌中には窒素の動態に直接関与する様々な微生物が生活しており，森林生態系におけるもう

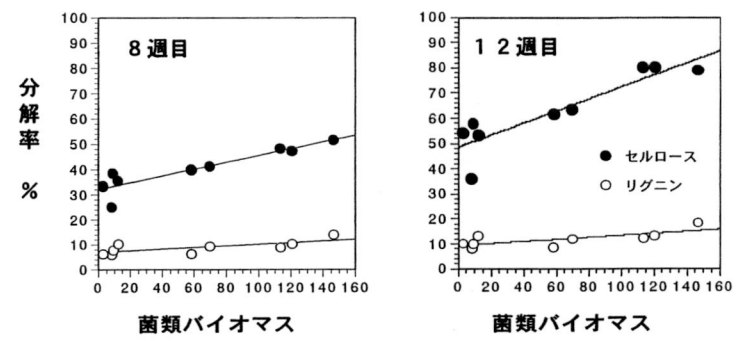

図 4 微生物量と落葉分解率

一つの制御系を形成している．2.5節ではこれらの微生物の役割についてさらに詳しく考察する．

ここまで，炭素と窒素の循環を中心に微生物の役割をみてきたが，他の無機養分についても微生物が重要な役割を果たしている．とくに，リンの森林生態系での動態に微生物が大きな役割を果たしていることを紹介しておこう．

リンは上述したとおり，植物の体内で遺伝情報の担体である核酸として，また，原形質膜の膜構造を作り，膜の透過性に関係するリン脂質として，あるいはまた，エネルギー代謝において補酵素として重要な役割を担う ATP や NAD あるいは NADP などの構成元素として重要な機能を果たしている．このように，植物にとって重要なリンは一次鉱物や生物遺体から土壌中に供給され，土壌微生物の働きで無機のリン酸塩に変わる．ところが，これらのリン酸塩の大部分は，酸性土壌ではアルミニウムや鉄と化合物を生じ固定され，中性ないし弱アルカリ土壌の場合にはカルシウムと化合物を形成して固定され，いずれも難溶化してしまう．そのため，土壌中では樹木が利用できるリンの量は常に限られている．つまり，元素としてのリンは存在していても，その大部分は土壌に固定・吸着されているため，そのままでは樹木には利用できない．植物はリン酸態のリンだけを吸収できるが，水溶性のリン酸は土壌に固定・吸着されやすいので，土壌中を水溶性のまま拡散，移動できる距離はせいぜい数 mm である．したがって，樹木の根が盛んに根圏のリン酸を吸収してしまい，外部からのリン酸の移入がないとリン酸欠乏症に陥る．

土壌微生物は，有機物の形で土壌に入ったリンを無機のリン酸に変換したり，土壌に固定・吸着されている難溶性のリンを可溶化したり，バイオマスの形でリンの難溶化を防いだりすることによって土壌中でのリンの循環に深く関与している．さらに，土壌中に普遍的に棲息するリン酸溶解細菌は，施与された有機物を資源にして増殖するとき，

細胞外に有機酸を盛んに分泌する．この有機酸は，土壌中で鉄やアルミニウム，カルシウムなどの物質と結合することによって不動化しているリンと置換し，植物が利用できる水溶性のリン酸を遊離させる．ところで，可溶化したリン酸は直ちにそのすべてが植物により利用されるわけではない．植物に利用されずに土壌中に残ったリン酸は，そのままだと土壌に吸着・固定されて再び難溶化してしまう．ところが，これを微生物が吸収し，その死骸を他の微生物が利用するというように微生物のバイオマスに取り込まれると，植物がいつでも利用できる可給態のリン酸として維持されることができる．すなわち，可溶態のリン酸の難溶化を妨げる上でも，微生物が一つの役割を担っているといえる．

2.1.3 分解にともない変わる微生物の顔ぶれ・遷移現象

　森林生態系における各構成員の役割という視点から進められた過去の多くの研究では，微生物は落葉・落枝など林床に降り積もるリターの"分解者"としてひとくくりにして取り扱われることが多かった．しかし，様々な種類の微生物の間には分解者としての能力に限っても大きな多様性があることが知られている．そのわかりやすい例として，林地に放置された倒木が腐朽する過程でみられる微生物の遷移現象を取り上げてみよう．もちろん，樹木の種類によって発生する微生物の種類は異なる．しかも，1本の倒木の上だけでも，腐朽にしたがって様々な微生物が登場する．

　最初に現れるのは，まだ樹木細胞に残っている可溶性の糖類や低分子の炭水化物，アミノ酸，タンパク質をそのまま利用する細菌や放線菌，菌類である．これらのうち，倒木に最初に住み着く菌類については，弱い寄生性ないし腐生性を持つ"sugar fungi"，あるいは"表面汚染菌"としてグループ化されてきており，接合菌門のケカビ目（Mucorales）の菌や，子のう菌門の*Alternaria*（アルタナリヤ），*Aspergillus*（アスペルギルス），*Cladosporium*（クラドスポリウム），*Fusarium*（フザリウム），*Penicillium*（ペニシリウム），*Trichoderma*（トリコデルマ）などがその例で，菌糸は材中深くには侵入せず，材表面に大量の胞子を作る（Hudson 1968）．

　次に現れるのは，変色菌と呼ばれる不完全菌や子のう菌で，樹木の細胞壁に孔をあける能力があり，辺材内に急速に広がる．そして，材中のデンプン，糖，アミノ酸，タンパク質を栄養とする．しかし，細胞壁成分はほとんど利用しないので，材の強度には影響が少ない．辺材部を青，褐色，緑，赤などの色に変色させるのでこの名があるが，青変菌（*Ophiostoma* spp.）は最もよく知られたその例である．続いて担子菌の褐色腐朽菌（brown rot fungi）や白色腐朽菌（white rot fungi）が現れ，材の腐朽を進めることになるが，前者は木材細胞の細胞壁成分のうち，主としてセルロースとヘミセルロースを分解し，針葉樹材がよく侵される菌である．一方，後者はリグニンやセルロース，ヘミ

セルロースを同じ程度分解し，広葉樹が侵されることが多い（高橋1989）．これは，一本の倒木という基質であっても，そこには様々な成分が含まれており，腐朽の進行にともない順次利用できるようになった各成分を，次々に別の微生物が利用していることを示している．こうして，腐朽が進むにしたがって，材中に含まれていた炭水化物は分解のしやすいものから消費されていき，炭素は次第に減少する．それとともに材質密度も辺材から心材の順番で低下することになる．一方，腐朽に関与する菌糸や細菌が増え，さらには材の分解にかかわる動物などが腐朽材を利用するようになると，これら外来の分解者の体成分の蓄積により，材中の窒素やリン，マグネシウムなどの濃度が増加する．腐朽材中の窒素の増加には，そこに棲息するようになった非共生性の窒素固定細菌も一役買っている（Sollins et al. 1987）．

同じような微生物の遷移は，動物の排泄物や遺体の上にも起こることが知られている．動物の排泄物を模して尿素やアンモニア水，ペプトンなどを林地に大量に施与した実験では，最初ある種の細菌群や線虫が土壌中に増殖するとともに，地表に担子菌ハラタケ目の小型のキノコ，イバリシメジ（尿（いばり）シメジ）が大量に発生し，その後2～3年にわたって，順次様々な種のキノコが発生したという（Sagara 1992）．この現象も，施与した尿素などの物質が，それを特異的に利用する微生物の作用で一連の変化を遂げ，それにともないpHなどの土壌環境が変化し，さらに，それぞれの変化過程に呼応した微生物が登場することを示している．また，動物遺体のモデルとしてサバクトビバッタの翅を土壌中に埋め，その分解過程を300日間にわたって調べた例でも，キチンやリポタンパク，脂質，ワックス，パラフィンなどから構成されるこの翅の上に，菌類，細菌，放線菌，原生動物がそれぞれ異なった時期にピークをもって出現し，分解に関与したことが報告されている（Okafor 1966）．

上でも例を挙げたが，微生物の遷移現象は，落葉・落枝などの植物リターの分解においても報告されている（Hering 1965；Hogg & Hudson 1966）．落葉後，葉の細胞壁成分はゆっくり分解を受ける．植物リターの20～40％を占める細胞壁成分の一つセルロースは，グルコースが鎖状に長くつながった，分子量20万から200万にわたる高分子であるが，これを分解するのはセルラーゼを生産することができる*Bacillus*（バチルス），*Streptomyces*（ストレプトマイセス），*Clostridium*（クロストリディウム）などの細菌や，*Trichoderma*, *Penicillium*などの土壌菌類，あるいは褐色腐朽菌と呼ばれる担子菌の仲間である．セルロースの長い繊維構造の間隙を埋める不定形の多糖類，ヘミセルロースは普通，まず*Bacillus*属細菌により分解を受けるが，好気条件下ではその後（糸状）菌類が分解の主役になる．他方，植物リターの5％を占めるリグニンは，白色腐朽菌や*Streptomyces*, *Pseudomonas*（シュードモナス）などの細菌によって分解されることになる．

2.1.4 どの微生物が何を？—微生物の研究法とその問題点—

前節でみたように，リターの分解過程をより正確に理解するには，個々の過程を担っている微生物を種のレベルで明らかにする必要がある．それでは，微生物の種同定はどのような形で行われているのであろうか．糸状菌の場合，種の同定はこれまで，有性胞子や有性胞子形成器官の形態を手がかりに行われてきた．そのため，野外で特徴的な子実体（キノコ）を形成してくれる担子菌のような場合を除けば，大部分の菌類は試料を実験室に持ち帰り，いったん培地の上での培養を経なければ個々の種名を明らかにできないという問題がある．そして，さらにやっかいなことに，野外から分離培養した菌類の多くは，培養基の上では有性胞子や，胞子形成器官をなかなか形成してくれない．

一方，細菌の分類は非常に大まかな形態基準と，特定基質の利用能力や細胞壁の物質透過性の違いを判定できる化学テスト（グラム染色法）などにもとづいて行われてきた．しかし，その分類・同定は決して容易でなく，不特定で多数の細菌種を対象とした生態学的な研究の大きな障害となってきた．一般には分解中の植物組織を滅菌水中で磨砕したものを原試料として，希釈平板法により，細菌を分離し総数を計数したり，組成を工夫した培地上で培養することで，特定の性質を持った細菌だけを選択的に分離・計数したりする．しかし，細菌の場合も，培養結果から野外での細菌密度を推定する場合には，特定の培地上で生育できる一部の種しか検出できないという避けがたい問題がある．

しかし，このような問題点を内包しながらも，落葉分解にかかわる個々の微生物の姿を解き明かそうという多くの試みがなされてきた．微生物の数を求める方法に限っても，希釈平板法のような寒天平板上では生育せず，液体培地でのみ生育させることのできる硝化細菌のような微生物に対して，最確値（most probable number）法が開発されているし，染色剤と組み合わせた光学顕微鏡や蛍光顕微鏡による直接計数法もさかんに用いられている．また，土壌や腐植など複雑な環境の中から特定の微生物を検出するためには，蛍光抗体法やDNAプローブ法が開発されている．これらの方法についての説明は成書（『新版 土壌微生物学実験法』，土壌微生物研究会1992）に譲るが，森林における栄養連鎖を微生物の側からより正確に理解するには，個々の過程にかかわっている微生物を種のレベルで明らかにし，微生物どうしの関係を解析する必要があり，そのためには新しい実験法の開発が不可欠な場合もあろう．しかし，微生物の分類には困難がともない，方法論的にも制約があるので，現在でも森林土壌に棲息する微生物の生物的多様性を評価するのは，つかまえどころのない問題だと言わざるをえない（Zak et al. 1994）．

微生物の分類の難しさを克服する一つの方法としては，種レベルでの解析はひとまずおいて，特定の機能を手がかりにそれに関与する微生物集団の活性を解き明かすという研究法がある．よく知られた例としては，土壌呼吸を測定することにより，微生物活性を推定する方法がある．また，最近では特定の酵素活性をメルクマールに土壌中の特定

微生物集団の活性を調査したり，アセチレン還元法により土壌中の窒素固定微生物の活性を求めたりする方法がこれにあたる．

　様々な炭素（エネルギー）源をそれぞれテトラゾリウム塩のような酸化還元色素とともに 96 のセルの中に準備した Biolog プレート (Bochner 1989) は，自動的な細菌同定手段として開発されたものだが，この Biolog プレートを利用して微生物社会の機能的な多様性を明らかにしようという研究 (Zak et al. 1994；Shishido & Chanway 1998) も新しい試みの一つに数えられるであろう．

2.1.5　エコシステムとしての森林と微生物の役割

　この節の最初に森林生態系の特徴を三つ挙げた．そのうち二つは，腐食連鎖の担い手，微生物が主導するものであった．そこでは，落葉・落枝の分解という，この生態系でもっとも基本的な営為の一つを中心に微生物の役割を検討してきた．落葉・落枝の分解とは，とりもなおさず樹木が固定した炭素（エネルギー）の循環の一過程である．また同時に，窒素，リン，硫黄をはじめとする無機養分の落葉・落枝からの放出と森林内でのリサイクル，森林外も含めた循環のいくつかの過程をも含んでいた．とくに重ねて強調しておきたいのは，セルロース，ヘミセルロース，リグニンをはじめとする有機物の分解が，窒素，リンなどの無機物の放出・生成と密接に関連している点で，それはこの落葉・落枝の分解過程を微生物が担っているからであった．

　これまで，落葉・落枝の分解の問題は，植物が枯れ，植物遺体となってからの関係として研究されがちであった．つまり，そこでは樹木はあくまで，微生物の栄養分（基質）としてとらえられているにすぎない．しかし，事実はそうではない．樹木は様々な種類の微生物に取り囲まれて生活しており，落葉や落枝の分解に関与する微生物のなかには，それらの葉や枝が健全なうちからすでに栄養のやりとりをしているものがある．2.2 節ではそれら微生物を取り上げ，落葉・落枝の分解の問題に新しい角度から光を投げかけてみたい．

　リン酸が欠乏しているような土壌では，植物のリン酸吸収に対して菌根菌の仲間が重要な役割を果たしている．菌根共生の最も重要な役割は，植物根の吸収により作り出された栄養分枯渇帯の外側から資源を吸収し，植物へ輸送することである．菌根菌の菌糸は植物の根毛より細いので，樹木の根毛が入り込めないところまで侵入して，無機栄養分を吸収できる．また，樹木の根毛よりはるかに長いので，土壌広く行きわたり，養・水分をかき集めてくることができる．おそらくこうした特徴が，菌根共生を発展させてきたのであろう．樹木と菌類の間で繰り広げられる栄養のやりとりをめぐる菌根関係について，2.3 節では菌の共生戦略という視点から整理し，2.4 節では同じ菌根関係を樹木の側から取りあげ，とくに樹木の成長という視点から検討する．　　　　　（二井一禎）

BOX　菌類と細菌類

　微生物と呼ばれるものの中には，大きく分けて2つのグループが存在する．それらは，原核性の微生物である細菌と，真核性の微生物である（糸状）菌類である．これら2つのグループを比較すると，下の表のようになるが，その大きさも，長さでおおむね1 μm と 10 μm の差があり，細胞1個あたり体積では約1000倍の差がある．また，下の表のような厳密な区分をすると，これまで放線菌やらん藻として，細菌とは別扱いを受けてきた微生物もすべて細菌の仲間であることがわかる．

	細　菌 原核生物（Prokaryote）	菌　類 真核生物（Eukaryote）
細胞器官	細胞器官はない	核，ミトコンドリア，葉緑体，液胞，リソソーム，ゴルジ体
細胞壁	ペプチドグリカン	キチン，マンナン，グルカン
DNAの存在様式	1. 核膜に包まれることなく核様体内に存在．染色体はない． 2. 巨大な（長さ1mm）の環状．	細胞周期のある時期にはDNA，およびタンパクからなる染色体が形成される．多くのDNAは核膜に包まれた核内にある．
呼吸反応	細胞膜に局在する酸化酵素により有機物を酸化する	ミトコンドリアの基質にクエン酸回路に関与する諸酵素が含まれ，クリスタや内膜に電子伝達系，酸化的リン酸化に関与する諸酵素が局在する．
酸素に対する反応	多くは純嫌気性．一部は条件的嫌気性，微好気性，好気性．	ほとんどすべてが好気性生物
物質代謝	物質代謝は非常に変異に富む．	エムデン-マイヤーホッフ反応，クレブス回路，チトクローム電子伝達系など呼吸に関与する経路は共通．
鞭　毛	フラジェリンというタンパク質からできた単純な構造．	チューブリンなどのタンパク質よりできており，9+2配列をとる微小管から形成されている．

　一方，細菌は菌類とともに"きんるい"と呼ばれることが多く，両者を区別するため，菌類の方を糸状菌とか真菌と呼ぶことがある．しかし，生物学で菌類と呼ぶときは，この真核性の菌類をさす．むしろ，用語法からいえば，大腸菌や赤痢菌，チフス菌などはあくまで慣用的な名称で，それぞれ大腸細菌，赤痢細菌，チフス細菌と呼ぶべきである．好気性条件下では細菌と菌類の両群とも活性があるが，酸素量が少ない，あるいは無酸素状態の環境（嫌気性条件）下では生物学的，化学的反応にあずかるのは細菌だけである．また，細菌はその生態的特徴から，土壌固有型（土壌中の有機物成分から栄養を摂り，外部からの栄養源や，エネルギー源を必要としない．したがって，その数は比較的一定している）と他家栄養の発酵型（化学的な物質変換に最大の寄与をし，通常はその密度は低いが，有機物が土壌に入ると爆発的にその数を増やし，栄養源が枯渇すると急激に密度を下げる）に分けることができる．

　　　　　　　　　　　　　　　　　　　　　　　　　　　　　　（二井一禎）

2.2 落葉分解に関与する植物の内部共生菌
―見えざる共生者・内生菌とその生態学的位置づけ―

生きた葉や枝に棲息する微生物

　生葉の常在菌には，葉の表面に棲息する菌と組織内に棲息する菌があるが，両者の性質は大きく異なっている．前者は葉面菌と呼ばれるが，汎先駆腐生菌(common primary saprophyte)の範疇に属するものや酵母の類も多く，葉表面の分泌物などを栄養源として葉面に定着していると考えられる．一方，後者は植物組織から栄養分を得る寄生菌(parasitic fungi)だが，それらのなかで病気を起こさずに常在している菌が，以前考えられていたよりはるかに普遍的に存在していることがわかってきた．これらの菌を内生菌と呼び，近年関心を集めつつある．内生菌と葉面菌については，Fokkemaとvan den Heuvel (1986)，AndrewsとHirano (1991)，RedlinとCarris (1996)に様々な観点からの総説が載っているので，この分野に興味があるならばこれらの文献は必見である．本節では内生菌について詳しく述べることにするが，その前に葉面菌を含む葉面微生物(phyllosphere microbes)の生態について簡単に紹介しておこう．

葉面微生物の生態

　植物リターは，2.1節で述べたとおり，六つの主要成分と様々な微量成分からできているが，それぞれの成分は微生物の特定の酵素による一連の反応を通じて分解される．たとえば，落葉・落枝の成分の中で最初に細菌により利用されるのは，雨水により落葉・落枝から溶けだし，腐植層のさらに下層部へ移行しやすい水溶性の窒素化合物や，糖類，各種有機酸類である．実のところ，これらの物質は植物が健全なときから，その葉面や，樹皮表面に棲息していた細菌群(phylloplane population)により利用されている．実際，樹木の葉や枝は，成熟・老化する頃には，樹体上にあってすでに一部組織に分解が始まっている．というのも，葉や枝の表面や組織内には健全な状態ですでに様々な微生物が棲息していて，これらが落葉前後の，分解のごく初期の段階で一定の役割を果たしていると考えられるからである．

　樹木の葉や枝の表面には数多くの葉面微生物が棲息している．たとえば，ノルウェーカエデ(*Acer platanoides*)の葉面に分布する菌や酵母の密度は葉面積1 cm²あたり3500ほどで，これは平均からみるとずいぶん少ない方である(Irvin et al. 1978)．また，細菌については，アカマツ(*Pinus densiflora*)針葉上における個体群の季節変動が詳しく研究されており(Yoshimura 1982)，その最高密度としては1年生針葉の場合，生重1 gあたり1000個ほどの細菌が5月に記録されているが，これは林内空気中の細菌数の10

倍以上の密度であった．これら葉面微生物の密度は湿度に強く影響され，湿潤な熱帯降雨林では葉面積 1 cm² あたりに 20×10^6 個の細菌が棲息するという．

　これらの微生物は樹木の葉の組織からしみ出てくる糖分やアミノ酸，無機養分，成長制御物質などを栄養源に生活しているが，これらの浸出物の各組成は樹木の種によってその含有率が異なり，浸出量も季節によって，また葉や枝の老化にともなって変化する．たとえば，葉や枝が若いうちは栄養分は自らの活発な成長のために消費される．そのため，葉や枝の表面に浸出される物質の量は少なくなる．しかし，葉や枝が成熟し，成長を停止すると余分になった栄養分が葉や枝の表面に浸出してくるようになる．したがって，これらの物質に依存している葉面微生物の活動は，葉や枝の成熟，老化に応じて活発になる．

　また，多くの樹種ではその葉面から抗真菌性の物質が浸出することが知られており（Topps & Wain 1957），さらにこれらの物質は，葉や枝の組織が若いうちは葉面微生物の活動を抑制するために，とくに活発に分泌される．たとえば，ノルウェーカエデの場合，葉からの浸出物の中には没食子酸のようなタンニン類が含まれるため，その量が多い 8 月までは葉面菌の胞子発芽や菌糸の伸長は抑制される．ところが，9 月中旬以降，葉の老化にともない，没食子酸の浸出量が激減すると葉面菌の活動が活発化する（Dix 1979）．このように，葉や枝が老化に向かうとその表面に棲息する菌類の活性は高くなり，クチクラ分解酵素や，ペクチナーゼ（pectinase），セルラーゼ（cellulase）などを持つ葉面菌が葉面のクチクラを貫通して侵入し，葉の細胞どうしを結合させている中葉（middle lamella）を侵し，細胞壁を分解し始める． 　　　　　　　　（二井一禎）

分解は落葉前にはじまる

　植物遺体の分解過程には様々な腐生菌（saprophytic fungi）が関与しており，森林の膨大な有機物を二酸化炭素に返す役割を果たしている．その過程では，単糖類のような利用しやすい成分から，リグニンのような利用困難な成分まで，それぞれに対応した分解菌群が存在しており，それらはある程度決まった順序で出現して分解を進行させていく．落葉・落枝の分解初期に関与するのは，利用の容易な成分を消費して迅速に成長し，胞子形成を行うという戦略を取る汎先駆腐生菌と呼ばれる菌群が中心となる．しかし，もう一方で，落葉前から棲息していた植物寄生菌と思われる菌も分解初期に頻繁に出現する．もちろん，病気によって枯死した葉や枝の上に落葉直後にその病原菌が出現しているのは理解しやすいが，正常な外見の落葉・落枝からこの種の菌が出現することも珍しくない．実は，健全な植物組織内には内生菌と呼ばれる菌群が存在しており，分解初期に出現する菌類には，この内生菌が含まれていると考えられるのである．

　落葉分解そのものについては前節に解説があるので，本節ではまだ比較的新しい知見であるこの内生菌に焦点を絞って紹介する．なお，ここでは生物の遺体や排泄物を栄養

源とする「腐生菌」に対して，生きた生物を栄養源とする菌を「寄生菌」と呼び，宿主に病気を引き起こす「病原菌」(pathogenic fungi) とは区別している．また，「共生」(symbiosis) と「相利共生」(mutualistic symbiosis) をはっきり区別し，前者は単に種類の異なる生物が一緒に生活していること，後者はパートナーのどちらにも利益となるような共生を示す．

2.2.1 落葉分解における微小遷移

　森林土壌の表層付近を掘り返し，落葉・落枝の状態を観察してみると，上から下に向かって分解が進み，分解程度の異なる落葉・落枝が層状構造をなしていることがわかる．このような落葉・落枝層は，上からL層（リター層），F層（腐葉層），H層（腐植層）と分類されている．これら各層は分解段階を反映しているので，棲息する菌類を層ごとに調べれば，落葉分解の様々な段階に関与する菌類相を垣間見ることができるわけである．

　一片の落葉を取り上げると，その上では分解段階の進行に伴う菌類相の交代が観察される．分解段階の進行を時系列的な変化とみなせば，この現象は微小レベルでの遷移と考えることができる．微生物，とくに菌類の場合，落葉や落枝のような天然の材料で生物相を調査する際には，動植物相の調査と違って定量的な観察が困難であるし，そもそもすべての菌類を検出すること自体が不可能なので，どのような方法を用いても部分的な情報しか得られないのだが，工夫次第では比較的高い信頼度で様々な現象を吟味することができる．

　たとえば，Soma と Saito (1979) は，クロマツ (*Pinus thunbergii*) 針葉を材料に，分解段階を針葉の状態別に分け，生葉から落葉後H層に至るまで各段階で出現する糸状菌を調査している．生葉や落葉間もない褐色葉では，*Aureobasidium*（オーレオバシディウム）属や *Cladosporium*（クラドスポリウム）属といった，汎先駆腐生菌の範疇に属する菌に加え，*Lophodermium*（ロフォデルミウム）属，*Cenangium*（ケナンギウム）属といった，病原菌のリストにも名を連ねる寄生菌が出現している．分解段階の進んだ暗褐色葉では上記の菌は多くが姿を消し，それらに代わって落葉性の子のう菌・不完全菌数種や，担子菌キノコであるホウライタケ (*Marasmius*) 属菌が現れる．そして分解がさらに進み，落葉が黒褐色になると，これらに加えて土壌菌に属すると考えられる *Mortierella*（モルティエレラ）属，*Penicillium*（ペニシリウム）属，*Trichoderma*（トリコデルマ）属といった菌が出現している．また，分解が進んで黒褐色でなく黄色になった落葉では，別の腐生性担子菌モリノカレバタケ (*Collybia*) 属菌が出現している．H層に至ると，本来土壌に棲息する *Mortierella*，*Penicillium*，*Trichoderma* が中心となる．

　徳増らはマツやモミの針葉を用いて，さらに詳細な研究を展開している．たとえば，

アカマツ針葉を材料とした Tokumasu（1998 a, b）は，まだ樹上に着いた状態の枯死葉から落葉分解初期までに重点を置き，落葉表面の菌と組織内部に棲息する菌を分けてそれらの動態を調査している．針葉表面においては，まず樹上で枯死後には一次定着者として *Aureobasidium* や *Cladosporium* が現れる．落葉後，これら一次定着者は減少・消滅に向かい，二次定着者として，L層ではまず *Trichoderma* 属菌など数種の落葉性不完全菌が主として出現し，F層では数種の *Mortierella* 属菌や *Penicillium* 属菌など土壌菌の一部が高頻度で出現するようになる．一方，樹上で枯死している針葉内部では，*Aureobasidium* や白色の無胞子菌（"white sterile fungus"）が主要な構成種である．新鮮な落葉内部では，季節によって種は異なるが，比較的特異性の高い落葉性不完全菌が新たに侵入・定着する．落葉内部棲息菌は，多くの場合相互に排他的な分布を示す傾向があり，先に侵入した菌は後から侵入しようとする競合他種との入れ替わりが起こりにくいと考えられる．

このように，マツ枯死葉上での菌類相では，汎先駆腐生菌・寄生菌→落葉性菌類→土壌菌というような微小遷移系列が観察される．しかし，これらのうち樹上枯死葉から検出される菌に関しては，実は枯死以前の生葉の常在菌相との連続性が認められる．たとえば，主として針葉表面に出現する *Cladosporium*, *Aureobasidium* などは，針葉が生きているうちから検出される．また，樹上枯死葉内部に出現する *Lophodermium* などの本来寄生菌と考えられる菌も，針葉が生きているうちから針葉の組織内部に感染しているものと推測される．つまり，落葉分解の初期段階には，生葉の常在菌群が大きくかかわっていると思われる．

2.2.2 内生菌とは

植物の生きた組織内に糸状菌が存在しているという報告は比較的古くからあったが，それほど注目されてはいなかった．しかし，1970年代の後半に二つの重要な発見があり，それらを契機にこれらの菌群が脚光を浴びるようになった．

一つは針葉樹での発見で，健全な針葉の組織内に糸状菌が感染しているのは例外的な現象ではなく，ごく普通の状態であることが示された（Bernstein & Carroll 1977；Carroll et al. 1977；Carroll & Carroll 1978）．植物の生きた組織に見かけ上病徴を示さずに内生している菌が普遍的に存在していることは，その後，針葉樹やブナ科，ツツジ科などの樹木やイネ科草本をはじめ，様々な植物で明らかにされてきており，現在では内生菌の全く共生していない植物は存在しないのではないかと思われるほど，様々な植物から内生菌の存在が報告されている（Petrini 1991）．

一方，同時期に，イネ科草本に感染しているバッカクキン科の菌類の一群が，ウシやヒツジなどの家畜に中毒を引き起こすことが発見された（Bacon et al. 1977）．これらの

菌類は宿主草本の組織内に棲息していることから,「グラスエンドファイト」(grass endophyte, イネ科草本の内生菌という意味)と呼ばれるが,その後,家畜のみならず昆虫や植物病原菌など,宿主植物に害をなす様々な生物に対して,顕著な死亡率上昇,成長抑制,忌避などの効果がある一群のアルカロイド系有毒物質を,これら菌類が産生していることが明らかになった.さらに,これらの菌類には,宿主の成長促進や耐乾性向上などの作用があることも知られ,さらに注目を浴びるようになった (Clay 1989).

これら二つの異なる分野での研究によって,内生菌の重要性が認識されるようになってきたわけだが,そういった視点の違う研究が並行して行われてきたため,「内生菌」(endophytic fungi) という言葉が示す範囲は研究者によってかなり異なっている.ここでは,「植物の生きた組織の内部に無病徴で存在している菌類」という比較的広い意味で定義する.なお,菌根菌については,根の組織内のみならず,外部土壌にも菌糸が広がっていることから,ここでは内生菌に含めない.また,"endophytic fungi" の訳語はいくつかあるが,ここでは「内生菌」という表現を用いる.「エンドファイト」という場合も多いが,定義上の混乱を招きやすいので,「グラスエンドファイト」以外には使わないこととする.

グラスエンドファイト以外の内生菌の場合も,植食者や病原菌を阻害するケースは少なからず知られている (Carroll 1988).たとえば,北アメリカの針葉樹ダグラスファー (*Pseudotsuga menziesii*) の針葉に感染している内生菌 *Rhabdocline parkeri* (ラドクリネ・パーケリ) は,針葉に虫えいを形成するタマバエの死亡率を上昇させる.このように,植食者や病原菌に対する阻害作用を示す内生菌と宿主植物の関係は,相利共生の一種と考えられる.すなわち,宿主にとっては内生菌によって植食者や病原菌による被害が軽減されるという利益が,内生菌にとっては宿主から栄養分や生活場所を得られるという利益があるわけである.

グラスエンドファイトと比べると,樹木の内生菌は様々な菌を含んでいるので,統一的に論じるのは困難だが,それでもある程度樹木内生菌として共通する特徴がわかってきている.そこで次に,樹木の内生菌の性質を,筆者らが調査を行ったマツ針葉の内生菌を例にとって紹介する.

2.2.3 樹木の内生菌の特性—マツ針葉の内生菌—
a. 検出法

植物組織から内生菌を検出する方法には,植物組織に内生する菌糸を直接検鏡する方法と,植物組織の表面を殺菌して培地に置床し,出現した菌を内生菌として分離する方法がある.直接検鏡では菌の存在を顕微鏡下で直接確認し,組織内における存在様式を観察することができるが,内生菌は植物組織内で胞子などの特別な構造を普通は作らな

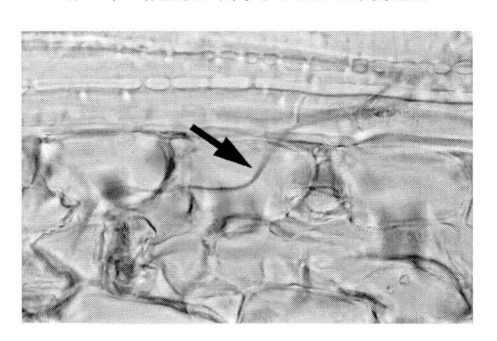

写真 1 KOH で脱色・透明化してからコットンブルーで染色した健全なクロマツ針葉の縦断面
針葉の組織内に青く染色された菌糸（矢印）の存在が確認された．菌糸は特別な構造を作らずに細胞間を伸長しており，種類の特定は不可能であった．

いので，菌の種を特定することは通常不可能である．表面殺菌による分離の場合，検出した菌の組織内での状態を知ることはできないが，分離した菌に培地上で胞子を作らせることができれば，種の同定が可能となる．最近，グラスエンドファイトなどでは，宿主組織内で特定の対象菌の識別ができる新しい手法も開発されている（古賀 1994）．

健全なマツ針葉を KOH で脱色・透明化してからコットンブルーで染色すると（写真 1），針葉の組織内に菌糸の存在が確認された．このように，マツ針葉の組織では，内生菌は細胞間に菌糸として存在することが観察された．一方，たとえばダグラスファー針葉の内生菌 *R. parkeri* の場合，針葉が健全なうちは針葉の表皮細胞内に数細胞の不活動状態で留まっている（Carroll 1988）．

表面殺菌による分離法については，筆者の場合，まず針葉に 70% エタノール 1 分間，15% 過酸化水素水 15 分間，70% エタノール 1 分間の連続処理を行い，次に表面殺菌した針葉から必要な断片を切り出して培地に置床し，出現した菌を分離するという方法を用いている（写真 2，詳細は畑 1997）．殺菌処理を施さない針葉を培地に置くと，多数の腐生菌（葉面菌と思われる）が出現するが，表面殺菌処理を施した針葉では限られた菌（後述）のみが高頻度で出現する．

b．構成種

マツ針葉から出現した内生菌のうち，主要なものは，*Lophodermium* 属菌，*Phialocephala*（フィアロセファラ）属の未記載種，*Cenangium ferruginosum*（ケナンギウム・フェルギノーサム），未同定菌 BrS であった（Hata et al. 1998）．

Lophodermium 属は盤菌類リティズマ科の子のう菌で，マツ葉ふるい病の病原菌を含むことで知られている．また，マツの初期落葉菌の重要なメンバーでもあり（前出 Soma

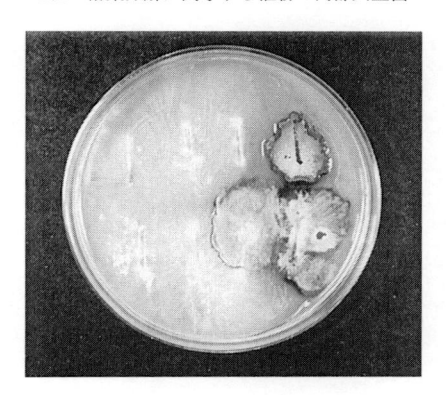

写真 2 表面殺菌したアカマツ針葉断片から培地上に出現した内生菌

& Saito 1979)，内生菌としてもヨーロッパや北アメリカから報告がある(Carroll 1990)．筆者らの調査では，この菌は無病徴で高頻度に出現したので，内生菌であると考えられた．筆者らがマツ針葉から分離した菌は，*L. pinastri*（ロフォデルミウム・ピナストリ）ないしその近縁種群と考えられたが，本属菌の場合，純粋培養株の分類・同定が困難であるため，現時点ではまとめて *Lophodermium* として扱っている．*Phialocephala* 属は子のう菌系の糸状不完全菌で，落葉落枝や土壌の腐生菌として，また樹木の菌根菌として知られている属だが，樹木の枝の内生菌として報告されている種もある．*C. ferruginosum* は盤菌類ズキンタケ科の子のう菌で，マツ皮目枝枯病菌として知られている菌だが，最近は針葉の内生菌としての報告もある．この菌も，病気を起こさずに高頻度で検出されたので，内生菌と判断した．Soma と Saito (1979) の "*Cenangium*" は，基本的に本種と思われる．BrS はこれまで胞子形成を確認しておらず，同定不可能なので，コードネームの "BrS" で呼んでいる．

その他では，*Alternaria alternata*（アルテルナリア・アルテルナータ）をはじめとする，様々な植物の葉面菌，病原菌，あるいは普遍的な腐生菌として知られているような菌が低頻度ながら分離されてくる．また，広範な植物で内生菌として知られている菌，たとえばクロサイワイタケ科 (Xylariaceae) 菌なども，常にある程度の頻度で分離される．しかし，それらの検出頻度は主要4種に比べるとかなり低いため，これらの菌が実際にマツ針葉の内生菌と考えてよい存在なのか，単に方法論的なノイズとして検出されているだけなのかは不明である．

高頻度で検出される菌の種数がごく限られているのは樹木の内生菌群集によくみられる特徴で，その点は葉面菌や落葉分解菌，土壌菌などの腐生菌群集とは異なっている．おそらくは，宿主側の抵抗性を打破して組織に侵入できる菌が限られているということ

を反映していると思われるが，その点で，内生菌群集は寄生菌群集の特徴を備えていると考えられる．

　もう一つ，内生菌群集を構成する菌類の特徴として，落葉分解菌や病原菌との関連が深いことがあげられる．先に少し触れたように，内生菌が初期落葉分解菌群集の主要なメンバーとなっていることは珍しくない．マツ針葉の場合，上述の *Lophodermium* や *C. ferruginosum* は，Soma と Saito (1979) が報告している同属菌と共通種と考えられるものである．また，樹木の内生菌のうち最もよく研究されているダグラスファー針葉の内生菌 *R. parkeri* は，針葉が健全なうちは表皮細胞内に不活動状態で留まっているが，針葉が衰弱・枯死すると急速に成長し，子実体を枯死葉上に形成する (Carroll 1988)．同様な例は多数知られており，健全組織で潜在→組織枯死後に子実体形成，というのは樹木の内生菌では比較的よくみられる生活史のパターンと考えられる．

　一方，内生菌として報告される菌には，病原菌として知られている菌やその近縁種が少なくない．たとえば，*R. parkeri* の場合，近縁種に *R. pseudotsugae* (ラドクリネ・シュードツガエ) という病原菌がある．マツ針葉の場合でも，*Lophodermium* は葉ふるい病菌を含む属であるし，*C. ferruginosum* は皮目枝枯病菌でもある．このように，主要な内生菌として検出された菌が病原菌として知られている菌であった場合というのは，内生菌として組織内に潜在している菌が，何らかの原因で宿主が衰弱したときなどに病原性を発揮するようなケースが多いと考えられる．その意味で，比較的軽い病徴の病原菌のなかには，宿主の衰弱時に内生菌が病原性を発揮したケースも少なくないように思われる．このように，内生菌は宿主組織の状態によって落葉分解菌や病原菌に移行する存在ではないかと思われる．逆に言えば，内生菌という状態を考慮することによって，ある種の落葉分解菌や病原菌の生活史戦略をより深く理解することができるようになるのではないだろうか．

c．内生菌群集の空間分布

　一言で空間分布といっても，大きくは地球規模から小さくは宿主組織の内部まで様々なレベルがあるが，各レベルで内生菌の分布パターンが研究されている (以下，Carroll 1995；Petrini 1991 を参照)．地理的なレベルでの内生菌の分布パターンとしては，降水量が多い場所の方が内生菌の検出頻度が高くなる傾向が知られている．林分レベルでは，樹幹密度が高い方が，また上下方向では地面に近いほど内生菌の検出頻度が高いという報告がある．

　宿主個体レベルでは，組織によって (たとえば枝と葉で) 内生菌相が異なることは多くの例で知られているが，同じ組織内に限っても部位によって差異が生じることがある．Hata と Futai (1995) によれば，*Phialocephala* は針葉の基部に分布が集中し，逆に *Lophodermium* は基部からの検出頻度が低いなど，マツ針葉の中でも基部は他の部位と

内生菌相が明瞭に異なっている．他のデータと併せ考えると，*Lophodermium* は空中から胞子で，*Phialocephala* は枝から菌糸として針葉に感染すると推測されるのだが，こういった感染様式の違い，さらに針葉上での互いの競争による空間的排除などが針葉上での分布の偏りの原因と考えられる．一般に，針葉樹の針葉では基部の，広葉樹の葉では葉柄の内生菌相が他の部位と異なるという例については多くの報告がある．

d．内生菌群集の時間的変動

内生菌相は宿主組織の状態をはじめとする環境条件の変動によって変化するが，そのうち最も重要なものの一つが，時系列的な変化，すなわち組織の加齢と季節にともなう変化である．とりわけ，組織の加齢にともなう変化は，内生菌相の調査をする際に最も目につく性質の一つであり，多くの報告がある．

Hata ら (1998) は，アカマツとクロマツの針葉から検出される内生菌各種の検出頻度の葉齢および季節にともなう変化を調査した（図1，図2）．内生菌は伸長開始直後の新葉からはほとんど検出されなかったが，落葉するまでにはほとんどの針葉から検出されるようになった．*Lophodermium* は，アカマツでもクロマツでももっとも高頻度で検出された．検出頻度はおおむね針葉の加齢にともなって漸増したが，秋期には目立って上昇した．*Phialocephala* はおもにアカマツの針葉基部から検出され，新葉で初夏に急に出現したあとは，針葉の加齢にともなって徐々に検出頻度が減少した．*C. ferruginosum* と BrS は，おもにクロマツの古い針葉の基部で検出された．このように，個々の菌の変動パターンはそれぞれ異なっていたが，検出頻度が急増する特定の時期（おそらく侵入・感染時期）を除けば変動は緩やかであった．

葉齢にともなう内生菌の変動は，多くの論文で報告されている（Carroll 1995；Petrini 1991）．多くは葉齢にともなう内生菌の増加が報告されているが，葉齢にともなって減少する菌もある．

一方，季節変動の通年調査は，内生菌では意外に限られた例しかない．Widler と Müller (1984) は，ツツジ科の低木 *Arctostaphylos uva-ursi*（アルクトスタフィロス・ウヴァ-ウルシ）の葉で内生菌の季節変動を類型化しているが，高頻度で出現する菌の多くが明瞭な季節変動を示さない（漸増→飽和など，季節そのものではなく組織の加齢の影響と思われる変動パターンを示す）と述べている．アカマツ・クロマツの場合も，主要な菌は同様の傾向を示した．ブナの葉と枝の内生菌の詳細な季節変動を調べた例(Sahashi et al. 1999) では，主要3種のうち1種は明瞭な季節的増減（増加→夏期減少→秋期増加）を示したが，2種は増加→飽和というパターンであった．このように，内生菌には侵入・感染時期以外明瞭な季節の影響を示さないものも多いようである．

e．内生菌の宿主選好性

宿主選好性の問題は，内生菌-宿主植物の相互作用を考える上で最も重要な問題の一つ

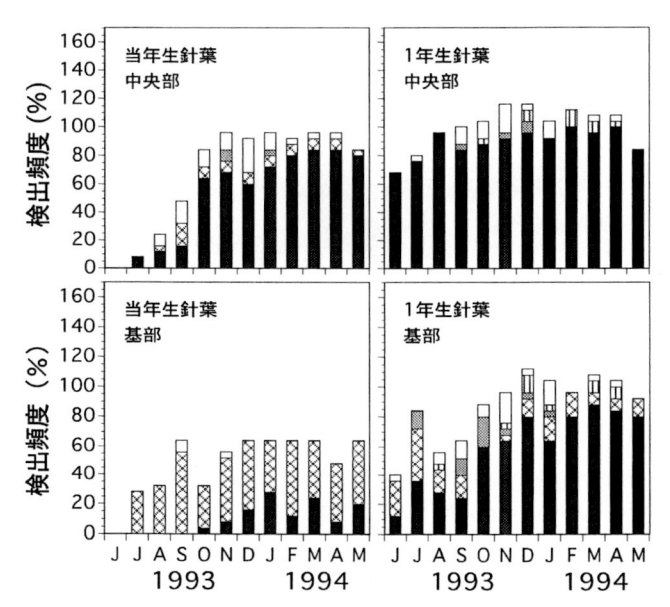

図 1 アカマツ針葉断片における内生菌相の年次変動
表面殺菌処理を施した針葉の中央部および基部からそれぞれ約 0.5cm 程度の断片を切り出して 2% 麦芽エキス寒天培地上で培養した．出現した菌の断片あたり検出頻度を，各葉齢・部位ごとに 1993 年 6 月から翌 5 月まで左から右へ並べた積み重ねグラフで示している．

- ■ *Lophodermium*
- ⊠ *Phialocephala* sp.
- ▨ *Cenangium ferruginosum*
- ▥ BrS
- □ others

である．Carroll と Carroll (1978) は針葉樹 19 種の針葉の内生菌の種組成を調査し，内生菌相が宿主の分類学上の類縁関係と関係があることを見出している．Hata と Futai (1996) は，狭い一区域（京都大学農学部附属演習林上賀茂試験地のマツ属見本林）に植栽されたマツ属 45 種を用いて，針葉の内生菌の宿主間比較調査を行った．その結果，検出された菌種はマツ属全体にわたってアカマツやクロマツと共通していたが，検出頻度は樹種間で大きな差があった．また，*Diploxylon*（ディプロキシロン）亜属（おもに二・三葉マツ）の方が，*Haploxylon*（ハプロキシロン）亜属（おもに五葉マツ）よりも内生菌の検出頻度が全般に高い傾向がみられるなど，内生菌の種組成別検出頻度はマツ属内でも分類学的に近縁な樹種間では類似していた．

f．**内生菌群集と宿主のストレス**

衰弱した植物組織においては，内生菌の出現パターンも健全組織とは違ってくる例が

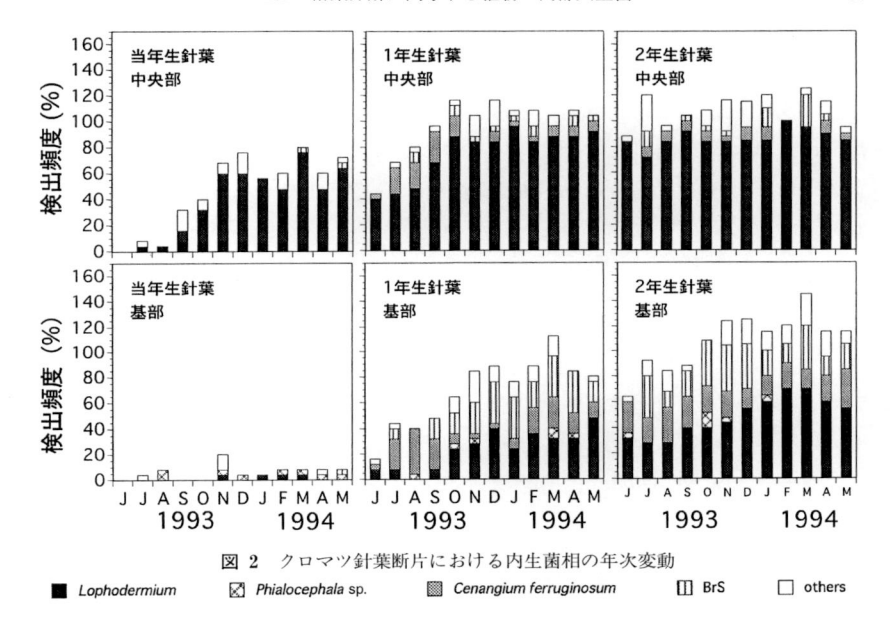

図 2 クロマツ針葉断片における内生菌相の年次変動

■ *Lophodermium*　　⊠ *Phialocephala* sp.　　▨ *Cenangium ferruginosum*　　⊞ BrS　　□ others

知られている．組織の衰弱の原因となりうるストレスには，生物的ストレスと非生物的ストレスがあるが，ストレスの性質によって組織に与える影響は異なり，当然内生菌群集に与える影響も異なってくる．

　生物的ストレスとして，Hata と Futai (1995) は，マツ針葉に虫えいを形成するマツバノタマバエ（*Thecodiplosis japonensis*）に着目し，虫えいと健全組織の組織内の菌相を比較した．虫えいでは，健全針葉と比較して，出現する菌の頻度，種数とも増加しており，内生菌として通常あまり分離されない，おそらく日和見感染者と考えられる菌群も，高い頻度で検出された．虫えいで内生菌の感染が促進される例は，ダグラスファーなどで報告されている．ダグラスファーの例では，内生菌の存在がタマバエの死亡率上昇につながったわけだが，マツバノタマバエの場合，そのような効果は認められなかった．

　非生物的なストレスとしては，様々な環境要因によるものがあるが，とくに最近注目されているのは大気汚染，酸性雨などの影響である．Asai ら (1999) は，クロマツに人工酸性雨と水道水を人工的に散布し，内生菌相を比較したが，人工酸性雨散布区では *Lophodermium* の検出頻度の減少が認められた．内生菌に及ぼす酸性雨の影響を検討した研究例はいくつかあるが，いずれも酸性雨処理による内生菌の減少が報告されている．

g．抗生物活性

　グラスエンドファイト以外にも，内生菌が抗生物活性を有しているという報告は少なくない（たとえば，Findlay et al. 1995；Schulz et al. 1995）．対象生物は，哺乳類，昆虫類，線虫類，菌類，細菌類，藻類など様々で，効果は成長抑制，死亡率上昇，忌避などが知られている．筆者らも，*Lophodermium* と *Phialocephala* が培地上で抗微生物活性を有していることを確認している．こうした抗生物作用は，内生菌にとってはもともと基質をめぐる他生物との競争に打ち勝つための手段の一つと考えられるが，植物との関係という観点からすると，内生菌-宿主の相互作用において，植物側のメリットとして最もよく知られているものである．

2.2.4　内生菌—その普遍性の意味するもの—

　内生菌のことを知り，実際にその調査をしてみると，その普遍性には驚かされる．内生菌は何故ここまで普遍的に存在しているのであろうか．*Lophodermium* のような典型的な樹木内生菌を念頭に置いて考察してみることにする．

　まず，菌の方の戦略という観点から考えてみよう．典型的な樹木内生菌を腐生菌として見ると，その特徴は，宿主組織が生きているうちから侵入している点にある．これは，生きている組織への侵入という大きなコストを必要とする反面，他に先んじて基質を占有するには有利である．また，抗生物活性はこの基質占有をさらに有利にしうる性質である．つまり，樹木内生菌は，腐生菌としては侵入や抗生物活性などにコストをかけて他生物との基質をめぐる競合を有利にするという戦略を取っているとみることができよう．ただ，これだけでは他の任意寄生菌（寄生も腐生もできる菌）にもあてはまることで，樹木内生菌に特異的な戦略というわけではない．

　一方，樹木内生菌を寄生菌としてみると，その特徴は，宿主が生きているうちは病徴を現さず，宿主組織の自然衰弱・枯死を待って子実体形成を行う点にある．寄生菌の基質利用戦略を考えると，たとえば宿主に強いダメージを与える病原菌，とくに殺生菌（宿主細胞を殺して栄養源とする菌）は，他の生物に利用される前に宿主組織を殺してしまい，基質として独占的に利用してしまおうという戦略と考えられる．このような戦略は，短期的には効率が高いであろうが，長期的には宿主の個体数の減少や抵抗性の強化を招き，かえって不利になることも多いであろう．一方，内生菌の戦略はもっと穏やかな生き方で，基質の利用や短期的な増殖の効率では殺生菌に劣るであろうが，宿主との関係を考えるとより安定した方法と思われる．とくに，宿主にも利益を与える相利共生的な内生菌は，それによって宿主との関係を確たるものにし，さらに宿主の繁栄をサポートすることによって自らの利用可能な基質を増やすという，洗練された戦略と推測することができる．

次に，宿主植物側から見ると，内生菌はどのような存在であろうか．内生菌も寄生菌であるから，宿主組織が生きている間は栄養源を植物に頼っている．つまり，内生菌が存在しているだけで，植物には栄養分を取られるというコストが多少なりとも存在していることになる．それにもかかわらず内生菌がこれだけ普遍的に存在しているのは，植物側にもそれを許すだけの理由が存在しているはずである．その理由の一つとして，内生菌が存在するメリットが存在のコストを上回っている可能性がある．そのメリットとしては，内生菌による植食者や病原菌に対する阻害作用がまず挙げられる．グラスエンドファイトなどではこれが主たるメリットであろうが，すべての内生菌がそうかといわれるとその点には疑問がある．そのため，内生菌には別のメリット，たとえば栄養，物質循環にかかわる役割があるのではないかという議論もある．もう一つの理由として，内生菌が存在するコストが内生菌を排除するコストを下回っているため，植物が内生菌の存在をあえて見逃してやっているという可能性もある．植物が菌に対する抵抗性を増強するためには，普通は相応のコストが必要と思われるから，この可能性も考えられるであろう．

最後に，内生菌の生態系における位置づけを考えてみると，一つは分解初期群集のメンバーとして植物遺体の分解の入り口にかかわっているという側面があり，もう一つは，植物の共生者として植物そのものに影響を与えているという側面がある．その普遍性からすると，内生菌はいずれに対しても大きな役割を果たしている可能性が少なくない．しかし，どちらについてもまだ理解は不十分であり，今後に興味深い課題を残しているといえるであろう．

(畑　邦彦)

BOX　グラスエンドファイトと樹木の内生菌

　グラスエンドファイトと樹木の内生菌は，宿主組織の内部に棲息するという点では共通するものの，その性格はかなり異なっている．そもそも，グラスエンドファイトとして研究されている菌が通常はバッカクキン科という特定のグループに属する菌の一部に限られているのに対し，樹木の内生菌には広範囲の菌が含まれている．これは本文中で述べたような研究史の違いに起因するもので，イネ科草本でもバッカクキン科しか内生菌が存在していないわけではない．

　グラスエンドファイトの顕著な特徴としては，宿主の地上部全体にわたって菌糸状態で棲息しているという点が挙げられる．樹木の内生菌の場合，存在様式は様々だが，棲息範囲はもっと限られているのが普通である．グラスエンドファイト研究の主役である *Neotyphodium*（ネオティフォディウム，以前の *Acremonium*（アクレモニウム））属エンドファイトは，宿主イネ科草本上で子実体を形成せず，種子に入り込んだ菌糸によっ

て次世代の宿主に伝播する．子実体を作らないので病徴はまったく現れず，生活史を通して宿主の組織に内生し，アルカロイドを産生して宿主を保護している．そういうことから，この仲間のみをさしてエンドファイトという場合もある．

一方，近縁の *Epichloë*（エピクロエ）属や *Balansia*（バランシア）属などは，宿主の花穂を覆うように子実体を作って胞子を散布する．これらは，がまの穂病菌やミイラ穂病菌として知られる病原菌でもあるが，生活史の大半は無病徴で過ごしており，なおかつアルカロイド産生による宿主保護作用などの効果は同様なので，これらの菌をグラスエンドファイトに含める場合もある．*Neotyphodium* と *Epichloë* はきわめて類縁関係が近く，中間的なものも存在するため，宿主-共生菌の共進化の研究材料としても注目されている．

樹木の内生菌の場合，本文で説明したとおり，生活史の中で生きた組織に内生している状態と，枯死組織で腐生している状態の両方を経験するものが大半であると考えられている．伝播様式としては，感染組織が枯死した後に子実体を作り，胞子を散布するケースが一般的であるが（たとえば *Lophodermium*），他の組織から菌糸で感染する場合もある（たとえば *Phialocephala*）．

グラスエンドファイトには実用的な関心が高く，1980年代以降，爆発的に研究が行われている（Clay 1989）．牧草に感染しているグラスエンドファイトによる家畜の中毒を防ぐという畜産上の問題と，逆にグラスエンドファイトを利用して芝草などの耐虫性，耐病性，耐乾性などを向上させようという試みが主要な実用的課題だが，どちらについても目覚ましい研究成果が上がっている．とくに最近では，遺伝子工学的な手法の応用が注目を集めている．

一方，樹木などの内生菌が植食者や病原菌を阻害し，宿主植物を保護するケースについては，本文で挙げた *Rhabdocline parkeri* とタマバエの関係以外にも，ニレ立枯病（Dutch elm disease）を伝搬するキクイムシに対する樹皮の内生菌による阻害作用や，*Lophodermium* 属内生菌と同属病原菌の野外での関係など，いろいろな例が知られている（Carroll 1988）．また，グラスエンドファイト以外でも，内生菌が抗微生物活性や抗昆虫活性を有する物質を産生するという報告は少なくない．最近では農作物根部の内生菌による耐病性促進作用が話題になっている．

（畑　邦彦）

2.3 植物根系を利用する共生戦略

　細根をエネルギー調達の場とする共生微生物の活動は，根の中，根面（rhizoplane）や根の外周囲（根圏：rhizosphere）から宿主のサイズを大きくこえた土壌まで幅広い．これらの圏内では，さらに随伴的な営みをみせて共生機能を高揚するものもいる（Allen 1992；Smith & Read 1997）．周知のとおり，根圏は養分濃度が高いため，多様な微生物が棲息し生物間の攻防も激しい．

　ここでは，根の中に入り，生理的にしっかり結びついたグループ，利用面でもよく知られた菌根（mycorrhiza）を形成する外生菌根菌（ectomycorrhizal fungi（ECM fungi）），アーバスキュラー菌根菌（arbuscular mycorrhizal fungi（AM fungi）= vesicular-arbuscular mycorrhizal fungi（VAM fungi）），それに非マメ科植物に根粒を形成する *Frankia*（フランキア）属細菌を中心に，これらの共生戦略の一端を紹介しよう．この点を含め，Allen（1992）は，菌根の構造，宿主・微生物間，および菌間の相互作用，菌根菌からみた社会構造やその動態について，物質レベルから生態系に至るまで広く紹介しており，また岡部（1997）が一部引用しているので，ここではやや狭く繁殖戦略に重きをおく．

2.3.1　走り，休む栄養体
a．走る根状菌糸束

　外生菌根菌のコツブタケ（*Pisolithus tinctorius*）（写真 1）の 1 個体（genet）の広がりは，根状菌糸束（rhizomorph）によって直径 30 m を越すことがある（Anderson et al. 1998）．

　ここでいう根状菌糸束とは，単に菌糸が束になったものから組織分化した器官を持つものまで含める．もっとも高度化した根状菌糸束を持つ腐生菌のホウライタケ属（*Marasmius*）には，まるでクモの巣が木々の枝をつなぐように気中を伸びる生育形を持つものがある．これほどまで発達した根状菌糸束を持つ例は菌根菌では知られていないが，コツブタケのそれは太さ数 mm に達し，土壌だけでなく隙間のある礫（れき）間を走ることができ，安全で効率のよい大動脈の働きをする．外生菌根菌の根状菌糸束は，Agerer（1994）が七つの形態に分け，コツブタケのそれは最も高度化したグループに入れられている．

　コツブタケは，腐植や褐色腐朽材を好まないが，鉱物質土壌ではよく伸びる．菌糸の形態は，寒天培地上ではほとんどが細かな菌糸で構成されているのに対し，鉱物質土壌

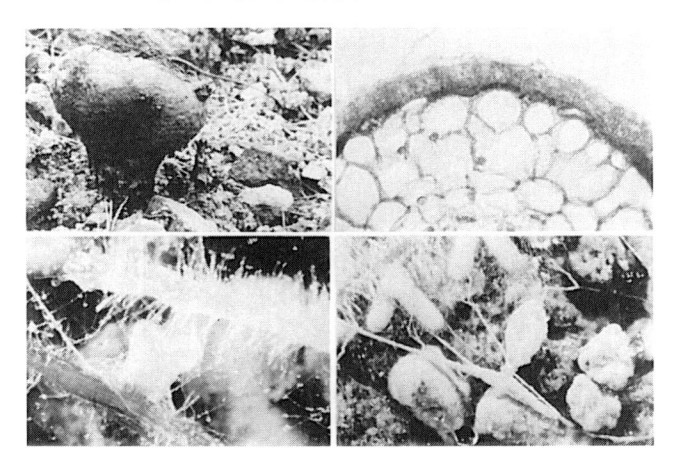

写真 1 コツブタケ子実体（左上），菌根断面（右上），二分岐型菌根形成初期（左下），菌根，根状菌糸束と菌核（右下）

中では根状菌糸束がみられる（岡部ら 1994）．土壌中の有機物が少ない荒れ地は，このような生育形の備えと，さらに針葉樹，広葉樹を問わず，わかっているだけでも 21 属の植物と共生するという宿主範囲（host range）の広さ（岡部 1997；Chambers & Cairney 1999）が後押しして，コツブタケを受け入れている．荒れ地では根系に出会う率が低く，コツブタケの根状菌糸束の推進力と宿主範囲の広さは，このような土地で繁殖するのに有利に違いない．

Ogawa（1985）は，シロ（後述）とその発達の証となる菌環（fairy ring）や高等菌類の栄養繁殖様式を総括した．シロの発達は根状菌糸束の生育形と関連づけると説明しやすく，したがって菌根の発達も深く関連づけられるとした．このことは，菌の栄養繁殖と菌根形成を連携させて共生戦略を解く手がかりを与えている．

b．黒い菌糸・菌核

外生菌根菌 *Cenococcum geophilum* Fr.（ケノコッカム・ゲオフィルム，以下，*Cg*）（写真 2）は，汎世界的に分布し，宿主が広範で，太くメラニン化した短い黒色菌糸と，細くて透明な菌糸，そして休眠器官であり貯蔵器官でもある団子状の黒い菌核（sclerotium）を作る．多くの研究にもかかわらず（LoBuglio 1999），これまでに有性器官も未確認で分類学的な位置づけもはっきりしない，神秘に包まれた，しかしどこにでもみられるごく普通の菌である．ちなみに，*Cg* は最近まで盤菌類のツチダンゴ（*Elaphomyces*）属に近いとされてきたが，LoBuglio（1999）は，小房子のう菌類の可能性を示唆しており，もしそうならば，この仲間ではじめて知られる外生菌根菌となる．

菌核は，タンパク質，脂質，炭水化物が豊富で，数年間の休眠後であっても発芽し感

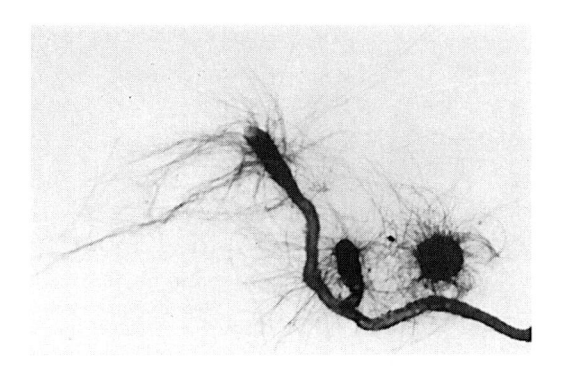

写真 2 *Cenococcum geophilum* の菌根と菌核

染することができる．この菌核のバイオマスは，モミ林で 3600 kg ha^{-1} に達するという (Vogt et al. 1981)．そのすべてが生きているかどうかははっきりしないが，膨大な量であり，その菌核を形成する菌糸量はさらに大きな値を持つに違いない．*Cg* は太くて黒い菌糸を使って腐植層において基物間を行き交ったり土壌表層の乾燥環境を生き抜いたりすることができ，基物内では細くて多分岐型の菌糸を充満させる．腐植中に栄養菌体として生残し，黒色菌糸は数個の細胞に分断されても再度増殖することができる（岡部 未発表）．菌根菌であってこのような特異な生育形は珍しく，*Cg* は生殖繁殖に頼らず栄養体で切れ目なく増殖する．この菌核は含水率の高い条件では生残率の低下がみられるが，黒色菌糸の活動はこれを問題としない．

外生菌根菌の菌核は，このほかに，コツブタケ，ハンノキイグチ（*Gyrodon lividus*），ヒダハタケ（*Paxillus involutus*），*P. filamentosus*（パキシルス・フィラメントスス），ヤマイグチ（*Leccinum scabrum*），*Xerocomus porosporus*（キセロコムス・ポロスポルス），*Phlebopus sudanics*（フレボプス・スダニクス），*Cortinarius subporphyropus*（コルティナリウス・スブポルフィロプス），ヒメワカフサタケ（*Hebeloma sacchariolens*）で知られている(Agerer 1994)．これらは *Cg* を除き担子菌であるが，これらに共通の生態的特性は知られていない．コツブタケの根状菌糸束の途中には，危機回避のための休眠器官として菌核が形成され，拡大する栄養繁殖を支える（写真1右下）．

林床に発生したアカシデ（*Carpinus laxiflora*）芽生えを約2週間後に採取し，根を傷つけないように洗浄したのち滅菌土壌に植えて半年後に観察した．発生後のわずかな期間であっても，黒色菌根（代表的な *Cg* 以外不明種）の初期感染率は採取苗の30％に達した(Okabe 1998)．いち早く現れた菌根になぜ黒色系が多いのか明らかではないが，芽生えがリター層を通過する期間は，乾燥害をはじめ諸障害を受けやすく，このような場所に適応した生育形の一つがメラニン要素を持った菌根と考えられる．黒色菌根から外

生する根状菌糸束には黒色系のものが多い（Agerer 1987-1995）．

2.3.2 移り変わる共生の舞台とその占拠様式

菌の増殖は，無菌下で十分な栄養補給，そして至適環境を保てば尽きることがないはずである．もちろん，このような条件は野外にあてはまらない．勢力の消長には，エネルギーの供給範囲，立地環境や生物間相互の作用が働く．連年同じところにキノコが発生するとしたら，そこにはおそらく大胆でかつ巧妙な仕掛けがあるに違いない．

a．次から次へと置き換わる菌根

宿主と外生菌根菌の組み合わせは，樹木の加齢とともに変わる，つまり外生菌根菌の出現には遷移があるとする見方がある(Mason et al. 1982)．それは初期相(early-stage)と後続相(late-stage)として紹介され，若い林と成熟林にみるキノコは顔ぶれが違うという点を指摘したものだった．この考え方にもとづき，加齢にともなう発生子実体の調査が行われた．初期相にはキツネタケ（*Laccaria*），アセタケ（*Inocybe*）（写真3）やワカフサタケ（*Hebeloma*）各属などに定番の種類がみられ，時間が経過するとテングタケ（*Amanita*）やフウセンタケ（*Cortinarius*）属などの後続相へ変わるという．Danielson(1984)は，これらはさらに多くの段階（multi-stage）に分けられるとした．GibsonとDeacon (1988) は，*H. crustuliniforme*（ヘベローマ・クルスツリニフォルメ）が苗の細根全体に現れるのに対し，*Lactarius pubescens*（ラクタリウス・プベセンス）は古くてあまり発達しない根に現れるとした．前者の子実体が初期相，後者が後続相に属することを，菌根組成から支持するものだった．一方で，Arnolds(1991)は，両相が互いに入れ替わることもあるため一概には言えないとし，Fleming(1983)は，成熟林に苗を移植すると周辺にみられる菌，すなわち後続相が感染するとした．どうやらこれら菌根菌

写真3 シラカンバ（*Betura platyphylla* var. *japonica*）の芽生えとアセタケ属の子実体（矢印3点）

のフロラ構造を単純に分けることには問題がありそうである.

　TaylorとAlexander (1989) は，トウヒ人工林で菌根組成を調べた．子実体を確認できないコウヤクタケ科 (Corticiaceae) の *Tylospora fibrilosa*（ティロスポーラ・フィブリロサ）がもっとも高い優占度を示し，子実体だけでは正確な菌根組成を知ることができないとした．この点については，最近の分子生物学の発展が野外調査に新たな課題をもたらした．子実体直下の菌根から菌のリストをあげたところ，子実体を形成した種は優占順位のせいぜい中位にしか位置しないという事例が示された (Gardes & Bruns 1996)．菌根遷移のメカニズムを解明するには，このような分子生物学的技術を駆使し，菌根生理，子実体の発生機構，宿主範囲，菌根菌間の競合および立地環境や森林の成熟度が菌根形成に及ぼす影響などについて詳細に，しかも時間軸で調べる必要がある.

b. 菌根の占拠

　根を占拠するサイズは，感染初期の侵入直後の微視的サイズから，子実体の発生位置を追うことができるほど大きくなったコロニーまでいろいろである．しかも，菌根型によって異なり，外生菌根菌では根面全体を厚いマントル (mantle) で包み込むが，AMの根面はせいぜい高密度に菌糸が走る程度で菌糸が根の周りに層構造を作ることはない.

　外生菌根の量的評価には，菌根のチップ (tip) 数，またエルゴステロールやキチン量にもとづくバイオマス量推定の方法がある (Jakobsen 1991)．菌根チップは，みかけ上の菌根の最小単位として判定しやすいので，野外を含めおおざっぱな量的表現として使われる．チップの形態は，棒状，二分岐，複雑な分岐，あるいは塊状など様々で，未成熟から成熟そして枯死チップがあり，また1年生や多年生があり，さらに宿主によって形状を異にする．同一宿主内においても，ましてや異種間比較には一層注意を要する.

　チップには，何らかの形で共生する菌がいる．Brand (1992) は，*Cg* が他の菌根上を走ること，チップ内での外生と内生菌根の共存，さらにヌメリイグチ属 (*Suillus*) もしくはショウロ属 (*Rhizopogon*) にはクギタケ属 (*Chroogomphus*) やオウギタケ属 (*Gomphidius*) が随伴，ベニタケ属 (*Russula*) 菌のチップに子のう菌が侵入するといった事例を挙げている．複数の菌の共存，あるいは共同生活するこの組み合わせ，あるいはチップが生存の駆け引きの場であることなどから，宿主植物と菌根菌の両者の共生形態にはいくつかの型がある可能性が考えられ，チップにひそむ謎は多い.

　チップ確保についても，ある菌がチップ一つを占有し，隣のチップが別の菌であることは芽生えではごく普通にみられ，成熟木であってもしばしばみられる (Okabe 1998)．根が伸びた後菌が追うシーンは根箱の観察でよくみかけるが（写真1，左下），連年続く菌根の再生にあたり，菌根の先端は非感染状態なので他菌に感染機会が与えられる (Smith & Read 1997)．チップが形成されると，外生菌糸や菌糸束はこのチップからあ

たかも発芽するように伸びはじめ，養水分吸収を行ったり，あるいは次のチップ形成にとりかかる．

1根系に多くの共生菌がとりつき，しばしばそれらがそれぞれ単独で根系にとりついているよりも複雑系である方が，宿主の成長促進や生理的基準を高いレベルで保つことができて有利であるとする考え方がある．これを多重共生（multipartite symbiosis）という．それは，根圏にからむゆるい共生（2.5節参照）にかかわる．菌根圏（mycorrhizosphere）において，菌根菌に随伴して間接的な共生を営む菌根ヘルパー細菌（mycorrhiza helper bacteria : Smith & Read 1997）は，窒素固定や化学的土壌風化作用にかかわり，栄養共生的な機能を高める．複数種がかかわってコロニー形成を維持するしくみには，いま大きな関心が寄せられている．

次に，一度占拠すると長期にわたって滞在するタイプ（c～f）をみてみよう．

c．長期滞在：繰り返し

ベニタケ属やチチタケ（*Lactarius*）属の菌根は土壌表層に多い．その菌根は分岐が激しく（写真4），根系をいち早く占拠しコロニー化する．この層では白くて分厚い菌根のイグチの仲間は見あたらない．チップの特徴は平滑で，一見マントルがないようにみえる．根圏外に広がる根状菌糸束もほとんど見あたらない（Agerer 1987-1995）．

腐植層，この環境を生活の場に取り入れている菌根菌は多い．落葉が一定の厚さで一面覆われると，まず落葉は糸状菌によって急速に分解を受け始める．葉と葉は菌糸によって接着され落葉層の湿度が高まる．その後，細かな根がこの層の中を走り始め，すぐに菌根化が始まる．分解が進み落葉層が薄くなり，環境が悪化し菌根が枯死，このようにして季節を一巡する．

d．長期滞在：マット形成

土壌表層にあたかもマット（mat）を敷きつめたような菌糸層を作る外生菌根菌がある．これにはフウセンタケ，*Hysterangium*（ヒステランギウム）や *Gautieria*（ガウティ

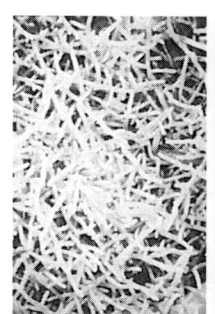

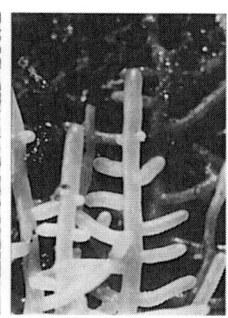

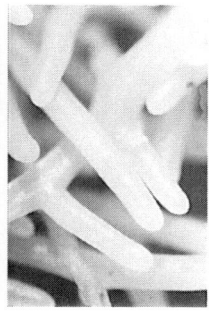

写真 4 ベニタケ科の菌根

エリア）などいくつかの属がかかわるが，その全体像はまだはっきりしない．しかし，この特異な生育形によって，いったん確保された場は長期にわたり維持することができる．たとえば，温帯林の土壌表層には，フウセンタケ属のボロ布をまとったような菌根が腐植層に発達する．マントルを包み込み，布状，ネット状に発達した菌糸(写真5)は，腐植を包み腐植に包まれながらマットへと発達する．このマットは，疎水的 (hydrophobic) な性質をかかえ，*H. setchllis*（ヒステランギウム・セチリス）では，窒素，リン，カリウム，カルシウム，マグネシウムなどの濃度が高く (Entry et al. 1991 b)，マット上の腐植の窒素濃度は対照区より明らかに低い値を示すなど (Entry et al. 1991 a)，土壌表層に独特な環境を作る．

落葉広葉樹林によくみられる外生菌根菌クサウラベニタケ (*Rhodophyllus rhodopolius*) も，土壌表層に厚いマットを作る (Okabe 1998)．子実体の分布をマップ化する

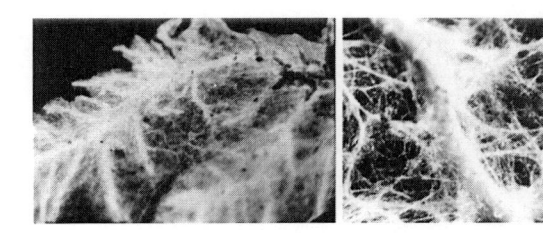

写真 5 フウセンタケ属の菌糸をまとう菌根

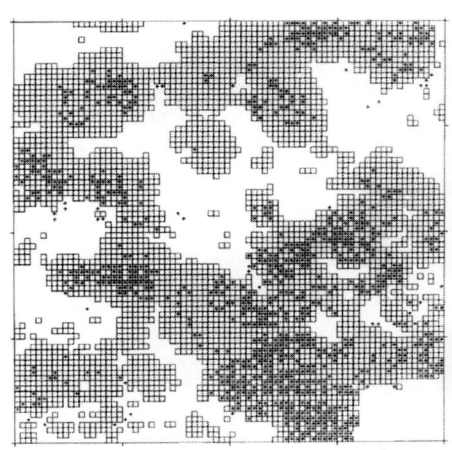

図 1 クサウラベニタケの子実体発生とマット位置図
子実体は矢印，マットは正方形．

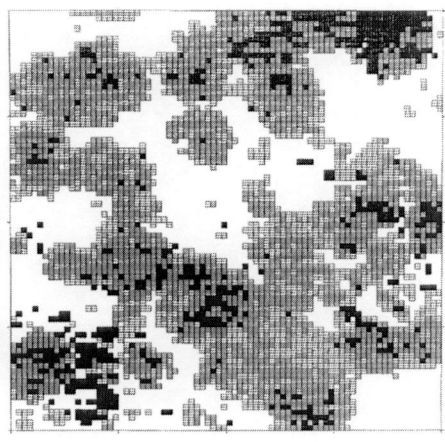

図 2 クサウラベニタケのマット厚さの分布
マット（正方形）の厚さを濃淡（1 cm（白色）から5 cm 以上厚（濃色）まで5段階）で表す．

には，できるだけ小さな区画（ここでは 5×5 cm）に現れた数を調べるとよい（図 1）．マットを調べる小区画は 10×10 cm とし，その中央で厚みを調べた．ここでは，8×8 m のプロットに広がるマット上に 90% 以上の子実体が発生し，マットの平均厚さ 3.2 cm，最大 6 cm，マット体積は約 188 m^3 ha^{-1} の大きな値を持つコロニーを作っていた（図 2）．マット形成は水平方向と垂直方向に拡大する．水平の動きをみると，隣あった小区画間のマット厚さの差が 1～2 cm となっている部分が 95% に達し，全体にゆるやかな起伏を描いていた．コロニーの中心と思われるところではマットが劣化していた．これは，マット齢を知る手だてとなろう．一方，垂直方向では，落葉の供給が一定期間菌根の展開を許す層を作り，マットの発達を支え，上下方向にそれぞれマット厚さの限界に近づく．すなわちこの菌は，新鮮落葉から腐植に至る層をうまく利用していた．マット形成菌は，同所滞在型といえ，一面覆うことができるのは，上方から繰り返し新鮮なリターの供給があるからと考えられる．

これら疎水的性質を持つものに対して，親水的(hydrophilic)なものもある．*Cg* やイボタケ（*Thelephora terrestris*）は親水性を持つ．乾燥した腐植からいち早く養水分を取り入れるのに有利なのかもしれない．

e．長期滞在：シロ型移動

鉱物質土壌中にシロと呼ばれる高密度の菌糸域を築くグループで，小川（1978）はマツタケ（*Tricholoma matsutake*）とその近縁種を含めて紹介した．その他ウスタケ（*Gomphus floccosus*）やその近縁種，ホウキタケ（*Ramaria botrytis*）やイボタケ（Thelephoraceae)科にもみられる．シロは移動する特徴を持つ．マット型と似た点は，シロ内部の水環境の制御で，違いは土中のシロでははっきりとした"いや地化"が起こる点にある．また，マットが数多くの競合微生物の中で形成されるのに対し，シロは鉱物質という微生物相の貧弱なところで発達する．マツタケは，外側に向かってほぼ一定の幅でしかも環状に発達するので，そのシロ齢の推定が可能とされる．

f．長期滞在：モグラとの共存

地下深いところでモグラ営巣圏の衛生機能を担う好アンモニア性の外生菌根菌ナガエノスギタケ（*Hebeloma radicosum*）は，長期にわたり同じ所で生活する（Sagara et al. 1993）．モグラ営巣圏でのきわめて特異な滞在戦略は，ナガエノスギタケが獲得した，他種が代替できない機能による．つまり，エネルギー源を樹体から得て，不足がちな窒素源をまかない，シロの維持では問題となったいや地の克服を可能とし，同じ所で長期にわたって生活する．

他の菌が棲息できないところで根と共生する，次のような事例もある．

g．特異な基物を好む

決まった場所，特定の基物（substrate）にキノコや菌根をみることがある．ここでは

その場所が腐朽材という例である．材上にキノコを形成するのは，単に子実体発生のときだけ，もしくは偶然というわけではなく，材中での栄養繁殖も盛んである点で特異的といえる．チョウジチチタケ（*Lactarius quietus*）は，しばしば林床に横たわる褐色腐朽材中に展開する根と共生し，その材上に子実体を作る．このチチタケ属にはほかにもこれと似た例が多く，生きた株の腐れ部位に発生するものもある．この属は，ほとんどが絶対共生種とされ，リグニン（lignin）やセルロース（cellulose）を分解できないが，フェノールオキシダーゼを作る（Hutchinson 1990）．その機能は，植物が持つ，リグニンなどに由来するフェノール類の毒性に対して防御する能力を示すことであるという（Kuiters 1990）．本菌は，培地上に褐色腐朽材や白色腐朽材を置いても増殖する．しかし，花崗岩質土壌では生育不良となり，コブタケと逆の性質を示す（岡部ほか 1994）．そのほかに，ベニタケ属，イグチ科（Boletaceae）やオニイグチ科（Strobilomycetaceae）に同じ生態的特性を示すものがあり，いずれも子実体発生を材上にみることができる（写真 6）．腐朽材は一般の微生物には利用されにくいが，ここに挙げた菌はこれをうまく利用している．

上述した好アンモニア菌（ammonia fungi）のほか，落葉広葉樹林の厚い新鮮落葉があるところで特異に発生するキツネタケ属の一種（岡部 未発表），炭環境を好むショウロ（*Rhizopogon rubescens*）やホンシメジ（*Lyophyllum shimeji*）など，特異な生育環境を好むものがいる．

h．宿主範囲の広い AM 菌

この栄養体の生育形は，根から出て太く長く伸びる走出菌糸（runner hyphae）とそこ

写真 6 材上にみる子実体
チョウジチチタケ（*Lactarius quietus*）（左上），*Boletus* sp.（中上），*Laccaria* sp.（右上），*Cortinarius* sp.（左下），オニイグチ（*Strobilomyces strobilaceus*）（中下），ドクベニタケ（*Russula emetica*）（右下）

から細く多分岐しネットワークを描く吸収菌糸（absorbing hyphae）に特徴を見出せる（Allen 1991（中坪・堀越訳 1995））．前者は細胞壁が厚く，離れた根に到達することができ，後者は細いものでは直径 2 μm で土壌や基物内に入りこむことができる（Fries & Allen 1991）．2種類の生育形は前述した *Cg* のそれに似る．根面や侵入時，それに根内での菌糸の展開は種によっていくつかの型に分かれるので（Abbott et al. 1992），競合する場面では宿主の細胞形態や生理とともにその生育形が影響するかもしれない．

　AM菌の宿主範囲は広く，生態的特異性（ecological specificity）を取り除けば，宿主となりうる数はおそらく予測がつかない．これまでのところ，限定された土壌や環境のもとで調べられたにすぎず，気候風土を越えてなお分布域を広げているこれらの共生戦略は興味深いものがある．

i．根を切り取る：多年生の根粒

　ここまで植物の根と共生する菌類について話を進めてきたが，細菌（放線菌目）のなかにも植物根に共生するものがある．ヤマハンノキ（*Alnus hirsuta* var. *sibirica*）の根に根粒を形成する放線菌 *Frankia* 属菌もその一例である．この放線菌による根粒の着生をみるために，その樹冠下で深さ約 10 cm に 50×50 cm の不織布を二重に置き，布間にその根を展開させた（Okabe 1998）．1年後には大量の根粒が形成され，設定時の土壌攪乱がもたらした影響があるものの，土壌中に大量の接種源を認めた．根粒菌は，宿主を離れてなお接種源能を維持していたことになる．次の年になると外生菌根菌が扇状に押し寄せ，この場を覆ったが，その次の年には消えてしまった．根粒も数が少なくなったが，残ったものは成長し続け，その後部の根の成長が低下し，ときに消滅した（写真 7）．

　根粒形成にかかわる放線菌と菌根形成にかかわる菌類との繁殖様式の違い，そして両者が出会った場合の競合例がここにあった．宿主から得られる炭水化物を根粒へ流すた

写真 7　ヤマハンノキ 6 年生根粒
根粒先端方向の根径が細く，やがて消失するものもある．

め，その根粒後方の根は前方に比べて細い．根粒が発達すると後方の根系はしばしば消滅する．菌根形成は細根を舞台とするので，根粒のいち早い形成や太い根に着生し続けることによってその舞台となる細根が得られず，また菌根形成ができたとしてもエネルギーが十分に供給されないなど，根系の争奪では根粒有利の場面がみられる．

胸高直径 46 cm のヤマハンノキ周囲を囲むように 16×16 m のプロットを作り，各小区画（20×20 cm）の根粒量を調べたところ，分布は深さ 20 cm までで，大小 7000 個に達する根粒が形成され，土壌表層を走る太い根に沿って増殖していた．土壌が深く肥沃なところでは根粒が集中し，サイズも大きく，数も多かったが，一方，土壌が浅いところでは根系が遠くに伸び，根粒は分散し，比較的小さく，数も少なめであった．この根粒は，多年生で直径 10 cm にも達するが，成長するにしたがって活性低下し，樹体が抱える根粒体積の 50% は 5 mm 以下の小さな根粒であった．これらの大量の根粒はすべて深さ 20 cm 未満であり，これより深いところで形成されることはなかった．根粒の発達は土壌表層に限られるが，菌根はこの値より深い位置からも確認される．

2.3.3 生殖後のゆくえ
a. 地下生菌のベクター

キノコを地下で作ったり，ときには成熟時のみ地上に顔を出すグループを地下生菌（hypogeous fungi）という．掘らないと手にすることができないものは大層面倒なこともあって，その生活は謎に包まれているものが多い．よく知られているトリュフ（*Tuber* spp.）や，わが国でも海岸のクロマツ（*Pinus thunbergii*）にみられるショウロ（*Rhizopogon* spp.）がこの類である．

マツタケのように，地上にキノコをつくる地上生菌（epigeous fungi）の多くは風，動物，偶発的な作用によって胞子の拡散が可能である．しかし，土壌中で成熟するキノコはそうはいかない．その胞子の拡散は，とくに土壌中にキノコを作るものに共通した方法がある．ベクター（vector：胞子の運び屋）として動物を選び，キノコは動物を引きつ

写真 8 地下生菌の子実体
イモタケの大型動物による食餌(a)，シロセイヨウショウロ子実体(c)を食餌し外皮を残すナメクジ (b)．

ける特別な「匂い」を持つ．トリュフ探しに豚が使われるのもそれゆえで，同じくショウロも強い匂いを持つ．ジャガイモそっくりの大きなジャガイモタケ（*Tirmania* sp.）になると大型哺乳動物が掘り起こして食べ，チチタケ属の地下型である *Zelleromyces*（ツェレロミセス）属やトリュフの仲間のシロセイヨウショウロ（*Tuber magnatum*）が地上に顔を出すと，ナメクジがこれを食す（写真8）．胞子は，腸内で発芽を促す過程

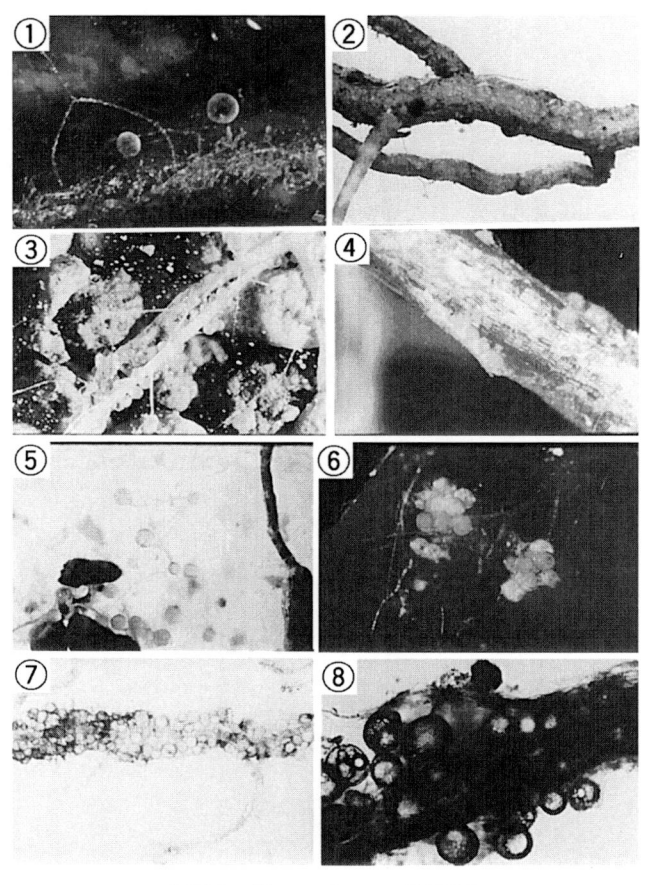

写真 9 *Glomus clarum* の胞子形成
シャリンバイ（*Raphiolepis umbellata*）根面①と根内②，アルファルファ（*Medicago sativa*）③とカンレンボク（*Camptotheca acuminata*）④の根面に形成．アルファルファ⑤とサルビア（*Salvia splendens*）⑥の根面，根内，ススキ（*Miscanthus sinensis*）⑦の非根圏で塊状形成，ニラ（*Allium tuberosum*）根とともに水中で形成⑧．

（Pacioni 1989）を経て，離れた場所でまとめて散布される．

ナメクジをはじめ土壌小動物は，地上生のキノコでも食べることが多いので，決して地下生菌独特でも菌根菌に限られた分散方法でもないが，地下では菌食小動物（mycophagous small animal）が繁殖の鍵をにぎっている．

b．AM菌（＝VAM菌）の大きな胞子

繁殖体には，厚膜胞子（chlamydospore），単為接合胞子（azygospore）や出芽胞子（blastospore）（網状胞子（dictyospore））そして接合胞子（zygospore），土壌中ののう状体（soil borne vesicle），菌糸や菌根があげられる．AM菌は，分離，培養できていないこともあり，繁殖様式や生活史はわからないことが多い．しかし，胞子の発芽は比較的多くの種類で観察でき，また土壌や養液栽培のもとで感染根を追跡することができる．

その胞子を，たとえば *Glomus clarum*（グロムス・クラルム）は，根の中，根面，土中，そして水中でも作り（写真9a, b），*Gigaspora gigantea*（ギガスポーラ・ギガンテア）は，土壌中で胞子を形成するとされるが，しばしば枯死根内など植物遺体の中に形成し，ときには古い胞子と寄り添うように形成する（写真10）．胞子形成一つをみても種によって様々である．

菌類の中でも飛び抜けて大きいAM菌の胞子は，大量の脂質や炭水化物を貯蔵し，発芽後は根に到達しなくても2〜3cm成長することができる．しかしながら，この胞子の核数は，数千個から数万の桁に上がるとも推定されており（Smith & Read 1997），また

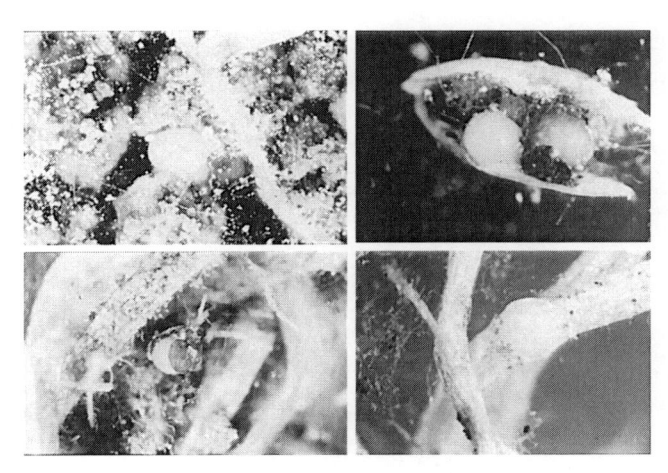

写真10 *Gigaspora gigantea* の胞子形成
アルファルファ根に接触（左上），もみがら内に古い胞子，新しい胞子が混在（右上），ザクロソウ（*Mullugo pentaphylla*）の種子殻内（左下），枯死したアルファルファ根内（右下）に形成．

その生態的特性もわからないことが多い.

　この仲間は接合菌類という下等菌類で,近縁種のケカビなどの増殖力は際だっており,AM 菌が絶対共生であっても増殖力という点では似た側面がある.栄養体の増殖と胞子生産が比例しないこともあるが,数個の胞子を芽生えに接種して,半年後には数千個の胞子が得られることも珍しくない(岡部ら 1994).宿主からのエネルギー供給は,この驚くべき増殖力を支える.

c. 根粒菌の拡散

　Frankia 属菌の場合,繰り返し根粒が形成されるためには,接種源を分散させる必要がある.成熟した根粒はやがて崩壊する.各細胞内で成熟した胞子のう(sporangium)やのう状体(vesicle)は,宿主細胞からユニット状の塊となって外へ放り出される(Okabe 1998).このユニットを運搬するのは,ミミズなど腐植をこなす土壌動物,それを食べるネズミなどが考えられる.その移動は,樹冠の幹のくぼみに発生したヤマハンノキ芽生えの根粒,木からかなり離れた位置におけるミミズの糞を用いたヤマハンノキ芽生えの根粒形成などに認められ,おそらく様々なベクターを介して分散していると思われる(岡部 未発表).(土壌)動物による分散は,上に述べた地下生菌や根粒菌だけでなく,すべての菌類が対象となると考えてもおかしくない.事実,かなり大きな AM 菌の胞子でも動物による分散が確認されている(Reddell & Spain 1991).

　以上の共生舞台をざっと見渡すと,根の機能を高める相手が担子菌であれば根状菌糸束が遠征力をもたらし,接合菌であれば素早さを与え,子のう菌であればおそらく細やかな対応によって活力のある場を作り,放線菌であればやたらに身をばらまき根をねらう.確かに得意技がある.

　しかし,共生するといっても,植物が微生物と一対一で生活しているわけではない.一つの根系は,種類の点でも量的にも多様な菌を受け入れている.一方,菌側からみると,入り組んだ植物の根系をまたぐように菌糸を伸ばし異種同種の植物の根系を結びつけてしまう,いわば自身の代謝系に取り入れてしまうかにみえる.宿主の衰退が生じた場合でも,問題なく近接する根を使うことになるであろう.菌の広がり尺度は,植物のそれとは違う.菌は与えられた機会を最大限活用する生き方に徹している.共生とはいっても,エネルギーフローの大動脈は植物側から菌に向かう方向に流れているので,菌の生存戦略はいかにその権利を獲得するかにかかっている.

　　　　　　　　　　　　　　　　　　　　　　　　　　　　　　　　　(岡部宏秋)

BOX　微生物の分類体系は激変中

　多岐にわたる生物学の研究者が，その研究分野を超えて共通して挙げる座右の書があるとするなら，それは岩波書店の『生物学辞典』ということになろう．この辞典は1960年に初版が刊行されて以来，1977，1983，1996年に版を改め，最新の1996年版は第4版である．この辞典の巻末には初版から付録として生物分類表が載せてあり，そこでの細菌，菌類などの取り扱いをみると，20世紀後半だけに限っても微生物の分類体系に大きな変化があったことが理解できる．

　とくに細菌に限ってみると，第3版と第4版の間では，原形をとどめぬまでの激変が生じていたことが明らかである．それまで，形態的特徴の少ない細菌の分類には，生理・生化学的性質が重きをなしていた．細菌から動・植物にわたるすべての生物の系統関係を探る共通の"物差し"としてリボソームの小サブユニットの16 SrRNAを選び，その塩基配列にもとづき原核生物の系統樹を発表したのはイリノイ大学のWoeseとFox (1977) であるが，そこで彼らが見出したのは，それまで細菌類としてひとくくりにされていた原核生物の中に，まったく性質の異なる2つのグループ，真性細菌 (eubacteria) と古細菌 (archaebacteria) が含まれるという事実で，それぞれが動・植物を含む真核生物 (eukaryote) に対応する大きなまとまり (Domain) をなすと考えられるようになった．それまで，全く異なった生息域を持ち，それぞれ特有の生理・生化学的特徴を備えたメタン生成細菌や，高度好塩細菌，好熱好酸細菌などは，共に古細菌の中にグループ化された．一方，細菌と別扱いされることの多かった放線菌やシアノバクテリア（ラン藻）はそれぞれ，真性細菌のグラム陽性高GC含有細菌類とシアノバクテリア類として位置づけされることになり，分類体系は一新されることになった．

　同様の視点で，いわゆる菌類を含む真核生物についても系統分類の手法が取り入れられ，この10年ほどで分類体系には界(kingdom)の見直しを含む大幅な変更が行われた．かつて菌類はすべて菌界（菌類界）に属し，大きくは変形菌門と真菌門に分けられ，真菌は鞭毛菌類，接合菌類，子のう（嚢）菌類，担子菌類，不完全菌類という亜門に分ける方式が主流であった．このうち鞭毛菌類は系統的に単一ではなく，これを卵菌類，サカゲツボカビ類，およびツボカビ類の3群に分けることは1980年代から唱えられていたので，前出『生物学辞典第3版』では，菌類を，細胞性粘菌，ラビリンチュラ，卵菌，サカゲツボカビ，ツボカビ，接合菌，子のう菌，担子菌の各門と不完全菌類に分ける方式が採用されていた．1990年代はじめに，それまで菌類とされていた生物は栄養を吸収するか摂食するか，細胞壁の組成がセルロースかキチンか，その他細胞微細構造や代謝系の違いなどによって，界の異なる3グループに大別されると考えられるようになった．変形菌の細胞性粘菌類，変形菌類，およびネコブカビ類は原生生物界に，サカゲツボカビ類，卵菌類，およびラビリンチュラ類はクロミスタ界に移され，残りのツボカビ類，

接合菌類，子のう菌類，および担子菌類が菌界に所属することになった．したがって，厳密には菌類とは，この菌界に属する生物をさすことになる．しかし，現在の日本語では広義の「菌類」として，かつて菌類と呼んでいた生物をも含む使い方もされている．

また，不完全菌類の位置づけについては，もともとその他の分類体系とは異なるものであり，他の門と同列に扱うことはできないため，この扱いについては多少見解が分かれている．『生物学辞典第4版』では不完全菌を門ではなく「類」という語をつけながら便宜的に門レベルに並べて掲載してある．これは，菌類の分類に関する規約である国際植物命名規約では，不完全菌類としての学名は，他の門の菌につけられた学名と同等に有効である，という立場をとっていることにもとづいていると思われる．一方，菌類のバイブルとでもいうべき"*Ainsworth & Bisby's Dictionary of the Fungi*"(8 th edition)では，不完全菌類は単系統的な単位ではなく子のう菌または担子菌のアナモルフであり，本来の所属は現代のテクニックで割り当てることができる，として正式な分類群から除外している．さらに従来の不完全菌類に対して Deuteromycotina という呼称は廃止され，Mitosporic fungi という語を用いている．今後，分子系統的な分類法が確立して，アナモルフしかない種類の菌でも他の菌のテレオモルフと同一レベルで分類できるようになれば，いわゆる不完全菌としての命名は行われなくなる傾向になっていくだろう．

（二井一禎・島津光明）

2.4 樹木の成長と菌根

　学校の理科の時間には，タマネギなどの根に根毛がびっしり生えている写真を見せられて，植物は細かな根毛によって吸収面積を広げ，養分を効率よく吸収していると習う．なるほど，植物はいろいろな工夫をして生きていると思ったものだが，実際に野外でマツやブナといった樹木の根を掘ってみると，沢山の根毛がついた若い細根に出会うことは少なく，菌糸に覆われた色とりどりの美しい菌根（mycorrhiza）が見つかる（写真1）．実は森林の樹木はすべて，根毛ではなく，菌根菌と共生することで，効率的に養分吸収を行っている．菌根菌（mycorrhizal fungi）は土壌中の養分や水分の吸収促進以外にも，耐病性の向上や光合成産物のシンク（sink）など，樹木にとって重要な役割を果たしている．一方で，菌根菌にとって植物は炭水化物のおもな供給源であり，土壌中より吸収した養分のシンクでもある．土壌中の養分が過剰ではない条件下で菌根菌の接種が樹木の苗の成長を促進することは多くの試験によって示されてきており，樹木と菌根菌は相利共生的関係にあると考えられている（Smith & Read 1997）．

　樹木の菌根は，おもにその形態によって五つに分けられている．外生菌根（ectomycorrhiza）はおもに担子菌類と子のう菌類によって形成され，細根を覆う菌糸からなる菌鞘（sheath または mantle）と根の細胞間隙に侵入した菌糸構造であるハルティッヒネット（Hartig's net）がその特徴である（写真2）．外生菌根は，マツ科（Pinaceae），カバノキ科（Betulaceae），ブナ科（Fagaceae），フトモモ科（Myrtaceae），モクマオウ科

写真 1　落葉の下にできた塊状の外生菌根
　　　　菌根の太さは 0.5 mm 程度．

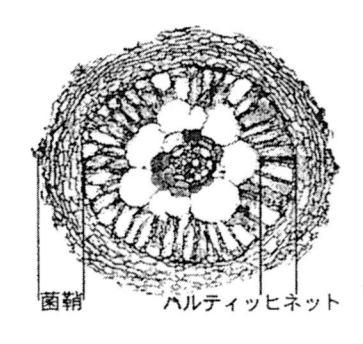

写真 2 外生菌根の切片
根の周りを覆う菌鞘と根の皮層細胞の間隙に侵入した菌糸よりなるハルティッヒネットが見える.

(Casuarinaceae)などに属する多くの樹種に形成される．テングタケ科（Amanitaceae）やイグチ科（Boletaceae），ベニタケ科（Russulaceae）などに属する菌根菌が外生菌根を形成し，その数は5000種を越えると推定されている．マツタケやトリュフなど高価な食用菌類の多くも外生菌根菌である．アーバスキュラー菌根（arbuscular mycorrhizaまたはAM）は，接合菌類のGlomales（グロマレス）目に属する約150種類の菌によって，他のタイプの菌根を形成する種類を除くほとんどすべての植物に形成される．AM菌は根の細胞内に侵入し，樹枝状体（arbuscule）および小胞（vesicle）を形成する．最も一般的な菌根で，樹木についても大半の樹種はアーバスキュラー菌根性である．ericoid（エリコイド）菌根はツツジ科（Ericaceae）植物に形成され，子のう菌の菌糸が毛根の細胞内にコイル状に侵入する．内外生菌根（ectendomycorrhiza）は菌鞘とハルティッヒネットという外生菌根の特徴と，細胞内への菌糸の侵入という内生菌根の特徴の両方を持っている．arbutoid（アルブトイド）菌根はツツジ科 *Arbutus*（アルブトゥス）属の樹木に形成されるもので，形態的な特徴は内外生菌根とほぼ同じである．

　これまでに樹木の菌根については多くの研究がなされてきているが，その多くは外生菌根についてのものであり，アーバスキュラー菌根などについての研究は比較的少ない（Klironomos & Kendrick 1993）．これはおもに，温帯から亜寒帯にかけての主要な植林樹種の多くがマツ科，ブナ科，フトモモ科などに属し，これらのほとんどが外生菌根性であったことによるものである．樹木の成長にとっての外生菌根菌の重要性が広く認識されたのは，1920年代後半にオーストラリアや熱帯などで，外来樹種であるマツを植栽する試みが当初失敗し，のちに外生菌根菌の接種によってはじめて植林が成功するようになったことによる．温帯から亜寒帯に優占する多くの樹種は外生菌根性であるのに対して，熱帯地方ではアーバスキュラー菌根性樹種が大半を占めており，マツなどの外生菌根性樹種を植栽する場合には菌根菌の接種が必要であったためである（Mikola 1973）．Frankが1885年に菌根という用語をはじめて用いたことから考えて，比較的早期に外生菌根の重要性は広く認識されたといえる．これに対して，アーバスキュラー菌根が植

2.4.1 樹木の細根の役割

　樹木の成長というと，地上部の葉や光環境が最も大きな役割を果たしているように思える．もう一つの重要な環境要因として地下部の養分条件が挙げられるが，細根や土壌養分条件は，葉に比べて一体どの程度重要なのであろうか．菌根について述べる前に，その前提条件となる樹木の成長に占める細根の重要性を，いったい樹木は根にどれくらい投資しているのかという観点からみてみよう．

　森林生態系における細根（幹や枝にあたる直根や側根などの支持根ではなく，短期間に枯死し，養分吸収を行う，葉にあたる細い根）量や根の呼吸量についての正確な測定は困難であるが，RaichとNadelhoffer(1989)が以下のような推定を行っている．森林が成熟して定常状態にあると仮定すると，年間の土壌中の炭素量は変化しないので，分解に伴う呼吸（heterotrophic respiration）により放出される炭素量 R_h と，土壌に加えられるリター中の炭素量 P_a および枯死根中の炭素量（≒細根中の炭素量，P_b）の合計は等しいとみなされる．すなわち，

$$R_h \fallingdotseq P_a + P_b \tag{1}$$

と考えられる．リター量の測定は比較的容易であるが，分解にともなう呼吸量のみを野外で測定するのは困難である．土壌呼吸 R_s は根の呼吸量 R_r と分解にともなう呼吸量 R_h の合計であるので，

$$R_s = R_r + R_h \tag{2}$$

となり，(1)と(2)の2つの式を組み合わせると，

$$R_s - P_a \fallingdotseq P_b + R_r \tag{3}$$

となり，根への炭素の流入量（≒$P_b + R_r$）を土壌呼吸量 R_s とリター量 P_a から推定することができる．世界の森林について土壌呼吸量と落葉量を測定した論文からデータを集めたところ，土壌呼吸量 R_s とリター量 P_a は相関し，次の一次回帰式で表すことができた（ただし，土壌呼吸量の範囲は200〜1500 C g m^{-2} year^{-1}，落葉量の範囲は50〜750 C g m^{-2} year^{-1}）．

$$R_s = 2.92 \times P_a + 130 \tag{4}$$

(3)と(4)の式より，リター量と根への炭素の流入量の関係は次のようになる．

$$P_b + R_r = 1.92 \times P_a + 130 \tag{5}$$

これはリター量の約2倍の炭素が，細根の呼吸と生産により毎年消費されていることを示している．

根への炭素の流入量のうち，根の呼吸量を切り離して細根の生産量だけを正確に推定することは困難であるが，およそリター量の8割程度から2倍程度の範囲であると考えられている（Nadelhoffer & Raich 1992；Ruess et al. 1996）.

このように，地上部で葉が大量に生産され，光合成を行っているのと同様に，地下部では細根が大量に生産され，養分吸収を行っており，その重要性は勝るとも劣らない．そして，森林の樹木では，この細根のほとんどは菌根であり，養分の大部分は菌根菌を通して吸収されている．

2.4.2 根の吸収機能の拡張

樹木にとってもっとも重要な菌根の機能である養分吸収は，菌根から土壌中に伸びる外部菌糸（extramatrical hyphae）が果たしている．菌根は土壌中の孔隙に多く分布しており，直接土壌に接しているものは少ない．このことは菌根それ自体が土壌養分の吸収を行うのではなく，そこから伸びている菌糸がおもに養分吸収を行っていることを示唆している．

菌糸と細根の最大の違いは，その太さにある．細根の直径が1mm前後であるのに対して，菌糸の直径はその100分の1以下の数〜10 μm程度でしかない．単純に円筒形として計算すると，同じ長さあたりの体積の比は細根1に対して菌糸は10000分の1，表面積の比は100分の1であり，菌糸を使えば細根と同じ表面積を得るために必要な体積は100分の1ですむことになる．さらに土壌中の微細な孔隙を通って伸長する場合の物理的抵抗なども考慮に入れれば，菌糸の効率はさらに高いと思われる．

実際に，細根に比較して，菌糸はどの程度土壌中に分布しているのだろうか．Read (1992)は，マツの苗に外生菌根菌のアミタケ（*Suillus bovinus*）を接種し，細根量と菌糸量の測定を行ったが，菌糸と根の長さの比は1000〜8000：1となり，土壌1cm^{3}あたりの菌糸長は2000mにもなることを示している．一方，根の長さは土壌1cm^{3}あたり1〜10cmにすぎない．菌糸の表面積は少なくとも根の200倍になるが，その体積は根の2倍にすぎない．Rousseauら（1994）は，菌根菌の菌糸は土壌中の吸収器官の乾重量の5％を占めるにすぎないが，吸収面積では75％を占め，長さでは99％を占めることを示している．アーバスキュラー菌根菌についても同様に，多量の菌糸が土壌中に伸びており，砂丘の草本植物の例では，菌糸の長さは砂1gあたり12m，感染根1cmあたり592mという大きな値が報告されている（Sylvia 1986）．また，土壌中の養分は均一に分布しているのではなく，養分の豊富な場所がパッチ状に散在しているが，こうした場所に菌糸はより多く繁茂し，養分吸収を活発に行うことが知られている（Finlay & Read 1986 a, b）．さらに，土壌中に散在する養分が豊富な場所と根の間は外生菌根菌の場合は菌糸束で，アーバスキュラー菌根菌の場合は普通の菌糸よりも太い走出菌糸（run-

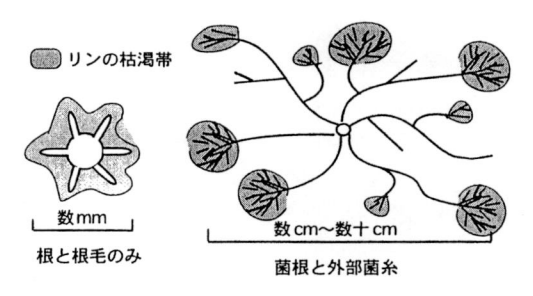

図 1 菌根菌の外部菌糸による吸収範囲の拡大

ner hyphae) によってつながれており，養分吸収とその輸送を行う菌糸はそれぞれ効率よく分化している (Allen 1991).

このように，菌根菌との共生によって養分吸収のための表面積が大きく増加するが，これはとくに鉄やアルミニウムと結合し不可給態の形で存在しているリンの吸収において重要な意味を持つ(図1)．普通の根が利用できるリンは根の周囲数 mm の範囲に限られており，すぐに欠乏してしまうのに対して，菌根菌の菌糸はより広い範囲に密に広がり，養分の吸収を行うことができる．また，外生菌根菌は酸やキレーターの分泌によって，リンを可溶化することが知られており，外生菌根の場合，非菌根の吸収量に比べてリンの吸収が数倍に増加することが示されている (Harley & McCready 1950)．アーバスキュラー菌根の場合にも，リンの吸収は顕著に促進され，未感染根に比べて 10 倍以上になる場合が報告されている (Mosse et al. 1976).

窒素やカリウムなど水に溶けやすく，濃度勾配によって容易に移動する養分についても，表面積の増加による養分吸収効率の向上は，他の植物や微生物との競争を考えた場合重要である．とくに，外生菌根は腐植や微生物が多く存在する土壌表層に多く分布するが，そこでは窒素の多くはタンパク質などの有機化合物として存在している．植物の根が利用できないアンモニア，アミノ酸，タンパク質などを外生菌根菌は窒素源として利用できるので，菌根の形成により植物は有機態窒素を菌根菌を通して利用できるようになり，成長が促進される (Abuzinadah & Read 1989)．また，菌根を形成した植物は菌根のついていないものに比べて乾燥耐性が強いが，これは養分と同様に水分吸収能も向上するからである (Duddridge et al. 1980).

2.4.3 根の保護

土壌中には菌根菌のように樹木の根と共生関係を結んでいる微生物以外にも，寄生的な病原菌も存在している．菌根菌はこれらの病原菌から根を守る機能も持っている．外生菌根では，菌根菌の菌糸は細根を完全に覆っており，物理的に病原菌の侵入を防いで

いるのに加えて，病原菌に対する抗菌物質を外生菌根菌が生産したり（Sylvia & Sinclair 1983），菌根の形成にともない抗菌作用を持つ宿主の根のフェノール物質の濃度が高くなることも病原菌に対する抵抗性の向上をもたらしている（Duchesne et al. 1987）．

アーバスキュラー菌根の場合，病原菌に対する抑制効果は外生菌根の場合ほど明解ではないが，アーバスキュラー菌根に対する病原菌の *Fusarium*（フザリウム）の感染は菌根菌が感染していない根の3割程度に抑えられるなど，アーバスキュラー菌根菌の感染が発病の抑制を行う場合が知られている．感染抑制のおもな機作としては，養分条件の改善にともなう根の活性の向上が考えられているが，一部の例では，細胞壁のリグニンが増加するなどの生理的，形態的変化も観察されている（Linderman 1994）．

2.4.4　菌根形成と樹木の成長

菌根菌の感染が植物の成長に及ぼす効果は，土壌養分条件や光条件によって大きく影響を受ける．図2にリン濃度と成長の関係を示したが，土壌中のリン濃度が低ければ（この実験に用いた土壌の場合，肥料なしで可給態リンの濃度は 10 ppm 弱），菌根菌の接種は大きな効果をもたらすが（低濃度では接種苗は対照区の3.5〜9倍の成長を示した），リンの濃度が高くなるにつれて接種の効果は小さくなる（高濃度ではその差は 1.2 倍しかない）．また，根の生育も菌根の形成量もリン濃度が高くなると抑制される．植物の成長は養分濃度が高くなるにつれて増加するが，ある程度で飽和する（MacFall & Slack 1991）．コーヒーの木（*Coffea arabica*）などのように，リンの吸収を菌根菌に完全に依存している植物では，土壌中のリン濃度を上げても菌根菌が感染しない限り生育は改善されないため，接種の効果は養分濃度が高い方が大きく出る．普通の森林土壌のリン含量は 100〜数 100 ppm であり，そのうち可給態リンの割合は数 % 以下であることが多く，菌根菌の感染効果が顕著に現れる領域（数〜20 ppm 程度）である（実際は逆で，自

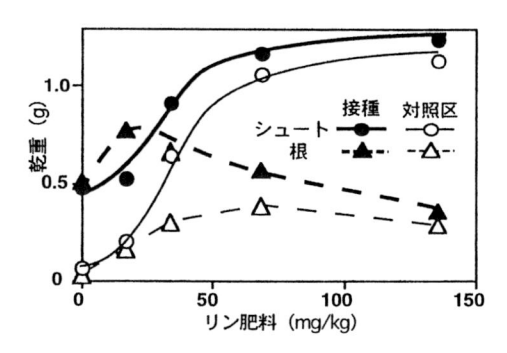

図 2　菌根菌の接種効果とリン濃度の関係
　　　（MacFall & Slack 1991 より改変）

然土壌のリン含量で感染効果が大きくなるような共生関係ができてきたと考えられる）．菌根形成による植物側の利益は，養分吸収の向上がおもな要因なので，養分吸収の向上によっても必要な量の養分が吸収できないような極端に低い養分条件下では菌根形成の効果は小さく，逆に，養分が非常に豊富で，根だけで必要な養分を十分に吸収できる条件下でも菌根の形成の効果は小さい．このような関係は他の元素についても同様である．

　ここまでは菌根共生における植物側の利益について述べてきたが，そのコストについてはどうなっているのだろうか．植物にとってのコストは，菌根菌によって消費される光合成産物量（＝菌根菌側の利益）として表すことができる．同位体の ^{14}C を用いて，菌根のついた植物と未感染の植物について根への光合成産物の転流量を比較すると，菌根のついた植物では数十％多い炭素が根に転流することがわかっている．そして，純生産量の約6〜30％が菌根菌によって消費されていると考えられている（Ek 1997；Rygievicz & Andersen 1994）．これは野外で，菌根菌を含むバイオマスの調査から，純生産量の約15％程度を菌根菌が消費していると推定した結果（Vogt et al. 1982）とも大体一致している．バイオマスとしては菌根菌の菌糸は根の数％程度を占めるにすぎないが，多量の光合成産物が供給されており，菌根共生のコストはかなり高いと考えられる．このように，菌根の形成は多量の光合成産物を必要とするため，光が多い方が菌根の形成量は多くなり，光不足では菌根の形成は抑制されること（Ekwebelam & Reid 1983；Ferguson & Menge 1982）が知られている．

　植物の成長促進はこのコストと利益の釣り合いによってもたらされているので，水耕栽培を行い，菌根菌なしでも根から充分な養分が吸収されるような理想的条件下でヨーロッパアカマツ（*Pinus sylvestris*）を生育させた場合には，菌根菌を接種した苗木では数か月間で20％程度の成長率の低下が観察されている（Nylund & Wallander 1989）．これは，植物にとっての利益がほとんどないために，菌根共生のコストが直接植物の成長の低下として表れたと考えられる．このとき，対照区と接種区の植物体中の養分濃度には差がなかったにもかかわらず，接種苗の光合成活性は最高3割程度増加していた．これはシンクの増加や菌根菌による植物ホルモン生産などによる光合成活性の促進が生じていることを示しており，菌根菌が，得られる利益を大きくしようと植物に働きかけているともいえる．

　養分吸収の効率や植物にとっての利益は菌根菌の種類や環境条件によって異なるが，共生を維持するために必要とした炭素量をコストとし，菌根形成によって余分に固定した炭素を総利益，総利益−コストを純利益，さらに純利益÷総利益を効率とすることで，その比較が可能である．一般に養分の供給が限られている条件下では，菌根形成は利益の方が大きく，養分の供給が潤沢な場合にはコストの方が大きくなるといえる（Smith & Read 1997）．

2.4.5 菌根菌の利用

はじめに述べたように，菌根の研究の目的の一つは植林における利用であり，これまで様々な植林試験が行われてきた．外生菌根菌を接種し野外に植栽した場合の例を図3に示した(Valdes 1986)．野外や苗畑では苗木を無菌状態に保つことは困難であり，自生の菌根菌の感染が対照区の苗木に認められることが多い．この例でも自生の不明種が感染していた．また，接種した苗木の菌根の多くは接種した菌によるものであるが，一部に自生の菌根菌が感染していた．生存率も成長もコツブタケ（*Pisolithus tinctorius*）を接種した苗木で高くなっており，接種による成長促進効果が植栽3年後の時点でも認められている．しかし，キツネタケ（*Laccaria laccata*）の場合は対照区とあまり変わっておらず，接種する菌根菌の種類によって効果は異なることが示された．野外では，養分条件などによって，接種した菌根菌が不適であったり，土着の菌根菌に負けたりして，接種効果が出ないこともみられる．

これまでに行われた菌根菌についての植林試験の結果について，文献などの結果をまとめたところ，669例のうち約半数弱の例で何らかの成長の促進効果がみられ，その他の場合には低下もしくは無効であった(Castellano 1996)．植林試験における菌根菌の利用の多くは外生菌根菌で，樹種についてもマツ科がほとんどであり，アーバスキュラー菌根菌の植林における利用は比較的少ない．外生菌根菌の中ではコツブタケの利用が圧倒的に多く，他にはキツネタケ，*Cenococcum geophilum*（ケノコッカム・ゲオフィルム），チャイボタケ（*Thelephora terrestris*）などが多く用いられている．胞子が大量に得られる，または，培養がしやすい，感染力が強いなどの必要条件から，5000種を越える外生菌根菌の中で実際に利用できる種類は限られている．

樹種によって接種試験の結果は異なっており，モミ，トウヒ，ツガなどでは菌根菌の接種効果があまりみられず，ダグラスファー（*Pseudotsuga menziesii*）については，*Rhizopogon vinicolor*（リゾポゴン・ヴィニコロール）を接種した場合にのみ効果が現れた．もっとも多く試験されてきたマツについても種によって効果は異なり，カリビアマ

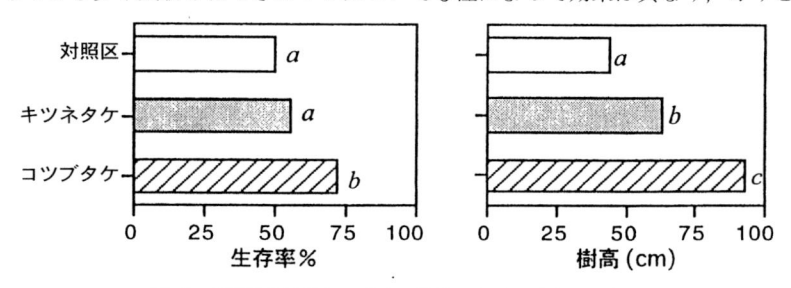

図3 菌根菌を接種した苗木の植栽3年後の生存率と成長
(Valdes 1986より作成)

ツ（*Pinus caribaea*），テーダマツ（*P. taeda*）などでは接種による生育の促進効果が全般にみられるが，バンクシアナマツ（*P. banksiana*）ではあまり効果はみられないなど，種によって接種の効果の出やすさに差がみられる．

アーバスキュラー菌根菌の場合，*Glomus* spp.（グロムス）を接種した場合には効果が出やすく，樹種としてはナンヨウスギ類（*Araucaria* spp.）やかんきつ類（*Citrus* spp.）などで接種による促進効果が認められている．接種苗を野外に植えた場合の効果の有無には，自生の菌根菌との競合が最も大きく影響する．用いることのできる菌根菌が接種源の生産上の制約から限られており，植林する場所に最適の菌根菌を接種しているわけではないためである．そのため，自生の菌根菌との競争に負けて，接種した菌根菌が消えてしまったり，自生の菌根菌よりも効率が悪いなどの理由から，接種効果が出ないことも多い（Tacon et al. 1992）．これに対して，鉱山跡などの自生の菌根菌がいないような場所での植林の場合には，接種の効果は顕著に現れる（Marx 1991）．東南アジア熱帯のスマトラ島で，フタバガキの植林を行った際の例でも，焼き畑跡地などの荒れ地では菌根菌の接種効果が認められたが（菊地・小川 1997），まだ母樹の残っている択伐跡地に植えた場合には効果はみられなかった．

植林地のような比較的単純な条件でも，結果は様々となることから，多数の樹種と多数の菌根菌が共存している森林生態系では，それぞれの菌根菌の効率は大きく異なっていると思われ，植物にとって効率の高いものから，寄生に近いもの，あまり共生関係の強くない腐生に近いものまで，その関係は多様と考えられる．

2.4.6 森林生態系における菌根の役割

野外における個々の森林や樹種の成立要因としての菌根の役割については，まだほとんどわかっていない．しかし，植生の成立に大きな影響を与える緯度または高度の変化は，光や温度などの地上部の環境条件の変化だけではなく，土壌養分の質や量についての変化をともなうという観点から，大きな意味での植生や森林タイプと土壌養分条件および菌根のタイプの関係について，Read（1993）は次のような説を述べている．

菌根タイプの変化は，土壌中のリンおよび窒素含有量と，腐植中のリンおよび窒素含有量に依存していると考えられ，腐植が少なく土壌中のリン濃度が制限要因となる場合にはアーバスキュラー菌根性植物が，腐植が多くリンや窒素の大部分が腐植中に含まれている条件では外生菌根性植物が，そして，難分解性の腐植が多く，養分量が乏しい場合には ericoid 菌根性植物が優占するというものである．

アーバスキュラー菌根性の植物が優占する場所の土壌の特徴としては，pH と塩基成分の含量が若干高く，無機化が早く進行し，硝化作用も高いため，可給態窒素は十分であるので，相対的にリンが養分のうちで制限要素となる．サバンナや熱帯林などがこれ

にあたり，落葉の分解が早いため養分が均一におもに土壌中に存在している．温帯では，石灰質土壌がこれにあたる．

亜寒帯から温帯にかけての森林は，おもに外生菌根性樹種が優占している．豊富な落葉の堆積が特徴的で，多くの養分が落葉中に含まれ，その分解にともなって放出される養分の吸収を効率よく行うことのできる外生菌根菌が優占する．菌根や菌糸の多くは腐植層に分布しているが，これは落葉の分解にともない養分が供給される場である．この条件で重要なのは，腐植中ではC/N比が高く，窒素は欠乏しており，分解微生物に優先的に利用されて，植物が利用できるようになるのはかなり分解が進んでからであるという点である．このとき，複雑な窒素源を利用できる外生菌根菌の感染は窒素源の確保に大きな意味を持つ．

ヒース荒地は季節的に水につかる貧栄養な場所に分布することが多いが，これらの場所には硬葉（sclerophyllous）のツツジ科などが優占し，ericoid菌根が優占する．このような場所の特徴としては養分が非常に乏しいこと，C/N比が高く，またフェノール物質などを多く含み分解しにくいことなどが挙げられる．ericoid菌根の共生菌はこれらの物質を分解し，そこに含まれている窒素を吸収し，宿主に渡すことが知られている．しかし，東南アジアの熱帯における外生菌根性のフタバガキ科（Dipterocarpaceae）植物の優占や，温帯林の下層植生におけるツツジ科植物の普遍性などの例外が多く，ここで述べたような一般化の適用性については今後の検証が必要だが，養分条件が植生や個々の樹木の成立の制限要因となる場合，その効果は常に菌根菌を通して現れるということを考慮する必要があることは確かである．

100年以上前に菌根が発見されてから，多くの研究が行われてきており，その機能については多くのことがわかってきた．にもかかわらず，最初の問いである「森林の樹木にとっての菌根の役割は？」について，いまだに満足のいく回答をすることはできていない．定性的な役割についてはかなりわかってきており，樹木にとっての重要性を否定する者はいないであろう．しかし，森林生態系のなかで，定量的に菌根がどの程度の役割を果たしているかについては，まだほとんどわかっていないといえる．また，多数の樹種と菌根菌が競争・共存する森林生態系において，それぞれの樹木にとってのそれぞれの菌根菌の役割についても明確なことは何もいえない．樹木の細根は地上部の葉に匹敵する重要性を持っており，菌根を無視して，樹木の競争や生存を語ることはできないように思う．菌根菌の側からみた菌根の研究の多くが森林を基礎にしているのに対し，樹木の側から見た菌根の研究の多くが小さな苗木を用いた実験室を基礎にしてきている．森を理解するためには，もう一度森に戻る必要があるように思える．　　　　（**菊地淳一**）

2.5 森林における窒素固定と微生物

　窒素は，森林に生息するすべての生物のタンパク質や核酸などの生体成分の構成元素であり，生物にとって不可欠なものである．窒素は，炭素が炭酸ガス CO_2 の固定によって大気中から得られるのと同様に，大気中の窒素ガス N_2 の固定により，森林に流入する．固定された窒素は無機化や同化を繰り返して，森林に生息する生物の体内や森林土壌中に保持される．しかし，窒素は脱窒により，あるいは雨水に溶けて流亡するなどして森林から徐々に消失してしまう．また，森林が成熟するにつれて森林内の有機物量が増加すると炭素量も増加するために，窒素の絶対量が増加しても，炭素量との相対的な関係で窒素は欠乏した状態になる．以上のことから，森林へ窒素を供給する窒素固定作用は，森林の生産力を維持する上で重要である．

　窒素の固定は落雷とともになされることもあるが，多くは微生物によって進む．窒素固定を行う微生物は，放線菌や藍色細菌(cyanobacteria)を含む細菌類に限られている．そのため，森林に生息する生物は様々な形態で窒素固定細菌との関係を成立させて，窒素栄養源を効率的に獲得している．一方，窒素固定細菌は，これら共生相手との結びつきにより生息の場を確保している．

　窒素固定能を有する種は，細菌類47科のうち11科に存在する(Menge 1985)．窒素を固定する細菌（窒素固定細菌(nitrogen-fixing bacteria)，厳密に言うと，窒素ガス固定細菌（N_2-fixing bacteria））の生活様式には，植物体内や菌体内に存在してこれら生物との関係を成立させている共生や，土壌中などに単独で存在する単生がある．さらに，この両者の中間的な存在様式，たとえば植物根圏に生息して，根から分泌される糖や有機酸を利用して窒素固定を行い，植物は固定された窒素を利用するような生活様式もあり，これについてはここではゆるい共生と呼ぶことにする．

2.5.1　共生窒素固定

　共生性の窒素固定細菌としては，樹木の根に根粒を形成する根粒菌のほか，外生菌根や菌類の子実体内組織にも窒素固定細菌が存在しており，これらも共生窒素固定に含める．これらについて，以下に述べることとする．

　本書では詳しくは扱わないが，藍色細菌は，真菌類と共生関係を成立させて地衣類となるほか，苔類，シダ類，ソテツ，および被子植物である *Gunnera*（グンネラ）属の草本類などの様々な植物内に生息して，共生的に窒素を固定している（Sprent 1979）．

a. 根粒内窒素固定

根粒形成は，おもに Rhizobium（リゾビウム）属細菌（以下，Rhizobium とする）などがマメ科（Fabaceae）植物に形成するものと，Frankia（フランキア）属放線菌（放線菌目細菌．以下，Frankia とする）がハンノキ（Alnus），ヤマモモ（Myrica）およびグミ（Eleaegnus）属などの樹木に形成するものがある（写真1）．Frankia による根粒は非マメ科根粒（non-leguminous root nodule）とも呼ばれ，つい20年ほど前までは細菌の特定がかなわなかったグループである．この両者の違いを，以下にまとめてみる（表1）．

表 1 Rhizobium 菌根粒と Frankia 菌根粒との違い

	Rhizobium 菌根粒	Frankia 菌根粒
宿主植物	ネムノキ，フジ，ハギ	ハンノキ，ヤマモモ，グミなど
根粒菌	細菌（単細胞）：グラム陰性嫌気性真正細菌 Rhizobium 属 Bradyrhizobium Azorhizobium（アゾリゾビウム）属	放射菌（繊維状）：グラム陽性真正細菌 Frankia 属
根粒の特徴	球状，単年生 根粒菌に感染した細胞が根粒組織の中心に発達し，その外側に維管束がある	樹枝状，多年生 根粒の中心に維管束があり，その周辺に根粒菌に感染した細胞がみられる（写真1）

根粒菌は，植物の根に感染して根粒を形成し，植物から光合成産物である糖や，他の様々な栄養分を得て生育する．また根粒菌は，根の組織内に生息することで，土壌の乾燥や温度の急激な変化から守られている．実生苗へ Frankia を接種した試験では，根粒は地際部の比較的太い根に形成されることが多く，この部位が植物の地上部で作られた

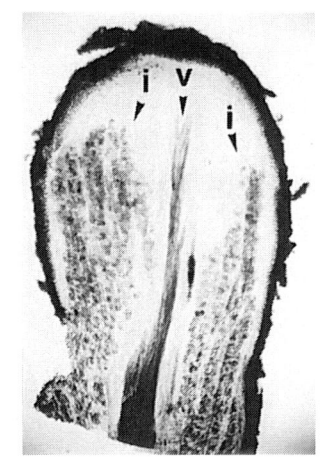

写真 1 ヤマハンノキに形成された根粒（左）とその断面（右）
根粒の中心に維管束（v）が発達しその周囲に Frankia 属菌が感染した細胞（i）が見られる．

炭水化物などの物質を得て根粒を形成するのに適していると推察される．植物も，根粒菌の固定した窒素を利用して成長が向上する（福本ら1995；山中・岡部1995）．

マメ科植物は，草本性および木本性のもの16000〜19000種からなる膨大なグループであるが（Perry 1994），根粒形成については，そのうちの20%たらずの植物が調べられているにすぎない（Allen & Allen 1981）．温帯域では，マメ科の木本類は少ないが，熱帯域では多くのマメ科樹木が存在する．マメ科植物は，従来，ネムノキ亜科（Mimosoideae），ジャケツイバラ亜科（Caesalpiniodeae）およびマメ亜科（Papilionaceae）の3亜科に分けられてきたが，そのうちのジャケツイバラ亜科は，最近，独立した科になっている（Perry 1994）．

ネムノキ亜科には，林業および熱帯域でのアグロフォレストリーにおいても重要な樹木が多い．これらは熱帯および亜熱帯域に分布しており，相思樹（*Acacia*）属やネムノキ（*Albizia*）属などがある．このグループでは，調査した種の90%で根粒形成が認められている．マメ亜科には，ダイズ，クローバー，アルファルファなどの温帯域の草本性マメ科植物が含まれる．この亜科に属する植物の98%で根粒形成が認められている．ジャケツイバラ亜科はアフリカ，南アメリカおよびアジア地域によくみられ，調査した約40%に根粒形成が認められているにすぎない．また，通常，マメ科樹木は，アーバスキュラー菌根（AM）性であるが，この亜科に属する樹木には，外生菌根性の樹木も存在する．日本に生育するマメ科植物は，草本では，エンドウ，ダイズ，ラッカセイおよびクローバー類があり，また木本ではネムノキ，フジおよびハギ類などがある．

根粒菌は根粒を形成することのできる植物の範囲，つまり宿主範囲が限られている．この宿主の範囲にもとづき，分離菌株のグループ分けが試みられ，それぞれを接種したとき，根粒を形成できる宿主範囲を共有するグループ，つまり交互接種群としてまとめられた．マメ科根粒の場合，多くの交互接種群が知られている．一方，細菌の分類学的検討により，マメ科樹木に根粒を形成するおもな根粒菌は，*Rhizobium*属もしくは*Bradyrhizobium*（ブラディリゾビウム）属になる．両者の特徴としては，*Rhizobium*属は成長が早く，pH指示薬としてブロムチモールブルーを添加した酵母エキス・マンニトール培地で培養すると，有機酸を産出して培地が黄変する．一方，*Bradyrhizobium*属の成長は遅く，上記培地で培養すると，アルカリを産出して培地は青変する．詳細な特徴については，浅沼（1992）によって記述されている．

*Frankia*細菌によって根粒を形成する植物は，8科25属にわたる植物が知られている．それらはほとんどが樹木である（Baker & Schwintzer 1990）．日本に自生するものとしては，ハンノキ属，ヤマモモ属，ドクウツギ（*Coriaria*）属，グミ属およびチョウノスケソウ（*Dryas*）属がある．このほか，亜熱帯地域で防風林などとして利用されているモクマオウ（*Casuaria*）属も*Frankia*属細菌によって根粒を形成する．

Frankia 細菌が放線菌に属していることから，*Rhizobium* との区別のために，放線菌根粒（actinorhizal root nodule）と，また *Frankia* によって根粒を形成する樹木は，マメ科の根粒植物に対して放線菌根性植物（actinorhizal plants）と呼ばれることもある（Baker & Schwintzer 1990）．*Frankia* の分離については，1959 年に *Alnus glutinosa*（アルヌス・グルチノーザ）からの放線菌の分離と，その分離菌を用いた接種試験がはじめて報告された（Baker & Schwintzer 1990）．さらに 1978 年に，*Comptonia peregrina*（コンプトニア・ペレグリナ）の根粒から再び分離されて以降，多くの放線菌根性植物より菌が分離されるようになった（Callaham et al. 1978）．

　純粋培養下で *Frankia* は，繊維状の菌糸を発達させ，所々に胞子塊（sporangium）や小胞（vesicle）を形成する（写真2）．小胞は，根粒の細胞内にも多く形成される．小胞内に，窒素固定酵素ニトロゲナーゼ（nitrogenase）が存在するので，小胞は窒素固定を行う器官であるとされている（Meesters et al. 1987）．窒素の固定を行う部位である小胞が，培養菌糸上でも，とくに培地に窒素栄養源を含まないときに容易に形成されるので，*Frankia* は根粒を形成せずとも，つまり共生関係を成立しなくとも，単生で，窒素栄養源を獲得して生活することも可能である．

　Frankia の場合も *Rhizobium* の場合にならって，根粒を形成することのできる植物の範囲にもとづく分離菌株のグループ分け，つまり交互接種群の調査が試みられた．その結果，以下の四つのグループに分けられた．すなわち，①ハンノキ属とヤマモモ属のみに根粒を形成するもの，②モクマオウ属とヤマモモ属のみに根粒を形成させるもの，③グミとヤマモモ属のみに根粒を形成するもの，④グミ科（Elaeagnaceae）（グミ属，*Hippophae*（ヒッポファエ）属，*Shepherdia*（シェフェアデア）属）にのみ根粒を形成するもの（Baker 1987）．しかし，このとき用いた *Frankia* 属の菌株は，根粒を形成する属の植物すべてから得たものではない．今後，多くの植物から菌株が分離され，それらを用いて試験を行うことで，さらにグループ数は増えると考えられる．*Frankia* の分類学

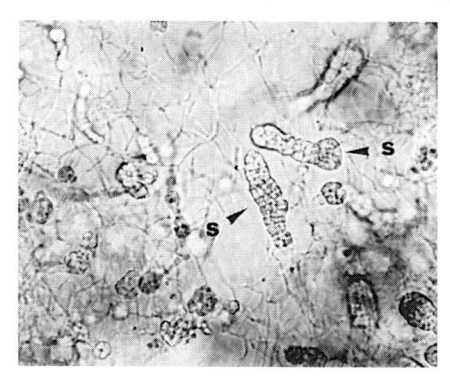

写真 2 ハンノキの根粒から分離された *Frankia* 属細菌の栄養菌糸
菌糸の所々から胞子塊 (s) が形成されている．

的検討については，まだ十分になされておらず，種として確立したものがない（Holt et al. 1994）．今のところ，分離した樹木の学名を記号化して，菌株を識別することが主流である（Lechevalier 1983）．

Frankia によって根粒を形成する樹種は，分類学的に大きくかけ離れたグループにまたがる．そのため，*Frankia* との共生関係が，樹木の種が分化するどの時期に成立したのかについても考察されてきた．その結果，*Frankia* との間での根粒形成関係は，現在の属が確立する以前のかなり古い時期に成立したが，多くのものが，その後，根粒形成能力を消失した一方で，上記の属の樹木だけがその能力を引き続き有しているとする説が支持されている（Bonsquet & Lalonde 1990）．

窒素固定の活性には，樹木および共生細菌の生育が前提となっており，他の様々な栄養分の供給を必要とする．たとえば，窒素固定酵素ニトロゲナーゼの活性には，鉄やモリブデンなどの金属元素が必要である．また，リンやマグネシウムは生物の成長に不可欠である．これらの各種栄養分が十分に供給されることにより，根粒形成や窒素固定活性が向上することが報告されている（Koo 1989）．

自然条件での無機養分の供給については，土壌中の微生物の持つ有機物の分解能や土壌鉱物の可溶化能が重要になる．マメ科樹木と菌根を形成する AM 菌や，ハンノキ属樹木やモクマオウ属樹木と菌根を形成する AM 菌および外生菌根菌は土壌中から無機養分を効率的に集め，樹木の成長や窒素固定活性を向上させることが，菌の接種試験により明らかになっている（Rose & Youngberg 1981；Chatarpaul et al. 1989；Koo 1989）．しかし，このような相乗的な効果をもたらすのは，菌根菌という樹木との緊密な共生関係を結ぶものだけではない．土壌中の樹木の根圏には多くの微生物が生息しており，樹木根からの分泌物を利用する一方で，様々な無機養分を樹木根に提供していると思われ，これらの微生物もまた根粒形成に影響を及ぼしていると考えられる．その一例として，蛍光性キレート物質を分泌し，鉄の可溶化を促進し，樹木に鉄分を供給する機能を持つ蛍光性シュードモナス（PS）細菌がある．

これらの点については，オオバヤシャブシ（*Alnus sieboldiana*）に *Frankia* を，AM 菌および PS 細菌とともに接種した試験によっても確かめられている（山中ら 1999）．この試験では，図1にあるような組み合わせで，*Frankia* 菌，AM 菌である *Gigaspora margarita*（ギガスポーラ・マルガリータ）および PS 細菌をオオバヤシャブシ実生苗に接種した．その後5か月間育てて，地上部成長量，根粒形成数および窒素固定活性を測定した．これによると，*Frankia* を接種するとオオバヤシャブシの成長が向上した．これに AM 菌をあわせて接種すると，地上部成長量および根粒形成数がさらに向上した．一方，蛍光性シュードモナス細菌を *Frankia* とともに接種すると，窒素固定活性が向上した．これら3種の菌を接種すると，地上部成長量が最大となった．*Frankia* を接種しない

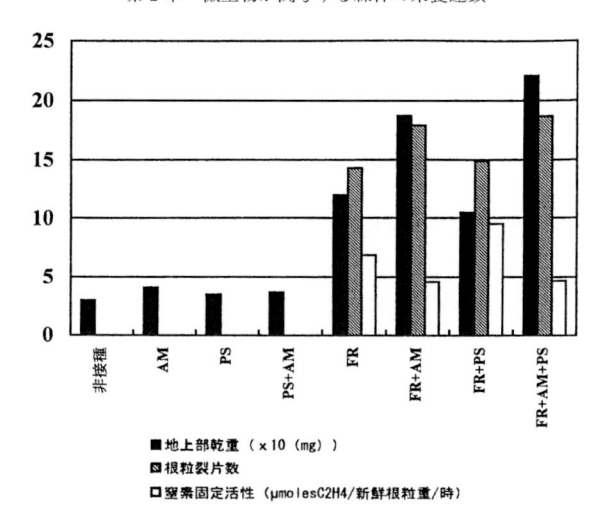

図1 オオバヤシャブシ芽生えの成長，根粒形成および窒素固定活性への *Frankia* 属菌 (FR)，アーバスキュラー菌根菌 (AM菌) および蛍光性シュードモナス (PS) 細菌接種の効果．値は各処理につき芽生え12本の平均値．

(凡例: ■ 地上部乾重 (×10 (mg))，▨ 根粒裂片数，□ 窒素固定活性 (μmolesC2H4/新鮮根粒重/時))

ときでも，AM菌およびPS細菌を別々に，またはあわせて接種しただけでも，わずかに地上部成長量が向上した．このことは，AM菌およびPS細菌は，それぞれ *Frankia* とは異なる様式で，つまり，AM菌はリンの吸収を高め，PS細菌は鉄を可溶化して樹木に供給するなどして，オオバヤシャブシの成長に作用しており，*Frankia* を一緒に接種したときには，これら微生物が相乗的に作用していると考えられる．

日本に生育する放線菌根性植物は，荒廃地，渓畔域および海岸沿いに多く自生し，また緑化樹および街路樹などとして利用されている．このことは，これらの樹種が共生細菌の働きにより窒素を固定し，劣悪環境でも良好な成長を維持していることを示している．また，北アメリカでも，渓畔林での優占種として，ハンノキ属の *Alnus rubra*（アルヌス・ルブラ）が生育するほか，火山噴出物由来の貧栄養土壌においてバラ科 (Rosaceae) の *Purshia*（パーシア）属の灌木類を，太平洋沿岸地域においてヤマモモ属の *Myrica gale*（マイリカ・ゲール）を見ることができる．これら放線菌根性樹木による窒素固定量は，たとえば *Alnus rubra* の林分では，23〜320 kgN ha^{-1} year^{-1} となっている（Hibbs & Cromack 1990）．

樹木の根での窒素固定は，根粒を形成して行うもののほか，直径1 cmほどの比較的太い根の内部組織に窒素固定細菌が生息して，そこでの窒素固定を行っている事例も，一部の樹木で明らかにされている（Li CY 私信）．樹木の太い根では，その組織内が比較

的嫌気条件になって，窒素固定に適した環境になっているのかもしれない．

b．菌類子実体内および菌根内窒素固定

　外生菌根菌オオワカフサタケ（*Hebeloma crustuliniforme*），キツネタケ（*Laccaria laccata*）および *Rhizopogon vinicolor*（リゾポゴン・ビニカラー）の子実体組織（Li & Castellano 1987），また地下生菌の外生菌根（Li et al. 1992）のなかには，*Azospirillum*（アゾスパイリラム）や *Clostridium*（クロストリジウム）などの窒素固定細菌が存在する．また，熱帯性樹種であるフタバガキ科樹木の根にニセショウロ（*Scleroderma*）菌が菌根を形成するとき，菌根内部に窒素固定細菌の *Beijerinkia*（バイェリンキア）が，存在していることが明らかにされている（菊地・小川 1997）．これらの場合も，窒素固定細菌は，外生菌根菌から炭水化物やビタミン類などを得て生育し，外生菌根菌は，窒素固定細菌によって固定された窒素を利用する．ただ，その窒素固定量は，根粒において固定される量に比べて小さい．そのため，樹木の成長を向上させるほどの影響はないのかもしれない．

　しかし，外生菌根菌が，窒素栄養分が少ない未風化の鉱物質土壌などで生育するときには，子実体もしくは菌根内に窒素固定細菌が生息し，この菌が固定した窒素を外生菌根菌が利用することは外生菌根菌の成長および樹木の定着に有効である．また，木材腐朽菌のツガサルノコシカケ（*Fomitopsis pinicola*），ツリガネタケ（*Fomes fomentarius*）およびマンネンハリタケ近縁種（*Echinodontium tinctorium*）の子実体組織内にも，窒素固定細菌が存在することが示唆されている（Larsen et al. 1978）．これら木材腐朽菌は，木材という炭素栄養源が豊富なわりに，窒素栄養源がきわめて少ない環境下での生育に必要な窒素栄養源を窒素固定細菌から得るという関係を成立させているのかもしれない．

2.5.2　ゆるい共生窒素固定

　根圏にも窒素固定細菌が多く存在している．このような例としては，草本性作物と窒素固定細菌 *Azospirillum* との間における事例が有名である（Baldani & Dobereiner 1980）．また，樹木の根圏にも窒素固定細菌が存在する（Florence & Cook 1984；Amaranthus et al. 1990；Rozycki et al. 1999）．根圏では，①根などから有機酸やビタミン類などの栄養分が多く分泌されて豊富に存在すること，②根や微生物の活性が高いために酸素濃度が低く，窒素固定に適した嫌気条件になること，③根や菌根菌から分泌される有機酸やキレート物質が土壌鉱物を可溶化して，窒素固定に必要な，鉄，リンおよびモリブデンなどの無機養分が，生物に吸収されやすい形で豊富に存在するといった理由で，根圏の方が，非根圏よりも，窒素固定細菌の生息に適していると考えられている（Perry 1994）．土壌根圏に生息する窒素固定細菌が樹木成長に及ぼす影響についても調

べられてきているが，根粒菌を接種した場合ほど，大きな効果は得られないという (Chanway & Holl 1991)．

また，腐朽材や落枝中でも窒素固定はみられる（Griffiths et al. 1993；Crawford et al. 1997）．日本においても，スギ林の表層土壌の窒素固定活性が調査され，粗腐植層（F1層）において窒素固定活性が最も高いことが報告されている（Nioh 1980）．これらの植物残渣は，とりわけ倒木などの場合，炭素栄養源が豊富に存在し，また周辺土壌が乾燥したあとでも水分を保持して酸素濃度の低い環境を生み出すので，窒素固定細菌の良好な生息場所になりうる (Perry 1994)．しかし，窒素固定細菌は直接，セルロースやリグニンなどの高分子有機物を分解することはできない．そのため，窒素固定細菌は木材腐朽菌の近くで生息し，腐朽菌によって分解された低分子有機物を炭素栄養源として利用し，逆に固定した窒素を腐朽菌に提供していると推測される．さらに植物残渣の分解が進むにつれて，植物の根や菌根菌の菌糸などが残渣内に侵入し，これらからもビタミン類を含む様々な物質を得ることができて，窒素固定細菌の生息には適した環境になる（Perry 1994）．北アメリカにおいて，このような植物残渣中での窒素固定量が試算され，$0.16〜2$ kg ha^{-1} year^{-1} という値が得られている（Roskoski 1980；Jurgensen et al. 1987；Sollins et al. 1987）．

森林性小型哺乳類の糞の中からも窒素固定細菌は分離されている（Li et al. 1986）．これら森林性小型哺乳類は，地下生の菌根菌子実体を餌食し，この菌の胞子や菌糸断片を含んだ糞を排泄することで，菌を伝播する (Trappe & Maser 1976；Malajczuk et al. 1986)．このとき，窒素固定細菌が菌根菌とともに伝播されることによって，伝播後，菌根菌は生育を開始していくのに必要な窒素栄養源を，共存する窒素固定細菌からも獲得できるのであろう．

2.5.3 単生窒素固定

窒素固定細菌は様々な土壌から分離されてきており，その中には腐生的に有機物を分解するなどして，単独で生息するものが知られている．このような生育様式を有する単生窒素固定細菌は，酸素の要求性から，好気性の *Azotobacter*（アゾトバクター），*Beijerinkia*, *Azospirillum*, *Xanthobacter*（ザントバクター），半（微）好気性の *Bacillus*（バチルス），*Entobacter*（エントバクター），嫌気性の *Clostridium* などが知られている．これら細菌のなかには，樹木根圏に生息するものもあり，他の生物と何らかの関係を成立させている事例については前項までに紹介してきた．森林の土壌中には樹木の根や，その共生菌である菌根菌の菌糸がごく普通にみられ，単生窒素固定細菌はこれら樹木の根や菌根菌が分泌する物質を吸収し，一方で窒素固定細菌の固定した窒素がこれら樹木や菌根菌に利用されるというような関係が成立していると考えられる．

単生窒素固定細菌は，植物の地上部位である幹，枝および葉の表面にも存在する．植物自体は土壌中の根から養分を吸収するため，固定された窒素がただちに植物に吸収されることはなく，植物の成長への直接的な影響は少ないと考えられる．しかし，地上部の植物体表面で成立する葉面微生物フローラや宿生植物などの生物群集への養分供給という点においては，何らかの役割を有しているのであろう．また，樹木表面を流れる樹幹流中の組成に影響を及ぼしていると考えられる．

上記の窒素固定細菌として知られているもののほかに，メタン生成菌，メタン還元菌，硝酸還元菌，硫黄細菌と呼ばれる細菌群の中にも，窒素固定能を有するものがいる（浅沼 1992）．これらの菌もその生息環境の変化に応じて，窒素循環過程にかかわっているかもしれない．

以上のように，窒素固定細菌は，植物や微生物との間で様々な関係を成立させている．その中には，根粒菌では直接に，または他の窒素固定細菌では菌根菌を介して，樹木の成長を支えているという関係や，土壌や倒木中で窒素固定細菌が分解菌の生育とその作用にも影響を及ぼすといった関係も含まれる．したがって，窒素固定細菌による窒素供給は，森林内での炭素やミネラル類をはじめとする多くの物質の循環系に対しても重要な要素となる．窒素固定細菌の生育様式および他生物との関係解明とその機能評価に関する研究は，森林の成立とその生産力維持機構を知る上でもきわめて重要であり，今後さらに推進されるべき課題であろう．

〈山中高史〉

BOX 森林の窒素循環にかかわる微生物

樹木はもとより，微生物自身にとっても窒素は多量に摂取しなくてはならない栄養素の一つである．森林土壌に供給される窒素源としては，窒素固定細菌群の働きにより大気中から固定される窒素がある．その量は地球全体で1年間に1億8千万トンに及ぶといわれ，地球規模で見たときにも窒素循環においてこの微生物群が果たしている役割は大きい．このほかには，動・植物遺体に含まれるタンパク質やアミノ酸，核酸とそれらの分解産物からなる有機態の窒素と，降雨や大気汚染物質から供給される無機態の窒素を挙げることができる．

ところで，樹木は土壌中の有機態窒素は利用できず，無機態の硝酸イオン（まれにはアンモニウムイオン）だけを吸収する．森林土壌に堆積した動・植物遺体に含まれる有機態の窒素を植物が利用できる無機態窒素に変換するのは土壌中の従属栄養型の微生物である．これらの微生物は有機態窒素をアミノ酸まで分解し，これをそのまま利用したり，さらに脱アミノ反応でアンモニアを遊離させ，残った炭素骨格を代謝に利用する（こ

の過程を無機化あるいはアンモニア化と呼ぶ)．一方，土壌中に遊離したアンモニアの一部は再び微生物に取り込まれ，デトリタス食物連鎖をたどることになるため，土壌生物に同化されたこれらの窒素は土壌からの逸失をまぬがれる (この過程を窒素の不動化，あるいは有機化と呼ぶ)．さらに，土壌中に遊離してきたアンモニアのうち微生物に利用されなかったものは，*Nitrosomonas* (ニトロソモナス) のようなアンモニア酸化細菌により亜硝酸になり，ただちに *Nitrosobacter* (ニトロソバクター) のような亜硝酸酸化菌により硝酸になる．これら，二つの過程をあわせて"硝化"というが，これらの反応に関与する微生物群は硝化反応の際に発生するエネルギーを利用する独立栄養型の微生物である．硝化反応は酸性状態 (pH 4.5 以下) では起こらないので，酸性土壌が優占する日本の森林では起こらないと考えられていたが，落葉広葉樹林の斜面下部に発達する適潤性褐色森林土壌では，低率ながら硝化反応が営まれるという (Tsutsumi 1987)．

(二井一禎)

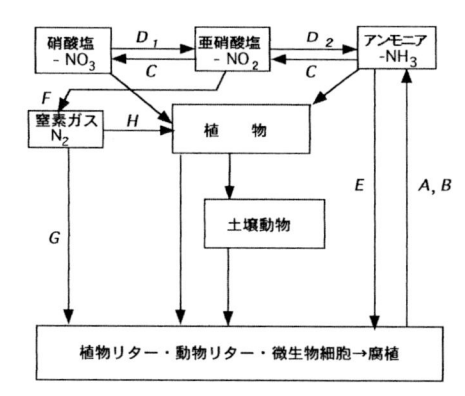

A：アンモニア化反応
B：無機化反応
C：硝化反応
D_1：硝酸還元反応
D_2：亜硝酸還元反応
E：不動化
F：脱窒反応
G：非共生的窒素固定
H：共生的窒素固定

窒素循環と土壌微生物 (Alexander, M. 1961 を改変)

第 3 章

微生物が関与する森林の栄養連鎖
― 動物との関係を中心に ―

3.1 微生物と動物の相互依存関係

　微生物は植物と様々な栄養連鎖関係を持っているが，動物とも多様な種間関係を維持している．本章ではおもに森林に生息する微生物と動物の栄養関係を扱い，微生物を利用した動物の繁殖戦略については，第4章で詳しく説明する．
　森林の中では，微生物と動物はともに栄養価の高い資源であり，お互いを食物として利用しあっている．森林に生息している微生物と動物の栄養連鎖関係を大きく分けると次の三つになる．
（1）　土壌の分解系における微生物と動物の相互作用
（2）　微生物を利用する森林動物
（3）　動物を利用する森林微生物

　これら三つの関係は，まず土壌という，森林の中でもっとも有機物の集積する場で(1)の緩やかな種間関係が成立した後に，(2)と(3)のような特殊化が生じたと考えられる．これらのなかでも土壌が，その種間関係や特定のステージの生息場所として重要な場となっている．3.2節以降でそれぞれの相互作用について詳しく説明する前に，森林における有機物の分布と土壌という環境の持つ意味について考えてみよう．

3.1.1　森林生態系における食物連鎖

　森林は巨大な一次生産物の塊である．地上動物であるわれわれ人間には，森林はもっとも大きな植物の塊として目に見える形で存在する．しかし，われわれが見ているのは森林の一部であり，土壌中には樹木や他の植物の体を支え，水分と栄養塩類の吸収を行う根が広がっている．根の量は，地上部の幹や枝葉と同量がそれらより多い場合さえあると考えられている．
　植物による一次生産は地球上のすべての生物活動の出発点であり，食物連鎖は一次生産者から始まる．森林では多様な植物が一次生産を行い，微生物や植食者に利用される生食連鎖（grazing food chain）と呼ばれる食物連鎖が成立している．微生物や動物に利用されなかった有機物は，落葉や落枝として土壌に供給される．さらに，植物の根のうち，直径1～2mm程度の細根（fine root）と呼ばれる根の先端部分も毎年，伸長と枯死を繰り返している．また，樹木の寿命がつきると幹や枝，根などの植物体本体も分解され，最終的には土壌に移動し，腐食連鎖（detritus food chain）を形成する．腐食連鎖は基本的に一次生産で生み出された有機物が死んで，腐生菌（saprophytic microorganism）によって有機物が無機化されることにより始まる．これらすべての有機物の

うち地上の生食連鎖に流れる量はわずかであり，ほとんどが腐食連鎖に流れることがわかっている．地上部ではしばしば，緑葉を食べ尽くすマイマイガ（*Lymantria dispar*）（3.6節参照）やブナアオシャチホコ（*Syntypistis punctatella*）（5.2節参照）といった食葉性昆虫の大発生が生じているが，実際には森林全体としてみると大発生はそれほど一般的な現象ではなく，純生産量の10％程度が食害を受けているだけである．したがって，残りの90％は落葉として土壌に還元される（2.1節の図1参照）．

3.1.2　森林土壌における資源の存在様式

それでは，たとえば地上から土壌へと有機物が移動する落葉のリターフォール（litterfall）と，もともと土壌にある細根の枯死による土壌の炭素収入を比較すると，どちらが土壌に重要だろうか．NadelhofferとRaich（1992）は，リターフォール量の76％に相当する量の炭素が細根の生産に使われると推定している．さらに，RaichとNadelhoffer（1989）によると，土壌呼吸による炭素放出量は，地上部リターフォールの約3倍，根への炭素供給量は約2倍である．もし，森林でこれらの動態が釣り合っているとしたら，土壌呼吸として放出される炭素の3分の1がリターの分解によるもので，残りの3分の2が根経由（呼吸，分解）ということになる（Nadelhoffer & Raich 1992）．

島根県のスギ人工林とコナラ・アカマツ天然生林で測定した例では，土壌呼吸のうち根経由の割合が54〜75％であった（金子・中村　投稿中）．Keltingら（1998）によると，土壌呼吸のうち根経由が52％で，根の呼吸と根圏への滲出物としての炭素量の割合はおよそ2対3であった．このように，意外なことだが，森林では落葉の分解よりも根を介した有機物の動きの方が多いらしい．土壌の中は人の目に見えないだけに，このことは直感的に理解しにくいが，土壌における生物の相互作用を考える上で見逃せない事実である．すなわち，森林では廃棄物としてのリターが林床に毎年供給される一方，根を介して大量の有機物が土壌に直接投入されている．森林では土壌の表層にのみ落葉として有機物が移動してくるのではなく，土壌中に広がった根からも大量の有機物が供給されている．

森林では，土壌の栄養条件によって根への炭素の投資量が違ってくる．土壌が貧栄養な条件では光合成に制限が少なく，一次生産に余裕があるので，根への投資を増やすことにより土壌からの栄養吸収を拡大しようとする．さらに，根圏生物へ投資することによって栄養吸収の見かえりがあるとしたら，菌根共生への依存度が増すだろう．一方，栄養条件のよい土壌では，根への投資よりも地上部での光の競争に重点が置かれ，樹高成長や葉の展開様式，耐陰性といった特性が重要となるだろう．一般に，栄養条件のよい土壌は水分条件がよく，土壌が厚い．このような土壌では根の分布は深く，地表面に落葉が堆積しない．一方，栄養条件が悪いところでは乾燥気味であり，土壌表層に根が

集まった，そして分解途中の有機物の堆積した層が発達する．前者はムル（mull）型腐植（土壌），後者はモル（mor）型腐植（土壌）と呼ばれ，中間にモーダー（moder）型腐植があると考えられている．日本の森林では，一般に谷部にムルが発達し，尾根部にモーダーやモルがみられる場合が多く，腐植型に対応して分解過程や土壌生物相も異なっている（Swift et al. 1979；Petersen & Luxton 1982；武田 1994）．

3.1.3 緑の地球を食べるシロアリ

地上では土壌と比較して生食連鎖よりも腐食連鎖に流れる物質量が多いということは，地球上の緑（植物）が植食者によって食べつくされてしまわないということを意味している．この命題は「緑の地球仮説」と呼ばれ，最初に Hairston ら（1960）が，植食者の個体数を捕食者が制御しているために緑が食べつくされないことを指摘した．その後，数理モデルでは，栄養段階の数や土壌の生産性との関係で，緑が維持される場合と植食者によって食べつくされる場合があることが示され，「消費生態系仮説」と呼ばれている（Polis 1999）．

一方，AbeとHigashi（1991）は，高等植物が動物によって利用されにくいセルロース（cellulose）を発明したことが，樹木が巨大な緑として存在し，なかなか植食者には食べられない原因であると主張した．セルロースは，樹木の葉の十数％，木部の約半分を占める高分子炭水化物（Swift et al. 1979）で，植物が水界から陸上に進出し，重力に逆らって体を維持する必要から，強度に優れた構造物質を用いて細胞壁を強化するために使われるようになった．もしこれを植食者が利用できれば，多くのエネルギーを獲得することができる．しかし，セルロースはリグニン（lignin）という難分解性の高分子化合物によって補強されているうえ，セルロースそれ自身は窒素に乏しいので，積極的に利用する動物が少ない．土壌にはセルロースをはじめとして，未利用の有機物が大量にリターとして移動してくる．シロアリは消化管内に共生微生物を住まわせ，消化酵素を分泌させることで木材を利用することに成功した（3.4節参照）．また，森林には他にも衰弱木や立枯木の木材を利用する動物がいるが，ほとんどの木材は菌によってまず利用されている．シロアリやオオゴキブリの仲間は，微生物の助けによって木材を食物として利用可能としたが，同時にこのことが有用な微生物を狭い空間で共有することにつながり，ひいてはこれらの昆虫の社会性の発達の要因となったと考えられている（松本 1992）．昆虫と微生物の消化共生系については，4.1節を参照してほしい．

3.1.4 微生物にとっての土壌と動物

土壌の中にはたくさんの微生物が生存している．Wardle（1992）は，地球上のすべての土壌有機物炭素のうち，平均して1.4％にあたる量が微生物のバイオマス（biomass）

であると推定した．土壌中には微生物に有害な紫外線が届かず，地上に比べて乾燥しにくく，また資源としての有機物が集積している．一方，地上部では紫外線の影響を受け，気温，水分条件とも大きな日変化と年変化を示す．土壌から地上へと活躍の舞台を移すためには，これらの環境条件に対する耐性を身につけるか，地上部でもこれらの影響を受けにくい動物の体表面や体内を利用するか(3.4，3.6 節参照)，いずれかの方法を選択しなくてはならない．昆虫疫病菌は，土壌で生活史の一部を過ごす昆虫に感染し，ときに食葉性昆虫の大発生を収束させることができる．土壌で長期にわたって感染力を維持しているメカニズムについてはまだ明らかにされていないが，少なくとも土壌が菌にとって，感染力を維持するために好適な環境であることは確実である（3.6 節参照）．

一方，土壌中にも多くの土壌動物が生息しているから，微生物にとっては枯死した有機物や他の微生物を餌とするか，土壌中を移動している各種の動物を利用するかの選択の可能性がある．昆虫病原性線虫は昆虫を栄養源として利用する細菌の運び屋となっている（3.5 節参照）．土壌中に普通にみられる昆虫であるオオフォルソムトビムシ（*Folsomia candida*)の消化管内では，特定の細菌が高密度に優占していて，細菌にとっての好適な生息場所であることが明らかにされつつある（Thimm et al. 1998)．微生物の動物とのかかわりあいには，寄生から共生まで様々な関係がみられる．動物に食べられても生存し，あるいは積極的に体内に取り入れられる微生物（消化管内共生）や，動物の体表や体内を利用して，土壌という移動しにくい空間を移動するもの，さらに消化管や体表面から体内へ感染する微生物もいる．共生関係については第 4 章で様々な例が紹介されているので，ここでは，このような昆虫（動物）と微生物の出会いの場としての土壌について考えてみよう．

微生物にとって土壌の環境は比較的安定であり，資源も豊富である．資源の栄養状態には，枯死有機物と根からの溶存炭素のような利用可能性の高い資源，さらに富栄養な動物の体がある．富栄養な資源ほどその分布が局在的であり，他の利用者との競争に打ち勝つために，すみやかに探索し，利用する必要がある．線虫によって運ばれる昆虫病原菌は，このような一時的な資源を線虫という運び屋を利用することによって開拓している(3.5 節参照)．さらに，生きている生物に共生や寄生することに成功した微生物は，いったん生物という資源に到達して定着すると，比較的安定的にその資源を利用できることになる．したがって，土壌では質が悪く，普遍的かつ大量に分布する落葉リターなどの資源を利用する分解者と，動物の生きた体や死体あるいは糞といった，質はよいが偏在している資源の利用者とでは，まったくやり方が異なっている．偏在的な質の高い資源は，菌類よりも細菌にとって利用しやすい．細菌は増殖速度が菌類よりも速く，資源量の変化に対応しやすい．ほとんどの細菌は，土壌中で休眠状態に近い状態にあるという(服部・宮下 1996)．一方，質の低い資源をゆっくりと利用するには，資源利用速度

以外の能力，たとえば資源への到達能力などに優れている菌類の方が有利である．森林土壌では落葉や枯枝を糸状菌が利用し，動物の死体や糞，そして根のまわりに滲出してくる溶存炭素の一部を細菌が利用している．根圏における微生物の動態は，植物と共生関係にある菌根菌と，とくに共生関係を持たず根からの炭素に依存しているその他の微生物に分けることができる．

3.1.5　動物にとっての土壌と微生物

土壌の動物がどのように微生物に依存しているかについては，3.2節で詳しく説明する．土壌では，微生物そのものを利用することと，質の悪い資源であるデトリタス (detritus) を微生物を使ってうまく消化することが，餌資源の開拓として重要である．キノコや土壌中に広がる菌糸は，デトリタスから栄養分を濃縮した資源であり (Kukor & Martin 1987)，土壌動物 (3.2節参照) やキノコバエ・線虫 (3.3節参照) によって積極的に利用される．シロアリはすでに述べたように，有機物の主要成分であるセルロース分解に共生微生物や原生動物を利用している (3.4節参照)．昆虫病原性線虫は，細菌によって昆虫の体を分解させることによって高栄養の食物を利用している．土壌には多くの自活性線虫が生息しているが，昆虫病原性線虫は，土壌中で細菌によって分解されつつある昆虫の体を，高栄養の食物として利用している (3.5節参照)．

3.1.6　森林生態系における土壌の意味

ここまでみてきた森林生態系における土壌の意味をまとめてみよう．一次生産で有機物が大量に供給される森林では，腐生的に有機物を利用する微生物と植物との間に菌根共生が進化した(第2章参照)．土壌では，多くの有機物資源はいわば廃棄物なので利用しにくく，微生物と動物は互いを利用しあうことで条件のよい資源を確保したり，さらには新たな生息場所を開拓したり，移動分散の手段を手に入れてきた．小型で，かつ環境変化に対して休眠以外の積極的な対応をとりにくい微生物にとって，環境が安定していて資源が存在する土壌は好適な生息場所である．動物にとっても微生物にとっても，温度や湿度の不適な時期に休眠に適した安定した環境を提供する土壌は，微生物と動物との格好の出会いの場をもたらしたといえるだろう．

〔金子信博〕

3.2 土壌生態系の微生物と動物の相互作用

　土壌の分解系にかかわる動物について，微生物との関連を考えてみよう．土壌における分解系の主要な部分は，未利用の枯死した有機物が普遍的に存在する世界である．地上部で利用されなかった有機物は植物の廃棄物なので，そもそも利用しにくい．動物にとっては微生物をうまく利用することが，これらの資源利用のポイントとなる．土壌における動物と微生物の共生関係では，精緻な体内共生とともに，ゆるやかな体外共生が重要である．土壌での共生関係についての生態学的な理論はまだ十分には整備されていないが (Wardle & Giller 1997)，現在，広いレベルでの関係を統合する研究が進行している．

3.2.1　土壌動物の機能的なグループ分け

　土壌動物の機能的な分類は，系統学的な分類とは別に，大きさや食性を中心とした生態学的な機能によって分けられている（図1）．土壌動物の持つもっとも大きな生態学的作用は，土壌における有機物の分解過程の促進や抑制，過程そのものの変化といった，物質循環への作用である．Visser (1985) は，土壌動物が土壌微生物の活動を通して分解過程に及ぼす影響を，次の三つにまとめた．

（1）　粉砕・空洞化 (comminution and channeling)：動物によって摂食された有機物は，口器や消化管によって粉砕される．粉砕により有機物の表面積が増え，微生物に利用可能な界面が広がる．木材のような大きな有機物は，中に動物が穿孔することによって微生物の進入が容易となる．

（2）　微生物食 (grazing)：微生物が直接食べられることによって現存量が減少したり，成長速度が促進・抑制されて，その結果，微生物の種構成が変化する．

（3）　微生物の分散 (dispersal)：土壌では，風に乗って胞子を分散させることはできない．重力に逆らって移動するためには，動物の体の内外に付着して運ばれることが唯一の手段である．

　土壌動物が分解過程に及ぼす作用は，すべて微生物の活動とのかかわりにおいて理解される必要がある．Visserの分類は，このような関係が微生物の生息環境，成長，分散についてまとめられるとしたものである．

　Lavelleら (1998) は，土壌生物を有機物の分解に与える影響によって次の四つに区分した．

（1）　土壌微生物 (microflora)：有機物の化学的な分解を行う酵素は，ほとんど微生

動物群	Lavelleら(1998)による 機能グループ	Visser (1985) による 微生物への影響
土壌微生物 (Microflora)	土壌微生物 (Microflora)	分散 (Dispersal)
小型土壌動物 (Microfauna)	微生物食者 (Micrograzer)	微生物食 (Grazing)
中型土壌動物 (Mesofauna)	落葉食者 (Litter transformer)	粉砕 (Comminution)
大型土壌動物 (Macrofauna)	土壌食者 (Ecosystem engineer)	空洞化 (Channeling)

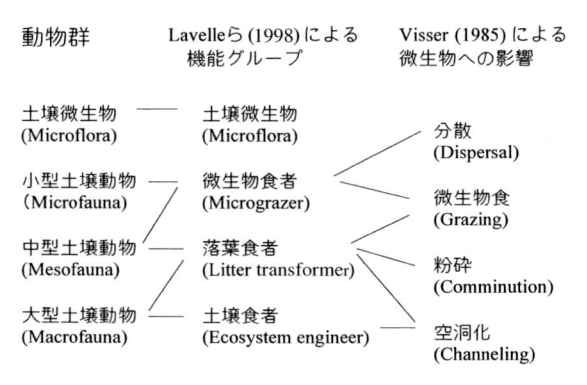

図 1　土壌動物のサイズと機能の関係

物によって作られている．

（2）微生物食者（micrograzer）：原生動物や線虫，トビムシ（Collembola）やササラダニ（oribatid mites）などの小型無脊椎動物は，微生物を選択的に摂食することで，体内で微生物を消化する．

（3）落葉食者（litter transformer）：ミミズやヤスデ，ササラダニなどのうち，落葉を直接食べる動物は，落葉の細片化を行ったり，落葉に定着している微生物を利用する．糞として排出された有機物は，微生物にとって表面積が大きく利用しやすい．

（4）土壌食者（ecosystem engineer）：ミミズやシロアリ，一部のヤスデのように土壌を食べる大型の土壌動物は，土壌構造を大きく変えるので，そこに生息する微生物の生息環境に影響する．土壌を食べるということは，土壌中に存在する微生物を消化したり，微生物によって生成される酵素を利用して土壌有機物を分解しているということである．

Lavelle らの分類には捕食者が含まれていないが，もちろん捕食者へとつながる食物連鎖も土壌における分解系の一部を構成している．二つのアイデアをまとめると図1のようになる．Visser(1985)は微生物の立場での土壌動物の役割であり，Lavelle ら(1998)の場合には土壌動物の生態学的な役割を分類したものである．

3.2.2　落ち葉はまずい－では，キノコを食べるべきか，菌糸を食べるべきか

動物にとってセルロース（cellulose）やリグニン（lignin）は利用しにくい資源である．セルロースの分解酵素であるセルラーゼ（cellulase）を分泌する動物はわずかで，シロアリも自らのセルラーゼのほかに共生生物の助けが必要である（3.4節参照）．シロアリは熱帯で成功したが，温帯やより冷涼な地域の動物にとっては，シロアリのようなセルロースの独占的な利用は困難であった（Swift et al. 1979）．温帯より冷涼な環境では，

落葉は二つの大きな経路で利用されている．一つはおもにセルロースやリグニンが菌類により直接に分解される経路であり，もう一つは分解初期の段階で動物に摂食され，消化管内や糞の中で細菌と菌類により分解される経路である．菌類を中心とする経路は，落葉などの資源が基本的に撹乱を受けないことが前提である．一方，ミミズやヤスデなどの落葉食者の土壌動物が直接落葉を利用することは，菌類の菌糸を破壊するので，菌類にとっては生活しにくい状況である（Visser 1985；Scheu & Parkinson 1994）．根を経由する大量の炭素は，根と共生関係にある菌根菌に利用され，一部は根圏に生息するその他の微生物に利用される．したがって，微生物食者にとっては，腐生菌・細菌と菌根菌の利用が可能である．

　菌類の多くは子実体を作り，大量に胞子を作って分散させる．子実体や胞子を利用することは，一次的に大量に出現する資源を利用することになる．子実体は地表面に出現する場合が多いので，このような資源の利用には，キノコバエ（3.3 節参照）のように翅を持った昆虫や，移動性の高い地表性のトビムシが適応している．一方，栄養体である菌糸は土壌中に広がっており，有機物や土壌粒子の隙間をつないで伸びている．その長さは温帯の森林土壌で 1 g あたり数 m（Swift et al. 1979）とされている．キノコを探索して子実体を食べることは栄養的には優れているが（Kukor & Martin 1987），子実体の出現時期は短く，出現場所も限られている．それに対して，菌糸は土壌中に広く分布している．土壌中では，広い範囲を餌を求めて探索することはきわめて困難である．したがって，土壌ではキノコを探索するより菌糸を探索する方が容易で，菌食性の土壌動物にとっては菌糸食が普通である．さらに，菌食は腐植食に比べて高栄養な食物を食べるという点で有利なので（Kukor & Martin 1987），次の図 2 でみるように，ササラダニ群

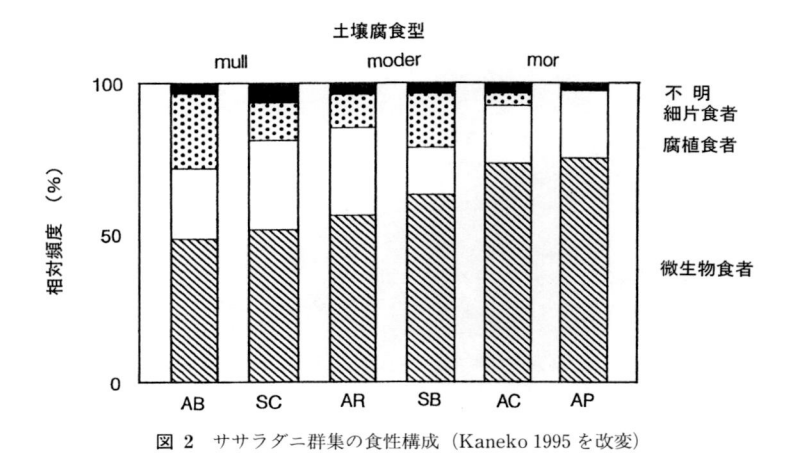

図 2　ササラダニ群集の食性構成（Kaneko 1995 を改変）

集中でも微生物食者が優占的である．

3.2.3 菌糸の選択性

　微生物食者はより大型の落葉食者と違い，そのサイズが小さいことを反映して，選択的に菌類を区別して食べることができる．写真1はトビムシとササラダニの消化管内容物を示したもので，菌糸や胞子が餌として取り込まれていることがわかる．

　攪乱が少ない土壌の土壌小型節足動物には，微生物食者の割合が高い．図2は，京都と島根の森林土壌における，微生物食のササラダニの割合である．ムル型腐植土壌では

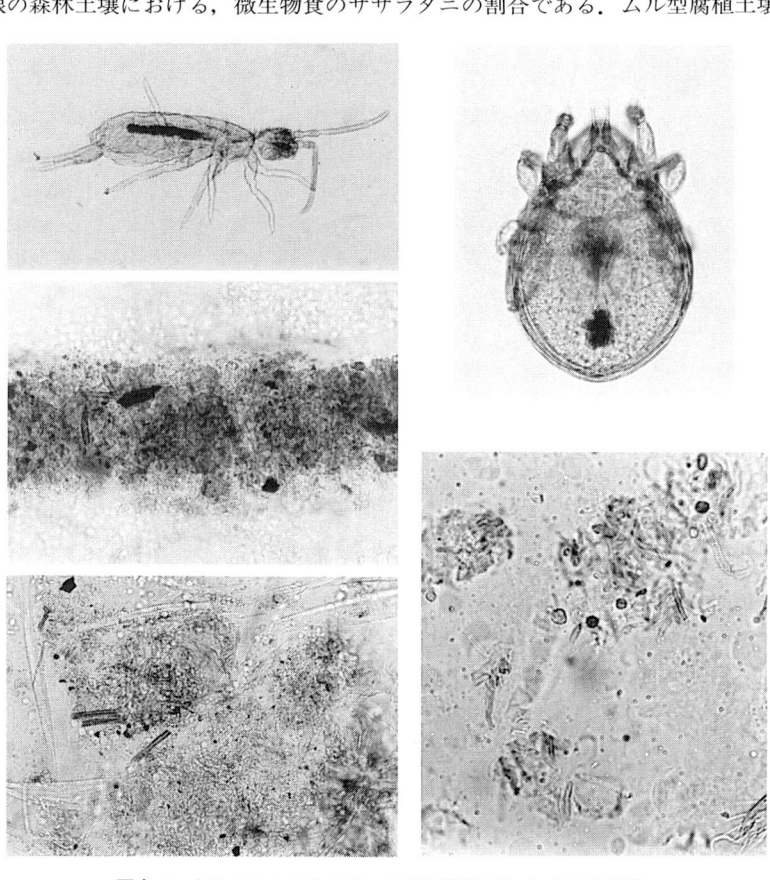

写真1 トビムシとササラダニの消化管内容物（一澤　圭撮影）
左上：チビトゲトビムシ(*Tomocerus varius*)．左中：消化管の拡大．有機物，土壌鉱物，菌糸が入り混じっている．左下：消化管内容物．褐色の菌糸が見える．右上：マルタマゴダニ (*Cultoribula lata*)．右下：消化管内容物．太さの異なる菌糸が見える．

大型土壌動物の現存量が高く，したがって直接動物に摂食される落葉の割合が高い．逆にモーダーやモル型腐植土壌では大型の土壌動物が少なく，ムル型腐植土壌よりもササラダニやトビムシの個体数が多いことが，世界各地の温帯林で認められている(Petersen & Luxton 1982)．ササラダニ群集中の菌食者の割合が高いことは，大型の土壌動物が少ない土壌では，有機物が菌類にまず利用される割合が高いことを示している．

小型節足動物やヒメミミズのような菌食者は，菌糸の種による違いを感知して選択的に摂食している．実験室でトビムシやササラダニに異なった種類の菌類を餌として与えると，明確な選択性を示すことが広く知られている．これまでに行われた選択性試験によると，*Cladosporium*（クラドスポリウム）のような落葉の分解初期種は動物に好まれる傾向がある一方 (Klironomos et al. 1992；Kaneko et al. 1995)，*Penicillium*（ペニシリウム）のような分解後期に優占する種でも一部のササラダニに積極的に利用されている (Stefaniak & Seniczak 1981)．

菌類は，捕食回避のための代謝物質を生成したり，形態を変化させることにより捕食に対抗しているようである．トビムシは，菌体から発散している揮発性物質を感知して餌探索を行う (Bengtsson et al. 1988)．土壌中では視覚を使うことができないし，触覚だけに頼っていては餌探索の効率が悪い．匂いは闇の世界である土壌の中で有力な情報である．選択性は，菌の種類，培地の栄養状態，培地の種類，菌の発育段階によって左右される (Kaneko et al. 1995)．したがって，実験室データの野外への適用にあたっては，これらの条件をよく吟味しておくことが重要である．

特定の菌が菌食者による摂食をより多く受けるとしたら，菌の種間関係は摂食により強く影響されるだろう．Klironomosら(1992)は，オオフォルソムトビムシ(*Folsomia candida*)が落葉上の菌類を摂食することにより，落葉上の菌の遷移的な種の移り変わりが早まることを示した．また，Newell(1984 a，b)は，トビムシが競争力の強い担子菌をより好んで摂食することを明らかにし，その結果，トビムシによる選択的な摂食が2種の担子菌の種間関係を逆転させることを示した．KlironomosとKendrick (1995)は，健全な菌根菌（*Glomeris*）よりも腐生菌の方がトビムシやササラダニにより好まれること，菌根菌の菌糸のうち末端部のほうが食害を受けやすいことを明らかにした．一般に，菌根菌を接種したポットに微生物食者であるトビムシを入れた場合，菌根菌の食害により植物の成長が阻害されるというデータが多いが，ポットにリターを入れ，トビムシに腐生菌も利用できるようにすると，トビムシはおもに腐生菌を食べ，植物の成長はトビムシを加えることで促進された (Klironomos & Kendrick 1995)．このことは，微生物食者による摂食が，腐生菌と菌根菌の種間関係を変える可能性があることを示唆している．

このような食う-食われるの関係は，草食動物と植物（地上部）の質（栄養条件や忌避

物質，植物の生育段階）との関係によく似ている．土壌でのこのような関係を明瞭に解析することは難しいが，食べられた菌の反応が土壌全体の有機物分解速度に反映されることもあるので（Newell 1984 b），生態系の生物多様性と機能を解明する上で，菌群集と菌食者の関係は好適な研究対象である．

土壌動物のうち，菌食者の消化管には菌体を消化することのできる消化酵素が観察されているが，これらは動物が作り出したものというより，消化管内共生微生物や土壌に生息する微生物が生産した消化酵素を動物が利用しているといえる（獲得酵素説）．SiepelとDe Ruiter-Dijkman（1993）は，ササラダニの持つ消化酵素の解析から，ササラダニを，枯死した植物を利用するもの，菌体全体を利用するもの，菌類の細胞質のみを利用するものに分類した．同じように動物の消化管に菌糸が観察されても，実際には細胞壁が消化されない場合もあり，菌の利用に丸ごと利用と中身だけの利用の二通りがあることがわかる．

3.2.4 土はうまいか？

土壌で有機物と微生物を利用している動物と土壌における分解過程との関係を図3にまとめた．この図では，左側に土壌の攪乱をともなう大型の土壌動物が優占するムル型腐植の土壌があり，右側にいくほどそれらが減少して，微生物食者の割合が高くなっている．土壌動物の落葉食者や土壌食者の消化管内には共生微生物が生息していて，これらの動物は微生物を消化管に取り込むことで，微生物の持つ消化酵素を利用している．さらに，一度動物から排泄されたリターや土壌では，微生物による有機物の分解が進行するので，動物の体外の土壌はあたかも外部ルーメン（external rumen）のような形で再利用できる．落葉食のヤスデの一種（*Apheloria montana*）は，自らの糞を摂食できないようにして飼育するとうまく成長できない（MacBrayer 1973）．ミミズやヤスデの

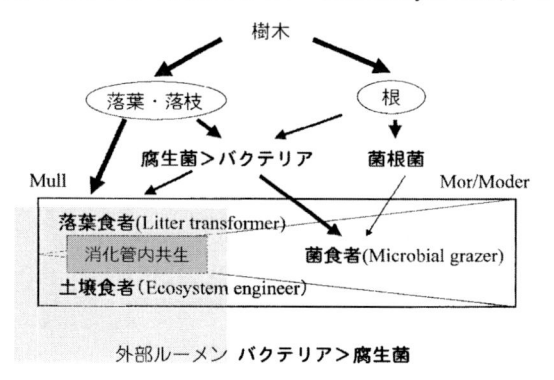

図3　分解系における土壌微生物と土壌動物の主要な関係

糞では，動物の消化管を通過することで有機物が粉砕され，水分やpHが変化して，動物のいない場合に比べてすみやかに有機物分解が進行する(Lavelle et al. 1998)．動物は糞を再び餌として利用することで，前回は利用できなかった有機物を微生物の助けを借りて利用可能となる．土壌を食べることは，土壌中の落葉や根起源の有機物を利用することと，土壌中の微生物を利用していることになる．そして，土壌を餌として利用することは，質が悪いが大量に存在する資源を確保できることになる．含まれる有機物が少ない土壌でも生息できるミミズは熱帯に多く，このことは微生物との外部ルーメンを介した共生が，土壌温度が高いときに効率がよいことを示唆している(Lavelle et al. 1998)．

ミミズのように土壌を食べる動物は，その糞が土壌団粒(soil aggregate)として長期に安定する．ミミズ団粒の中では窒素の無機化や脱窒が進行したり，土壌の物理性が向上する．このように死後も他の生物に影響する作用を持つ生物が，土壌食者と呼ばれている．カナダ・アルバータ州のマツ林に侵入・定着した帰化種である *Dendrobaena octaedra* (デンドロベーナ・オクタエドラ)というミミズによる攪乱型土壌では，ミミズのいない土壌に比べ菌類の割合が相対的に減少し(Scheu & Parkinson 1994)，落葉層や土壌層の菌類群集も，成長の早い種が優占したり，多様性が低下することが観察された(McLean & Parkinson 2000)．土壌では，長い時間にわたってエンジニア生物である土壌食者により土壌環境が変えられているので，実際にはこのような劇的な変化は観察できない．

島根県の中部に生息するミドリババヤスデ(*Parafontaria tonominea*)は，成虫になっても土壌と落葉の両方を食べる．野外に設置したマイクロコズム(microcosm)にヤスデを密度を変えて生活させ，土壌水に溶出するイオン濃度を測定した(Kaneko 1999)．わずか6週間のヤスデの摂食により，ヤスデを経由した窒素が土壌で硝化され，陽イオンの移動が高まっていた(図4)．土壌ではヤスデの摂食により微生物バイオマスは減少したが，微生物の活性は高まっていた．植物にとって，このようなヤスデによる土壌の変化は，利用可能な土壌養分量が増すことを示している．

大型土壌動物が侵入できないように小さな網目で作ったリターバッグに落葉を詰めて，ムル型腐植とモーダー型腐植の土壌でリターバッグ中のササラダニ群集の定着を観察すると，全体の群集構造が大きく異なるにもかかわらず，リターバッグ中のサブ群集は，基本的にモーダー型腐植でみられる群集とよく似た群集構造を示した(Kaneko 1995)．ムル型腐植でも，落葉を攪乱する大型土壌動物がいない場合には腐生性の菌類を経由する分解系に移行することを示している．このように，土壌食者の大型土壌動物は，土壌における分解系の性質を大きく作用するキーストン種(keystone species)である．

ここで述べたように，土壌での種間関係は，枯死した有機物という使いにくい資源の共同利用という意味を持っていた．しかし，いったん土壌に定着した微生物と動物は，

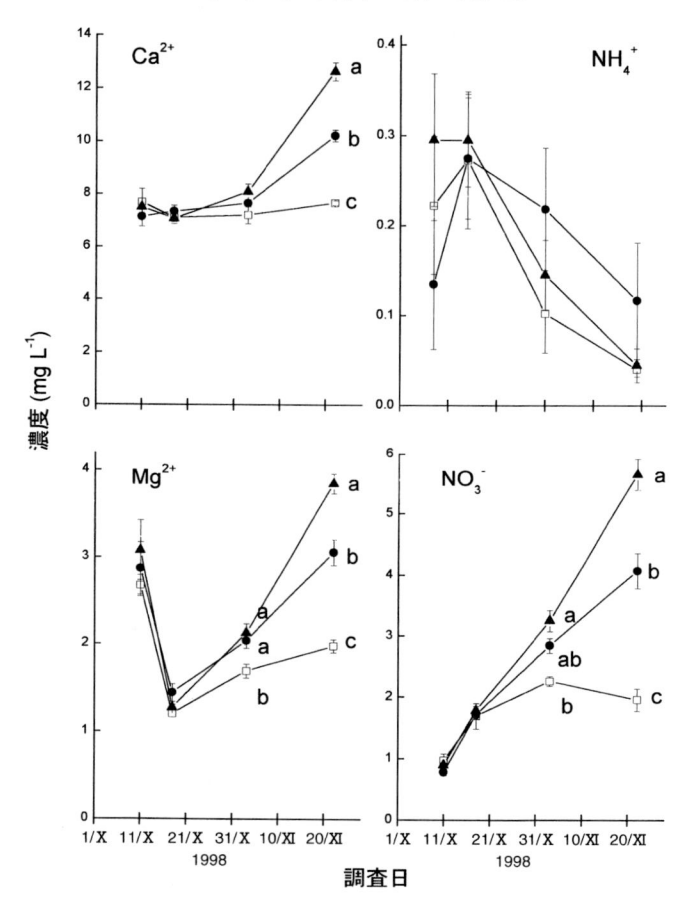

図 4 ミドリババヤスデ（*Parafontaria tonominea*）による土壌の栄養塩類の移動（Kaneko 1999 を改変）
島根県中部の島根大学附属三瓶演習林のコナラ林にて測定．アルファベットの添字は，同じ測定日のデータ間の有意差を Tukey の HSD テストで比較したもので，同じ添字のものは 5% 水準で差がない．

お互いを栄養源として利用しあうことになる．次からのセクションでは，土壌を出発点として巧みに利用しあう動物と微生物の関係についてみていこう． （金子信博）

3.3 キノコに棲息する線虫
―キノコバエと *Iotonchium* 属線虫の関係―

　線虫という動物群は種類数がきわめて多いと推測されており（海産自活性種だけでも1億種を超えるという推定もある），地球上のあらゆる場所に生活しているといわれている．また，非常に多様化した分類群の一つであり，その生活様式は多岐にわたっている．たとえば，野菜の根系や樹木に寄生する植物寄生性線虫や，回虫や蟯虫，フィラリアなど，人間や家畜に寄生する動物寄生性線虫のような寄生性のものも多く含まれている．また，3.5節において紹介されている *Steinernema*（スタイナーネマ）属や *Heterorhabditis*（ヘテロラブディティス）属のような共生微生物を持つ昆虫病原性線虫のように，非常に特殊化した例もある．これらは作物や家畜，さらには人間そのものの病原体として，あるいは害虫の生物的防除の手段として，人の生活と密接な関係を持つため多くの研究がなされてきた．しかしながら，種類数の上では，植物や動物に寄生せず自由生活を営んでいるものの方が圧倒的に多く，それらは自活性線虫（free living nematode）と呼ばれている．自活性線虫は，他の線虫などを襲って食べている捕食性のものを除くと，細菌などを摂食している細菌食性線虫と菌類を摂食する菌食性線虫の二つに大きく分けられる．寄生性・病原性の線虫は，このような自活性線虫から進化してきたと考えられており，その生活環に自活世代と寄生世代の両方を持つものも数多く存在する．

　菌食性線虫の食物源となっている菌類は，森林生態系において，落葉分解菌や木材腐朽菌などのような植物遺体の分解者として，あるいは菌根菌のような植物の共生者として重要な役割を果たしている．そして菌食性線虫は，トビムシやダニなどの土壌小動物とともに，この菌類を餌としながら森林生態系における腐食連鎖の中に組み込まれている（3.1節において触れられているのでここでは説明しないが，この点については細菌食性線虫も同様に腐食連鎖の重要なメンバーである）．菌食性線虫は植物根圏において菌根菌を侵しているという報告もあれば，植物病原菌の増殖を抑えているという報告もある．いずれにしても，菌食性線虫と菌類の関係については，栄養連鎖の一構成員としての視点から多くの研究がなされてきている（石橋 1992）．また菌類と線虫の摂食関係は，必ずしも菌が線虫に食われるばかりでなく，線虫捕食菌のように栄養の流れが逆向きの関係もある．

　しかしこれら既存の研究は，そのほとんどが土壌や材組織内で繰り広げられる栄養菌糸（vegetative hypha）と線虫の関係を取り上げてきた．しかし本節では，そのような栄養菌糸との関係ではなく，菌類の繁殖器官である子実体（キノコ fruiting body）に棲

息している線虫を中心に，菌類と線虫，および昆虫の関係について論じていく．

3.3.1 ヒラタケに棲息する線虫

キノコは，世界中のあらゆる土地のキノコ食文化を持つ民族によって採集され食用にされている．また，人間だけでなくサルやげっ歯類などの哺乳動物，ナメクジなどの軟体動物や昆虫に代表される節足動物にも利用される（相良 1989）．これらの動物によるキノコ食については，人の目につきやすいためか多くの書物・文献に登場する．ところが，線虫によるキノコの利用となると，これまでほとんど研究はなされていない．これは，線虫そのものが小さく肉眼ではほとんど見えないということと，キノコ内部に棲息しているため外観からはその存在がわかりづらいことが理由であろう．線虫の棲息を認識するためには，特殊な例を除いて，ベールマン・ロート法（Baermann funnel extraction）という線虫分離法を用いて，キノコから線虫を検出することが必要である．

ベールマン・ロート法を用いなくても線虫の存在を認識できる特殊な例の一つが，ヒラタケ白こぶ病（gill-knot disease）である．ヒラタケ（*Pleurotus ostreatus*）は担子菌類に属する白色腐朽菌（white rot fungi：リグニンを分解し木材を白く腐らせる菌）の一つであり，その子実体はおもに広葉樹の倒木や切り株上に発生する．また，原木栽培やおがくずを用いたビン栽培も容易な食用キノコの一つでもある．海外では，その子実体の外見や，倒木上に折り重なるようにして発生するさまが岩に付着するカキを連想させることから，「オイスター・マッシュルーム（oyster mushroom）」と呼ばれ広く食用にされている．

ヒラタケ白こぶ病は，このヒラタケ子実体に発生する病気の一つである（金子 1983；Tsuda et al. 1996）．その病徴は，野生のヒラタケや原木栽培など屋外で発生するヒラタケ子実体の襞（ひだ）の部分に多数のこぶが生じるというものである（写真 1）．この病気は，1970 年代の終わり頃に九州・中国地方においてはじめてその発生が報告され，そ

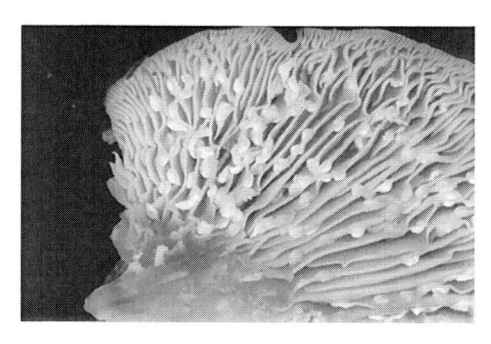

写真 1 ヒラタケ白こぶ病の病徴

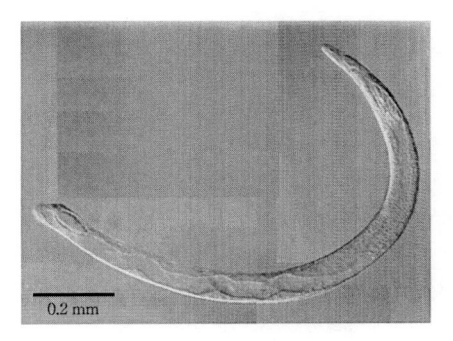

写真 2 こぶの中に棲息するヒラタケシラ
コブセンチュウの菌食態雌成虫

の後西日本各地に広がり，現在では北陸・中部地方においても発生が確認されている．この病気はこれまで，「ひだこぶ病」，「いぼ病」など様々な名称で呼ばれてきたが，現在では「ヒラタケ白こぶ病」という呼称が一般的となっている．

　さて，この「こぶ」は一体どうして生じるのであろうか．病徴の現れた子実体からこぶを切り取り，それを実体顕微鏡下で切開してみると，その内部に比較的大きな（体長2～3 mm）線虫が1つのこぶに1頭ずつ棲息しているのが確認できる（写真2）．またその線虫が，こぶ内部に多数の卵を産んでいるのも観察できるだろう．この線虫を，ここではヒラタケシラコブセンチュウ（gill-knot nematode）と呼ぶことにする．

　ところでヒラタケ（*Pleurotus*）属の菌類は，その栄養菌糸上に形成される分泌器官からオストレアチン（ostreatin）という毒素を分泌し，それに接触した線虫を動けなくして捕食するという能力を持っている（Barron & Thorn 1987）．事実，こぶの中に棲息している線虫を取り出してヒラタケの栄養菌糸上に置いておくと，菌糸に捕食されてしまうことが観察されている．どうしてこの線虫は，このような危険な菌の子実体に棲息できるのであろうか．その理由についてはいまだ解明されていない部分が多いが，積極的に養分摂取にかかわるヒラタケの栄養菌糸と，繁殖のための器官である子実体組織とでは，その生理・生態的な性質がかなり異なっているということが挙げられるだろう．たとえば，ヒラタケ子実体組織では，栄養菌糸で見られたオストレアチンが生成されないということもその違いの一つであり，このような性質の違いがこの線虫がヒラタケ子実体上で棲息が可能となっている理由の一つと考えられる．

3.3.2　伝播者（vector）はなにか

　ヒラタケ白こぶ病の発見当初，その病気の発生様態についていくつかの疑問点が呈されていた．こぶ内の線虫がこぶ発生の原因であるにしても，なぜ野生のヒラタケや原木

栽培のヒラタケにだけこぶが生じ，室内におけるビン栽培のものにはこぶが生じないのか．こぶの中の線虫は一体どこからやってきたのか．これらの疑問を解く鍵が，この病気の防除を目的とした研究の中で与えられていた．ほだ木の間に支柱を立てて網目1mmの寒冷紗をかけ，網のすそには土をかけて完全に昆虫の侵入を妨げると，この病気を防ぐことができたというのである(金子1983)．この事実は，体長が1mm以上の昆虫が，何らかの形でこの病気の発生に関係していることを強く示していた．

ところでその後，ヒラタケシラコブセンチュウの分類学的所属について検討された結果，この線虫は Hexatylina (ヘキサチリナ) 亜目の Iotonchium (イオトンキウム) 属に属するということが判明し (Tsuda et al. 1996)，最近になって Iotonchium ungulatum (イオトンキウム・ウングラツム) という学名が与えられた (Aihara 投稿中)．筆者がヒラタケ白こぶ病の研究を始めた当時, Iotonchium 属には7種の線虫が記載されていた．それらは欧米において様々な種類のキノコから検出されたものであった．しかしながら，そのうち生活史が完全に明らかになっているものは，北アメリカにおいて記載された I. californicum (イオトンキウム・カリフォルニクム) という1種のみであり (Poinar 1991)，それ以外の6種についてはその生活史のうちの一部のステージしか記録されていなかった (Goodey T 1953; Goodey JB 1956; Siddiqi 1986)．

Poinar (1991) が報告していた I. californicum の生活環には，次に説明するように，キノコに棲息する菌食世代と昆虫に寄生する昆虫寄生世代が存在している．I. californicum の菌食世代は，担子菌類の一種フミヅキタケ (Agrocybe praecox) の子実体の中に棲息している．その菌食世代は，雌成虫のみで単為生殖を行っている．この菌食態雌成虫は，ヒラタケシラコブセンチュウのそれとは異なり，フミヅキタケの子実体にこぶなどを形成することはなく，子実体の組織内に棲息している．菌食態雌成虫は子実体内部で産卵するが，その卵から孵化した幼虫は，子実体が腐り始める頃には（昆虫への）感染態雌成虫と雄成虫に発育する．それと時を同じくして，その子実体に食入していたキノコバエ科 (Mycetophilidae) の一種イグチナミキノコバエ (Mycetophila fungorum) の幼虫は，土の中に入って蛹になる．雄成虫と交尾を終えて受精した感染態雌成虫は，そのような蛹化前後のイグチナミキノコバエの体内に侵入し，その血体腔内でさらに成熟する．イグチナミキノコバエが羽化して成虫となる頃には，この線虫は昆虫寄生態の雌成虫となり，次世代を産出する．イグチナミキノコバエの血体腔内に産出された線虫の幼虫は，そこで成長し，やがて宿主の生殖器などに侵入する．そしてイグチナミキノコバエが新しいフミヅキタケの子実体に産卵するときに，この子実体に線虫の幼虫も産みつけられ，菌食世代を始めるのである．つまり I. californicum は，イグチナミキノコバエという宿主昆虫に寄生する世代を経て，子実体から子実体へと伝播されている．

I. californicum で明らかにされた生活史は，ヒラタケシラコブセンチュウも同様の生

活環をたどり，キノコバエ（fungus gnat）の仲間か，もしくはそれ以外の訪茸昆虫に伝播されているのではないかということを強く示唆していた．形態的な特徴を既知種と比較したところ，ヒラタケのこぶ内に棲息する大きな線虫は菌食態雌成虫であり，その次世代は（昆虫）感染態雌成虫と雄成虫（写真3）であると考えられた．さらに，ヒラタケシラコブセンチュウの宿主昆虫（伝播者）を特定するために，次のような実験を行ってみた．まず，野外からこぶの発生したヒラタケ子実体を採取し，これをオートクレイブ滅菌した土を3〜4 cmの厚さになるよう敷いた広口ビンに入れ，適当な湿度を保ちながら子実体に棲息しているであろう宿主昆虫の羽化を待った．そして，羽化してきた昆虫を実体顕微鏡を用いて解剖した結果，キノコバエ科の一種ナミトモナガキノコバエ（*Rhymosia domestica*）の血体腔内に，体長4 mmあまりにも達する大きな昆虫寄生態の雌線虫を確認した（写真4）（Tsuda et al. 1996）．

さらに，同様の方法で羽化させたナミトモナガキノコバエを，ビン栽培で育てたヒラタケ子実体とともに飼育箱に入れておいたところ，数日後それらの子実体にこぶが発生し，そのこぶの中にはヒラタケシラコブセンチュウの菌食態雌成虫が棲息しているのが確認できた．また，ナミトモナガキノコバエの血体腔内で昆虫寄生態雌成虫による産卵が行われ，さらにこの卵より孵化した幼虫が，キノコバエ雌個体の卵巣に侵入しているのが観察された．このように，キノコバエの卵巣に侵入した線虫の幼虫がヒラタケに産

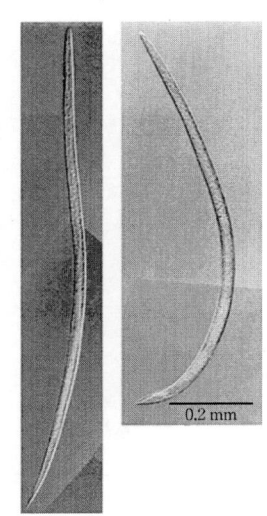

写真 3 ヒラタケシラコブセンチュウの感染態雌成虫（左）と雄成虫（右）

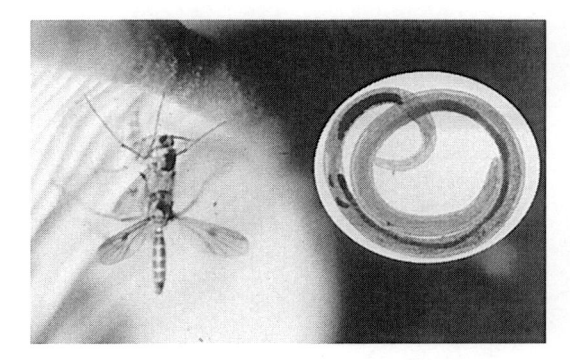

写真 4 ナミトモナガキノコバエとその血体腔内に棲息するヒラタケシラコブセンチュウの寄生態雌成虫（円内）

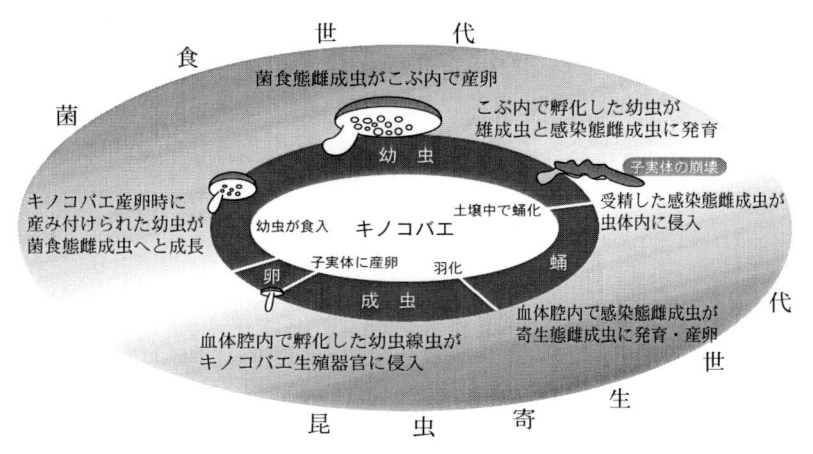

図 1 ヒラタケシラコブセンチュウの生活環

みつけられると考えられたため，その幼虫を取り出し，懸濁液としてビン栽培のヒラタケ子実体に直接接種してみた．この場合も予想通りこぶの形成が認められ，内部に菌食態雌成虫が確認された．これらの実験の結果から，ナミトモナガキノコバエがヒラタケシラコブセンチュウの宿主であり，かつ伝播者であることが判明した．また，接種実験により，こぶを形成しているのは線虫自身であり，キノコバエは線虫を産みつけるだけでこぶ形成には直接にはかかわっていないことも明らかになった．そしてその生活環は，図 1 に示すように，これまで報告されていた I. californicum のものとほぼ同様であることが判明した．

3.3.3 *Iotonchium* 属線虫とキノコバエ科昆虫の関係

ところでヒラタケシラコブセンチュウはヒラタケ以外のキノコには棲息していないのだろうか．また棲息しているとしたら，それらのキノコにはこぶは生じるのであろうか．これらの点を解明するために，これまでに 100 種以上のキノコで，こぶの発生と線虫の棲息の有無について調査を行い，ヒラタケ以外では，ヒラタケと同属の野生のウスヒラタケ（*Pleurotus pulmonarius*）にこぶが生じていること，そのこぶの中にヒラタケシラコブセンチュウが棲息していることを確認した．しかしながら，結局のところヒラタケシラコブセンチュウが検出されたのは，ヒラタケ属のこの 2 種類だけであった．ところが，調査したキノコのいくつかの種類から別の種類の *Iotonchium* が検出されたのである．たとえば，ウスムラサキフウセンタケ（*Cortinarius subalboviolaceus*）ほかフウセンタケ（*Cortinarius*）属菌の未同定の 2 種の子実体から，菌食態雌成虫と *Iotonchium* 属線虫の特徴を備えた感染態雌成虫，雄成虫が分離された（写真 5）．それらの形態はヒラ

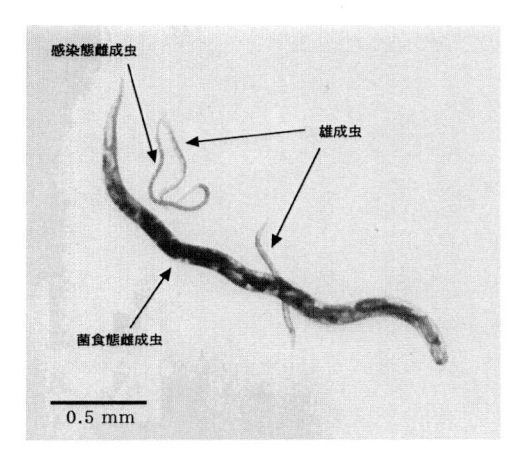

写真 5 フウセンタケ属菌の子実体に棲息する *I. cateniforme*

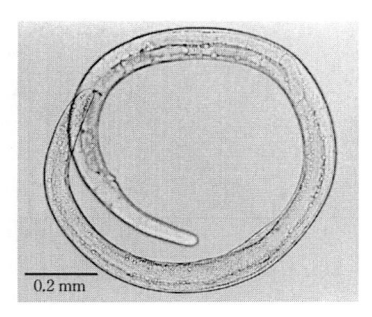

写真 6 キノコバエの一種 *Exechia dorsalis* の血体腔内に棲息する *I. cateniforme* の寄生態雌成虫

タケシラコブセンチュウを含む既知のいずれの線虫とも異なっていたため新種であると判断し, *I. cateniforme* (イオトンキウム・カテニフォルメ) と名づけて記載を行った (Tsuda & Futai 1999). この線虫の場合は *I. californicum* の場合と同様に, 線虫が棲息している子実体にこぶの発生は認められなかった. また, それら宿主フウセンタケについて傘の部分と柄の部分に分けて線虫分離を行った結果, *I. cateniforme* は主として子実体の柄の部分に棲息しているということが判明した. この柄の部分にはキノコバエ科に属すると思われる昆虫の幼虫も食入していたため, ヒラタケシラコブセンチュウの場合と同様の方法を用いて, 野外で採取したフウセンタケの子実体から昆虫が羽化してくるのを待った. そして羽化出現した昆虫を解剖した結果, やはりキノコバエ科の一種 *Exechia dorsalis* (エクセキア・ドルサリス) だけから寄生態の雌線虫が確認され (写真6), このキノコバエが *I. cateniforme* の宿主昆虫となっていることが判明したのである.

それまでキノコの襞に形成されるこぶに注目していたため発見が遅れたが, ひとたびこぶのできていないフウセンタケから *I. cateniforme* が見つかると, それ以外にも *Iotonchium* 属線虫が次々に発見されるようになった. そのうちの一種 (*Iotonchium* sp. 1) は, キツネタケ (*Laccaria laccata*) やウラムラサキ (*L. amethystea*) などキツネタケ (*Laccaria*) 属に属する4種類のキノコから検出された. また, 別の種類の線虫 (*Iotonchium* sp. 2) は, シロハツモドキ (*Russula japonica*) やクロハツ (*R. nigricans*), チシオハツ (*R. sanguinaria*) などのベニタケ (*Russula*) 属のキノコや, キチチタケ (*Lactarius chrysorrheus*), ハツタケ (*L. hatsudake*) などのチチタケ (*Lactarius*) 属の

表 1 *Iotonchium* 属線虫の宿主キノコ・宿主昆虫

	宿主キノコ	宿主昆虫
ヒラタケシラコブセンチュウ *I. ungulatum*	ヒラタケ属 (ヒラタケ科)	ナミトモナガキノコバエ *Rhymosia domestica* (キノコバエ科)
I. californicum	フミヅキタケ (オキナタケ科)	イグチナミキノコバエ *Mycetophila fungorum* (キノコバエ科)
I. cateniforme	フウセンタケ属 (フウセンタケ科)	*Exechia dorsalis* (キノコバエ科)
Iotonchium sp. 1	キツネタケ属 (キツネタケ科)	*Allodia* sp. 1 (キノコバエ科)
Iotonchium sp. 2	ベニタケ属, チチタケ属 (ベニタケ科)	*Allodia* sp. 2 (キノコバエ科)

キノコから分離されてきた．そしてこれらの線虫は，それぞれ別種のキノコバエを宿主としていることが判明したのである．

ここで，これまでに宿主キノコと宿主昆虫のいずれについても明らかになっている *Iotonchium* 属線虫について，表1にまとめてみた．まず，宿主昆虫については，いずれの線虫もキノコバエ科に属する昆虫を宿主としている．このことから，*Iotonchium* 属は，キノコバエ科というきわめて狭い範囲の昆虫群と密接な関係を持った分類群であることが想定される．一方，宿主キノコについてみると，ここにあげた5種の線虫は，いずれも担子菌ではあるがそれぞれ別の科に属する菌の子実体を利用していることがわかる．見方を変えると，宿主キノコはそれぞれの線虫については一つの科にまとまっているともいえる．これは一見，線虫の宿主範囲を表しているように思われる．しかしながら，これらの線虫は，単独ではキノコからキノコへ移動することはなく，キノコバエによって伝播されていることから，これら線虫の宿主キノコは，伝播者でもある宿主キノコバエの食性によって決定づけられていると考えるのが妥当であろう．

3.3.4 *Deladenus* 属線虫とキバチの関係

ところで *Iotonchium* 属が含まれる Hexatylina 亜目には，多くの昆虫寄生性線虫が属している (Siddiqi 1986)．それらの昆虫寄生性線虫は，昆虫寄生世代しか持たない絶対的昆虫寄生性線虫と，昆虫寄生世代と菌食世代（あるいは植物寄生世代）の両方をその生活環に持つ任意的昆虫寄生性線虫に分けられる．*Iotonchium* 属は，後者の任意的昆虫寄生性線虫に分類される．このほか，Hexatylina 亜目の任意的昆虫寄生性線虫でよく知られているものとしては *Deladenus*（デラデヌス）属が挙げられ，その昆虫寄生世代はお

もにキバチ(woodwasp)類を宿主としている(Bedding 1972, 1974；Bedding & Akhurst 1978).

　D. siricidicola（デラデヌス・シリシディコラ）の宿主昆虫，ノクチリオキバチ（*Sirex noctilio*）は，オーストラリアやニュージーランドにおける重大な森林害虫であり，北半球から導入されたラジアータマツ（*Pinus radiata*）を枯死させてしまうことが知られている(p. 177 BOX 参照). 4.3 節に紹介されているキバチと同様，このキバチの雌は生きたマツの幹に穴をあけて産卵し，そのときにミューカス(mucus)と呼ばれる粘液状の物質と共生菌 *Amylostereum areolatum*（アミロステレウム・アレオラトゥム）を注入する．キバチの幼虫は，樹体内で増殖した *Amylostereum* 菌を食べて育つ．そしてキバチの寄生線虫である *D. siricidicola* の菌食世代も，樹体内でこの *Amylostereum* 菌を摂食して増殖する．4.3 節にも述べられているように，共生菌を持つキバチと *Amylostereum* 菌の関係はきわめて特異的であることが知られているが，この線虫も *Amylostereum* 菌が存在しないと繁殖することができない．

　Iotonchium 属線虫の菌食世代は雌しか存在せず，単為生殖を行っているが，*D. siricidicola* の菌食世代は雌雄が両方とも存在している．この線虫は樹体内で菌食世代を何度か繰り返しているが，時間の経過とともに（培養プレートでは 22℃で約 1 か月）感染態の線虫が出現してくる．感染態雌成虫は雄線虫と交尾したのち，キバチの幼虫体内に経皮侵入し，その血体腔内で成熟して寄生態雌成虫となり，多数の幼虫をキバチの血体腔の中で産出する．宿主キバチが成虫となって産卵する頃には幼虫線虫はキバチの生殖器に集まり，さらにその卵の中に侵入する．そのようにして線虫の寄生を受けた雌キバチは，新しいマツに共生菌とともに線虫入りの卵を産みつけ，線虫は再び材内で菌食ステージを開始する．

　ここで *Iotonchium* 属線虫と比べてみると，*Deladenus* 属線虫の菌食世代は，子実体という菌類の繁殖器官ではなく，*Amylostereum* の栄養菌糸を摂食しているといった違いがある．しかし，いずれの属の線虫も，宿主昆虫が利用するその菌をともに摂食する，菌食世代を持つという点においては共通している．このことは，3.3.5 で述べるように，線虫と宿主昆虫の密接な関係が保たれている一つの鍵となっていると考えられる．

　ところで，*D. siricidicola* の寄生を受けた雌キバチは，そのほとんどすべての卵が幼虫線虫の侵入を受けるため，結果的に不妊化してしまうことになる．この *D. siricidicola* の雌キバチを不妊化させてしまうという性質を用いて，オーストラリアではノクチリオキバチの生物的防除剤としての利用が試みられた．その結果，自然状態では低く保たれている野外のキバチ個体群における線虫寄生率を人為的に上げることにより，この重要な森林害虫の防除に成功している（Bedding 1993）．

3.3.5　*Iotonchium* 属線虫とキノコバエ科昆虫は共進化してきたのか

　先に述べたように，*Iotonchium* 属線虫や *Deladenus* 属線虫は Hexatylina 亜目の任意的昆虫寄生性線虫であるが，この亜目には多くの絶対的昆虫寄生性線虫も含まれている．そのような絶対的昆虫寄生性線虫グループの一つである *Howardula*（ホワルデュラ）属の線虫についてみると，それぞれの種はかなり限られた範囲の宿主昆虫に寄生しているのであるが，*Howardula* 属全体を見渡してみるとその宿主範囲は非常に幅広く，科や目を越えた分類群の昆虫やダニに寄生していることが記録されている（Poinar 1998）．このような絶対的昆虫寄生性線虫の小さな一群が，多岐にわたる分類群の昆虫を宿主としているということはどういうことであろうか．これはおそらく，*Howardula* 属として分化してきた初期段階において，ある種の宿主昆虫との関係がいったん確立し，その後宿主体内から外部環境にさらされる感染ステージにおいて，同所的に存在する宿主以外の昆虫などに出会い，二次的に侵入・寄生するようになったのではないかと考えられる．

　それでは，昆虫寄生世代の間に菌食世代が挟み込まれている *Iotonchium* 属線虫や *Deladenus* 属線虫のような任意的昆虫寄生性線虫の場合にはどのようになるであろうか．これらの線虫の場合，本来の宿主昆虫の体外に生活する時間が長い分だけ，宿主以外の昆虫と出会う可能性が高くなり宿主範囲が広がってもよさそうに思える．しかし実際には，*Deladenus* 属線虫は共生菌を持つ *Sirex*（サイレックス）属のキバチ以外には，共生菌を持たない *Xeris*（ゼリス）属のキバチ，さらにキバチの寄生バチ（*Rhyssa*（リッサ）属，*Megarhyssa*（メガリッサ）属）などにしか寄生しない（Bedding & Arkhurst 1978）．これは，4.3 節においても示されているように，これら *Sirex* 属のキバチ以外の昆虫は，このキバチにより植えつけられた *Amylostereum* 菌の存在する木にしか産卵しないし，また *Deladenus* 属線虫自身も *Amylostereum* 菌にきわめて特異的に依存していることがその原因であろう．つまり，*Deladenus* 属線虫は，*Sirex* 属キバチの共生菌（*Amylostereum* 菌）との特異性がきわめて高いことにより，宿主昆虫の範囲を制限されているといえる．

　Iotonchium 属線虫の場合はどうであろうか．この属の菌食世代の線虫は，表1で示したように，かなり広い分類群のキノコを利用している．ここでは，*Deladenus* 属線虫の菌食世代にみられるような，菌に対する特異性はあまり存在しないかもしれない．しかしながら，昆虫寄生世代の間に菌食世代が挟み込まれているということにおいては *Deladenus* 属線虫と同様であり，次の菌食世代が摂食できる菌の存在する場所に確実に連れていってもらうためには，その菌の子実体を専食する昆虫との関係を存続することが必須条件となる．つまり，菌食世代の存在自体が宿主昆虫の範囲を制限しているといえるだろう．逆に，菌食世代のない *Howardula* 属のような絶対的寄生性線虫は，*Deladenus* 属や *Iotonchium* 属線虫における菌食世代という制限要因がないために宿主範囲を広くすることができたと考えられる．さらに，食物資源としてのキノコの特性に

ついて考えてみると，一般にキノコはきわめて短命(ephemeral)であり，いきおい *Iotonchium* 属線虫の菌食世代の寿命は短くならざるをえない．このことは宿主昆虫であるキノコバエについても同様であり，結果として線虫は，宿主昆虫の生活史にきわめて厳密に自らの生活史を同調させないと子孫を存続させることは困難となる．キノコにはキノコバエ以外の昆虫も多く棲息するにもかかわらず，線虫が寄生しないのは，このような生活史の厳密な同調性が要求されるからであろう．キノコの短命さという時間的要因が，*Iotonchium* 属線虫が宿主として利用できる昆虫の範囲を決定しているといえる．

ところで，*Iotonchium* 属線虫とキノコバエ科昆虫はいつ，どこで出会い，関係を結ぶようになったのだろうか．2500〜4000万年前のドミニカ産の琥珀の中に線虫の寄生を受けたキノコバエが発見されているが(Poinar 1991)，この線虫が *Iotonchium* 属であるという証拠はない．また，*Iotonchium* 属線虫の祖先がキノコバエと関係を持つようになった時期には，この線虫はまだキノコの中には住んでいなかったのではないかと思われる．キノコのような短い寿命でしかもランダムに出現する場に線虫が侵入し，そこでキノコバエとの関係を確立できる可能性はきわめて少ないと考えられるからである．現存の *Iotonchium* 属の線虫は，土壌表層のリターの中などで蛹化するキノコバエの虫体内に侵入することから，おそらくそれまで腐植中で菌を食べていた（あるいはすでに他の昆虫と関係を持っていた）*Iotonchium* 属線虫の祖先が，腐植中で蛹化するキノコバエと関係を持つようになったのであろう．あるいは，現在の宿主キノコバエの祖先がキノコを利用するようになる以前，おそらくは腐朽材や腐植中などに棲息しているような時期に，*Iotonchium* 属線虫の祖先と出会ったのかもしれない．そして両者の関係が確立したあと，キノコバエの行動にしたがってキノコを利用するようになったのではないだろうか．いずれにせよ，キノコという短命な食物資源をキノコバエの食性にしたがって利用し始めたことにより，*Iotonchium* 属線虫はキノコバエ科昆虫と密接な関係を保ち続け共進化(coevolution)してきたものと考えられる．

両者の共進化の証拠を得るためには，これまでに宿主昆虫が明らかになっている *Iotonchium* 属線虫とその宿主キノコバエについて，形態および分子の両面から系統解析を行うことが必要である．さらに，宿主昆虫が不明のままとなっている既知種の再発見も含め，まだまだ多数存在していると思われる *Iotonchium* 属線虫の探索，宿主昆虫の解明も重要であろう．また，*Deladenus* 属や *Iotonchium* 属が含まれる Hexatylina 亜目には，ほかにも多くの昆虫寄生性線虫が存在しているのであるが，その分類体系は形態の異なる複数の世代が生活史に存在していることもあって，いまだ混乱していると言わざるをえない．それぞれの線虫グループについての完全な生活史の解明，各世代の宿主範囲や形態の比較，分子生物学的な系統解析などによる分類体系の再構築が望まれるところである．

〔津田　格〕

3.4 微生物利用による昆虫の栄養摂取
―シロアリと原生動物―

シロアリ (termite) の消化管内に多種の原生動物 (protozoan) が生息していることは, 1800年代後半頃から知られていた. Koidzumi (1921) は, 日本産シロアリ数種の腸内原虫を表1のように分類した. その後, Cleveland (1924) は, シロアリの腸内原生動物を除去するとシロアリが長く生存できないことや, 原生動物を再感染させると生存可能となることから, シロアリと原生動物の間には共生関係があることを明らかにした. さらに Hungate (1938) は, シロアリ後腸内原生動物が嫌気的条件で木片を分解しうること, その最終産物がシロアリによって利用されることを実験的に示し, 代謝産物は酢酸と水素, 二酸化炭素であることを示した.

Yokoe (1964) は, ヤマトシロアリ (*Reticulitermes speratus*) を用い, 熱処理によって腸内原生動物を除去したにもかかわらず, ある種のセルラーゼ (cellulase) 活性が検出できたことから, シロアリ自身もセルラーゼを生産することを示唆した. そして, Yamaoka と Nagatani (1975) は, 同じヤマトシロアリを用いて, シロアリ体内には2種類のセルラーゼがあり, 一つはシロアリ自らが唾液腺で生産し, もう一つは後腸の原生動物が生産することを示した. その後, 2種のセルラーゼの存在や唾液腺での生産について, O'Brien ら (1979), Veivers ら (1982) が, それぞれイエシロアリ (*Coptotermes lacteus*) の前腸・中腸, ムカシシロアリ (*Mastotermes darwiniensis*) の唾液腺・中腸で確認した. ごく最近, Watanabe ら (1997) は, endogenous endo-β-1,4-glucanase

表1 日本産シロアリの腸内原虫 (Koidzumi 1921)

原生動物種	シロアリ種	原生動物種	シロアリ種
Trichonympha agilis var. *japonica*	ヤマトシロアリ キアシシロアリ	*Pyrsonympha modesta*	ヤマトシロアリ キアシシロアリ
Pseudotrichonympha grasii	イエシロアリ	*Dinenympha exilis*	ヤマトシロアリ キアシシロアリ
Teratonympha mirabilis	ヤマトシロアリ キアシシロアリ	*D. rugosa*	ヤマトシロアリ
Microspironympha porteri	キアシシロアリ	*D. nobilis*	ヤマトシロアリ
Spirotrychonympha leidyi	イエシロアリ	*D. parva*	ヤマトシロアリ
Holomastigotes elongatum	ヤマトシロアリ キアシシロアリ	*D. leidyi*	キアシシロアリ ヤマトシロアリ
Holomastigotes hartmanni	イエシロアリ		キアシシロアリ
Pyrsonympha grandis	ヤマトシロアリ キアシシロアリ	*D. porteri*	ヤマトシロアリ キアシシロアリ

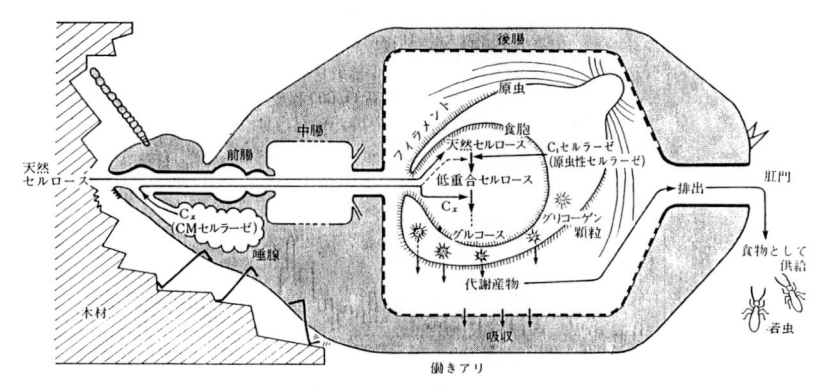

図 1 シロアリとその腸内原虫との関係を示した模式図（山岡 1982）

cDNAs が唾液腺組織に特異的に検出されることを明らかにした．

　このような一連の研究から，シロアリのセルロース（cellulose）消化機構には原生動物が深くかかわりを持っていることや，シロアリ自身もセルロース消化にかかわっていることが明らかとなった（図1）．しかしながら，これらの結果は，シロアリと原生動物との共生関係のすべてではなく，またシロアリすべてに共通するものではないことがしだいに明らかとなってきている．ここでは，シロアリと原生動物の微妙な関係について述べる．

3.4.1　シロアリ腸内原虫は体外培養できるのか

　腸内原虫の体外培養の試みは，Trager（1934）にさかのぼることができる．彼は，塩類溶液 Solution U を作成し，ごく短期間ではあるが継代培養に成功した．その後，Yamin（1978）によって試みられ，ある種の原虫の継代培養には成功したものの，それは限られた種であった．山岡とその研究グループは，シロアリの腸内でセルロース分解に中心的役割を果たしている *Trichonympha*（トリコニンファ）の培養を 1975 年以来ずっと試みてきたが，いまだに成功したとはいえない．しかしその試行のなかで，いくつかの重要なことが明らかとなってきた．

a．体外培養の手順

　塩類溶液は Trager の Solution U を用いた．Solution U を高圧滅菌した後，25 ml のビーカーに 10 ml 取り，その中にシロアリ職階級個体 50 頭から取り出された後腸を軽く粉砕して入れ密閉する．その溶液中では，腸内原虫は 24 時間以内にすべて死滅してしまうが，その状態で 25℃ の恒温器に入れて 3 日間置く．その 3 日間置かれた溶液を遠心して得られた溶液を，培養液（conditioned medium）として用いるのである．

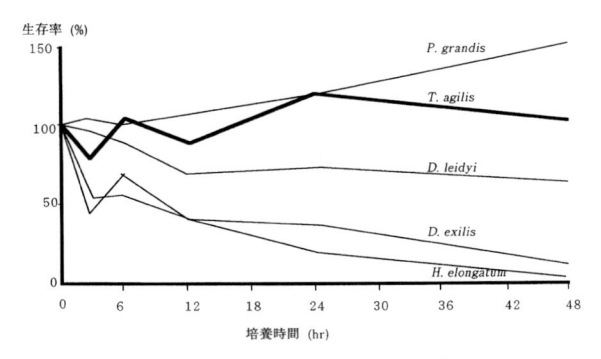

図2 シロアリ腸内原虫の体外培養

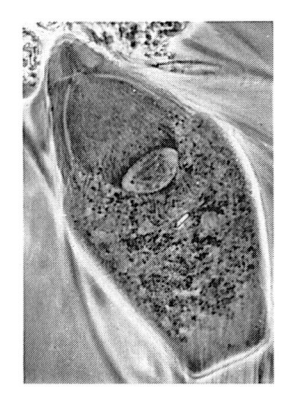

写真1 *Trichonympha* の位相差顕微鏡写真

　培養液を小試験管（後の実験では分光光度計用セルを用いた）に1 ml 取り，その中にセルロースの微粉末と，新たにシロアリ10個体から取り出された後腸を軽く粉砕して入れる．その後の腸内原虫の生存率を示したのが図2である．このとき，生存率の測定は24時間であったが，腸内原虫の幾種類かは比較的高い生存率を示した（Yamaoka et al. 1987）．このような培養条件のなかで，いくつかの実験が試みられた．とくに注目したのは，大型原虫の *Trichonympha* である（写真1）．

b．腸内原虫はセルロースをどのようにして取り込むのか

　培養液にはセルロースの微粉末が添加されている．培養液の中で活発に泳ぎまわっている *Trichonympha* は，体にそのセルロース粉末をくっつけていた．なかには体長と同じ長さのセルロース粉末をつけて泳いでいるのもしばしばみられた．数時間たつと，セルロース片は体内に取り込まれていた．大きい粉末をくっつけて泳いでいた原虫も，自分の体が変形するにもかかわらずそのまま取り込んでいるのがわかる（写真2）．これら

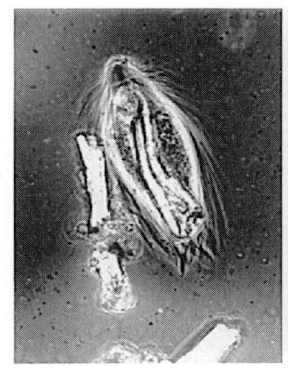

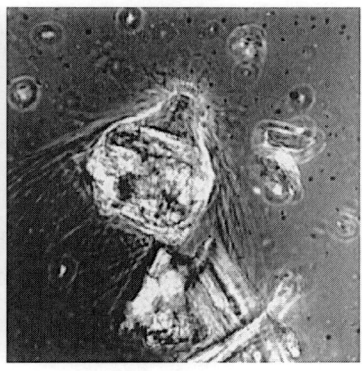

3.4 微生物利用による昆虫の栄養摂取　　　　　　　　　　　　105

写真 2　セルロース片を取り込んだ *Trichonympha*

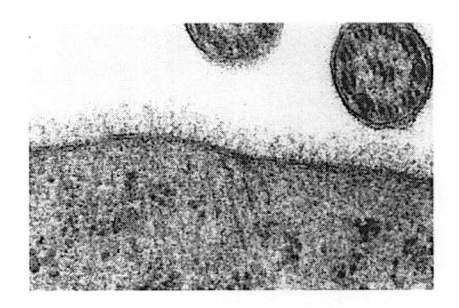

写真 3　*Trichonympha* 体表の電子顕微鏡写真

のことは，腸内原虫はシロアリの食べたセルロースを直接体内に取り込むしくみを持っていることを示している（Yamaoka 1979）．

　原虫がセルロースを取り込むしくみを検討するために，*Trichonympha* の体表を電子顕微鏡で観察すると，虫体の後半部体表は，多数の鞭毛が派生する前半部体表に比べ比較的なめらかであり，高倍率でみると微細な繊維で覆われていることがわかった（写真3）．それらの繊維はノイラミニダーゼ(neuraminidase)処理することによって分解され，その分解にともなって原虫のセルロース取り込み機能が低下することから，体表の微細繊維がセルロース取り込み機構に関係していることがわかった（Yamaoka 1979）．その取り込み機構でさらに明らかとなったことは，選択的取り込み機能である．表2は，種々の固形物を培養液に添加して原虫体表への付着状況または取り込みをみたものである．いくつかの固形物は体表に付着することがわかったが，取り込まれたのはセルロース粉末だけであった．このように，腸内原虫がセルロースを特異的に選択して取り込む機構を持っていることは明らかである．

表 2　*Trichonympha* による固形物の取り込みと選択性

固　形　物	体表への付着	取り込み	選択性
セルロース粉末	＋	＋	
アビセル SF	＋	＋	
松材微粉末	＋	＋	
セロファン	＋	＋	
米粉	－	－	＊
小麦粉	－	－	＊
デンプン	－	－	＊
セファデックス-G 25	－	－	＊
DEAE-セファデックス	＋	－	＊
QAE-セファデックス	＋	－	＊
CM-セファデックス	－	－	＊
SP-セファデックス	－	－	＊
アンバーライト IRA	＋	－	＊
アンバーライト IR	－	－	＊
ガラス	－	－	＊
シリカゲル	－	－	＊

＋：あり，－：なし，＊：セルロースのみの取り込み

　写真2でも示されているように，いったんセルロースが体表に付着すると，粉末の大きさを選別する余裕もなく取り込みが始まるものと推測される．このような選択機構と取り込み機能の関係の詳細はいまだ明らかではないが，シロアリの腸内に共生して長い年月のうちに確立した機構であることは間違いなさそうである．

c．腸内原虫の培養になくてはならないもの

　先に述べたセルロース取り込みの選択性から，培養するときに必須のものの一つがセルロースであることが明らかとなったが，実はまだいくつかの必須の条件がある．その一つは，腸内環境を作り出すための条件である．培養液を作成する手順で述べたように，25℃，3日間置くという条件があった．実は，これがその一つの重要な条件である．3日間という期間はいろいろ検討した結果の成果でもある．それらは，次の実験結果が示している．培養液をフィルター処理したあとで培地として使った場合と（図3a），遠心して使った場合とで（図3b）明らかな違いが出てきた．フィルター処理した培地では，わずか3時間で原虫は死滅する．一方，遠心処理した培地では，長い時間の生存が確認できた．フィルター処理した培地にフィルターに付着した残留物を戻してやることによって，生存を長びかせることができた（図3c）．これらのことは，のちの実験で明らかとなったのであるが，3日間置かれた培地にはある種のバクテリアが増殖し，それが原虫の生存に深くかかわっていることを示している．本来，シロアリの腸内環境は，嫌気的状態であることが推定される．したがって，原虫の培養にはその嫌気的条件が必須なのである．

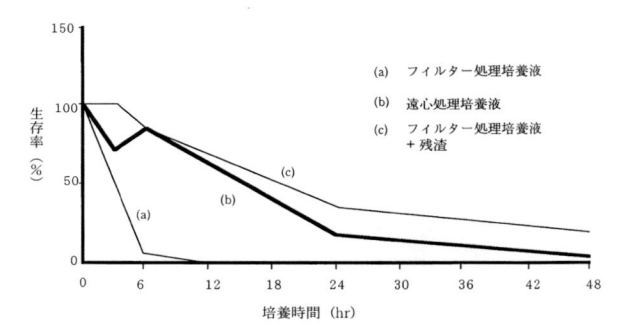

3.4 微生物利用による昆虫の栄養摂取

図 3 *Trichonympha agilis* の体外培養

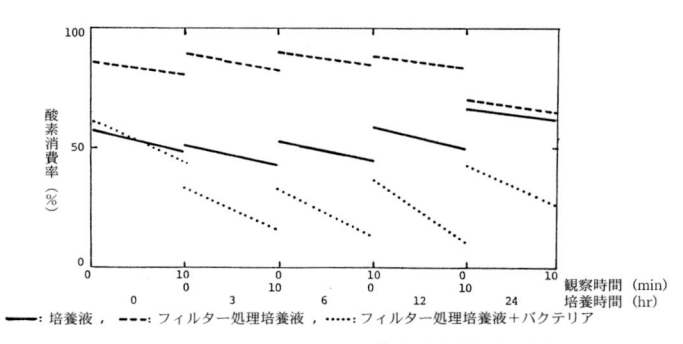

図 4 バクテリア添加による培養液の酸素濃度の変化

d. 嫌気的条件はどこまで必要か

　先の実験から，原虫にとって嫌気的条件が必要であることがわかったが，それでは，先の実験で用いた培養液の酸素濃度はどのくらいなのか．測定してみると，図 4 に示すように，バクテリアを入れることによって大きな差があることがわかった．このことは，培養液が原虫にとって非常に生存しやすい環境であることと，シロアリの腸内で原虫とバクテリアが深いかかわりを持って共存していることを示唆している（Yamaoka et al. 1987; Yamaoka 1979)．

e. シロアリ腸内バクテリアの単離とその効果

　シロアリ腸内バクテリアを好気的条件で単離するために，寒天培地を用意した．シロアリ腸内容物を寒天上に塗布してインキュベートしておくと，いくつかのコロニーが生じてきた．コロニーの形態と色調，およびバクテリアの形態から，約 9 種類に分類することができた（Yamaoka et al. 1987)．これらのコロニーを別々に培養して保持しておき，その各々を別々の Solution U に入れて原虫培養液を調製した．そのように調製した

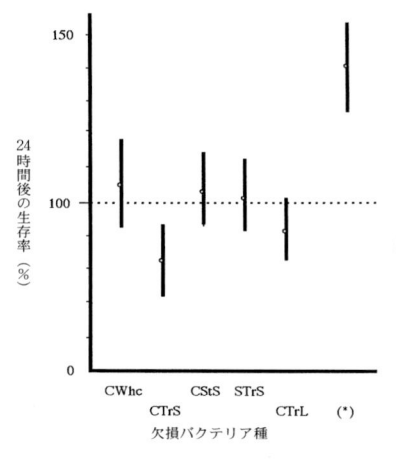

図5 ヤマトシロアリの後腸から単離された数種のバクテリアの混合によって調製された培養液を用いて24時間培養したTrichonympha agilisの生存率．(*)はCTrSとCTrL株の混合調製培養液における生存率．

培養液にシロアリ原虫を入れて培養したところ，いくつかのコロニーで原虫の生存が確認できた（図5）．しかし，その時間は短い．ところが，比較的生存率のよかったコロニーをいっしょにして調製された培養液では，さらに良好な結果が得られた．このことは，シロアリ腸内では複数のバクテリアが，原虫の生息環境を維持するのに役立っている可能性を示唆している．

f．そのほかのシロアリ腸内のバクテリア

MesserとLee（1989）は，シロアリ腸内に別のバクテリアがいることを報告した．それは，メタン菌（methane bacteria）である．F 420を蛍光顕微鏡で確認することでメタン菌の存在を知ることができる．彼の報告によると，そのメタン菌は小型原虫の体内に共生しており，それらは腸内のセルロース分解産物であるH_2やCO_2の除去に役立っている．

これまで筆者らが用いてきたヤマトシロアリで観察すると，メタン菌はなんと後腸のクチクラ表面に密に分布していることがわかった（写真4）．また，原虫の体内での分布をみると，小型原虫のいくつかの種で確認された．なかでも Dinenympha parva（ジネニンファ・パルバ）では100％，どの個体にも含まれることが明らかとなった（写真5, 6）．

しかし，別の種では必ずしもすべての個体に含まれるとは限らない．原虫の個体数からみると，D. parva はシロアリ後腸で占める割合はそれほど高くはない．したがって，ヤマトシロアリでは，MesserとLee（1989）の報告のように，メタン菌が代謝産物（H_2，CO_2）の除去に関連しているとすれば，腸壁に多数付着している方のメタン菌が重要な役割を果たしている可能性が高い．原虫の培養にこのバクテリアを考慮する必要があるの

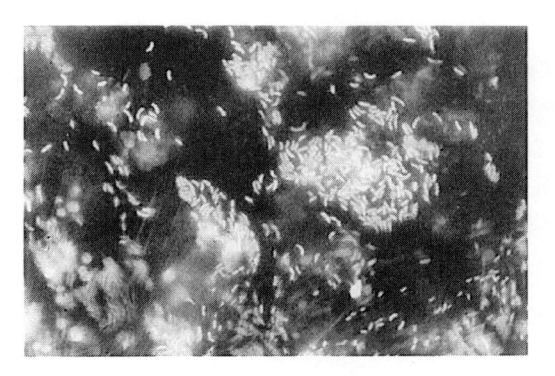

3.4 微生物利用による昆虫の栄養摂取

写真 4 ヤマトシロアリ後腸壁に付着しているメタン菌

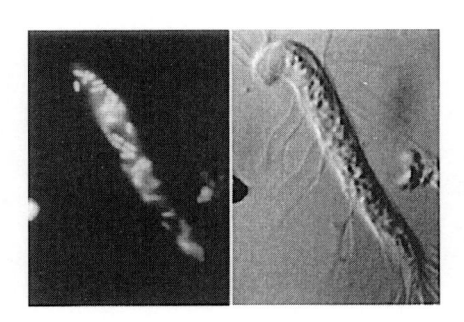

写真 5 *Dinenympha parva* の蛍光顕微鏡写真（左）と干渉位相差顕微鏡写真（右）

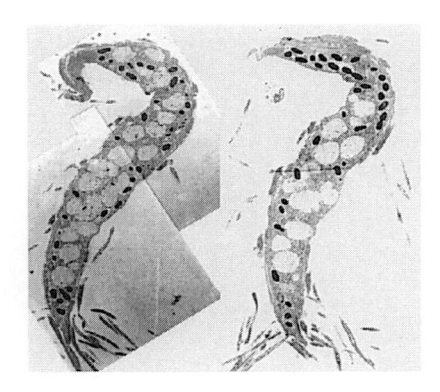

写真 6 *D. parva* の電子顕微鏡写真　内部の黒く見える粒がバクテリア．

かどうかは，今のところ明確ではない．なぜなら，シロアリの腸内というきわめて狭い環境の中では，メタン菌の役割は大きいと考えられるが，培養条件下では数百倍以上のスペースが確保されているからである．

g．メタン菌の存在

メタン菌の存在が知られるようになって，筆者らの研究室では日本産シロアリのいくつかの種で検索が行われた．その結果，メタン菌は，高等シロアリ，下等シロアリいずれにも確認された．下等シロアリの場合，先に述べたように，後腸の内壁に付着するものと，腸内原虫内に共生するものとの二型があることがわかった．一方，高等シロアリの場合，腸内には原虫は生息していない．したがって，彼らの腸内での存在様式はすべて腸壁付着タイプである．腸壁付着タイプだけで比較すると，その分布はシロアリごとに違いがあることがわかった．その違いが腸内の生理とどのようにかかわりを持つのか

h. 培養で重要なもう一つの要素

冒頭で触れたように，筆者らはヤマトシロアリでシロアリ自らがセルラーゼを生産しうることをつきとめている．ごく最近，遺伝子的解析法によって，セルラーゼが唾液腺に由来することが明らかとなった（Watanabe et al. 1997）．そのことから考えると，原虫の培養にはシロアリ由来のセルラーゼが不可欠であることに気づく．培養実験のある時期から，培養液にセルラーゼを添加する試みがなされた（Yamaoka 1996）．最初はシロアリの唾液腺をホモジェネートして入れ，のちにそれにかわるカルボキシメチルセルラーゼ(CMCase)を培養液に添加した．両セルラーゼの効果は明らかであった（図 6 a）．このような改良を加えた培養液であるが，長期間にわたる培養においては，原虫の生存率はあまり芳しくない．

i. 培地の交換

通常細胞培養や組織培養の基本のなかに，培養液の交換ということがある．細胞や組織からの老廃物の蓄積がその後の増殖を阻害するのを防いだり，増殖のためのスペースを確保するための処置である．シロアリ腸内原虫の場合，後者は考える必要はなさそうである．問題は前者である．そこで，培養開始後18時間経過したのち，遠心処理によってまだ生存している原虫を培地から取り除き，新たにシロアリの腸から取り出された原虫を古い培地で培養してみると，新しい培養液で培養したときと同じような生存率のカーブを描いた．

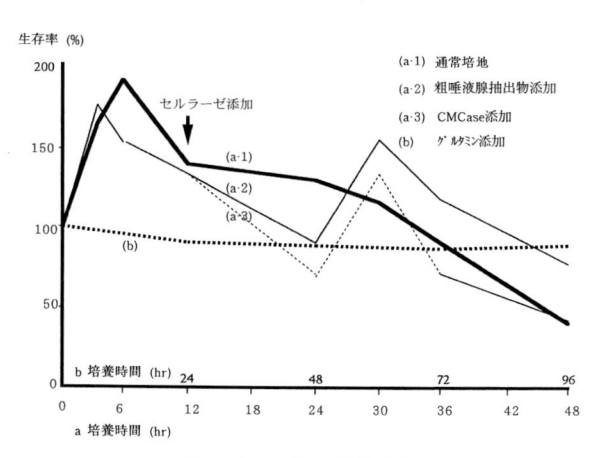

図 6　*T. agilis* の休外培養

このことは，培養開始当初からの培養液の状態が，18時間たってもまだ保たれていることを意味している．したがって，残された培養液改良の道は，培養原虫を活性化するための何かを投与することしかない．そこで考えられた方法の一つが，アミノ酸を与えてやることであった．試みに用いたのはグルタミンである．その効果は抜群であった（図6b）．かくして，ある程度の長時間培養にようやく成功したのである．しかしこれも，最初にも述べたように，必ずしも成功とはいえない．なぜなら，完全な継代培養には至っていないからである．シロアリと腸内原虫の共生のしくみは，これまで述べてきたように，腸内原虫をシロアリの体外で培養することによって徐々に明らかになりつつあるとはいえ，まだまだ不明なことがいくつもある．

3.4.2　原虫は腸内で棲み分けている

かなり以前に筆者らが明らかにしたことではあるが，その要因がいまだに明らかになっていないことの一つが，腸内原虫はシロアリの後腸で明らかに棲み分けているということである（山岡1982；Yamaoka et al. 1983）．後腸をおおよそ七つの部位に分けて中腸側から1～7とし，原虫の種類ごとの数を計測した結果が表3である．

大型原虫である Trichonympha, Teratonympha（テラトニンファ）は，後腸の中でももっとも中腸寄りの1, 2区画に集まっている．中型原虫である Pyrsonympha（ピルソニンファ）の仲間は2～4区画に多く，小型原虫の分布は種によって様々である．このような棲み分け現象は，他のシロアリにおいても知られている（Yoshimura et al. 1992）．古い研究で，腸内のpHがわずかではあるが違いがあるという報告があるが，それとの関係を裏づける証拠はない．

表3　後腸の各部位における原虫の割合（%）

原虫名＼後腸の部位番号	1	2	3	4	5	6	7
Teratonympha mirabilis	86.1	6.5	2.4	1.1	1.6	2.6	0.7
Trichonympha agilis	59.4	24.9	5.8	3.5	2.7	2.5	1.2
Pyrsonympha grandis	8.5	24.2	23.7	11.8	12.7	12.0	6.9
P. modesta	27.4	24.9	17.6	10.5	8.1	7.3	4.1
Dinenympha exilis	48.4	16.3	8.9	5.4	6.3	7.6	7.1
D. rugosa	26.2	21.5	15.0	9.5	10.1	11.2	6.8
D. parva	23.2	16.9	13.5	10.6	12.4	10.9	7.3
D. porteri	39.4	16.1	9.2	6.2	5.6	7.5	6.0
D. leidyi	35.6	19.2	13.0	7.6	7.2	9.9	7.4
D. nobilis	26.8	16.5	15.7	9.4	10.6	13.5	7.8
Holomastigotes elongatum	21.5	18.3	12.9	9.2	10.7	10.2	6.7

$n=51$

3.4.3 原虫の感染時期と消化活動

原虫をいったんシロアリの体内から体外に移すと，上述のようにその生存を維持していくことが難しいのであるが，地球的規模の長い年月，どうやってシロアリはその原虫を世代を超えて維持してきたのだろうか．

ヤマトシロアリの腸内原虫の感染時期とセルロース消化・吸収活動開始の時期には，密接な関係があることが確かめられている（Yamaoka et al. 1986）．生殖階級の個体を含むコロニーを飼育していると，卵からの発生過程を確認することができる．一方，孵化後の個体の頭幅を計測していくと，若虫の齢を知ることができる．この方法によって，ヤマトシロアリは，成虫までにおよそ7回の脱皮を行うことがわかった．この間の原虫感染は，若虫が成虫の後腸排出物を食べること（肛門食）による．原虫感染の最初は3齢の若虫からであることもわかった．その感染時期とあいまって，後腸の表皮細胞が劇的な変化をすることも明らかとなった（写真7）．このような後腸の変化にともなって，原虫相が一定の型に形成されてくる．後腸におけるこのような原虫の種ごとのバランスの形成に，どのような生理的調節機構が働くのかも謎の一つである．

3.4.4 シロアリの生きざま

これまで述べてきたように，腸内原虫をもつ下等シロアリの生きざまは，われわれが模倣しようとしても模倣しきれないような，見事な共生の上に成り立っている．しかし，それはまだまだ驚くにはあたらない．もっと見事な生きざまを確立したシロアリがいる．この章の内容からははずれるので，ここでは一つだけ紹介しておくことにしよう．高等シロアリの一種であるタイワンシロアリ（*Odontoterme formosanus*）というキノコシロ

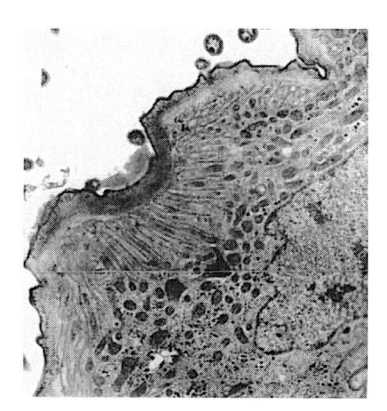

写真 7 ヤマトシロアリの後腸膨大部上皮細胞の電子顕微鏡写真

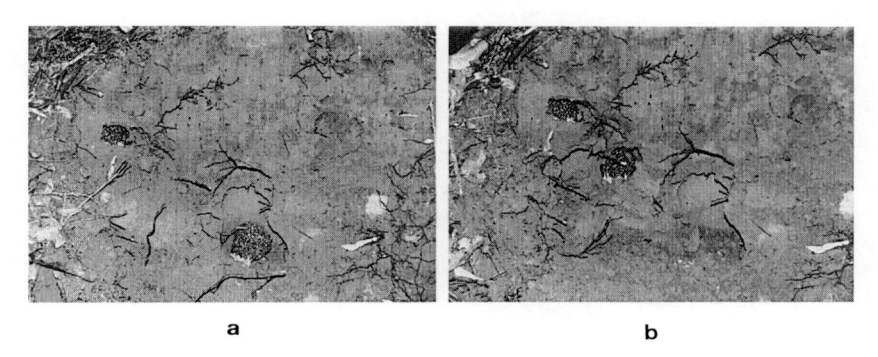

写真 8 ダイコクシロアリの巣
同じ斜面を a → b に削っていくと，第3の巣が現れた．それらは蟻道で連結されていた．

アリの一種は，腸内に原虫を持たない．それにかわって，セルロース分解を行う巧妙なしくみを獲得している．すなわち，巣はキノコを栽培するための菌床からなっていて，地下 50〜100 cm の間に直径約 25 cm ほどの部屋をいくつも作り，その内部に見事な菌床を構築して，そこでキノコを栽培しているのである．しかも，そのおのおのの巣は蟻道でつながっていた（写真8）．

シロアリの共生の世界をみると，まさに生物界の種の多様性の原点を覗いているかのようである．

（**山岡郁雄**）

3.5 細菌利用による昆虫からの栄養摂取
―昆虫病原性線虫―

　森林などの土壌中には，細菌食性，菌食性，捕食性，雑食性，昆虫寄生性，植物寄生性など実に様々な食性の線虫が多数棲息し，他の生物と直接的または間接的な関係を持ちながら生活している（Poinar & Hansen 1986 a, b）．土壌線虫類のなかで個体数が圧倒的に多いのは細菌食性の自活性線虫であり，土壌中での物質循環を円滑に進めるという大きな役割を果たしている（石橋 1992）．自活性線虫は，比較的大きな口腔（写真1）を持ち，細菌を食べたり土壌水に溶けた有機物を摂取して発育・繁殖する．餌となる細菌と自活性線虫の大きさの違いは，写真1の2に示したとおりである．

昆虫病原性線虫の位置づけ

　線虫の中には，細菌を餌として利用するだけでなく，昆虫を栄養源とするために細菌を利用しているものがいる．Steinernematidae（スタイナーネマ科）の *Steinernema*（ス

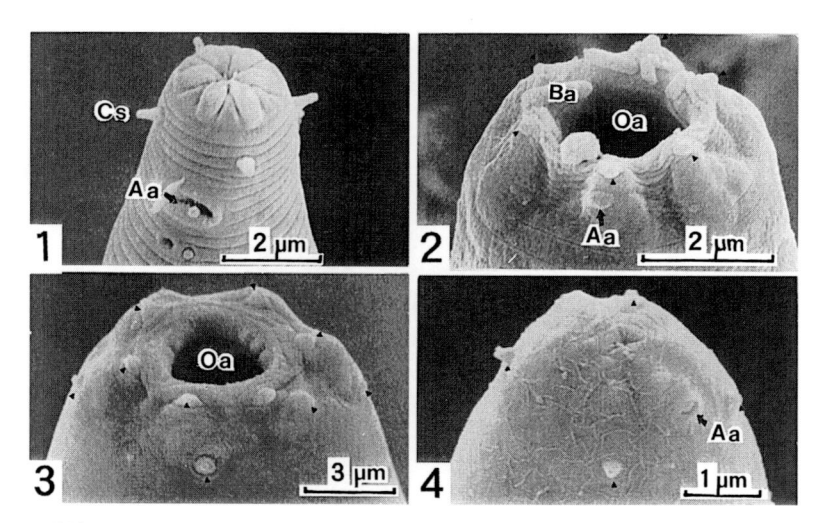

写真1 細菌に依存して生活する自活性線虫（1, 2）と昆虫病原性線虫（3, 4）の頭部の走査電子顕微鏡写真
　　　1：*Plectus* sp.（プレクタス属の一種）
　　　2：*Caenorhabditis elegans*
　　　3：*Steinernema carpocapsae* の雄成虫
　　　4：*S. carpocapsae* の被鞘した感染態3期幼虫
　　　Cs：頸部突起，Aa：双器孔，Oa：口腔開口部，Ba：細菌

タイナーネマ）属と Heterorhabditidae（ヘテロラブジチス科）の *Heterorhabditis*（ヘテロラブジチス）属の線虫である．これらの線虫を，昆虫病原性線虫（entomopathogenic nematode）と呼ぶ．両科の線虫とも，多種類の自活性線虫を含む Rhabditida（ラブジチス目）に属している．写真1の3に示したように，昆虫体内で発育中の昆虫病原性線虫は自活性線虫と似た筒形の口腔を持つ．このことから推察できるように，細菌食性の性質を色濃く残している線虫である．しかし，昆虫に感染する力を持つ感染態幼虫（写真1の4，写真5）を生じる点において，自活性線虫とは決定的に異なる．

系統発生学的にみた昆虫寄生性線虫と自活性線虫の関係をみておこう．生活様式の異なる53種類の線虫から得たリボソームDNAの塩基配列にもとづいて作成された系統樹（Blaxter et al. 1998）に示されているように，*Steinernema* 属と *Heterorhabditis* 属の線虫は，Rhabditida（目）の自活性線虫との類縁関係が深い（図1）．しかし，それぞれが属する単系統群（clade クレード）は異なることから，違った進化の道筋をたどってきた昆虫病原性線虫であることがうかがわれる．ちなみに，昆虫病原性線虫の生理生態的特性を評価するためのモデル生物として利用される自活性線虫 *Caenorhabditis elegans*（カエノラブジチス・エレガンス）は，系統上は，主要な寄生性線虫を含む単系統群に属している．

昆虫病原性線虫の分布

昆虫病原性線虫の棲息環境は土壌中であるが，土壌から検出できるのは感染態幼虫だけである．この幼虫は，ベールマン・ロート法（Baermann funnel method）などの線

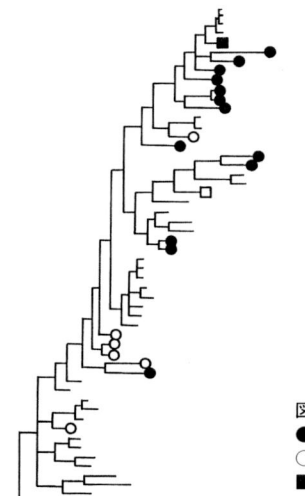

図1 線虫類の分子系統（Blaxter et al. 1998 より改変）
● 自活性線虫（Rhabditida 目）
○ 自活性線虫（Rhabditida 目以外）
■ 昆虫病原性線虫（*Heterorhabditis bacteriophora*）
□ 昆虫病原性線虫（*Steinernema carpocapsae*）

虫分離法を用いて土壌から検出できるが，検出頻度は低い．昆虫病原性線虫ならではの効率のよい方法は，線虫に対する感受性が高いハチミツガ (*Galleria mellonella*) の幼虫を利用する餌トラップ (bait trap) 法である (Bedding & Akhurst 1975)．この方法を用いた調査の結果，*Steinernema* 属の線虫は，ヨーロッパ，南北アメリカ，オセアニア，および中国に広く分布すること，また，*Heterorhabditis* 属の線虫は，ヨーロッパ，南北アメリカ，オセアニア，中国およびインドに分布することが明らかにされている (Poinar 1990)．

日本の林地では，*Steinernema* 属および *Heterorhabditis* 属線虫が，落葉広葉樹林，常緑広葉樹林，スギと広葉樹の混交林などに広く分布している (吉田 1993)．国内分布は，*Steinernema* 属線虫は北海道から与那国島まで，*Heterorhabditis* 属線虫は本州以南である．このことから，わが国の林地および草地などの土壌中で，昆虫病原性線虫は，土壌棲息性昆虫の密度を調節する天敵として重要な役割を果たしていると思われる．これらの線虫の生活様式は，以下のとおりである．

3.5.1 昆虫病原性線虫の生活史

Steinernema 属および *Heterorhabditis* 属の昆虫病原性線虫は，分子系統学的には起源がやや違っているものの，細菌と共生関係を持って生活している点において非常に類似している (Poinar 1979；Gaugler & Kaya 1990)．*Steinernema* 属線虫と *Xenorhabdus* (ゼノラブダス) 属細菌との関係，*Heterorhabditis* 属線虫と *Photorhabdus* (フォトラブダス) 属細菌との関係である．これらの細菌は，周鞭毛を持つグラム陰性の桿菌で，土壌や水中などでは生存できない．細菌が生存できるのは，昆虫病原性線虫の感染態幼虫の腸内腔中と，線虫が感染した昆虫体内だけである．後述のように，線虫の感染態幼虫を運び屋として利用することによってはじめて生存と繁殖が可能になる．

感染態幼虫の助けを借りて昆虫体内に運び込まれた細菌は，抗菌物質を産生して他の微生物の繁殖を抑制する (Akhurst 1982；Akhurst & Boemare 1990)．この働きによって昆虫死体内に形成された好適環境中で，線虫は，増殖した細菌や細菌によって分解された昆虫組織を餌として発育する (Poinar & Thomas 1966)．

図2に，昆虫病原性線虫の生活史の概略を示した．自然条件下では，昆虫病原性線虫の生活環の出発点は，土壌中で生き延びることに成功した感染態3期幼虫である．感染態幼虫は，*S. glaseri* (スタイナーネマ・グラセリ) のように宿主昆虫を求めて能動的に移動して感染したり，あるいは *S. carpocapsae* (スタイナーネマ・カルポカプサエ) のように通りかかる昆虫を待ち伏せして飛び移り，昆虫の体内に侵入する (Gaugler & Kaya 1990)．おもな侵入経路は昆虫の口である．しかし，昆虫の種類や発育ステージによっては，肛門，気門，節間膜，傷口などからも線虫は感染する (Poinar 1979；Kondo 1989)．

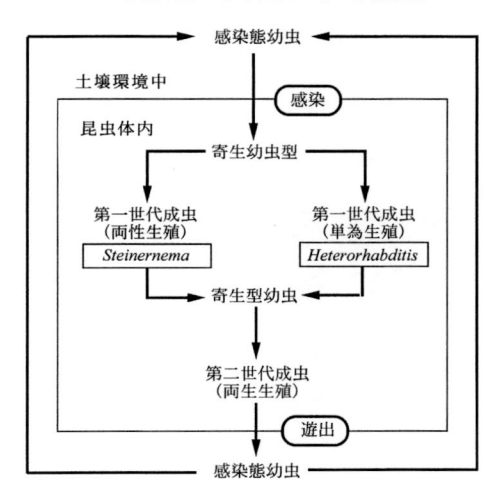

3.5 細菌利用による昆虫からの栄養摂取

図 2 昆虫病原性線虫の発育経過

いずれの感染経路の場合も，昆虫体内に侵入したあとの線虫の発育と増殖の過程は，基本的には同じである．線虫の感染から増殖に至る過程を経口感染を例にとってみると，次のようになる．

宿主昆虫に口から侵入した感染態幼虫は，咽頭を通って中腸の内腔中へと進んだあと，中腸壁を貫通して血体腔に入る．そこで脱皮した線虫は，口腔の開いた寄生型4期幼虫になる．この幼虫が摂食を開始すると，腸前部に蓄えられていた共生細菌 (写真2) が不消化物と一緒に，昆虫の血体腔中に出される．宿主昆虫の生体防御を抑制する線虫の働きに助けられて (Dunphy & Thurston 1990)，放出された細菌は急速に増殖する．その結果，多くの場合，線虫感染後2日以内に，敗血症を起こして昆虫は死ぬ (Poinar & Thomas 1967；Poinar 1979)．この死に至る過程で，皮膚や気管などを除くほとんどの昆虫組織は，急速に崩壊する．いわば，濃厚スープ状態となった昆虫死体内で，寄生型幼虫は発育し，大型の第一世代成虫になる．

第一世代成虫の繁殖様式は，*Steinernema* 属線虫と *Heterorhabditis* 属線虫で異なる (Poinar 1979)．*Steinernema* 属の場合は雌雄の成虫が生じ，両性生殖を行う．繁殖に交尾は不可欠である．*Heterorhabditis* 属の場合は，雌雄同体の親となり，単為生殖を行う．繁殖様式は違っても，これら2つのグループの線虫の産卵数は多く，昆虫死体内は，孵化幼虫から発育した寄生型幼虫で満ちてくる．このような状態で生じる第二世代の成虫は，第一世代に比べて著しく体が小さい．自然条件下では，ほとんどの場合，大型の第一世代成虫の次は，小型の第二世代成虫となる．この発育過程は遺伝的に制御されているが，発育環境の影響も強く受ける．たとえば，第一世代の雌成虫を栄養条件が良好な

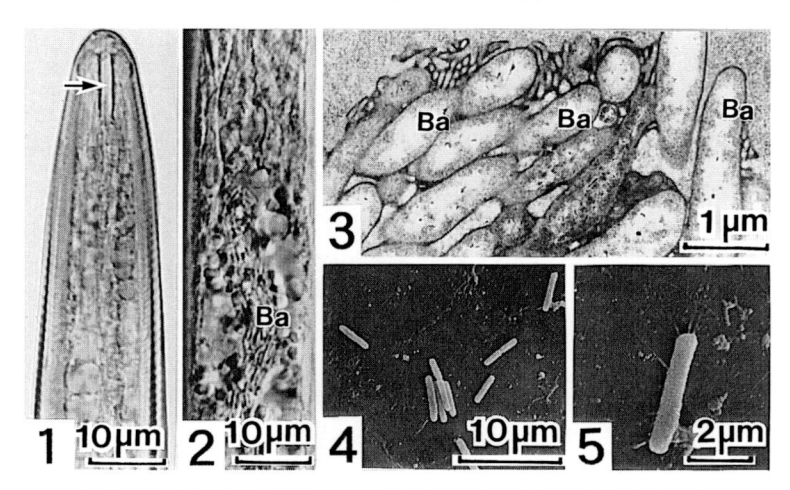

写真2 感染態3期幼虫の光顕写真（1, 2）と共生細菌の電顕写真（3～5）
1：*H. bacteriophora* の体前部と口腔壁（矢印）
2：*H. bacteriophora* の腸前部の内腔中の共生細菌（Ba）
3：*S. carpocapsae* の腸前部の内腔中の共生細菌（Ba）の透過電顕写真
4, 5：*S. carpocapsae* の共生細菌（*X. nematophilus*）の走査電顕写真

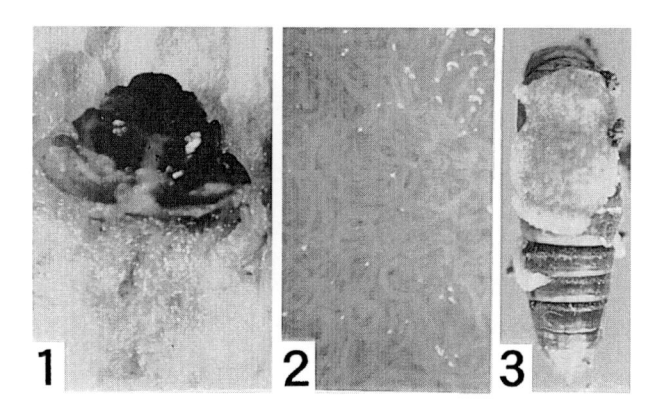

写真3 昆虫病原性線虫の昆虫死体からの遊出
1：ハチミツガ幼虫の死体から遊出した *S. carpocapsae* の感染態幼虫．ハチミツガの終齢幼虫1匹あたり約10万頭の感染態幼虫が生産される．
2：ハチミツガ幼虫の体表上の *S. carpocapsae* の遊出集団
3：ハスモンヨトウ蛹の死体から遊出した *S. glaseri*

新しい培地へ移すことを繰り返すと，十数世代にわたって大型の第一世代型成虫が出現し続け，小型の第二世代型成虫は出現しない．このことからも，第二世代成虫の出現には昆虫死体内の栄養レベルの低下が重要な環境要因であることは明らかである．

昆虫死体内で，第二世代成虫以降の線虫の発育がどのような経過をたどるかは，栄養源としての昆虫の大きさと，それを利用する線虫数とのバランスで決まる．昆虫が大きく，相対的に線虫密度が少なければ，寄生型の成虫が再び生じる．しかし，多くの場合，第二世代成虫が産下した卵から孵化した幼虫が発育する頃の昆虫死体内の栄養レベルは，かなり低下している．感染態幼虫が出現し始めるのは，ちょうどこの頃である．そして，感染態幼虫は，栄養源として利用しつくした昆虫死体から遊出し（写真3），新しい宿主昆虫を求めて，土壌中へ分散していく．新しいサイクルの始まりである．

3.5.2 共生細菌を餌にした培養

昆虫病原性線虫は，共生細菌と相互依存の関係を持ちながら，昆虫を利用して生活している．それでは，線虫の発育は，栄養的にみて，どの程度細菌に依存しているのだろうか．また，細菌への依存度は線虫の種類によって違うのだろうか．この点を明らかにするために，モノゼニック培養 (monoxenic culture) をしてみた．モノゼニック培養とは，既知の生物が2種類だけ共存する培養法で，昆虫病原性線虫の場合は，共生細菌を餌とする培養法である．

a．モノゼニック培養

昆虫病原性線虫は，各種の培地を利用して，簡単にモノゼニック培養できる (Bedding 1984)．小規模な培養には，市販のドッグフードをミキサーで粉砕してから1％寒天で固めた培地や，ニワトリなどの家畜の内臓の摩砕物をスポンジに吸わせた培地を利用できる．このような調製容易な培地上でも，線虫は非常によく増える（写真4）．たとえば，10 ml の培地を入れた試験管（内径18 mm，長さ180 mm）を用いて *S. carpocapsae* を培養すると，培養開始1か月には，ドッグフード寒天培地からは約40万頭，ニワトリの内臓を用いた培地からは1000万頭以上の感染態幼虫が得られる．大型ジャーファーメンターを用いると，害虫防除に利用できるほどの大量培養が可能である．

モノゼニック培養の容易さは，昆虫病原性線虫が細菌食性の性質を持っているからにほかならない．昆虫を栄養源として利用する線虫とはいっても，発育に微生物が関与しない *Mermis*（メルミス）属などの絶対昆虫寄生性線虫との決定的な違いである．

b．肉エキス培地上での発育

昆虫病原性線虫は，宿主昆虫体内や各種培地上で増殖する．しかし，これらの発育条件の下では，線虫は，昆虫組織あるいは培地に由来する栄養と共生細菌を同時に摂食するため，どの程度細菌に依存して発育しているのかわからない．そこで，組成が簡単な

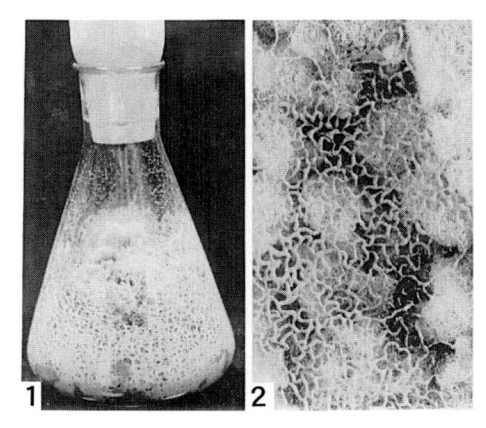

写真 4 ニワトリ内臓培地を用いた昆虫病原性線虫の培養
1：培養フラスコ内で増殖し，壁面にまで上がってきた *S. glaseri*
2：ペトリ皿の蓋の内面上に形成された *S. carpocapsae* 集団の網目模様

一般細菌分離培養用の肉エキス培地（肉エキス 5 g，ペプトン 10 g，塩化ナトリウム 5 g，寒天 15 g，水 1000 ml）上で共生細菌は簡単に増殖することを利用して，この培地上における 3 種類の昆虫病原性線虫の発育と増殖を比較してみた（Kondo 1991）．すると，表面殺菌した感染態幼虫を培地上に接種したあとの発育は，線虫の種類によって大差があった．*S. glaseri* は，すみやかに寄生型幼虫へと脱皮し，成虫へと発育した．成虫の生殖腺の発達はかなり良く，産卵数も少なくない．次世代の幼虫も成虫へと発育し，その後，産卵と孵化が続く．それに対して *S. carpocapsae* は，感染態幼虫の脱皮率は低く，寄生型幼虫の発育は遅い．雌成虫の卵巣発育は悪く，ほとんど産卵しない．*S. feltiae*（スタイナーネマ・フェルチアエ）は，両者の中間程度の発育を示す．

　S. carpocapsae の卵巣が発達しなかったり，*S. feltiae* の増殖が劣ったのは，共生細菌や肉エキス培地に含まれる栄養だけでは不十分なことを示している．そこで，肉エキス培地上に感染態幼虫を接種後 4 日目に卵巣未発達な雌成虫を回収し，これを個体別にドッグフード寒天培地へ移してみた．すると，移植後 10 日目には，たくさんの寄生型幼虫が培地上に出現した．この結果より二つのことがいえる．栄養要求度の低い雄は，共生細菌を餌とするだけで精巣を発達させ，機能的な精子を生産できる．一方，栄養要求度の高い雌が卵巣を正常に発育させるには，共生細菌に加えて他の栄養も必要とする．しかし，卵巣未発達な雌成虫でも交尾能力はある．すべての昆虫病原性線虫は共生細菌に依存して生活しているとはいっても，細菌への依存度は線虫の種類によって大きく異な

るのである．そして，S. glaseri は，細菌食性の性質をより強く持っている線虫，S. carpocapsae は，細菌を摂食するだけでは十分には成熟できない，昆虫への依存度を強めた線虫といえそうである．

3.5.3 共生細菌がいないと線虫はどうなるか

昆虫病原性線虫の発育に及ぼす共生細菌の役割を浮かび上がらせる別の方法は，共生細菌をなくしたときの線虫の発育を調べることである．ここでは，S. carpocapsae を例にとって，無菌培養した線虫の発育と殺虫力をみてみよう．

a．無菌培養

細菌食性の自活性線虫の多くは，不特定多数の細菌が混在するような培養条件下でも増殖する．組成が簡単な無菌液体培地中でも増殖しやすい．自活性線虫 Panagrellus redivivus（パナグレルス・レディビブス）は，大豆ペプトン，酵母抽出物，肝臓の加熱抽出物を溶かしただけの簡単な液体培地中で無菌的に発育する（Cryan et al. 1963）．しかし，昆虫病原性線虫のほとんどは，このような培地中では増殖できない．発育には，動物性脂質などを添加した栄養豊富な培地が必要である．

無菌条件下での昆虫病原性線虫の発育は，線虫の種類によって異なる．S. glaseri は，新鮮な腎臓片を置いただけの寒天培地上で増殖し（Glaser 1940），自活線虫用の液体培地中でも，ある程度増殖する．それに比べて S. carpocapsae は，自活線虫用の液体培地中ではほとんど発育しない．オリーブ油，ダイズ粉末，ドッグフード粉末，各種無機塩類を培地に添加すると，線虫の発育は良くなるが，モノゼニック培養に比べると格段に劣る．宿主昆虫を無菌的に液体培地に加えても，線虫の発育は改善されない．しかし，線虫が急速に発育する昆虫死体内の状態をまねて，線虫を感染させて殺した昆虫をオートクレーブ殺菌してから培地に添加すると，ペトリ皿あたり約10万頭もの線虫が増殖する．殺菌した共生細菌を培地に添加しても線虫の発育は促進されないことから，昆虫死体の添加による線虫発育の促進は，おもに，共生細菌によって部分分解された昆虫組織によるといえる．

b．感染態幼虫の出現経過

昆虫病原性線虫が自活性線虫と大きく違う点は，感染態幼虫が出現することである．生活史の項で述べたように，感染態幼虫が生じなければ，たとえ線虫の発育や増殖がよくても生存できない．この感染態幼虫の誘起には，三つの要因が考えられる．過密に起因する栄養不足，フェロモン，そして共生細菌の菌相変化である．これらの要因を，無菌培養実験の結果から考えてみよう．

自活線虫用の無菌培地中では，感染態幼虫はほとんど出現しない．オリーブ油などを添加すると，少数出現するが，出現率は低い．だが，共生細菌によって部分分解された

昆虫死体を加えると様相は一変し，感染態幼虫が多数出現する．栄養条件が改善された無菌培地中で感染態幼虫が出現するのだから，その誘起には，細菌の関与は必須ではなく，栄養不足も決定的な要因にはならない．

フェロモンはどうか．昆虫病原性線虫を含む Rhabditida（目）の自活性線虫の多くでは，餌不足や乾燥などに耐える耐久型幼虫や，昆虫に運ばれて新天地へ移動する分散型幼虫が出現する．自活性線虫 C. elegans の耐久型幼虫は，フェロモンによって誘起される（Golden & Riddle 1984）．同じ Rhabditida に属する昆虫病原性線虫においても，フェロモンが重要な働きをしている可能性は大きい．

c．感染態幼虫の感染能力

感染態幼虫の本質的な機能である感染性に話を進めよう．線虫が感染するには，土壌中で生き延び，宿主へ近づき，昆虫体内へ侵入し，最後は昆虫を殺す全過程が全うされなければならない．しかし，この感染力を自然環境下で評価するのは難しい．そこで，近似的に，ペトリ皿やカップ内に詰めた土壌中で評価する．もっと簡便には，ペトリ皿内にろ紙を敷き，そこに線虫と昆虫を放す．この方法で感染性を調べたところ，無菌培養で得た感染態幼虫は，モノゼニック培養で得た保菌幼虫よりも感染力が弱く，両者の差は，線虫に対する感受性が低い昆虫で顕著であった．C. elegans では，モノゼニック培養した線虫と無菌培養した線虫は，化学物質に対して異なった行動を示すことが知られている（Jansson et al. 1986）．これらのことを考えると，共生細菌を保持しているか否かが昆虫病原性線虫の感染行動に影響を及ぼしている可能性は否定できない．

共生細菌を持たない無菌線虫も，殺虫力を持つ．しかし，その力は保菌線虫より著しく小さい．昆虫体内での発育は遅く，感染態幼虫の出現はさらに遅い．やはり，自然界で昆虫病原性線虫が生を全うするには，共生細菌との協調が不可欠なようだ．

3.5.4 自活性から昆虫病原性へ

a．昆虫病原性線虫の2属性

自然環境下における昆虫病原性線虫の生活は，宿主昆虫と共生細菌の両者に依存している．どちらが欠けても，繁殖はおろか生存も望めない．しかし，両者に対する依存度

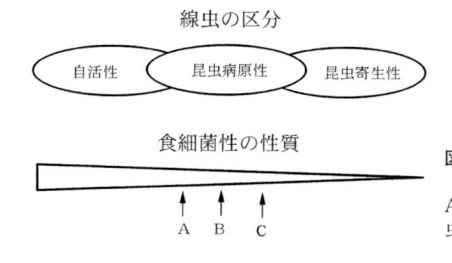

図3 細菌とのかかわりから見た線虫の区分と細菌食性の性質の強さ
A〜Cは，細菌への依存度が異なる昆虫病原性線虫を示す．

は線虫によって異なり，あるものは細菌食性の性質を色濃く残し，あるものは昆虫寄生性の性格を強めている．この関係を模式的に示したのが図3である．自活性線虫は，特定の細菌と密接な関係を持つことなく，いろいろな細菌を餌として，発育・増殖する．対局に位置する絶対昆虫寄生性線虫は，細菌食性の性質を持たない．両者の中間に位置するのが昆虫病原性線虫である．いわば，純粋の自活性と純粋の昆虫寄生性の間を，発育環境に合わせながら生活しているのが昆虫病原性線虫といえる．

b．共生細菌との親和性

Steinernematidae（科）の線虫は *Xenorhabdus* 属の細菌と，Heterorhabditidae（科）の線虫は *Photorhabdus* 属の細菌と共生関係を持って生活していることをみてきた．これらの線虫は，モノゼニック培養条件下でよく発育するが，培養中に雑菌汚染が起きたときに受ける発育阻害の程度は線虫の種類によって異なる．一般的な傾向として，昆虫への依存度の高い線虫は汚染に弱く，逆の傾向を示す線虫は汚染に強い．このことは，土壌に棲息する感染態幼虫が，どれほど純粋に種または系統に固有な共生細菌を保持しているかにかかわっている．最近の調査によると，感染態幼虫は，以前考えられていたほどには共生細菌を純粋には保持していない．多種多様な微生物が棲息する土壌中の昆虫死体内で感染態幼虫が生じることを考えれば，共生細菌以外の細菌を保持していても，それは当然なのかもしれない．事実，無菌化した線虫に他の系統の共生細菌を容易に取り込ませることができるのである（Han et al. 1991）．

昆虫病原性線虫に感染した昆虫死体の周囲の土壌細菌数は，共生細菌が産生する抗菌物質の働きで，一時的に減少する（Maxwell et al. 1994）．この事実からも，共生細菌が他の微生物の繁殖を土壌環境中でも抑制しているのがわかる．しかし，感染態幼虫の出現時期まで抗菌物質の効果が続かなければ，線虫は，二次感染した細菌を体内に取り込む可能性が生じる．このことが，表面殺菌した感染態幼虫を培地上に接種しても微生物汚染がときどき起こる一因であろう．ある意味でのこのいい加減さは，昆虫病原性線虫とその共生細菌との関係は固定化されたものではなく，発展途上にあることを示しているのではないだろうか．

c．自活性から昆虫病原性へ

各種の生活様式を持つ線虫は，疑いなく，細菌を食べて発育する自活性線虫から進化したものである．昆虫病原性線虫も例外でない．自活性を基礎に，寄生能力を付加してきたのが昆虫病原性線虫と考えられる（図4）．したがって，自活性から寄生性への橋渡し役を担う感染態幼虫の役割は非常に重要である．

ここで，昆虫と線虫の基本的な要求環境の違いに注意しておこう．昆虫の多くは，乾燥した陸上環境にもよく適応している．一方の線虫は，水環境を好む動物で，乾燥は，線虫にとって危険である．したがって，基本的な要求環境が異なる生物が出会い，感染

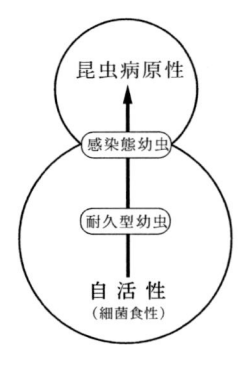

図4 自活性（細菌食性）から昆虫病原性線虫への進化

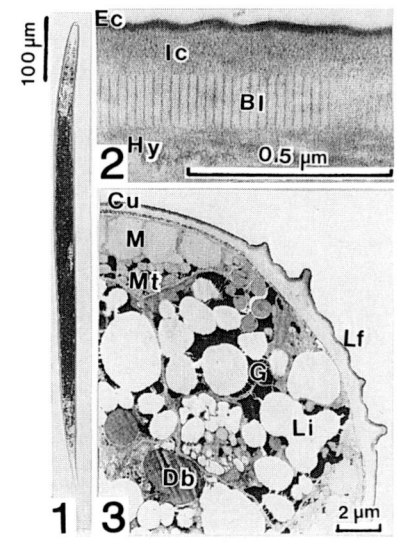

写真5 昆虫病原性線虫の感染態幼虫の外部形態と内部微細構造
1：*Heterorhabditis* sp.（体内に脂質顆粒を蓄えているため，体は黒く見える）
2：*S. carpocapsae* の角皮の縦断切片
　Ec：外皮層　Ic：内皮層　Bl：基底層
　Hy：真皮
3：*S. carpocapsae* の体中央部の横断切片
　Cu：角皮（クチクラ），Lf：側帯，M：筋肉，
　Mt：ミトコンドリア，G：グリコゲン顆粒，
　Li：脂質顆粒，Db：タンパク顆粒

を成立させるのは容易ではない．この困難を克服しているのが感染態幼虫であり，乾燥と絶食に耐えると同時に，昆虫に侵入するために必要な高い運動能力を持つ（Kondo & Ishibashi 1989）．この能力は，感染態幼虫の形態と微細構造をみることで理解できる（写真5）．脱ぎ捨てられずに感染態幼虫の体全体を包んでいる第2期幼虫の角皮（鞘という）とリン脂質に富む角皮最外層の発達は，線虫を乾燥から守る．閉じた口と肛門，微絨毛の退縮した腸，腸細胞などに蓄積された大型の脂肪顆粒は，餌を食べずに生き延びることにかかわる．細長い体，ミオフィラメント（myofilament）が規則正しく配列した体筋肉，筋肉細胞中に蓄積した多数のグリコゲン顆粒，クリスタ（crista）の発達した多数のミトコンドリア，角皮に強度と弾力性を与える基底層の発達は，宿主昆虫への移動や侵

入を可能にする．体長1mm程度の小さな体の中に，自活性から昆虫病原性へと進化させたしくみを満載しているのが感染態幼虫である．

d．昆虫死体を巡る資源の競合

いままで，細菌を利用して昆虫から栄養を摂取する，昆虫病原性線虫についてみてきた．そこで示されたのは，共生細菌の助けを借りて，急速に発育し増殖する戦略であった．昆虫という資源を，共生細菌と共同して巧みに利用する生き方である．この共生関係がうまく働くと，感染態幼虫が昆虫体内で多数生産される．しかし，その割には，感染態幼虫の土壌中での密度は低く，自活性線虫や植物寄生性線虫などに比べて，土壌から分離される昆虫病原性線虫数は非常に少ない．

実は，昆虫死体を利用するのは，昆虫病原性線虫とその共生細菌だけではない．線虫感染によって殺された昆虫の死体は，アリをはじめとする多くの土壌動物や他の微生物も狙っている重要な栄養源である（Kaya et al. 1998）．確かに，共生細菌の培養ろ液は殺虫効果を持ち，昆虫死体が他の昆虫に利用されるのを抑止するが(Bowen et al. 1998)，その持続効果は十分とはいえない．生存力と感染力を発達させた感染態幼虫と，抗菌物質を産生する共生細菌が協力しても，自然環境の下で昆虫病原性線虫が異常に増えることはできない．土壌の中の世界では，生物間のバランスを維持する，巧妙なしくみがしっかりと機能しているようである．

〔近藤栄造〕

3.6 昆虫から栄養摂取する微生物
―昆虫疫病菌類による昆虫の病気―

　昆虫に病気を引き起こすどのような病原微生物でも，当然のことながら宿主昆虫と相互関係がある．本節では，昆虫病原菌類のなかでもとくに宿主と結びつきの強い昆虫疫病菌類を取り上げ，互いの生活環の興味深い関係をみることにする．
　はじめに昆虫疫病菌類について紹介しておこう．接合菌門の中にハエカビ目（Entomophthorales）という目がある．ハエカビ目に属する菌の大部分は昆虫やダニの病原菌で，それらを総称して疫病菌類，厳密には昆虫疫病菌類と呼び，全部で200種近くあると考えられている（表1）．ハエカビ目には表1に示した以外にBasidiobolaceae（両生類・は虫類の糞生菌），Completoriaceae（シダの前葉体の細胞内寄生菌），Meristacraceae（線虫等小動物寄生菌）の諸科があるが，通常これらは昆虫疫病菌とは呼ばない．疫病菌類は例外的なものを除き，宿主の死体から射出されて伝染源となる分生子（conidium, pl.-dia）と，宿主体内に形成され，不良環境を耐え抜くための胞子である休眠胞子（resting spore），という役割の異なる2種類の胞子を形成するという共通の特徴がある．疫病菌類全体の宿主昆虫の種類は多岐にわたっているが，それぞれの種の宿主特異性は高い．培養は可能であるが，かつては不可能と思われていたほど難しい部類に入る．

表1　昆虫疫病菌類の分類

科	属
Ancylistaceae	*Conidiobolus*
Entomophthoraceae	*Batkoa*
	Entomophaga
	Entomophthora
	Erinia*
	Eryniopsis
	Furia*
	Massospora
	Pandora*
	Strongwellsea
	Tarichium**
	Zoophthora*
Neozygitaceae	*Neozygites*
	Thaxterosporium

* 広義の *Erynia* 属の亜属に含める見解もある．
** 休眠胞子のみを形成する．

昆虫疫病菌類はそれほど珍しいものではない．身近にも，畑のあるところを散歩すると草の茎などに変色してくっついているアブラムシ，雑草のてっぺんに硬直してくっついているヒトリガ幼虫，などを見つけることができる．これらを注意深く見て，死体の周りに飛んだ胞子の白い輪が見られれば，疫病菌類による病死体である．

疫病菌は，その名前のとおり，昆虫に激しい流行病を起こす．何かの拍子で昆虫が大発生すると，しばしば疫病が流行し始め，ときにはその個体群を全滅させてしまうこともある．1986 年，鹿児島県の馬毛島という無人島で，トノサマバッタが大発生したことがある．ところが翌年に，疫病菌の一種の *Entomophaga grylli*（エントモファーガ・グリリ）による流行病が発生してバッタが全滅してしまい，その劇的な流行はテレビのニュースにも取り上げられたほどである．森林でもマイマイガ（*Lymantria dispar*）の幼虫が，カラマツやカシ類などにときどき大発生することがある．すると，たいてい疫病菌の一種，*Entomophaga maimaiga*（エントモファーガ・マイマイガ）が流行病を起こして大発生を終息させてしまう（写真1）．このように宿主を全滅させるような流行病を起こすことが多いので，疫病菌類のうちの何種類かは害虫防除への利用が研究されている．

この菌群は，他の昆虫寄生菌に比べ寄生性がとくに強い．したがって，① 生活環が昆虫の生態と密接に結びついている，② 流行性が強い，③ 宿主特異性が高い，④ 培地上での生育が悪く，培養が比較的困難，などの特徴がある．一方この病気は，野外昆虫の生態に依存して進化してきたためか，管理された環境で飼育されるカイコには発生しない．蚕病中心に昆虫病理学が発展してきた日本では，疫病菌の研究者はきわめて少ない．しかし，宿主との結びつきが強いだけに，疫病菌がその生活環を巧妙に宿主に合わせていることをひとたび知れば，昆虫病理学者だけでなく，菌学や昆虫学に興味のある人々にとっても非常に面白い研究材料になるだろう．

写真 1 疫病菌 *Entomophaga maimaiga* の流行で死亡したマイマイガ幼虫

3.6.1 疫病菌類の生活史

疫病菌類の典型的な生活史を図1に示す．普通，感染は分生子により経皮的に起こる．宿主の体表に付着した分生子は，発芽して発芽管（germ tube）を宿主の血体腔（hemocoel）に侵入させる．血体腔の中で発芽管は短く分裂し，血球細胞に似た形になって増殖する．この状態には，菌の種類によって細胞壁を作らない場合と作る場合があり，前者はプロトプラスト（protoplast）と呼ばれ，後者はハイファルボディ（hyphal body）と呼ばれる．細胞壁を持たないのは，宿主に異物として認識されにくくする効果があり，また，菌糸にならずに短く分裂するのは，宿主の血体腔中での分散を早める効果があると考えられている．プロトプラストで増殖した菌も，病気の後期になると細胞壁を作ってハイファルボディになる．やがて，宿主は血液中の栄養を菌に奪取され死亡する．殺虫には毒素が関与しているという報告もある（Dunphy & Nolan 1982）．宿主の死後，ハイファルボディは，菌糸になって表皮を貫通し体外に出て分生子を飛散する場合と，体内に留まって休眠胞子となる場合の二通りがある．通常は一つの宿主個体にはどちらか一方の胞子だけが形成される．

分生子を形成する場合は，ハイファルボディから菌糸が伸び，これが宿主の表皮を貫通し，分生子柄（conidiophore）となる．分生子柄は，湿度が十分あれば，宿主の死後数時間以内に形成され，分生子を周囲に飛散する（写真2）．死体の周囲には，飛散した分生子で白い輪ができることもある．分生子は，新たな宿主に到達して感染するが，到達できなかった場合には，出芽して二次胞子，三次胞子を形成する．二次胞子は普通，分生子と似た形のものが多いが，菌の種類によっては，分生子と異なった形で，感染力

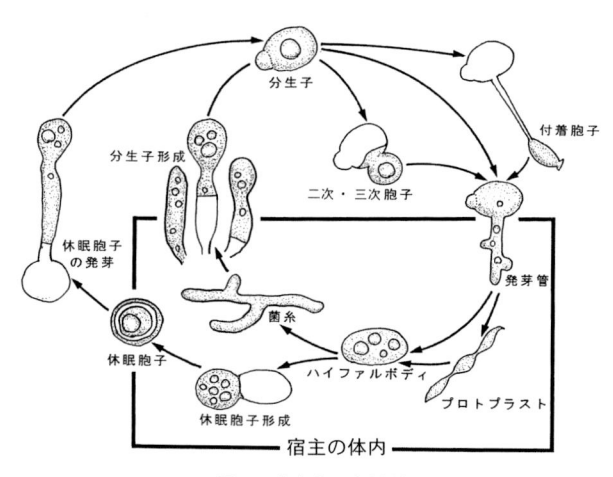

図 1 疫病菌の生活環

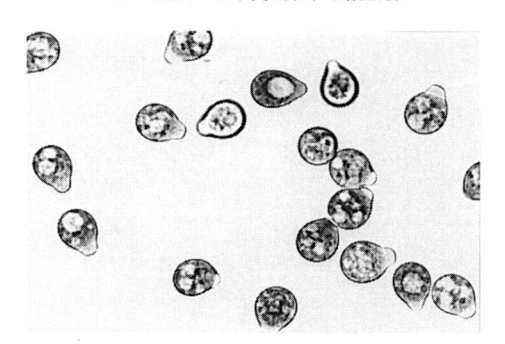

写真 2 *E. maimaiga* の分生子

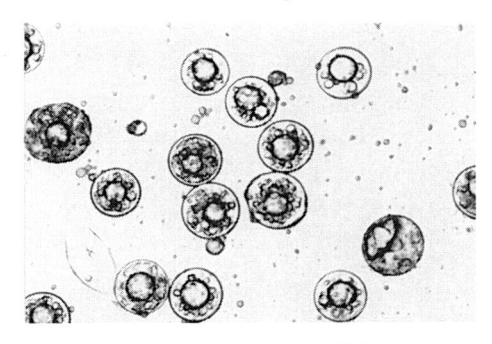

写真 3 *E. maimaiga* の休眠胞子

も分生子より強く，これが病気の伝染のための特別のステージになっているものもある．一方，休眠胞子が形成される場合は，ハイファルボディから球形の前胞子（prespore）が形成され，これがやがて多層の壁を持った休眠胞子に変わる（写真3）．例外的に，*Conidiobolus*（コニディオボルス）属のなかには，分生子が休眠胞子に変化するものがある．休眠胞子は不良環境に耐性のステージで容易に発芽することはない．接合菌類に属する疫病菌は，休眠胞子を形成する前に，ハイファルボディ同士が接合（conjugation）するのが本来の姿であるが，接合なしで休眠胞子を形成する種類も多い．死体の中で形成された休眠胞子は，やがて死体の崩壊とともに地面に落ち，土壌中などで生存し，休眠を打破されると発芽する．発芽した休眠胞子は分生子に似た発芽胞子（germ-conidia）を形成し，これが新しい宿主に接触して感染する．

　疫病菌は，人工培養は可能であるが，その生活形態は宿主と密接に結びついており，野外でこの菌が腐生生活をしているとは考えにくい．このような純寄生菌に近い特性を持つ菌が世代を繰り返すためには，宿主の発生に合わせて感染しなければならない．つまり，宿主のいる間は，次々に伝染して蔓延し，宿主がいなくなる季節は耐え忍び，新

しい宿主が出現したら再び感染することが必要である．疫病菌類が，分生子と休眠胞子という2種類の胞子を作ることは前に述べた．分生子は，自ら飛散するので病気の伝染・蔓延には好適である反面，乾燥に弱く寿命も短い．一方，休眠胞子は，厚い外壁を持ち乾燥に強いので，冬などの不良環境に休眠して過ごすための役割を担っている．そして，疫病菌類は宿主の状態に合わせて，これらの胞子をうまく作り分けているように思われる．疫病の流行のしくみを解明するためには，菌がどのようにして宿主の存在を感知しているのか，言い換えれば2種類の胞子の作り分けと発芽がもっとも重要な課題といえる．以下に，これまでにわかっていることについて述べる．

3.6.2 胞子の作り分け

疫病菌類の休眠胞子は，宿主のいなくなる季節の前や流行末期にみられることが多い，ということが経験的に知られてきたため，昔は気象的な因子が休眠胞子形成の要因とする考え方が主であった（Dustan 1927）．しかし，流行病の観察で，分生子を形成している死体と休眠胞子を形成している死体が同時期にあることから，必ずしも環境要因だけでは胞子の作り分けを説明できない場合も多い．

そこで，宿主の生理的な齢が影響しているのではないかと考えられるようになってきた（MacLeod et al. 1973）．Newman と Carner（1975）は，ヤガの一種 *Pseudoplusia includens*（シュードプルシア・インクルデンス）の幼虫を野外の流行病地帯から採集していろいろな条件下で飼育し，感染している *Entomophthora gammae*（エントモフトラ・ガンメー）という疫病菌の作る胞子の型を調べた．その結果，胞子の型は環境条件では変わらなかったが，幼虫の体の大きさ別に分けると，小さいものは分生子を形成し，大きいものは休眠胞子を形成する傾向があることがわかった．そのほかにも野外観察で類似の結果を報告した研究があった．

虫の齢で胞子の型が変わるかどうかを実験的に確かめるため，Shimazu（1979）は，トビイロウンカ（*Nilaparvata lugens*）の各齢の幼虫と2種類の翅型（wing form）の成虫に，*Entomophthora sphaerosperma*（現在名 *Zoophthora radicans*（ズーフトラ・ラディカンス））を接種して各種温度で飼育した．その結果，同じ温度では，幼虫では齢が高くなるにしたがって，また幼虫よりは成虫，成虫では短翅より長翅が，分生子より休眠胞子を形成する虫の率がより高くなった．また，同一齢では低温の方が，休眠胞子を形成する虫の率が高くなった．興味あるのは，幼虫の齢ばかりでなく，同じ成虫でも翅型により胞子型の率が異なることである．トビイロウンカをはじめとするウンカ類には，翅が長く移動に適した長翅型（macropterous form）と，翅が短く短期間の増殖に適した短翅型（brachypterous form）が生じ，長翅型は，生理的には短翅型よりも成虫的と考えられている（岸本1957）．すなわち，この菌は成虫を含めて，生理的に成虫的になる

ほど休眠胞子を形成することがわかった．温度の影響もみられたが，同じ温度でも齢によって休眠胞子を形成する虫の割合が異なることから，温度は菌に直接影響するのでなく，宿主の状態を通して菌に作用すると考えた方がよいだろう．

鱗翅目昆虫であるマイマイガに *Entomophaga maimaiga* を接種した実験からも，やはり若齢幼虫は分生子を形成し，老齢幼虫は休眠胞子を形成するものが多いという結果が得られた（Shimazu & Soper 1986）（写真 4）．さらにそれだけでなく，飼育湿度が高いと休眠胞子が多く（Shimazu 1987），温度が低いと休眠胞子が多く（Hajek & Shimazu 1995），継代を重ねた菌は分生子形成能が低下する（Hajek & Shimazu 1995）といった点も明らかになった．

最近，*E. maimaiga* についてはもう少し複雑なことがわかってきた．Hajek（1997）は，マイマイガに *E. maimaiga* を感染させて胞子型を調べるにあたり，接種源として感染幼虫から飛散した分生子と，土壌に含まれた休眠胞子が発芽して飛散する発芽胞子の二通りを使った．すると，休眠胞子から感染した幼虫の死体は，その齢や死後の湿度に関係なく分生子だけを形成した．一方，分生子から感染した場合は，おもに宿主の齢によって分生子または休眠胞子が決定された．病気の流行は越冬した休眠胞子が発芽して起こると考えられるので，一次感染の死体が分生子を形成することは，その後の水平伝播 (horizontal transmission)，すなわち同じ世代の幼虫から幼虫への伝播を有利にすると考えられる．

疫病菌類の胞子の作り分けについては，このように *E. maimaiga* についてもっとも多く研究が行われているが，それでさえ，このように複雑な要因が絡み合っていてまだま

写真 4 *E. maimaiga* に感染したマイマイガ幼虫
左：分生子を形成している 4 齢幼虫，体表が灰色ビロード状の分生子柄におおわれ，周囲に分生子を飛散する．
右：休眠胞子を形成している 6 齢幼虫，体内は液状になり休眠胞子を内蔵している．

だ解明しなければならないことが多い．しかし，現象的には宿主の存在や状態にうまく合った胞子を作るよう，菌も進化してきたのだということがわかる．

3.6.3 休眠胞子の発芽

休眠胞子がその役割を果たし，生活環を全うするためには，休眠が破られ，発芽する必要があることは言うまでもない．しかし，一部の種類を除いて，休眠胞子を人工的に発芽させることは容易ではない．昔から，水に漬けたり酸や熱処理も試みられたが，なかなか成功しなかった（Sawyer 1931；Thaxter 1888）．

Conidiobolus の類は，培地上でよく休眠胞子を形成し，発芽も比較的容易なので，休眠胞子の発芽の観察によく利用されている．この発芽は，単に休眠胞子を湿った培地上に置くだけでも起こるが，長日下に置いたり，カタツムリの消化液から採った酵素で処理することにより促進される（Matanmi & Libby 1976）．*Entomophaga grylli* pathotype 2 という菌は，宿主の死体上で分生子を作らず，体内に休眠胞子だけを作るという，疫病菌の中では変わり種である．この菌の伝染は，休眠胞子の発芽でできる発芽胞子によって行われる．そのため，この菌の休眠胞子は発芽しやすくできていて，素寒天の上に置くだけでも起こるが，高温の方がより早く発芽し，また長日は発芽率を高めることがわかっている（Stoy et al. 1988）．

これらをヒントに，*Zoophthora radicans*（Perry et al. 1982），*Erynia neoaphidis*（エリニア・ネオアフィディス）（Wallace et al. 1976），*Neozygites fresenii*（ネオザイギテス・フレセニイ）（Bitton et al. 1979）などの昆虫疫病菌で実験的に発芽させることに成功した．共通している条件は，低温で保存した後，高温長日のもとに置くと発芽が起こる，ということであった．普通，休眠胞子は越冬用の役目を果たしており，冬が過ぎて，新しい宿主に感染するためには，高温長日を菌が感知して発芽する，という方式は確かに合理的にできていると思われる．

マイマイガの *E. maimaiga* では実験的に発芽を引き起こすことが困難だったので，野外における休眠胞子の観察が行われた．*Conidiobolus* 属では，成熟から発芽に至る過程で，休眠胞子内部の油滴の状態が変化することが知られている（Latge et al. 1978；Ohkawa & Aoki 1980）．そこで金田と青木（1980）は，マイマイガ死体内の *E. maimaiga*（当時は，*E. aulicae*（エントモファーガ・アウリケー）に含まれていた）の休眠胞子の油滴の季節的変化を調査したところ，形成後成熟にともなって，多数の細かいものから一個の大きなものへと急速に変化したあと，大きな油滴が細かい油滴へ戻ることが観察され，この変化が発芽の前触れであろうと考えられた．

越冬した *E. maimaiga* の休眠胞子が，野外で翌年発芽してマイマイガに実際に感染して流行源になるかどうかを調べるため，Shimazu ら（1987）は，前年にマイマイガが大

発生し，*E. maimaiga* が流行した林に残存している休眠胞子の活性を生物検定で調べた．死体が付着した樹幹に寒冷紗をかけ，幼虫を一晩放飼したのち回収する，死体や死体のついた木の下の落葉，土壌などの水懸濁液に幼虫を浸漬する，幼虫をこれらの材料とともにカップで飼育する，などの方法で健全幼虫を越冬後の休眠胞子に接触させたところ，疫病感染虫が得られた．とくに，落葉や土とともに飼育したもので罹病率が高く，地面に落ちて越冬した休眠胞子が，翌年の幼虫の病気の源となることが実証された．

さらに，Hajek と Humber（1997）は，野外条件下に 7 月から 4 月まで置いた *E. maimaiga* の休眠胞子を室内に持ち込み，異なる温度，日長に置いた．持ち込み後 2 日目以降から発芽が始まったが，15℃ と 20℃ で 14 L-10 D に置いたものが高い発芽率を示した．また，飼育したマイマイガ幼虫を，3 日間試験地の土壌に曝露したのち再び室内飼育して，感染率の動向を調査したところ，5 月上旬から 6 月中旬まで感染が起こった．マイマイガは卵越冬で，4 月頃幼虫が孵化し，6 月末から 7 月はじめに蛹化，7 月中下旬に成虫が出る，という生活史をたどる．そこで，これは野外における休眠胞子の発芽が，現地のマイマイガの孵化より 1, 2 週間早くから始まり，終齢幼虫の時期に止んだことになる．

休眠胞子が外的な覚醒条件によって休眠を破られ，発芽し，新しい世代の宿主に病気を引き起こすことは，これらの研究から明らかになったが，ここで新たな疑問が出てくる．マイマイガは森林で大発生するときは 1 本の木に何百頭もの密度になるが，普段は極端に密度が落ち，ほとんど 0 になる．そして再び大発生が起こるまでに 10〜20 年はかかる．疫病が大流行した翌年，越冬した休眠胞子が物理的条件に一斉に反応して発芽しても，宿主に到達できずに死んでしまうものが数多く出てくるであろう．かろうじて寄生できたとしても，その翌年はさらに難しい事態になる．そのような状態を 10 年以上続けて，菌が世代を重ねることができるのだろうか．ここに面白い研究がある．Weseloh と Andreadis（1997）は，*E. maimaiga* の休眠胞子の活性をみるために，自然に病気の流行があった場所の土壌とともにマイマイガを飼育する生物検定をした．前に述べた筆者らの実験と異なるのは，土壌を採集年から 6 年後まで，時を追って活性の推移をみたことである．

その結果，驚いたことに，病気の流行後 6 年経った土壌を供試した場合でも，マイマイガに起病能力を持っていた．休眠胞子は人工培地中でもできることはあるが，自然界では宿主体内でのみできると考えられており，この実験結果では，休眠胞子が 6 年間土壌中で生きていた，逆に言えば 6 年間発芽しなかったのではないだろうか．もし *E. maimaiga* の休眠胞子の休眠が，単に越冬後に春が来ることによって一斉に打破されるものであれば，翌年にすべてが発芽してしまうはずであるから，この実験の結果は，休眠の覚醒は一斉ではなかったことを示している．この実験では土壌を掘り取っているの

で，それまでは地中にあって光を感じなかった，とも考えられるが，自然界で地表の休眠胞子が翌年発芽し，地中に埋もれて光が当たらなかったものが発芽しないのなら，地表面の崩壊のようなことが起こらない限り，2年目以降に発芽する胞子はなくなってしまう．あるいは，覚醒条件に対する休眠胞子の感受性が多様で，1年で発芽するものから6年で発芽するものまでいろいろある，という可能性も考えられる．しかし，何年目にくるかわからない宿主に遭遇するために，毎年少しずつのものが発芽していく，というのも無駄が多すぎるように思われる．そこで，素直に考えるならば，*E. maimaiga* の休眠胞子の発芽は，温度や日長などの物理的な条件だけで起こるのではなく，それに加えて宿主の存在を何らかの方法で感知しているのではないか，ということになる．この論文では，休眠打破に関しての考察にまでは至っていないが，宿主昆虫と寄生菌の奥深い相互関係を想像させられ，興味深い．

3.6.4 疫病菌類の導入と定着

最後に，新天地に疫病菌が侵入して定着する過程で，休眠胞子の形成と発芽がどのように役立ってきたかをみてみよう．ここでは，先ほどから何度も例に出てくるマイマイガの疫病菌が北アメリカ大陸に導入された，ドラマチックな例を取り上げる．

北アメリカ大陸にはもともと，マイマイガもこの疫病菌，*E. maimaiga* も分布していなかった．北アメリカのマイマイガは，ヨーロッパから研究材料として輸入したものが逃亡して，1800年代後半に野外に定着したものである．日本ではマイマイガには，*E. maimaiga* とウイルス病を起こすNPV（核多角体病ウイルス）の2種類の重要な天敵微生物がいるおかげで，大発生は終息する．北アメリカでもNPVは1900年代初期から発見されており，おそらくマイマイガにともなって入ったものと思われるが，野外でこの虫の蔓延を押さえるには不十分であった．

Speare と Colley(1912)によると，アメリカではマイマイガの生物的防除を行うため，1905年から外国の天敵が検索され，1908年に日本における有力な天敵である *E. maimaiga*（当時は名前がなかった）の標本が送られたが，菌が死んでいた．翌1909年，日本に派遣された使者が感染幼虫を採集し，多大な苦労ののち，生きたままボストン郊外のケンブリッジに持ち込むことに成功したのは，わずか2頭であった．当時の技術では，この菌を培養して維持することはできなかった．そこで，この感染虫を源として室内で健全虫に伝染させたのち，屋外に置いた感染箱の中で虫から虫へ病気を継代して増殖したが，幼虫がなくなって絶えてしまった．しかし1910年，前年の感染箱に新たに虫を付け加えることにより，病気を発生させることに成功し，さらに1911年，増殖した感染虫を野外のマイマイガ大発生地に移植することができた．しかし，その後はNPVと思われる病気で飼育している幼虫が全滅してしまったために，菌の配布が困難になり，こ

の研究は放棄された．その後もアメリカではマイマイガは重要な森林害虫だったため，野外での生態や天敵微生物に関しても入念な調査研究が行われたが，疫病菌による病気は発見されず，1911年の菌の導入は失敗したと考えられてきた．

ところが1989年，AndreadisとWeseloh (1990) は，アメリカ東北部の森林や住宅地でマイマイガの幼虫に疫病の流行が起こっているのを発見した．これは，アメリカでマイマイガに疫病菌が認められた最初であった．大部分の感染幼虫は4齢から5齢で集団で発見され，特徴的に樹幹に頭を下向きにして死んでおり，死体内で菌が休眠胞子を形成していた．北アメリカ大陸には *E. maimaiga* と形態が酷似し，ヒトリガ科 (Arctiidae) やハマキガ科 (Tortricidae) などの幼虫に寄生する *Entomophaga aulicae* という菌は分布しているが，この菌はマイマイガには寄生しない．そして何よりも，このマイマイガに流行病を起こしていた菌は，RFLPとアイソザイムの調査により，日本の *E. maimaiga* と同一であることが確認されたのである．彼らは，この発見された菌は，80年近く前に放飼した菌が生き残って目立たずに広がった結果であろうと推察した．それは，① 北アメリカ大陸への *E. maimaiga* の導入は1910～11年と1985～86年の2回だけ，② 発見場所が最初の導入地に近く，2回目の導入地から広がったと考えるには速すぎる，③ 発見場所と2回目の導入地の間にはこの菌が見つかっていない，などの理由による．これ以後，アメリカ北東部では毎年のようにこの菌はマイマイガに流行病を起こすようになり，マイマイガの大発生とともに，現在でも北アメリカ大陸に広がりつつある．

それにしても，なぜ長年見つからなかったこの菌が，急に流行病を起こすに至ったのだろうか．Hajekら (1995) は，以下に示すような仮説を考え，それぞれの可能性を検討した．① この菌は北アメリカ大陸に土着のものだった，② 導入後，実際には流行を繰り返して広がり続けてきたのに気づかなかった，③ 導入後，菌は定着したが細々と生存を続け，のちに変異で強い系統が発達して急速に拡大した，④ この菌は1911年の導入由来ではなく，何かに付着して最近入ってきた，⑤ ジェット気流に乗って日本から最近飛んできた，などである．そして，③の，菌が導入後に変異を生じて流行病を起こすように適応した可能性が最もありうる，とした．

しかし，実は休眠胞子の発芽のところで述べたが，その後，WeselohとAndreadis (1997) によって，*E. maimaiga* の休眠胞子は形成されてから6年以上経ったものでも，そこに宿主を接触させて飼育すると感染能を保持していることが明らかにされている．この報告では，それ以上古い休眠胞子の活性については実験されていない．仮に，NPVのように土中で数十年活性を保つとしたら，この菌が80年間なりを潜めていた間は，細々と寄生生活を続けていたのではなく，本当に眠って宿主の大発生を待っていた，という可能性も出てくる．

アメリカの *E. maimaiga* はその後も分布拡大を続けている．しかし，菌の広がりがマ

イマイガの分布拡大についていけないため，マイマイガの新しい分布地にはこの菌が発生していない．そこで，HajekとRoberts（1991）は，この菌を人為的に新天地に導入する実験を行った．彼女らは，これまでにこの菌の発生のなかったニューヨーク郊外の広葉樹林に，休眠胞子を含む土壌を，試験区中央の木の下に移入，樹幹に巻いて保湿，接種虫を放飼，などの方法で幼虫発生期に施用した．その結果，いずれの方法でも現地のマイマイガ幼虫に病気が起こり，とくに，土壌を木の下に置いて保湿した区の感染率が最も高く，最終的には90％以上の感染率が得られた．感染率は，6月中旬までは低かったが，老齢幼虫で劇的に増加した．休眠胞子は水分を吸収しながら幼虫期間中少しずつ発芽し，病原貯蔵器（pathogen reservoir）としての役割を果たした．

　侵入害虫に対し，その原産地から導入した天敵を定着させ，永続的に密度抑制要因として働かせる方法を，古典的生物的防除法（classical biological control）と呼ぶ．昆虫病原菌類にはコスモポリタンで宿主範囲も広いものが多いため，生物的防除に利用するにあたっては生物農薬（biopesticide）として使う場合が多い．そうしたなかで昆虫疫病菌類は，野外で流行病を引き起こす力は強いものの，前に述べたように培養が難しい，感染単位である分生子は寿命が短く，休眠胞子は発芽の人為的コントロールが難しいなど，農薬的に利用するには一般に向いていないように思われがちである．しかし，特異性が高く，休眠胞子により長期間生き残れるという昆虫疫病菌の特性をうまく生かせば，生物農薬としては使えなくても古典的生物的防除法に利用できる可能性がある．この北アメリカ大陸への *E. maimaiga* の導入は，その特性を発揮した貴重な成功例といえよう．

（島津光明）

BOX 昆虫の病気と微生物

　昆虫などの小動物も伝染性の病気にかかる．カイコやミツバチなどの有用昆虫の病気は，被害を与えるので昔から注目されていた．また，野外で害虫が大発生したときに発生する流行病は，これを害虫防除に利用できないかと考えられてきた．現在でもこうした昆虫の病気は，主として害虫防除への利用と有用昆虫の被害回避という応用面から研究されている．伝染性の病気は昆虫寄生性の微生物によって引き起こされる．昆虫に寄生する病原微生物の種類は，ヒトの病原体の種類とたいして変わらないが，おもな微生物群についてここで解説しておこう．

1. ウイルス（virus）

　ウイルスは核酸がタンパクの殻で囲まれた，光学顕微鏡で見えないほどの微小な粒子で，生きた細胞の代謝系を利用して増殖する．昆虫に寄生性を持つ重要なウイルスには，バキュロウイルス（核多角体病ウイルス（NPV），顆粒病ウイルス（GV）を含む），細胞質多角体病ウイルス（CPV），昆虫ポックスウイルス（EPV）などがある．いずれも普通は経口感染し，各ウイルスごとに脂肪体や血球細胞など一定の宿主細胞内で増殖し，組織を破壊して宿主を殺す．宿主の糞や死体などを通じて餌を汚染し，新たな宿主に感染する．昆虫ウイルスは一般には，ほとんど種特異的といえるほど宿主特異性が高い．NPVやGVはしばしば宿主昆虫の大発生時に流行病を起こす．これらを利用して微生物農薬も作られている．

2. 細菌（bacteria）

　細菌は，単細胞，膜に囲まれた核を持たず，分裂で増殖する微生物である．重要な昆虫病原細菌は *Bacillus*（バチルス）属に多く含まれ，そのほか *Serratia*（セラチア），*Pseudomonas*（シュードモナス）属などにも病原性の細菌がある．普通の細菌は，経口感染して消化管や血体腔で増殖し，宿主を敗血症で死に至らしめる．野外で細菌による流行病は少ないが，飼育虫に大発生することは珍しくない．リケッチア（rickettsia）と呼ばれる細胞内寄生性の微小細菌は，宿主昆虫を病気で死亡させるもののほか，寄生された個体自体は殺さないが次世代を発生させない，という種類もある．*Bacillus thuringiensis*（Bt）という細菌は，菌体の中にタンパク性の結晶を作る特徴がある．この結晶を昆虫が食べると消化管内で活性化されて毒素となり，短時間のうちに死亡する．培養が容易で安全性が高いので，微生物農薬として世界各国で大量に使われている．また，この毒素遺伝子を植物体に組み込んだ，害虫抵抗性のトウモロコシやワタも実用化されている．

3. 菌類（fungi）

　いわゆるカビやキノコの仲間である．昆虫に病原性のものはおもに卵菌門（Oomycota），ツボカビ門（Chytridiomycota），接合菌門（Zygomycota），子のう（嚢）

菌門（Ascomycota），および系統的にはおもに子のう菌の無性世代である不完全菌類（Deuteromycotina）に含まれる．とくに重要な菌群としては，接合菌に属する昆虫疫病菌類，子のう菌に属する冬虫夏草類，不完全菌に属する硬化病菌類などがある．多くは胞子で伝染し経皮的に宿主体内に侵入し，血体腔内で増殖することにより，宿主は生理的飢餓に陥り死に至る．普通は宿主の死後，胞子が形成される．中には生活環の中で中間宿主を必要とする菌もある．菌類病の多くは経皮感染するため，他の昆虫病原微生物と比べ，非摂食性のステージをも攻撃できる反面，温湿度など環境の影響を受けやすい．宿主個体群に流行病を起こすものも多く，微生物的防除への利用が研究され微生物農薬として市販されているものもある．

4. 原生動物（protozoan）

　原虫ともいう．昆虫に病気を起こす原虫は微胞子虫門（Microsporea）にもっとも多い．感染は経口的に取り込まれた胞子で起こる．生活様式や増殖法などは非常に複雑で，一つの種でも宿主により形態や増殖法が異なる場合がある．代表的な属として $Nosema$（ノセマ）属がある．侵された昆虫は，外部病徴をほとんど示さず，発育遅延，不活発，食欲低下などの全身症状を呈す．伝染は経口によるものと経卵巣伝達がある．幼虫期に経口感染した場合病気は慢性的となり，成虫にまで成長する．親虫の卵巣内で卵が感染すると，孵化幼虫は幼虫の間に死亡する．$Nosema$ 属を利用した微生物的防除の研究も行われている．

　　　　　　　　　　　　　　　　　　　　　　　　　　　　　　　（島津光明）

第4章

微生物を利用した森林生物の繁殖戦略

4.1　森林生物の繁殖戦略と微生物

　本章では，森林の生物，とくに森林昆虫の繁殖戦略の中に微生物がどのように組み込まれているかをいくつかの例によって示す．微生物と植物，土壌動物との栄養連鎖が有機物の分解過程の中心構造を成し，それが森林生態系の物質循環の駆動力となっていることは，すでに第2, 3章でみてきたとおりである．ここでは少し角度を変えて，森林の微生物の姿を，森林という複雑なシステムの中で爆発的ともいえる適応放散をとげてきた昆虫との密接な関係を通してとらえ直すことにしよう．

　ここで，昆虫と微生物との関係をみていく前に，昆虫にとって森林はどのような環境なのか，森林が持つ主要な特性を，そこに棲む昆虫の視点からもう一度整理しておく．

（1）　巨大現存量

　これまで何度も強調されているように，森林の最大の特徴は，地上部，地下部を含めた膨大な現存量にある．単純に考えると，森林は有機物に満ちあふれている．植物を食べる昆虫にとって，この"深く青い海"（Lawton & McNeil 1979）は食物の宝庫であり，多数の個体の生存を可能にする（しかし実際には，多くの捕食・寄生者の存在によって植食性昆虫の密度は抑えられ，"海"は青く保たれている（Hairston et al. 1960；Lawton & McNeil 1979））．また，資源の絶対的な豊富さは，類似した利用形態を持つ多数の種の共存をも可能にする．このような豊富な資源を背景として，植食性昆虫では全体として，共通の資源をめぐる種間競争はめったに起こらないと考えられてきたが（Hairston et al. 1960；Slobodkin et al. 1967；Strong et al. 1984），植物資源の時間的・空間的変動性，質的・量的な遍在性（パッチ構造）を考慮に入れると，森林の中でも局所的に種内，種間の競争が生じている可能性は十分にあるだろう．

　一方，樹木の現存量の大きな部分を占める幹材部は，そのほとんどは植物遺体とみなされるものであり，やがては枯葉・枯枝とともに腐食連鎖に流れていく運命にある．しかし，昆虫にとってこの圧倒的な量の"資源"も，セルロース（cellulose），リグニン（lignin）など，そのままでは利用できない厄介な存在である．見方を変えれば，これらの高分子化合物は昆虫に対する植物側の防御物質となっている．このため，栄養価の高い葉や花実に比べて，これを食物として利用できる昆虫は特殊化したものに限られ，幹や枝の部分は，結果的には競争者の少ない資源といえるかもしれない．この宝の山を，何とかうまく利用できないものか．本章で紹介する森の昆虫と微生物の出会いは，それに対する一つの答えである．しかし，両者の関係をみていくうちに，この資源もまた，無条件に利用可能な資源ではないことがわかるだろう．

（2） 空間構造の発達

樹冠層，低木層，草本層，土壌層など，複雑な階層構造とそれらによって生み出される林内微環境の異質性は，昆虫をはじめとする生きものに多様な住み場所を提供する．

（3） 多様な食物資源

森林は高木種のほか，下層植生を含めた様々な植物種がその基本構造を形成しており，また地衣類や蘚苔類，菌類も重要な構成者として位置づけられる．植物器官の面からみても，上に挙げた葉や幹のほかに，枝や根，果実，種子など，様々な潜在的食物資源が存在する．さらに，他の生物を食べる捕食・寄生やリターを食べる腐食なども含めて考えれば，森林が多様な生物種の生存を可能にしている理由の一端が理解できよう．

（4） 環境変動に対する緩衝作用

森林は外環境の変化に対する緩衝（バッファー）機能を持つ．すなわち，樹冠表面は熱や風雨をさえぎり，樹冠層や土壌層は物理的な影響のほか酸性雨など化学的変性に対しても緩衝能を発揮し，林内環境を林外のそれに比べて安定に保つ．

森林は，こうした多様な環境，とりわけ住み場所や食べ物を背景として，多様な生物に満ちている．記載されたものに限れば，昆虫はその種数において地球上の生物のなかで群を抜く存在であるが（Wilson 1993），もし分類の困難さを克服できたとしたら，微生物の豊富さはそれをはるかに上回ると考えられている．森林の中では，昆虫と微生物との出会いの場はおそらくいたる所にあったに違いない．数ある出会いのなかで，今日われわれが眼にすることのできる様々な関係が，どのような過程を経て確立したのかを直接知るすべはない．しかし，あとで述べるように，微生物パートナーを獲得した昆虫の多くが栄養面での利益を得ていることからみて，微生物と昆虫との共生関係の成立は，その起源を，食物とともに外部から偶然的に体内に取り込まれた微生物に求めることができるだろう．

4.1.1 共生の概念

森林の生きものの生存・繁殖と微生物とのかかわりを考えるとき，「共生」の概念を抜きにしては語れない．本章に登場する"戦略"という言葉は，昆虫が微生物を一方的に利用するようなニュアンスを与えるが，これはあくまでも昆虫の側からの見方であり，本章で紹介する四つの例を読み進んでいくうちに，昆虫に利用されることで微生物の側にもメリットがあることに気づくだろう．「共生」という言葉から受ける印象は，人によって様々である．われわれ自身がそうであるように，多くの生物種では他の生きものとのかかわりを持たずに暮らしていくことの方がむしろ難しいので，すでにどのような生物も広い意味では「共生」の状態にあるといえよう．生命体の基本単位である細胞においてさえも，ミトコンドリアは好気性細菌に，また葉緑体はある種の藍藻にといった具

合に，細胞内小器官のいくつかはかつて細胞内共生していた異種の生物に由来するといった考え方（共生説：Margulis 1981）が有力であり，ほとんどすべての生物の生存や繁殖のシステムは，他種生物との共生関係の上に成り立っているといっても過言ではない．共生によって異なる機能を統合し，新たな能力を備えるに至った生物は，それまで生存しえなかった新たな場への進出を果たした．共生関係の成立が適応放散（新たな生息場所への進出に伴う種分化）の推進力となり，今日の生物多様性創出に大きく貢献したことを疑う余地はないだろう．

1879年に最初に共生（symbiosis）の概念を提唱したde Baryの考えていた共生は，関係を持つことで両種がともに利益を得る相利共生（mutualism），一種だけが利益を得て他種は影響を受けない片利共生（commensalism），一種は利益を得るが他種は害を受ける寄生（parasitism）の三態を含む，"広義の"共生であった．進化的視点でみると，これらの片利共生，相利共生はともに，寄生にその起源を持つと考えられている（Paracer & Ahmadjian 2000）．広義の共生関係による損得は，個々に生きていく場合に比べて適応度（fitness）が増大するか減少するかという尺度で測られる．これらの共生現象はいずれも，動物，植物，微生物すべての生物種間に広くみられるが，その中身は上に述べたような二者間に生じる相対的利益だけでなく，共生者の存在位置や共生関係の種特異性，共生者間の相互依存度，共生関係の一貫性，共生による副産物の有無により，表1のように分類することができる（梶村1995）．

また，共生関係はその機能的側面からも分類できる．すでに述べたように，消化共生系はその一つである．これは共生者が生産もしくは分解した産物を栄養源として利用する場合であり，共生者は寄主（または宿主）から生育・繁殖に適した環境の提供を受ける．移動能力を持たない共生者と移動可能な寄（宿）主生物との間の共生関係は，しばしば運搬共生系と呼ばれる．本章でみられるような飛翔能力のある昆虫と微生物の関係は，消化・運搬を包括した系であるといえるだろう．

表1 共生関係の分類と適応的意義

分 類	
相対的利益：	寄生-片利-相利
共生者の存在位置：	細胞外-細胞内
共生関係の種特異性：	多種-1種
共生者間の相互依存度：	任意的-義務的
共生関係の一貫性：	断続的-恒常的
共生における副産物：	無-有

機 能	適応的意義
栄養的改善	競争の軽減
分散移動	新生物の創出
生育環境の安定	新たなニッチへの進出（適応放散）

4.1.2 様々な共生の姿

本章で紹介するのは，微生物と共生関係を結んでいる四つの昆虫群である．このような昆虫-微生物共生系はこれらを含めて 33 目 150 科余りの昆虫で知られており，昆虫種の約 1 割にも達するといわれている．植食性昆虫では，共生関係が成立したのちの適応放散によって生み出された種数は，全生物種数の実に 4 分の 1 に達するという推定もある（山村 1995）．昆虫の食性との関連でみると，微生物との共生関係は，アブラムシのような植物吸汁性，シラミのような吸血性，あるいは下等シロアリやキクイムシなどの材食性昆虫において多くみられることから，それらの多くが栄養・代謝依存的な消化共生系であることは間違いない．さらに，このような共生微生物との消化共生系が，昆虫の社会性の維持に深くかかわっていることも注目すべきことであろう（松本 1992）．

シロアリに代表される森林昆虫と微生物の相互関係は，その多くがこのような消化共生系の枠組みの中で捉えられてきた．先に述べたようなセルロースなどの難分解物質を，微生物と共生関係を持ちながら，食物として（あるいはそれを作る"畑"として）利用するしくみである．この消化共生系は，そのタイプにより大きく次の五つに分けることができる．

（1）食物とともに消化管内に取り込んだバクテリアを繁殖させ，それらが生産する消化酵素（セルラーゼ cellulase）を利用する．甲虫類の多くやオオゴキブリの仲間にみられる（Scrivener & Slaytor 1994）．

（2）消化管の後腸部分に原生動物を共生させ，それらが自分の栄養摂取のために発揮するセルロース分解力を利用する（Breznak 1982, 1984；Noirot & Noirot-Timothee 1969）．ゴキブリのあるグループと下等シロアリにみられるが，これらの微生物が後腸でのみ生育できることから，きわめて緊密な義務的共生関係であるといえる．

（3）分解の場は異なるが，(2) に類似した方法が，キバチと呼ばれるハチの仲間にみられる（Talbot 1977；福田 1997；Kajimura 2000；4.3 節参照）．産卵と同時に菌を材に接種し，その菌の繁殖とともに幼虫が材部分を食べながら成長する．菌に由来する酵素によってセルロースなどが分解され，幼虫の餌となる．

（4）木材や植物体を直接食べるのではなく，他の場所から持ちこんだ菌類の胞子を接種し，それを栽培して摂食・子育てをする方法．本書で紹介するキクイムシ科（Scolytidae），ナガキクイムシ科（Platypodidae）の一群であるアンブロシアキクイムシ（梶村 1995, 1998；4.4 節，5.5 節参照）や，切り取った植物の葉で菌園を作るハキリアリなどの一部のアリにみられる（Weber 1972）．

（5）高等シロアリに属するキノコシロアリの仲間は，基本的には木材や植物遺体を食べるが，それだけでは十分な栄養を得ることができないため，未消化物をいったん排泄し，それを菌床（菌園）として菌類（シロアリタケ）を栽培して食物とする（Wood 1976,

1978；Collins 1981）．このほか，MartinとMartin (1978)，Martin (1984) は，数種の材食性昆虫が，消化酵素（セルラーゼ）を持つ菌を材の摂食時に獲得することによって，セルロース消化能力を持つに至ったことを示唆している．

共生関係はまた，共生微生物の存在場所によって，内部共生（昆虫体内），外部共生（昆虫体外で培養）の区別があり，さらに，近年研究が著しく進展した細胞内共生なども共生の一形態である（石川 1994）．また，研究手法の進歩にともない，様々な場所，様々な階層，様々な種において新たな共生関係が発見されつつある．近年では，一対一の共生関係の発見にとどまらず，そうした関係がさらに他の生物との相互作用に影響を及ぼすような「間接効果」にも関心が高まっている．たとえば，植物における菌根共生系（2.3節，2.4節，5.3節）とその植物を利用する植食者間の相互作用（たとえば，Gehring & Whitham 1994）などは，森林における様々な攪乱が生物群集の構造に及ぼす影響を説明する有力な手がかりとなるだろう（5.1節も参照）．

4.1.3 微生物を利用する昆虫の繁殖戦略

微生物を利用した，あるいは微生物との協同作業による森林昆虫の繁殖戦略は，その多くが義務的（または必須）相利共生関係にもとづくものである．すなわち，両者がその生活史のいずれかのステージにおいて一定の物理的接触を保ちながら共に生活し（高い接近性），このことによって互いが利益を得る（高い利得性）ことができ，かつ相手なしにはどちらも生存しえないような共生関係である．そして，森林においてその関係を読み解く鍵は，"食物"と"運搬"である．そこでは，昆虫，微生物それぞれの生活史の中に相手の存在が確実にプログラムされており，機能的な意味において明確な役割分担が成立している．

すでに述べたように，共生の意義は自らがすべてのことをやるよりも，ある部分は異種の個体に依存した方が効率的で，その結果自らの適応度を高められる場合にのみ生まれる．言いかえれば，森林昆虫と森林微生物の共生の意義は，微生物は昆虫にとっての食物（すなわち次世代生産の場）を保証し，昆虫は菌の胞子や他の微生物を，"風"よりもはるかに確実な方法で，新しい，しかも条件のよい繁殖の場に運ぶ点にある．昆虫は，自らの子供の将来が微生物の働きにかかっているので，持てる感覚を総動員して，可能な限り微生物に好適な基質（寄主植物，樹木）を探索するだろう．一方，微生物は，昆虫が自身の力では決して創出することのできない新しい食物資源を提供し，それを生むコストを肩代わりしてくれる．

4.2節に登場する樹皮下キクイムシ（bark beetle）は，まさに"樹皮下"の比較的栄養に富む部分を食べる．しかし，いわゆる健康な木では樹脂などの防御物質による激しい抵抗を受け，資源として利用することは難しい．かといって，風倒木や衰弱木の出現

4.1 森林生物の繁殖戦略と微生物

を偶然にまかせてばかりでは，なかなか餌にありつくことはできない．このキクイムシが持つ菌（青変菌）は，健全な木を弱らせ，キクイムシが利用可能な状態にする役割を担っている．また，4.5 節に登場する菌は，カミキリムシの繁殖に，線虫を介して間接的に貢献する菌である．この二つに共通するのは，次世代生産の場を積極的に生み出す，すなわち繁殖源の創出に微生物を利用するという昆虫の戦略である．

一方，4.4 節のアンブロシアキクイムシ（ambrosia beetle）は，樹皮下キクイムシと同じキクイムシの仲間であるが，多大な労力を払って坑道（トンネル）を材内奥深くに形成する点で，樹皮下キクイムシとは大きく異なる（進化的スケールでのキクイムシの食性分化については，p.194 の BOX で紹介されている）．材の内部はセルロースやリグニンなど難分解物だけの世界であり，当然のごとく栄養価はそのままではゼロに等しい．材内奥深くへの進出は，他者との競争の少ない新しい住み場所の開拓や捕食者や寄生者からの回避（実際にはダニや寄生バチなどの天敵が存在する：梶村による）という点では確かに有利に作用したであろうが，栄養的な面では樹皮下キクイムシと比べても明らかに不利である．しかし，彼らは菌を積極的に利用することでこの"食"の問題を克服し，現在の繁栄を築いたのであった．材の内部は菌の繁殖環境としても比較的安定しており，こうした坑道形成は，養菌性という生活様式を獲得する上での必然であったともいえるだろう．

4.3 節のキバチも同様に，菌の助けを借りて材という世界に進出した昆虫である．アンブロシアキクイムシとは菌の利用形態は異なるが，両者に共通しているのは，基質として利用するのが衰弱木や比較的新しい枯死木，倒木などの材であって，菌は食物そのものの創出にかかわるものとして利用され，上記のような繁殖源の創出に直接利用されるわけではないという点である．しかし，昆虫の側は，菌の繁殖に適した基質を森林の中で見つけ出すという重要な役割を担わされている．ところが近年，アンブロシアキクイムシの仲間でありながら，樹皮下キクイムシのように繁殖源の創出に菌を利用している可能性を持つグループ（ナガキクイムシ科）がいることがわかってきた（5.5 節参照）．キクイムシの繁殖戦略の進化を考えていく上で，興味深い"例外"といえるかもしれない．

キバチは主として辺材部を利用することから，アンブロシアキクイムシの場合と同じく，捕食や寄生のリスクは，他の内樹皮や形成層を食べる昆虫や他の食性を持つハチの仲間に比べておそらく小さいだろう．しかし，4.3 節の中でも紹介されているように，彼らが持つ共生菌の発する匂いは寄生バチを誘引するカイロモン的な働きをすることが知られており（Madden 1968），実際にそれぞれのステージごとに異なる寄生バチの寄生をかなりの高率で受けていることもわかっている（Fukuda & Hijii 1996 b）．この事実は，菌との共生関係における負の側面をわれわれに教えてくれる．

では，こうした共生関係から得る菌の側のメリットは何だろうか．彼らと共生関係を結ぶことによって，それぞれの共生菌の分布域の拡大が図られたとみるならば，この関係は相利的と呼べるかもしれない．しかし，昆虫の"繁殖戦略"に比べて，菌の損得はまだ十分にはわかっていない．近年，こうした菌の側の戦略についても，キノコ（子実体）を利用する菌食昆虫の研究（Wheeler & Blackwell 1984；Wilding et al. 1989）を通してその一端が明らかにされようとしている（都野 1999）．森林の中で，胞子の分散器官としての役割を担うキノコは，森林に生息する様々な菌食性昆虫に食物資源を提供し，昆虫は潜在的胞子分散者として機能していると考えられる．強い匂いを放つキノコとそれに誘引される昆虫との関係の解明や，資源としての安定性の評価，質的特性の異なるキノコ群とそれらを利用する昆虫類の群集特性の比較などを通して，こうした森林の中でのキノコと昆虫の関係もまた，相利共生的関係にあることが明らかにされつつある（Tuno 1998, 1999；都野 1999）．しかしこの関係は，キバチやアンブロシアキクイムシ，あるいは植物と送粉者のような緊密な義務的共生関係ではなく，多種対多種で形成される，キノコタイプとキノコ食昆虫のギルド間の緩やかな共生関係であることも明らかになってきている．

微生物利用の昆虫の場合と同じように，菌の側からみた共生の強さは，菌の分散・定着成功度にかかわる資源（基質）の予測性・持続性と強い関連を持つと考えられる．菌類にとって，森林には，資源供給の相対的な予測性が高く持続性の低い落葉や，予測性は低いが持続性の高い倒木，さらに菌根菌が必要とする生きた木など，実に様々な資源が存在している．このような資源の予測性・持続性の組み合わせに対応する多様なキノコと，さらにそれらを食物資源として利用する昆虫との間にみられる関係は，風媒介か昆虫（動物）媒介かという菌の側の繁殖戦略が，菌が利用しようとしている資源の供給安定性によって決定されていることを強く予想させるものである（都野 1999）．

森林の中で衰弱した木や枯死した木を利用する昆虫や菌にとって，材という基質は明らかに予測性の低い資源であるといえるだろう．4.3 節の野外実験でも示されるように，菌や昆虫の繁殖に適した木は，森の中のどこにでもころがっているわけではない．それを的確に探し当てるエージェントと食物資源の創出者との出会い，彼らの共生の意義を解く手がかりはそのあたりにあるのかもしれない．

森林昆虫と微生物との共生関係の成立過程を明らかにするためには，菌の積極的利用が，森林という環境の中で食物資源の利用可能性（availability）をどの程度拡大し，資源供給の不確実性リスクをどの程度軽減し，そのことによって自らの適応度をどこまで高めることができたのかを，野外実験などの蓄積によって検証していく必要がある．このことは，微生物の側についてもいえることである．さらに，この共生関係の成立にと

もなって生じた捕食・寄生者の出現という負の側面が，昆虫の適応度にどのように影響しているのかをさらに定量的に明らかにしていく必要があるだろう．昆虫と微生物との共生関係の解明はまだ序章の段階にあるが，ただ一ついえることは，森林昆虫のあるグループにとって，菌類との共生関係を持つに至ったことが適応放散の原動力となったことだけは間違いないということである．今後，相利共生を含めた様々な生物間の共生関係のメカニズムや，義務的（必須）共生関係においてより生じやすい共進化（Boucher et al. 1982；Boucher 1985；Thompson 1994）過程の解明は，森林生態系という複雑なシステムを形作っている生物群集の成立過程と維持機構を解き明かす重要な鍵となるだろう．

（肘井直樹）

4.2 微生物による繁殖源の創出
―樹皮下キクイムシと青変菌―

　樹皮下キクイムシ（樹皮下穿孔虫，bark beetle）は，キクイムシ科（Scolytidae）に属し，褐色から黒色で体長1～9 mm の小さな甲虫である．彼らは，樹木の幹，枝，根の樹皮下に穴を掘って巣を作り，おもに内樹皮を食べて生活している．キクイムシ科の甲虫は，世界中の森林に生息しており，6000種以上が記載されているが，日本では300種以上が知られており，そのうちの約3分の2がこの樹皮下キクイムシの仲間である．残りのほとんどは，4.4節に登場するアンブロシア（養菌性）キクイムシ（養菌穿孔虫，ambrosia beetle）と呼ばれる，菌を"栽培"するキクイムシの仲間である．

　樹皮下キクイムシの多くは，倒木，伐採木，枯死木，病虫獣害や気象害を受けた衰弱木など，すでに活力を失って枯れる寸前の木や，枯死して間もない木の樹皮下に潜り込み繁殖している．しかし，なかには何らかの原因で個体数が急激に増えたときに，見かけ上は健全な生きている木（生立木）に加害するものもある．日本では，ヤツバキクイムシ（*Ips typographus japonicus*）（写真1a）やカラマツヤツバキクイムシ（*I. cembrae*）が，台風の被害を受けた林や除伐や間伐された木がそのまま放置された林，材木置場（土場）など，大量の新鮮な倒木や丸太がある場所でしばしばその数を増やし，周辺の生立木を加害して枯死させることがある．

　生立木に対する加害能力は種によって異なるが，その能力の違いによって大きく次の三つのグループに分けられる（Paine et al. 1997）．

　（1）一次性樹皮下キクイムシ（primary bark beetle）：健全な（少なくとも見かけ上は元気に育っている）生立木に穿孔し，マスアタック（mass attack 集中攻撃）によりその木を枯死させる．このグループの樹皮下キクイムシは多くはないが，北アメリカに分布しマツ類に被害を与えている *Dendroctonus ponderosae*（デンドロクトヌス・ポンデローサエ：mountain pine beetle），*D. frontalis*（デンドロクトヌス・フロンタリス：southern pine beetle），*D. brevicomis*（デンドロクトヌス・ブレヴィコミス：western pine beetle），ヨーロッパでドイツトウヒ（*Picea abies*）に被害を与えているタイリクヤツバキクイムシ（*Ips typographus*）などがこれにあたる．

　（2）二次性樹皮下キクイムシ（secondary bark beetle）：衰弱した木，被圧木，または枯死して間もない木に侵入して繁殖する．個体数が増加し，さらに環境条件が整えば，健全な生立木にまで穿孔し，ときには枯死させることもある．代表例としては，マツノキクイムシ（*Tomicus piniperda*），*I. pini*（イプス・ピニ），*D. rufipennis*（デンドロ

4.2 微生物による繁殖源の創出

写真 1 ヤツバキクイムシによるエゾマツの被害
a：ヤツバキクイムシの成虫．b：ヤツバキクイムシの加害により枯死した約200年生のエゾマツ．北海道富良野市にて撮影．c：被害木の内樹皮．母孔（E），幼虫孔（L）が多数形成されている．

クトヌス・ルフィペニス）などがあげられる．

（3）腐生性樹皮下キクイムシ（saprophyte）：枯死木に侵入するもので，生立木とのかかわりあいがほとんどない．大部分の樹皮下キクイムシはこの仲間である．

樹皮下キクイムシが侵入した樹木の幹や枝を輪切りにして，その断面（小口面）の辺材部を観察すると，しばしば樹皮側から心材に向かってくさび形に広がる，青みがかった変色がみられることがある．ときには，辺材全体が青く変色することもある（写真4d）．この現象を青変あるいは青変病（blue stain）と呼び，その原因となる菌類を総称して青変（病）菌（blue-stain fungi）と呼んでいる．一次性，二次性樹皮下キクイムシのある種類は，青変菌と密接な関係を持っており，青変菌は彼らが生立木に侵入し繁殖する上で重要な役割を演じていると考えられている（Paine et al. 1997；Whitney 1982）．本節では，生立木，とくに針葉樹に穿孔する樹皮下キクイムシと，青変菌をはじめとする菌類が，どのようなかかわりあいを持って暮らしているのか見ていくことにする．

4.2.1 樹皮下キクイムシが伝搬する菌類

樹皮下キクイムシの虫体や孔道（抗道）にいる微生物を培養してみると，いろいろな糸状菌，酵母，細菌類が存在していることがわかるが，キクイムシの種類によってそれ

表1 樹皮下キクイムシと密接な関係を有する菌類の例

樹皮下キクイムシ	菌類	引用文献
*Dendroctonus frontalis** (southern pine beetle)	未同定担子菌類** *Ceratocystiopsis ranaculosus*** *Ophiostoma minns* *O. nigracarpum*	Barras & Perry 1972 Harrington & Zambino 1990
*D. brevicomis** (western pine beetle)	未同定担子菌類** *C. brevicomi*** *O. minus* *O. nigracarpum*	Hsiau & Harrington 1997 Whitney & Cobb 1972
*D. ponderosae** (mountain pine beetle)	*O. clavigerum*** *O. montium***	Whitney & Farris 1970
Ips cembrae (カラマツヤツバキクイムシ)	*Ceratocystis laricicola* *O. laricis* *O. piceae*	Yamaoka et al. 1998
I. typographus (タイリクヤツバキクイムシ)	*C. polonica* *O. bicolor* *O. penicillatum* *O. piceae*	Solheim 1986
I. typographus japonicus (ヤツバキクイムシ)	*C. polonica* *O. bicolor* *O. penicillatum* *O. piceae*	Yamaoka et al. 1997
Tomicus piniperda (マツノキクイムシ)	*Leptographiam wingfieldii* *O. minus* *Ophiostoma* sp.	Masuya et al. 1998 Solheim & Langstrom 1991

＊菌嚢（マイカンギア mycangia）を有する樹皮下キクイムシ，＊＊菌嚢から分離される菌類

それぞれ特定の菌類が優占的にみられることがある．表1は，樹皮下キクイムシと密接な関係を結んでいる菌類の例である．これらのキクイムシからは，これ以外にも多くの菌類が分離されるが，表に挙げられているのはキクイムシとの結びつきがとくに強いと考えられているものである．樹皮下キクイムシと密接に関連する菌類については，すでにいくつもの概説がある（たとえば，Harrington 1993；Whitney 1982）．

　樹皮下キクイムシの種類によっては，担子菌の仲間と密接な関係を持つものもみられるが（Barras & Perry 1972；Whitney & Cobb 1972），代表的な菌は，子のう菌の仲間である *Ophiostoma*（オフィオストマ）属，*Ceratocystiopsis*（セラトシスティオプシス）属，狭義の *Ceratocystis*（セラトシスティス）属（＝*Ceratocystis sensu stricto* セラトシスティス・センス・スクリクト）である（写真2）．これらの子のう菌は，一般に黒色で

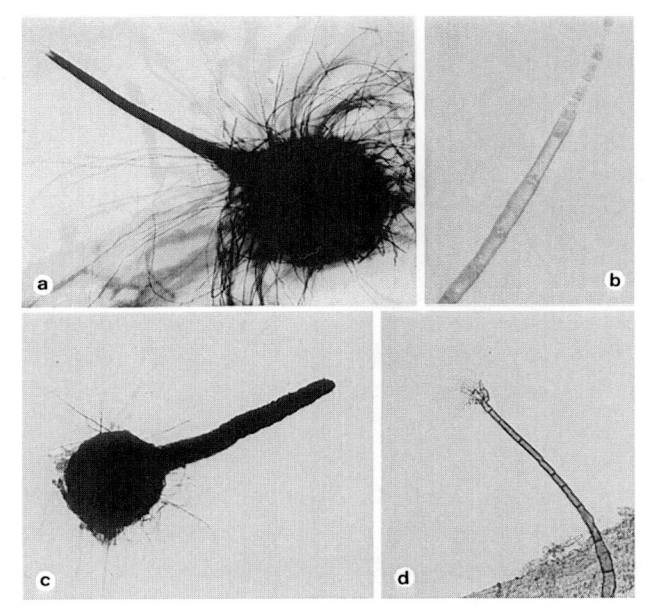

写真 2 オフィオストマ様菌類のテレオモルフとアナモルフ
a：*Ceratocystis polonica* の子のう殻．b：*C. polonica* のアナモルフ（*Chalara* 世代）．c：*Ophiostoma penicillatum* の子のう殻．d：*O. penicillatum* のアナモルフ（*Leptographium* 世代）．

球状の基部と細長い首を持つ子のう殻や様々な形態の分生子形成器官を，キクイムシの孔道や蛹室内に多数形成する．これらのなかには，辺材部に侵入し材の変色を引き起こす青変菌も含まれている．これらの子のう菌は，広義の *Ceratocystis* 属（=*Ceratocystis sensu lato* セラトシスティス・センス・ラト）1属として扱われていたこともあるが，現在は別々の属として扱われている．また，最近までオフィオストマキン科（Ophiostomaceae）として一つの科にまとめられていたが，近年になってこれらの菌が単一の系統ではないことがわかり，一つの科として呼ぶことができなくなった．これらの子のう菌を総称して呼ぶときに，曖昧な表現ではあるが"オフィオストマ様菌類（ophiostomatoid fungi）"という表現が使われている（Wingfield et al. 1993）．この呼び名は必ずしも最適ではないが，本節ではこれらの子のう菌を総称してオフィオストマ様菌類と呼ぶことにする．

表1に示したように，ある樹皮下キクイムシは，それぞれほぼ決まった種類の複数のオフィオストマ様菌類を運んでいる．タイリクヤツバキクイムシとヤツバキクイムシは，分類学的にみると大変近縁の仲間であるが，それぞれヨーロッパと日本に分布する．分

布している場所が離れていても，これらのキクイムシが運んでいるおもなオフィオストマ様菌類は，ほぼ同じ種類である（Solheim 1986；Yamaoka et al. 1997）．菌の側からみてみると，あるオフィオストマ様菌類（たとえば，*O. minus*（オフィオストマ・ミヌス）や *O. piceae*（オフィオストマ・ピセアエ））は，複数のキクイムシから分離されているが，ある菌は特定のキクイムシからしか分離されない．また，なかにはマツノキクイムシが運んでいる *Ophiostoma* sp. のように，同じ種類のキクイムシからでもヨーロッパでは分離されず，日本でしか分離されない菌もいる（Masuya et al. 1998）．樹皮下キクイムシとオフィオストマ様菌類とのかかわりあいは，キクイムシの種類あるいは菌の種類によって様々ではあるが，ある特定のキクイムシからしか分離されない菌類，あるいは特定のキクイムシから優占的に分離される菌類は，そのキクイムシと密接なかかわりあいを持ち，キクイムシにとって何か役に立っているのではないかと推察することができる．

　樹皮下キクイムシの中には，4.4 節に登場するアンブロシアキクイムシと同じように，菌嚢（マイカンギア mycangia）と呼ばれる特別な胞子貯蔵器官（菌の収納場所）を持っているものがある．キクイムシの種類によって菌嚢のある場所は様々で，前胸背前端部（*Dendroctonus frontalis*，*D. brevicomis*（Francke-Grosmann 1967））や小腮（*D. ponderosae*（Whitney & Farris 1970））（写真 3）などにみられる．その形もまた様々であるが，腺細胞と呼ばれる細胞を必ずともなっており，アンブロシアキクイムシと同じように菌嚢内では特定の菌類だけが増殖できるように制御されているようである（Francke-

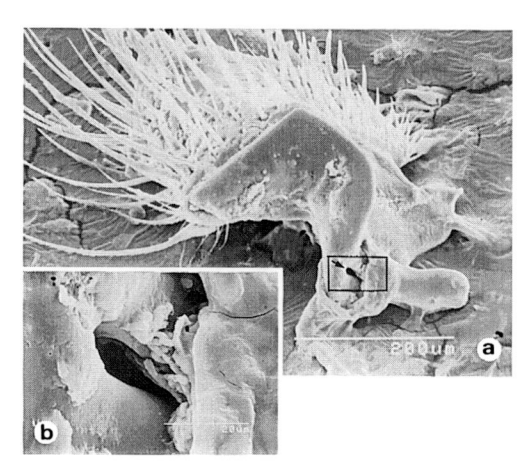

写真 3 *Dedroctonus ponderosae* の菌嚢（マイカンギア）
a：小腮の付け根にある菌嚢の開口部（矢印）．b：菌嚢開口部の拡大．中から酵母状の細胞が浸出している．

Grosmann 1967）．そのため，菌嚢からは特定の菌類が優占的に分離される．*Hansenula*（ハンセニュラ），*Pichia*（ピチア）といった酵母類が多く分離されることもあるが（Whitney & Farris 1970），表1に示したように，各樹皮下キクイムシの菌嚢からは，1，2種類のオフィオストマ様菌類または担子菌類が優占的に分離される．

樹皮下キクイムシと近縁の養菌性キクイムシは，菌嚢で運んでいるアンブロシア菌類（ambrosia fungi）を食物としており，両者は相利共生の関係にあると考えられているが，樹皮下キクイムシの場合もはたして同じであろうか．

4.2.2 樹皮下キクイムシが菌類から得ている利益
a．青変菌の役割は何か

樹皮下キクイムシと関係している青変菌の役割を理解するために，まずはじめに，*Dendroctonus ponderosae* というキクイムシと，青変菌，マツ類の相互関係を例として紹介しよう．*D. ponderosae* は，カナダの南部からメキシコの北部にかけてロッキー山脈沿いに分布し，マツ類（*Pinus* spp.）に穿孔する．カナダ南部では，おもにロッジポールマツ（*Pinus contorta* var. *latifolia*）を宿主とし，年一世代のサイクルで繁殖しているが，80年生以上の立派なロッジポールマツの林にしばしば大きな被害を与えている（Safranyik et al. 1974）．

真夏になると，成虫はそれまで繁殖していたマツの幹から外界に飛び出し，新たな繁殖の場となるマツの樹皮下に穿孔する．このキクイムシは衰弱木や丸太にも穿孔するが，外見上は健全に見える80年生以上のマツ生立木にも穿孔する．地際部から2m付近までの幹に大量の成虫が一気に集まり，いわゆるマスアタックが起こる（写真4a）．メスは樹皮下に侵入すると，樹皮の中でも内側の生きている組織からなる内樹皮（inner bark）の部分を，侵入地点から上方（軸方向）に向かってほぼまっすぐに掘り進んで母孔（egg gallery）を形成し，その壁に沿って産卵していく．約2週間後，孵化した幼虫は，母孔とほぼ垂直な方向（接線方向）に個々の幼虫孔（larval gallery）を掘り始める（写真4b）．幼虫は，内樹皮を食べて（幼虫孔を掘りながら）次第に成長し，冬を迎えると幼虫の状態で越冬する．翌年6月頃になると再び成長を開始し，各幼虫孔の先端部に楕円形の蛹室（pupal chamber）を作ってその中で蛹化する（写真4c）．やがて羽化した新成虫は，蛹室の壁を食べて成熟したのち，7月中旬頃になって新たな繁殖場所へと飛び立っていく．

D. ponderosae の穿孔を受けたロッジポールマツは，穿孔を受けた年の秋頃までは外見上はほとんど変化が見られない．しかし，翌年の6月頃になると樹冠の葉の色が退色し始め，7〜8月までには葉がすべて褐変して木全体が枯死する．枯死したマツでキクイムシが穿孔していた付近の幹の横断面を観察してみると，辺材部のほとんどすべてが青

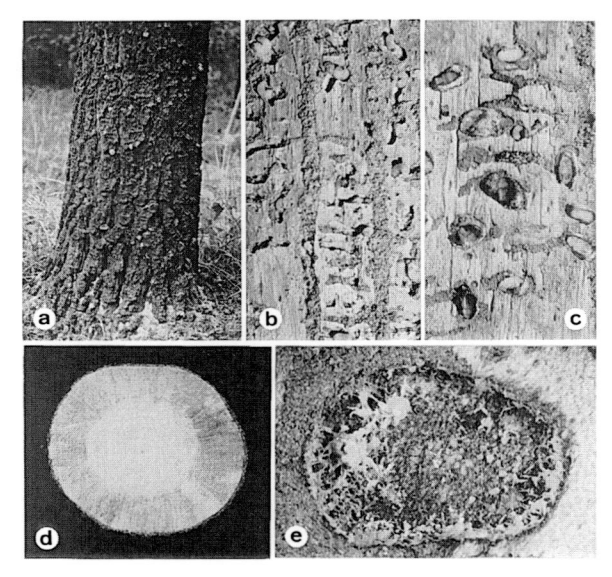

写真 4 *D. ponderosae* によるロッジポールマツの被害
a：*D. ponderosae* 成虫によるマスアタックの様子．それぞれの侵入孔の回りには固まった樹脂が，根元にはおがくずが見られる．b：ロッジポールマツの内樹皮に形成された *D. ponderosae* の母孔と幼虫孔．c：同蛹室．蛹室内には蛹と新成虫が見られる．d：*D. ponderosae* の加害を受けたロッジポールマツの樹幹横断面．辺材部のほとんどが青変している．e：*D. ponderosae* 蛹室壁面．菌類の胞子が多数形成されている．

変していることがわかる（写真 4 d）．

　D. ponderosae と青変菌との関係については，今日まで様々な調査，研究が行われてきた．虫体や孔道，辺材の青変部からは数種のオフィオストマ様菌類が分離されるが（表 1），なかでも *O. clavigerum*（オフィオストマ・クラヴィゲラム）と *O. montium*（オフィオストマ・モンティウム）の 2 種が，成虫の菌嚢からも含め一貫して優占的に出現する（Whitney & Farris 1970）．これらの青変菌は，*D. ponderosae* によって樹幹内に持ち込まれるとすみやかに辺材部に侵入することができ，*O. clavigerum* は，とりわけその能力に優れている．*O. clavigerum* は約 80 年生のロッジポールマツ生立木幹の樹皮下に接種すると，辺材部にすみやかに侵入し，接種後 1 か月以内には心材と辺材部の境目にまで到達して，辺材部での水の通りを止めてしまうことができる（Yamaoka et al. 1990）．さらに，約 80 年生のロッジポールマツ生立木幹の樹皮下に，周囲を取り囲むようにこの菌を複数箇所接種してみると，*D. ponderosae* が穿孔したマツの生立木と同様に，接種 1 年後にはこの木は枯れてしまい，この菌がロッジポールマツに対して病原性

を持つことが証明されている（Yamaoka et al. 1995）．また，もう一方の *O. montium* も，やや弱いながらロッジポールマツに対して病原性を持っていることが明らかにされている（Strobel & Sugawara 1986）．

このようにみてくると，*D. ponderosae* はどのような状態のマツ生立木でも穿孔可能なように誤解されるかもしれないが，実はそうではない．マツも外部からの侵入者に対してまったく無抵抗なわけではなく，樹脂などの抵抗性物質を生産してそれを排除しようとする．樹脂は針葉樹が外敵から身を守るために重要な抵抗性物質であり，一次樹脂（primary resin）と二次樹脂（secondary resin）の二つに分けることができる．成虫が外樹皮を破って内部に侵入すると，まず，あらかじめ生産され蓄積されていた樹脂，すなわち一次樹脂に遭遇することになる．この樹脂は，樹皮下キクイムシの繁殖に有害であることが知られているが，一次樹脂は蓄積されていた分がすべて流出し尽くしてしまえばそれで終わりである．外敵を一次樹脂で押さえ込むことができず，外敵の攻撃がさらに続くと，それに反応して二次樹脂が生産される．この樹脂生産にともなって細胞の壊死も引き起こされ，侵入してきたキクイムシや菌類は，これら壊死病斑内に封じ込められる（Safranyik et al. 1974）．この二次樹脂は，外敵を押さえ込むまで生産し続けられる．

樹脂の生産には，樹木の生きている組織，材料の供給，まわりからのエネルギー供給が必要である．上記の青変菌は，内樹皮に侵入したり，辺材の柔組織に侵入したりする．このようにして *D. ponderosae* 侵入部周辺の生きている樹木組織を破壊して樹脂の生産を停止させ，キクイムシのその後の繁殖に適した環境を作り出すことが，青変菌が樹皮下キクイムシに与えている利益であると考えられている（Whitney 1982）．

b．青変菌が有害な例

生立木を加害する樹皮下キクイムシにとって，青変菌が重要な役割を果たしていると考えられる例について述べてきたが，青変菌がいつでも樹皮下キクイムシの役に立っているとは限らない．一次性樹皮下キクイムシである *D. frontalis* はアメリカ合衆国の南部に，*D. brevicomis* はカナダ南部から合衆国の西部にそれぞれ分布し，マツ類の生立木を加害するが，これらのキクイムシが穿孔して枯死したマツの辺材部では，ほとんど，または全く青変が見られないという現象がある（Bridges et al. 1985；Whitney & Cobb 1972）．この現象は，これらのキクイムシが大発生しているときに顕著であり，キクイムシの個体数が十分多いときには，樹木を殺すにも自らの繁殖にも，青変菌の力を借りる必要がないためではないかと考えられている（Bridges et al. 1985）．青変部からはおもに *Ophiostoma minus* が分離されるが，この菌は *D. frontalis* の幼虫に悪影響を及ぼすことがわかっている（Barras 1970）．したがって，青変菌が樹皮下キクイムシにとって大変役に立っていて，両者は相利共生的関係にあるという前述の考え方とはまったく正反

対の結論になる．

　表1をもう一度見ていただきたい．*D. frontalis* と *D. brevicomis* はいずれも菌嚢を持っており，未同定担子菌類や *Ceratocystiopsis* 属菌とは密接な相利共生的関係を結んでいる．ここで問題にされている青変菌の *O. minus* は，菌嚢の中には存在せず，虫体表面（Barras & Perry 1972；Whitney & Cobb 1972）または虫体につくダニの仲間（Bridges & Moser 1983）によって運ばれていることがわかっている．この青変菌は，もともと樹皮下キクイムシと密接な関係にある共生者ではなかったのである．

c．菌類から得ているその他の利益

　アンブロシアキクイムシが菌嚢で運んでいるアンブロシア菌を食物として利用しているように，樹皮下キクイムシも菌類を餌として利用することはないのだろうか．*D. frontalis* は，菌嚢に入れて運んでいた菌の存在下で生育させてみると，菌の存在しない場合に比べて虫体が大きく，繁殖能力も高くなることが明らかになっている（Bridges 1983）．これは，幼虫が菌を食べたり，菌によって質的に変化した樹木の組織を食べることにより，何らかの栄養的な利益を得ているためと考えられる．

　また，無菌の樹皮で *D. ponderosae* の幼虫を育てると，*O. clavigerum* や *O. montium* などの菌を接種した樹皮で育てた場合に比べて，成虫になるまでの時間が長くなる（Strongman 1987）．これらのことから，*D. ponderosae* の幼虫の生育にとって，菌の存在は絶対不可欠というわけではないが，少なくとも生育には有利に働くと結論されている．アンブロシアキクイムシのように，主たる餌は菌というわけではないが，樹皮下キクイムシも菌を栄養物として利用しているようである．

　D. ponderosae や *D. frontalis* は，マスアタックを行うための集合フェロモンを生産したり，また十分な個体数がその樹木に穿孔した場合，抗集合フェロモンを生産したりしながら，仲間同士で化学的なコミュニケーションを取りあっている（Borden 1982）．このような集合フェロモンの一つとしてヴェルベノール(verbenol)があるが，*D. frontalis* の菌嚢内の共生菌によって，この物質はヴェルベノン（verbenone）という抗集合フェロモンに変換される（Brand et al. 1976）．このように，樹皮下キクイムシと密接な関係にある菌類が，樹皮下キクイムシの行動に影響を与えている場合もある．

4.2.3　菌類が樹皮下キクイムシから得ている利益

　樹皮下キクイムシと密接な関係にある菌類が，キクイムシから得ている利益は何であろうか．それは，新しい繁殖の場に確実に運んでもらうことであると考えることができる．菌類は単独で自由生活を送るとすると，新しい基質（栄養や生活の場）に到達するために大量の胞子を生産したり，基質を確保するために他の生物と競争したりしなければならない．また，健全な生立木の樹皮はきわめて抵抗性の高い組織であり，菌類が何

の傷口もないところから内部に侵入することは至難の技である．一次性または二次性の樹皮下キクイムシによって古い棲みかから新しい棲みかへと確実に運ばれ，競争相手がほとんどいない生きた木の樹皮下に植えつけてもらえることは，これらの菌類にとって計りしれない利益であるといえるだろう．生立木に加害できる樹皮下キクイムシとこのような特定の関係を維持するために，菌類，とくに青変菌は次のような特性を持っている．

（1）胞子が粘性の物質で覆われているため，キクイムシの体表に容易に付着できる．また，キクイムシの消化管内に取り込まれた場合でも，粘性物質で覆われているためにすべての胞子が完全に消化されることはなく，一部は体外に排泄される（Francke-Grosmann 1967）．すなわち，キクイムシの体表と体内の両方で新しい木に運ばれることになる．

（2）胞子は，樹皮下キクイムシの孔道の壁面，とくに蛹室の壁面で数多く作られる（写真4e）．そのため胞子は羽化した新成虫にたやすく付着することができる．また，新成虫は蛹室の壁面の材組織とともにこの菌類を食べて成熟し，外界へと飛び立っていく

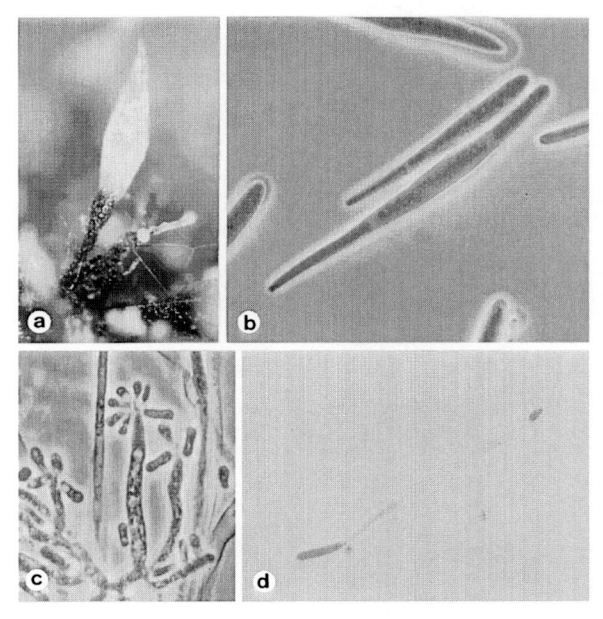

写真 5 *Ophiostoma clavigerum* の多型性
a：*Pesotum* 世代の分生子柄束．b：分生子柄束で形成された棍棒状の分生子．c：*Hyalorhinocladiella* 世代の分生子柄と分生子．d：棍棒状分生子からの酵母状の出芽．

(Safranyik et al. 1974). この行動中に，菌嚢の中にも共生菌が入り込み，胞子が成虫の体表だけでなく体内でも保持されて次の繁殖場所に運んでもらえる．

（3） 子のう胞子は，子のう殻の頸部先端の開口部から外に出ると，たくさんの胞子が集まり粘質の塊となる．この塊は水滴の中で激しくゆすってもバラバラにほぐすことはできないが，樹脂を使うと簡単にほぐすことができる（Whitney & Blauel 1972）．子のう胞子の塊はいったんキクイムシの体表につくと，次の新しい木に到達するまでの間，雨にさらされても体表から離れることなく運搬される．そして，キクイムシが新鮮な木の樹皮に穿孔し，樹脂に遭遇したときにはじめて体表から離れる．このような巧妙なしくみによって，菌はより確実に新しい繁殖場所まで運んでもらえると考えることができる．

（4） 子のう菌は一般に，それぞれテレオモルフ（teleomorph），アナモルフ（anamorph）と呼ばれる特徴的な形態を示す有性時代と無性時代を持つことが知られているが，オフィオストマ様菌類は無性時代として形態の異なる複数のアナモルフを持っている．この性質を多型性（pleomorphism）と呼んでいる．たとえば，*O. clavigerum*（写真5）は，複数の菌糸が束になって基質から立ち上がり分生子柄束を形成し，その先端で大型で棍棒状の分生子を生産する *Pesotum*（ペソトゥム）世代，菌糸が1本だけ立ち上がり分生子柄を形成し，その先端のほうき状に分枝した部分で長楕円形の分生子を生産する *Leptographium*（レプトグラフィウム）世代，さらに単純な形態の *Hyalorhinocladiella*（ヒアロリノクラディエラ）世代を持つ．また，菌糸の形で成長するばかりでなく，分生子から直接出芽し酵母になることもある．この性質のため，キクイムシの孔道内にすみやかに分散，増殖するとき，蛹室内で新成虫に付着するとき，キクイムシの菌嚢内にいるときなど，それぞれの局面でそれぞれの目的を達成するのに最も効率のよい形態を選ぶことができる（Whitney 1982）．

（5） 樹脂は木にとって外部からの侵入者に対する重要な抵抗性物質であり，多くの菌類にとっても有害である．しかし，生立木に穿孔することのできるキクイムシが伝搬しているオフィオストマ様菌類のいくつかは，樹脂に対して耐性があることが知られている（Shrimpton & Whitney 1979）．これは，生きた組織に侵入するためには重要な性質である．

4.2.4 樹木に対する青変菌の病原性

青変菌が生立木の生きている組織に侵入し樹木の抵抗性反応を抑制することが，樹皮下キクイムシにとって利益になっていることはすでに述べたとおりである（Whitney 1982）．青変菌をはじめとするオフィオストマ様菌類の樹木に対する病原性を比較，評価する方法として，いくつかの方法が考えられている．たとえば，生立木に菌を人工的に

接種し，内樹皮に形成された壊死病斑の大きさを比較する方法，辺材での乾燥部あるいは青変部の大きさを比較する方法，生立木または苗を枯死させる能力を比較する方法などがある．評価の方法が異なれば，当然結論も変わってくる．生立木または苗を枯死させる能力を比較する場合でも，接種のために樹皮につける傷のつけ方，大きさあるいは密度が結果に大きく影響する．たとえば，接種木を確実に枯死させるためには，樹幹の周囲を取り囲むように接種すること，あるいは接種密度をあるしきい値以上に上げることが必要となる．

生立木樹幹の樹皮にコルクボーラーで穴をあけ，そこにオフィオストマ様菌類を接種すると，しばらくすると内樹皮には，接種部を中心に軸方向の上下に紡錘形の壊死病斑が形成される（写真 6）．この病斑の大きさは，接種した菌の種類によって様々であり，一般にその樹木に対する病原性が強いものほど大きな病斑を形成すると判断されている．たとえば Solheim（1988）は，ヨーロッパでドイツトウヒ生立木を加害するタイリクヤツバキクイムシから分離されたオフィオストマ様菌類をドイツトウヒに接種し，病原性の比較を行っている．接種に用いた菌のうち，*O. penicillatum*（オフィオストマ・ペニシラトゥム）が内樹皮にもっとも大きな病斑を形成したが，辺材部への菌の侵入能力，辺材の青変・乾燥を引き起こす能力について調べてみると，*O. penicillatum* よりも *C. polonica*（セラトシスティス・ポロニカ）の方がこの能力に優れており，すみやかに辺材部に侵入して材の変色，乾燥を引き起こしたと報告している．このように，病原性を評

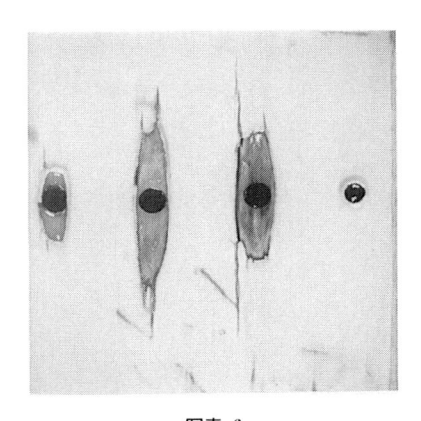

写真 6
ヤツバキクイムシから分離されたオフィオストマ様菌類の接種により，エゾマツ内樹皮に形成された壊死病斑．各病斑中央の黒色円形部分は接種源．右から対照区，*C. polonica* 接種区，*O. penicillatum* 接種区，*O. piceae* 接種区．

写真 7
O. clavigerum の接種によりロッジポールマツ辺材部に形成された乾燥部．矢印の範囲の樹皮下に接種した．

価する尺度が異なると，評価の結果も異なる．Horntvedtら（1983）は，これらの菌をドイツトウヒ生立木に接種して木を殺す能力を調べた結果，*C. polonica* を接種した木は枯死したが *O. penicillatum* を接種した木は枯死しなかったという結果を得ている．

樹皮下キクイムシが侵入した針葉樹の枯死は，キクイムシがその木に運び込んだ青変菌が辺材に侵入し，水の流れを止めてしまうことにより起こるとする考え方がある．この考え方には異論も唱えられているが（Paine et al. 1997），この考え方にもとづき，タイリクヤツバキクイムシが侵入したドイツトウヒの枯れは，*C. polonica* が引き起こしているという見方が出されている（Horntvedt et al. 1983；Solheim 1988）．同様に，ヨーロッパや日本でカラマツの仲間（*Larix* spp.）を加害しているカラマツヤツバキクイムシが伝搬する *C. laricicola*（セラトシスティス・ラリシコラ）（Yamaoka et al. 1998），北アメリカでマツの仲間を加害する *D. ponderosae* が伝搬する *O. clavigerum*（Yamaoka et al. 1990）は，いずれも，加害木の辺材部にすみやかに侵入し，水の通導阻害を引き起こすことが知られている（写真7）．これらの菌も，それぞれの樹皮下キクイムシが穿孔した生立木が枯れる原因であると考えられている．

4.2.5 樹皮下キクイムシ-青変菌-針葉樹の相互関係

樹皮下キクイムシが生立木に穿孔し，そこに定着して繁殖に成功するためには，そのキクイムシが伝搬する青変菌が，木の生きている組織を破壊して枯死させることが必要であり，また，樹皮下に持ち込まれた菌のうち，すみやかに辺材部に侵入し，水の通導阻害を引き起こす菌が木を枯らしているという考え方がある．しかし，*D. frontalis* と *D. brevicomis* は，一次加害性樹皮下キクイムシでありながら，青変菌とのかかわりあいは弱く，その存在はむしろ繁殖には有害であるとされている（Barras 1970）．また，生立木を枯死させる能力を持つ青変菌と関連している樹皮下キクイムシについても，キクイムシが樹皮下に侵入してからヤニ（樹脂）の流出が止まり，繁殖活動が始まるまでにかかる時間は，菌が辺材部に侵入して水の通導阻害を起こし木を枯死させるまでにかかる時間よりも著しく短いことが指摘されている．つまり，青変菌が水の通導阻害をもたらし木を枯死させることが，本当に樹皮下キクイムシの定着・繁殖に有利になっているのかどうか疑問視する意見もある（Paine et al. 1997）．Paineら（1997）は，樹皮下キクイムシが樹皮下に持ち込んだ菌が，孔道周辺の内樹皮の組織を破壊し，木の抵抗性反応である樹脂の流出を枯渇させる手助けをして，キクイムシが繁殖活動を開始できる環境を整えることが，最も重要な役割であると考えている．

生立木を加害する樹皮下キクイムシ-青変菌-針葉樹との相互関係を明らかにするためには，今後さらに様々な角度から研究を進めていかなければならないが，現時点で明らかになっている情報にもとづき三者間の関係を整理してみると，図1のようになる．キ

4.2 微生物による繁殖源の創出　　　　　　　　　　　　　　　　　161

樹皮下キクイムシ	青変菌	針葉樹
宿主となる針葉樹を探しだし，穿孔を試みる。	キクイムシの穿孔とともに樹皮下に持ち込まれる。	予め生産していた一次樹脂を傷口から流出する。
集合フェロモンを出しその木により多くのキクイムシが穿孔する。		キクイムシが付けた傷，菌類の侵入に反応して誘導された二次樹脂を流出する。
	キクイムシの孔道から徐々に内樹皮や辺材に侵入する。	内樹皮では壊死病斑が，辺材部には通水阻害部が形成される。
フェロモンの放出が停止し，キクイムシの集合も治まる。		ついには抵抗性が打破され，樹脂の流出が停止する。
樹皮下に孔道を掘りながら産卵を開始し，繁殖が始まる。	孔道の拡大に伴い，内樹皮に菌類が分散する。	
内樹皮，菌類を餌として利用する。	辺材への侵入開始点が増え，より広範囲に辺材へ侵入する。	樹幹のある横断面で辺材部のほとんどが通水阻害を起こす。
次世代の新成虫は，菌類を体表や体内に保持し，新たな繁殖の場を求めて巣を飛び立つ。	キクイムシの蛹室で多量の胞子を形成する。	葉のしおれ，褐変，枝枯れを起こし，やがては全体が枯死する。

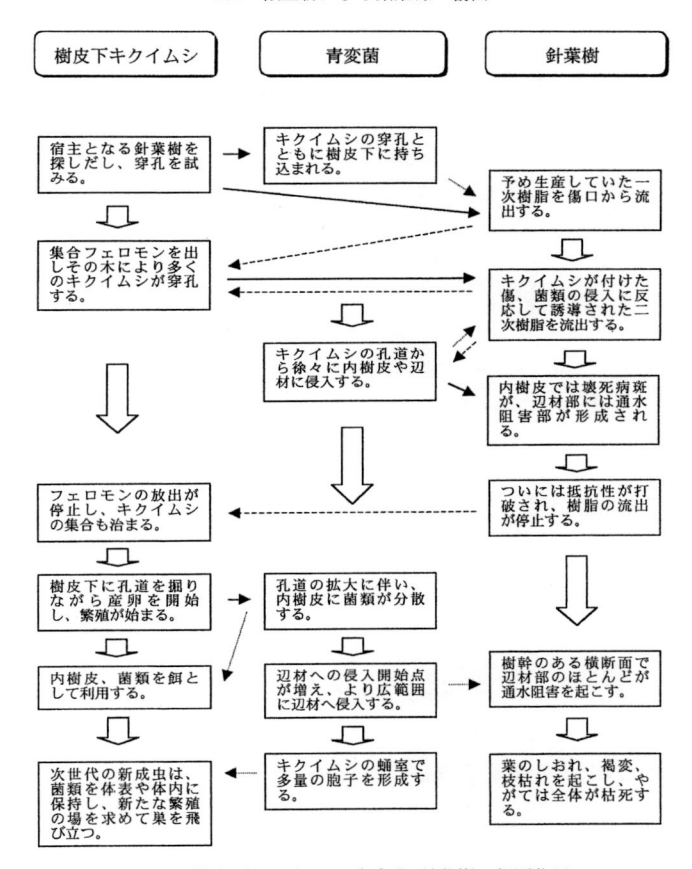

図 1　樹皮下キクイムシ-青変菌-針葉樹の相互作用

クイムシは宿主となる針葉樹を探索し発見すると穿孔を試みる．生立木は，あらかじめ生産していた一次樹脂，ならびにキクイムシがつけた傷と菌類の侵入により誘導された二次樹脂を流出し，キクイムシを排除しようとする．キクイムシの方は，集合フェロモンを放出し，その木にはより多くのキクイムシが集まってくる．木の抵抗性（ヤニの流出）を枯渇させるレベルにまでキクイムシが穿孔してマスアタックを起こし，ヤニの流出が停止するとフェロモンの放出も停止し，それ以上のキクイムシの集合も治まる．その後穿孔したキクイムシは産卵を開始し，繁殖が始まる．

　この段階で，キクイムシにより樹皮下に持ち込まれた青変菌は，孔道周辺の生きている組織（おもに内樹皮）に侵入する．内樹皮では，菌の生育を押さえ込もうとして壊死病斑が形成される．病原性の弱いものは小さな壊死病斑の中に閉じこめられるが，病原

性の強いものほど閉じこめるために大きな（軸方向上下に長く伸長した）病斑を形成することになる．このように木にダメージを与え，抵抗性の能力を消耗させることによって，抵抗性の枯渇を促進していると考えられる．一方，この段階では青変菌は樹木全体に著しい水ストレスを引き起こすほど辺材部には十分には広がっておらず，また水の通導阻害もわずかしか起こっていない．

　青変菌は，樹幹の上下軸方向と心材に向かって放射方向へは伸長するが，接線方向への伸長はきわめて遅い．樹皮下キクイムシの成虫や幼虫が孔道を掘り進むことにより，菌にとっての接線方向への道が開け，そこから辺材へと侵入していく．やがて樹幹部のある横断面で辺材部のほとんどが通導阻害を起こすと，葉の萎凋，変色，枯死といった病徴が現れてくる．そのころには，次世代の成虫が誕生しており，新たな繁殖場所をめざして飛び立つ準備をしている．青変菌の方はというと，新成虫に胞子を運んでもらうため，蛹室の壁面に多数の胞子を形成し，新成虫と接触したり，新成虫が蛹室壁面を菌とともに食べるという行動によって，新成虫の体表に付着したり体内に取り込まれたりして木の外に運び出される．

　その樹皮下キクイムシが針葉樹生立木に穿孔する際，どの程度菌類に依存しているのか，その菌類がどのように樹皮下キクイムシに貢献しているのかは，樹皮下キクイムシと菌類の種類によって様々である．また，これら三者を取り囲む環境条件が，三者間の力関係に大きく影響を与えているようである（Paine et al. 1997）．内樹皮で菌類がどのような働きをしているのか，辺材部での通導阻害はどのようなメカニズムで起こるのか，どのようなメカニズムで樹木が枯死に至るのかなど，まだ不明なことが多く残されている．樹皮下キクイムシ-青変菌-針葉樹の相互関係を明らかにするため，今後様々な角度から研究を進めていく必要がある．

（山岡裕一）

4.3 微生物を組み込んだ昆虫の繁殖戦略
―キバチによる木材利用―

　星の模様のある木材（写真1）があることを知っているだろうか．林業に携わる人には昔からよく知られており，そのような木材を"ホシ"などと呼んでいた．近年，この星型変色材の増加によって材価の低下が起こり，林業上の問題となっている（佐野1992）．最近になって，この星を作る犯人が，実はキバチというハチであることが明らかになってきた（西口ら1981；讃井1986）．

　ハチといえば，多くの人はアシナガバチやスズメバチなどを想像するであろう．これらのハチの多くは，おもに他の昆虫などを食べる捕食者（捕食性昆虫）もしくは雑食者である．これに対し，花粉を集めるミツバチのほか，植物の葉を食べるハバチ（葉蜂）や木の幹に穿入して木材を食べるキバチ（木蜂）のような，植食性のハチがいることはあまり知られていない．本節で取りあげるのは，木材を食べるハチ，キバチである．

　ところで，このキバチは，花粉や葉，果実などに比べて明らかに栄養価が低いと思われる木材を食べ，どうやって成長できるのだろうか．また，なぜ産卵に莫大な労力を払ってまで，"木"でなければならなかったのだろうか．

　キバチは，いろいろな種類の針葉樹・広葉樹の樹幹に穿入するハチで，主として衰弱

写真 1　ニホンキバチの生立木への産卵とそれによって星形に変色した木材

した木や被圧された木，比較的新しい倒木，丸太などを産卵対象としている（福田 1997）．その多くの種は担子菌の一群である *Amylostereum*（アミロステレウム）属菌の一種を体内の特殊な器官に貯蔵していて（Gaut 1970 ; Talbot 1977），樹幹内に産卵する際に，これもやはり体内に蓄えられているミューカス（mucus）と呼ばれる粘性物質とともにこの菌を材内に注入する（Morgan 1968）．この菌の働きについては，まだ正確にはわかっていないが，餌となる木材組織を，キバチ幼虫がそのまま栄養物として利用できる形に菌が変化させているとする説（Morgan 1968 ; Madden 1988）と，餌となる木材組織を構成するセルロース（cellulose），ヘミセルロース（hemicellulose），リグニン（lignin）などの難分解物を消化するための消化酵素を菌がキバチ幼虫に与えているとする説（獲得酵素説）（Kukor & Martin 1983）とがある．いずれにせよ，キバチ幼虫はこの菌の働きによってはじめて，難分解物質を多く含み栄養価も低い木材を食物資源として利用し，成長することができるのである（Stillwell 1966 ; 福田 1997）．また，菌と同時に注入される粘性物質は，共生菌の胞子の発芽，菌糸の伸長を促進する働きを持つものと考えられている（Coutts & Dolezal 1969）．最近の研究では，この粘性物質の化学分析が行われて，保湿成分として菌の成長を促進する働きがあることもわかってきている．

材内で孵化したキバチの幼虫は，産卵時に雌成虫が植えつけた菌を利用して材組織を食べ進みながら成長し，羽化後はじめて材外に脱出するという生活様式を持っている（図1）．また，この菌は雌だけが持っているが，雌は幼虫期に材内で材組織を食べ進みながらその周囲に蔓延している菌糸を体表のくぼみに付着させ，材内で羽化した時点でこの菌糸を産卵管の根元にある一対の菌嚢（マイカンギア mycangia）内に取り込む（写真2）．この特殊化した菌の貯蔵器官の存在と能動的な菌糸の獲得様式は，キバチと *Amylostereum* 菌の"共生"関係の一つの証拠である．

キバチ科（Siricidae）に属するハチは，世界で現存種が9属，約90種，化石種として

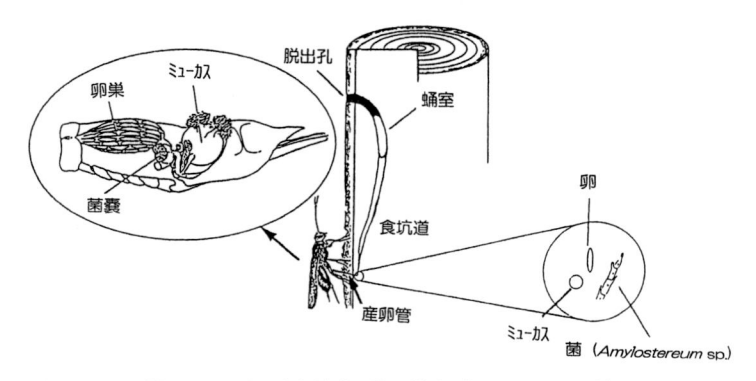

図 1 キバチの腹部構造と繁殖様式（福田 1997 を改変）

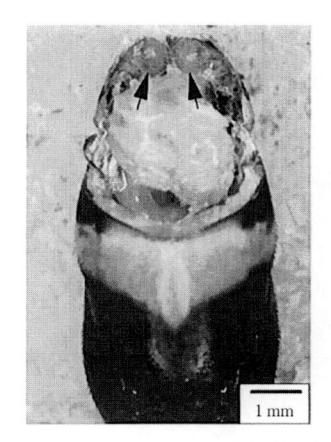

4.3 微生物を組み込んだ昆虫の繁殖戦略　　　　　　　　165

写真 2　ニホンキバチの菌嚢（矢印）

6属，約60種であり，昆虫の中では比較的小さなグループといえる．現存種は針葉樹を加害するキバチ亜科（Siricinae）と，広葉樹を加害するヒラアシキバチ亜科（Tremecinae）の二つに分けることができる．キバチの仲間は北アメリカ，ユーラシア，北アフリカおよび日本などの北半球に広く生息しているが，現在ではオーストラリア，ニュージーランド，タスマニアといったオセアニアにも，ヨーロッパから侵入したノクチリオキバチ（*Sirex noctilio*）が定着しており（Madden 1988），最近では南アフリカへも侵入したことが報告されている．日本では，6属，14種が記録されているが，輸入材からもよく発見されていて，これまでに外来種も9種見つかっている．本節で扱う，針葉樹を加害するキバチ亜科は，日本では4属，7種が記録されているが（竹内1962），その中でも本州では，ニホンキバチ（*Urocerus japonicus*），ニトベキバチ（*Sirex nitobei*），オナガキバチ（*Xeris spectrum*）の3属3種がよく知られている（金光1978）．

　それでは，菌をその生活環の中に組み込んで木材を利用する不思議なハチが，森の中でどのような生活をしているのかをまず見ていくことにしよう．

4.3.1　キバチが好きな木・嫌いな木

　キバチは，どんな木を食べて生活しているのであろうか．各種のキバチが好んで利用する樹種を明らかにするために，中部地方で代表的な5種の針葉樹，アカマツ（*Pinus densiflora*），クロマツ（*P. thunbergii*），モミ（*Abies firma*），スギ（*Cryptomeria japonica*），ヒノキ（*Chamaecyparis obtusa*）でキバチの加害が認められた木を丸太にして持ち帰り，それぞれの丸太から脱出してくるキバチの種類を調べてみた．その結果，5種の針葉樹からはおもに，共生菌を持つニトベキバチ，ニホンキバチと，自らは共生菌を持たない特

異な種であるオナガキバチの3属3種が脱出してきた．中部地方でのキバチの種と寄生樹種との関係を表1のようにまとめてみると，キバチはその種ごとに好きな樹種とそうでない樹種があるように思われる（金光 1978；福田 1997）．

キバチのような植食性昆虫にとって，寄主植物はその生存・繁殖を左右する決定的な要因となるため，これらの昆虫は寄主植物の種だけでなく，その中でできるだけ条件のよい個体や部位を選んで利用する．キバチの生活史を考えてみると，卵は材内に直接産みつけられ，孵化した幼虫はその幼虫期間のすべてを材内深くで過ごす．すなわち，キバチが移動できる範囲は産卵部位周辺の材内のみであり，その生活範囲はきわめて狭い．このように限られた範囲でのみ成長を余儀なくされる種では，母親は子供の生存・成長にとってできるだけ有利な場所に産卵を行う必要がある（Thompson & Pellmyr 1991）．

そこで，キバチ雌成虫の木ごとの産卵率（体内に持っている卵のうちのどれぐらいの割合を産卵したか）を求めることによって，その木を産卵対象として好適と判断したかどうかの目安，すなわちキバチの"産卵選好度"を測ってみることにした．すでに述べた脱出樹種調査の結果から，樹種に対する選好性があると思われるニトベキバチとニホンキバチを，それぞれアカマツとスギの両方の丸太に産卵させてみた．その結果，ニトベキバチは多数個体の脱出が確認されているアカマツに対して，少数しか脱出しなかったスギよりも明らかに高い産卵選好度を示すことがわかった．同様に，ニホンキバチも多数が脱出したスギに対して，そうでないアカマツよりも高い産卵選好度を示した（図2）．このように，共生菌を持つキバチには，好んで産卵する樹種とそうでない樹種があったのである．

それでは，キバチの樹種選好性は何で決まっているのであろうか．つぎに，ニトベキバチとニホンキバチの持つ共生菌種が互いに異なる点に注目して，樹種による共生菌の繁殖速度の違いを比較してみた．これまでの研究で，同じ *Amylostereum* 属ながら，ニトベキバチは *Amylostereum areolatum*（アミロステレウム・アレオラトゥム）と，ニホンキバチは異なる種の *Amylostereum* 属菌と共生していることがわかっている．ジャガイモブドウ糖寒天培地（PDA 培地）単独と，この PDA 培地にアカマツ木部の鋸屑を混ぜたもの（アカマツ培地）および PDA 培地にスギ木部の鋸屑を混ぜたもの（スギ培地）

表 1　中部地方における針葉樹の種類と脱出したキバチ種との関係

	アカマツ	クロマツ	モミ	スギ	ヒノキ
ニトベキバチ	◎	○	○	△	×
ニホンキバチ	△	△	△	◎	◎
オナガキバチ	○	○	◎	◎	◎

◎非常によく脱出する，○よく脱出する，△若干脱出する，
×ほとんど脱出しない．

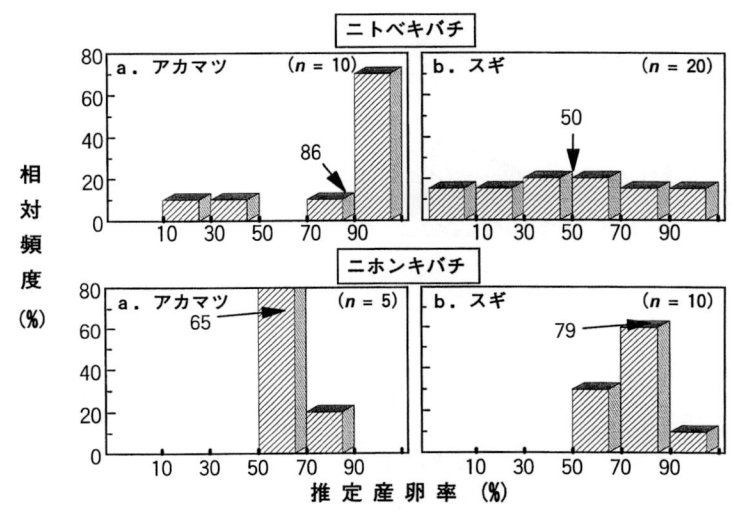

図2 ニトベキバチとニホンキバチのアカマツおよびスギの新鮮丸太に対する産卵選好度（n は供試数，矢印は平均値）

の3種類を用意して，それぞれの培地上での各菌の繁殖状況を比較してみた．すると，ニトベキバチの共生菌はアカマツ培地では PDA 培地よりも繁殖速度が速かったが，スギ培地においては PDA 培地と繁殖速度に大きな差はみられなかった．逆に，ニホンキバチの共生菌は，スギ培地では PDA 培地よりも繁殖速度が速かったものの，アカマツ培地では PDA 培地よりもむしろ遅くなることがわかった（図3）．このように，共生菌を持つキバチの樹種選好性は，自らが持つ共生菌の繁殖が良くなる方向で決められているように思われる．

さらに，どのような状態にある木が産卵対象として選択されるのかを調べるために，生立木を伐倒し，1週間以内にその丸太（以下，新鮮丸太）をキバチの雌成虫に与えて産卵させてみた．ここでは，ニトベキバチには本来の加害樹種であるアカマツを，ニホンキバチとオナガキバチには同様にスギを用いた．その結果，ニトベキバチのアカマツの新鮮丸太における産卵率は，平均でみると50%程度であったが，まったく産卵しない個体から，持てる卵をすべて産みきってしまう個体まで様々であった．また，ニホンキバチではスギの新鮮丸太に対する各個体の産卵率は50～100%の範囲にあったが，産卵率70%以上という高い産卵率を示す個体が全個体数の6割以上を占め，平均産卵率は約80%にも達した．ところが，本来共生菌を持たないオナガキバチでは，産卵率が10%にもみたない個体が全体の7割以上を占め，スギの新鮮丸太に対する平均産卵率は5%にも達しなかった（図4）（福田1997）．

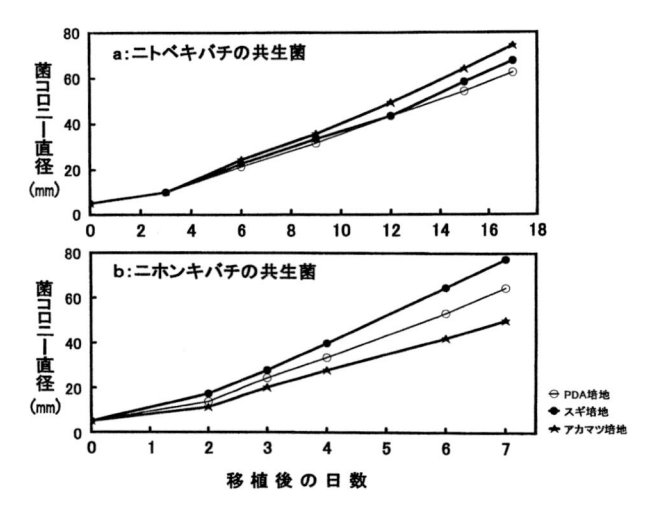

図3 ニトベキバチおよびニホンキバチ共生菌の各種培地における繁殖速度の違い

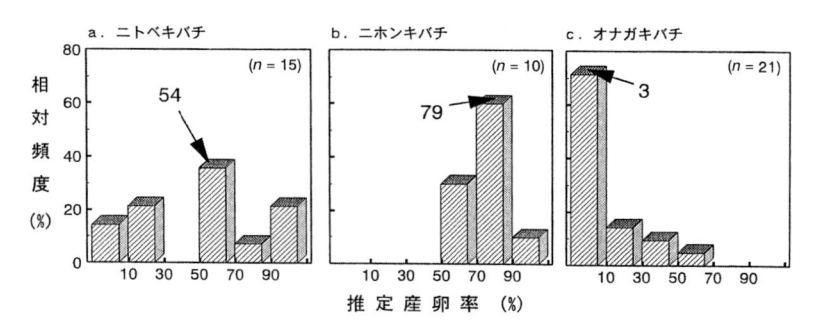

図4 キバチ3種の新鮮丸太に対する産卵選好度（nは供試数，矢印は平均値）（福田1997を改変）

　これらの実験の結果は，新鮮な丸太，すなわち伐り倒して間もない木に対する反応が，種によって大きく異なっていることを示すものであった．つまり，ニトベキバチの産卵選好度は，与えたアカマツの新鮮丸太の微妙な条件の違いに左右されており，ニホンキバチでは大部分の個体がスギの新鮮丸太全体に高い産卵選好度を示した．一方，オナガキバチでは，寄主木であったにもかかわらず，ほとんどの個体が産卵しなかった．このことは，産卵実験に用いた新鮮な丸太が，ニホンキバチにとっては好適であったものの，他の2種には丸太の状態によって適否があったか，あるいはまったく適していなかった

ことを意味している.

それでは,それぞれのキバチにとって,産卵に最適な木とはどのような状態にあるものなのだろうか.この問題を解明するために,共生菌を持つニトベキバチとニホンキバチについて,伐倒後の経過日数が異なる多数の丸太を用意して,それぞれのキバチの産卵行動と丸太の伐倒後の経過日数との関係について調べてみた.その結果,ニトベキバチでは伐倒後25日以上,ニホンキバチでは50日以上経過した丸太に対しては,産卵選好度が大きく低下することがわかった(図5)(Fukuda & Hijii 1996 a;福田 1997).これらの丸太はいずれも,生きている木を伐って人為的に用意されたものであるが,野外の条件にあてはめてみると,キバチにとっては,枯死してからかなりの時間が経過した立木の状態に相当するということができよう.このような丸太に対して産卵選好度が低い理由として,共生菌以外の木材腐朽菌などの存在によって,孵化した幼虫の成長が阻害されたり,あるいは接種した菌の成長が,他種の菌との競争や木部の物理的・化学的変性によって阻害される可能性が考えられる.野外では,キバチの雌成虫は,α-ピネン(α-pinene)やβ-ピネン(β-pinene)といった寄主木由来の揮発性物質の濃度や組成の違いを感知して,産卵に適した状態の木を探索することが知られている(Simpson 1976).

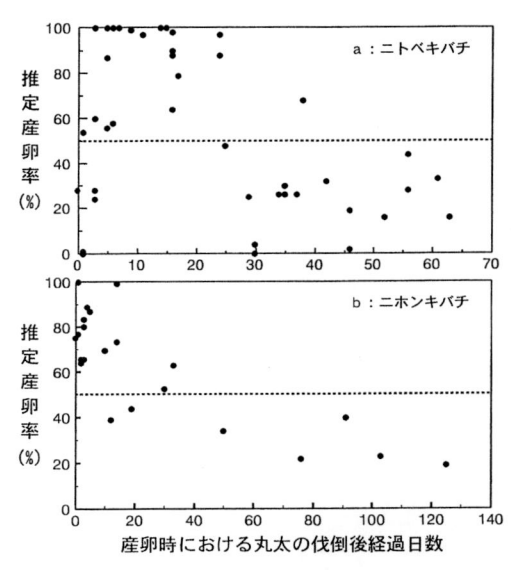

図5 寄主木の伐倒後の経過日数によるニトベキバチとニホンキバチの産卵選好度の変化
(Fukuda & Hijii 1996 a;福田 1997を改変)

このように，共生菌を持つキバチは，その種ごとに選好樹種が異なっており，また産卵に好適な木の条件の判断基準も異なっていることが明らかとなった．一方，自らは共生菌を持たないオナガキバチは，どうやらまったく異なる産卵機構を持っているようである．この点については，あとで詳しく述べることにしよう．

4.3.2 *Amylostereum* 菌にとって好適な木

これまでの実験で，共生菌を持つキバチ（ニトベキバチ，ニホンキバチ）は，伐倒木に産卵させたとき，ニトベキバチでは伐倒後25日以上，ニホンキバチでは50日以上経過したものに対して，産卵選好度が大きく低下した．枯死木や伐倒後長期間が経過した木では，多くの場合，すでにキバチの共生菌以外の木材腐朽菌や他の昆虫類が侵入していて，生立木や伐倒直後の新鮮な丸太とは物理的，化学的性質も大きく異なっている．そのためこのような木では，接種された *Amylostereum* 菌は，他の菌との競争や材の物理的，化学的変化によって成長が阻害される可能性があり，菌の成長の成否によって大きく左右されるキバチの食物資源としての材の価値は，大きく低下することが予想される．そこで，今度は木の状態が共生菌の繁殖に及ぼす影響を明らかにするために，ニトベキバチ，ニホンキバチに強制的に産卵させた丸太から分離される菌の種類とその状態を，伐倒後の経過期間の異なる丸太を用いて調べることにした．

ニトベキバチの雌成虫を，伐倒後約2週間目のアカマツの丸太（新鮮丸太）と伐倒後約2か月経過した丸太（古丸太）にそれぞれ1頭ずつ産卵させ，産卵から3か月後に，それぞれの産卵孔の近くから菌の分離を行った．この時期は，孵化した幼虫が2〜3齢幼虫となって樹皮に近い部分に穿孔している時期に相当する．ニホンキバチも同様に，伐倒直後のスギの新鮮丸太と伐倒後約2か月経過したスギの古丸太に1頭ずつ産卵させ，約3か月後に産卵孔の近くから菌の分離を行った．その結果，ニトベキバチが産卵した新鮮丸太では，産卵時に接種された *Amylostereum* 菌が優占度30％で分離された．ここで優占度とは，分離されたすべての菌のコロニー数合計に占める，各菌種のコロニー数の割合を意味している．一方，古丸太からは *Amylostereum* 菌はまったく分離されず，他の木材腐朽菌である *Trichoderma*（トリコデルマ）菌などが分離された．また，ニホンキバチが産卵した新鮮丸太からは，*Amylostereum* 菌が優占度60％という高い割合で分離されたが，古丸太からはやはり *Amylostereum* 菌はまったく分離されず，*Trichoderma* 菌や *Guignardia*（ギグナルディア）菌が高い割合で分離された（図6）（福田1997）．

これらの実験結果から，共生菌を持つキバチが産卵時に菌を材内に接種したとしても，伐倒後2か月以上経過した古い丸太では，共生菌が定着することは難しいことが明らかとなった．予想したとおり，共生菌を持つキバチは，樹種だけでなく，木そのものの状態についても，菌の生育が保証される結果となるよう産卵の是非を決定していたのであ

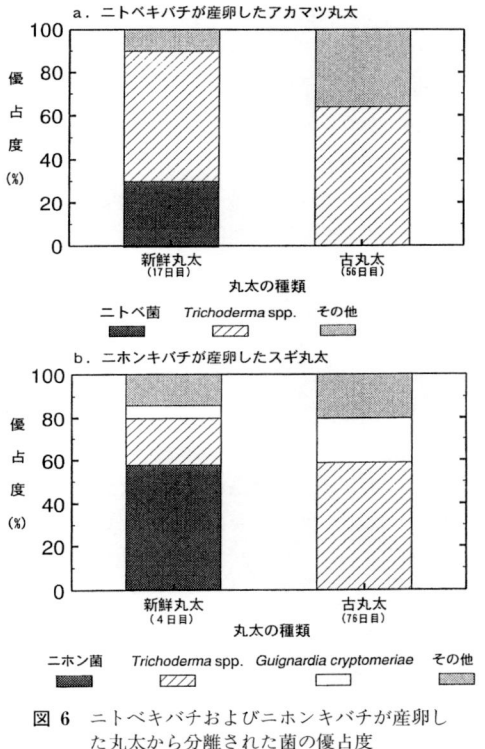

4.3 微生物を組み込んだ昆虫の繁殖戦略 171

a. ニトベキバチが産卵したアカマツ丸太

（棒グラフ：新鮮丸太(17日目)と古丸太(56日目)における菌の優占度(%)）

凡例：ニトベ菌／*Trichoderma* spp.／その他

b. ニホンキバチが産卵したスギ丸太

（棒グラフ：新鮮丸太(4日目)と古丸太(75日目)における菌の優占度(%)）

凡例：ニホン菌／*Trichoderma* spp.／*Guignardia cryptomeriae*／その他

図 6　ニトベキバチおよびニホンキバチが産卵した丸太から分離された菌の優占度（福田 1997 を改変）

る．実際，共生菌を持つこれらのキバチが成虫にまで成長できたのは，その大部分が共生菌の繁殖に適した伐倒後 1 か月以内に産卵された丸太であり，伐倒後 2 か月以上経過して産卵された丸太からは成虫はほとんど発生していない（福田 1997）．

では，キバチの産卵後，材内での共生菌の活性はいつまで維持されるのだろうか．このことを明らかにするために，ニホンキバチに産卵させた上述のスギ丸太について，産卵 3 か月後に加えて，すべての幼虫が蛹となっている産卵 10 か月後，および 1 年前にすべての成虫が脱出し終えた産卵から 2 年経過後の丸太内における菌の繁殖状況についてもあわせて調査した．その結果，産卵 3 か月後には，*Amylostereum* 菌が 60% の優占度で分離されたのに対し，すべての幼虫が蛹になる産卵 10 か月後の産卵孔付近では，20%前後の優占度にとどまった．さらに産卵 2 年後の木では，産卵孔付近から *Amylostereum* 菌はまったく分離されず，*Trichoderma* 菌などそれ以外の様々な菌が分離された（福田 1997）．

この結果から，共生菌は幼虫が生育している期間は材内で確かに繁殖していたものの，1年前にはすでに幼虫が材内に存在していなかった，すなわち産卵後約2年を経過した丸太では，共生菌はまったく繁殖しないことも明らかになった．カナダのハマキガによって枯死したバルサムモミ (*Abies balsamea*) において，枯死後1年以内にはキバチが持ち込んだ *Amylostereum* 菌が優占的にみられたものの，その後はシハイタケ (*Trichaptum abietinum*) がこれにとってかわり，その後腐朽が進展したとの報告もある (Stillwell & Kelly 1964)．このように，*Amylostereum* 菌は，キバチによって繁殖に適した伐倒木や枯死木に運ばれたとしても，その中でいつまでも繁殖し続けることはできず，時間の経過とともに他の腐朽菌と置き換わっていく菌なのであった．

4.3.3 菌と共生しないキバチ

ここまでは，自らの体内に共生菌を持つキバチとその共生菌との関係について述べてきたが，では共生菌を持たない第三の種，オナガキバチはどのようにして子孫を残してきたのだろうか．すでに述べたように，共生菌を持つ2種のキバチとは異なり，共生菌を持たないオナガキバチは，伐ったばかりの新鮮丸太にはほとんど産卵しない．このことは，オナガキバチが自前の菌を持たないがゆえに，他のキバチとは全く異なる繁殖様式を持っていることを予想させる．

そこで，このオナガキバチがどのような条件の木に産卵して繁殖しているのかという疑問を解くために，様々な条件の丸太を用意して産卵試験を行ってみることにした．産卵試験には，以下のような4種類のスギ丸太，すなわち① 伐倒後1年以上経過した古い丸太（古丸太），② ニホンキバチの共生菌を接種した丸太（ニホン菌接種丸太），③ ニトベキバチの共生菌を接種した丸太（ニトベ菌接種丸太），④ 菌を繁殖させるための培地のみを接種した丸太（培地接種丸太）を用意した．実験に使用した菌接種丸太は，以下のように調製した．すなわち，伐倒後1週間以内のスギ丸太に計16か所の穴をあけ，そこにあらかじめ培養しておいたニホンキバチの共生菌またはニトベキバチの共生菌を培地ごと接種した．また培地接種丸太も同様の方法で培地のみを接種した．

こうして用意した4種類の丸太それぞれに，1頭ずつのオナガキバチ雌成虫を放して産卵試験を行ったところ，伐倒後1年を経過した古丸太では伐倒後1週間以内の新鮮丸太と同様に産卵率がきわめて低く，多くの個体は産卵行動さえ示さなかった．これに対して，ニホン菌接種丸太およびニトベ菌接種丸太には，それぞれ平均30%程度の産卵率を示し，なかには90%以上の高い産卵率を示す個体もいた．しかし，培地接種丸太には新鮮丸太と同様に，ほとんど産卵せず，平均産卵率は10%程度にすぎなかった（図7）(Fukuda & Hijii 1997)．またおもしろいことに，彼らの菌接種丸太上での産卵部位は明らかに菌接種部付近に集中しており，さらに，産卵孔の位置を調べたところ，いずれの

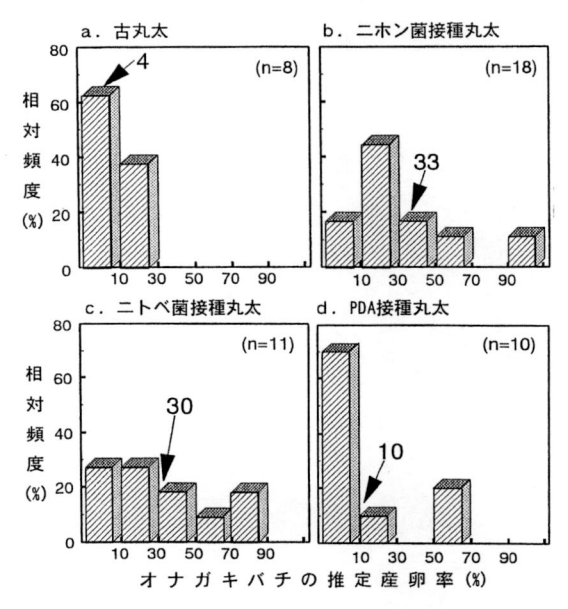

図7 オナガキバチの各種丸太に対する産卵選好度
(nは供試数，矢印は平均値)（福田 1997 を改変）

種類の菌接種丸太においても菌接種点付近に集中していた（図8）(Fukuda & Hijii 1997).

　共生菌を持たないオナガキバチが，伐倒後1年を経過した古丸太や培地のみを接種した新鮮丸太には，伐倒後1週間以内の新鮮丸太と同様に目もくれず，すでに他種のキバチの共生菌が接種済みの木で，しかも菌がもっとも繁殖している場所を選んで産卵していたことは大変興味深い事実である．このことから，オナガキバチは，すでに他種のキバチによって加害された寄主木に選択的に産卵していることが裏づけられた．つまり，自らは共生菌を持たないオナガキバチは，菌を必要としていないわけではなく，他種のキバチの共生菌を利用するという，寄生的共生（片利共生）の繁殖様式を持っていたわけである．さらに興味深いことに，共生菌を持つキバチはそれぞれの種ごとに1種の菌しか利用できない種特異性を示すが，オナガキバチは複数の菌を利用していることも明らかになった．このことは，菌を持たないオナガキバチが，異なる菌を持つニトベキバチ，ニホンキバチいずれの種とも，それぞれの同一寄主木内で生活していたことによっても裏づけられよう．

　オナガキバチが，寄主植物の範囲が広く（金光 1978），しかも世界中の様々な地域に分布している（Morgan 1968）ことは，この種がその繁殖戦略において，他種のキバチが持

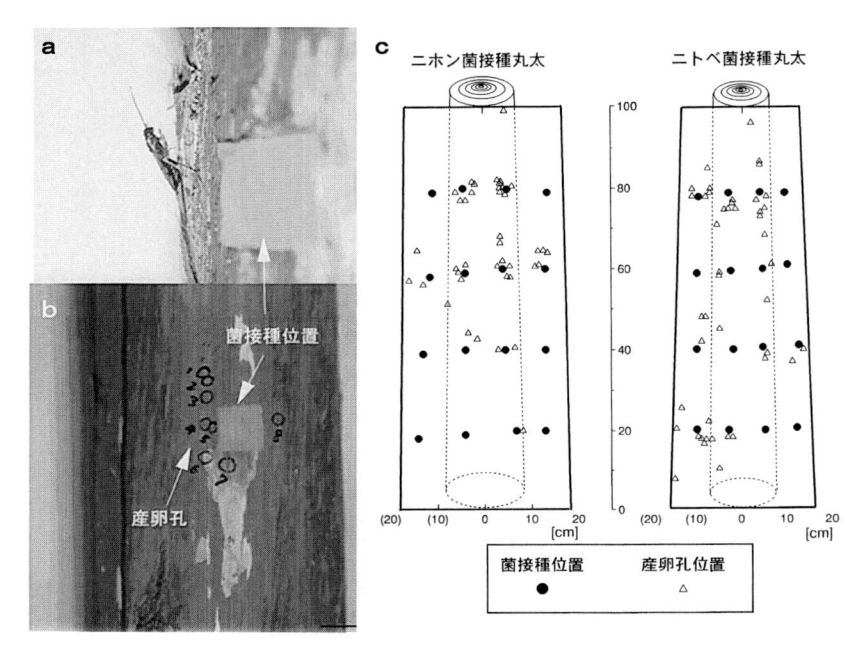

図 8　菌接種丸太におけるオナガキバチの産卵位置（Fukuda & Hijii 1997 を改変）
a：菌接種位置近くに産卵するオナガキバチ．b：菌接種位置近くに残された多くの産卵孔．c：菌接種丸太における菌接種位置と産卵孔位置との関係．

つ，複数の異なる共生菌を非特異的に利用できることと大いに関係があるものと思われる．

4.3.4　キバチと *Amylostereum* 菌の損得勘定

　ここで，これまで述べたことをまとめてみよう．共生菌を持つキバチ（ニトベキバチ，ニホンキバチ）は，伐倒後約1か月以内の伐倒木には高い産卵選好度を示すが，伐倒後2か月以上経過したような伐倒木に対しては産卵選好度が低いことがわかった．さらに，産卵選好度が高かった伐倒木においてはキバチが産卵時に接種した *Amylostereum* 菌が高い割合で分離され，ハチの次世代生存率も高かったが，産卵選好度の低かった伐倒木では *Amylostereum* 菌はほとんど分離されず，次世代生存率もきわめて低いことがわかった．すなわち，伐倒後の経過時間にともなって変化する寄主木の状態は，共生菌の材内での繁殖成功度に大きな影響を及ぼしており，共生菌を持つキバチの雌成虫は菌の繁殖に適した寄主木に選択的に産卵し，孵化した幼虫はこのような菌が繁殖している寄主木でのみ成長できるというわけである．また，自らは共生菌を持たないオナガキバチで

さえ，他のキバチの共生菌が繁殖している木を選んで産卵し，そのような寄主木でのみ繁殖が可能であったことから，どのようなキバチも，菌の存在なしには木材を食物資源として利用しえないということがいえるだろう．

一方，菌の側から考えてみると，*Amylostereum* 菌が接種1年後には活性が低下し，2年後には完全に分離されなくなることから，この菌が1本の寄主木を利用できるのは，他の木材腐朽菌に比べてごく短期間であるといえる．また，このような菌の定着，繁殖の成否が寄主木の条件に強く依存し，さらに，好適な寄主木が森林の中ではきわめて予測性の低い資源であることを考えあわせると，*Amylostereum* 菌がそうした寄主木に到達し定着するためには，特殊化した媒介者（vector）の存在が不可欠となるわけである．キバチと *Amylostereum* 菌との出会いは，抵抗性が低下しかつ菌の繁殖に適した条件が維持されている衰弱木や新鮮な風倒木を，もっとも効率よく利用する上での必然であったともいえよう．すなわち，共生菌を持つキバチと *Amylostereum* 菌とは，互いに相手なしには生存しえない「義務的共生関係」を結んでいるといえる．一方，共生菌を持たないオナガキバチの場合は，他種の共生菌を片利共生的に利用しているといえるかもしれない．

また，キバチは幼虫期に辺材部まで穿孔することから，外敵に遭遇する機会が少なく，幼虫期の捕食圧は食葉性昆虫や樹皮下穿孔性昆虫に比べれば低いものと予想される．しかし実際には，寄生バチに高率で捕食寄生されており（Fukuda & Hijii 1996 b），天敵が存在しなかったオーストラリアにおけるノクチリオキバチの大発生の例を除いて，森林の中ではキバチは通常低い密度に保たれている．この高い寄生率は，キバチが産卵時に接種した菌が繁殖している寄主木から発せられる"匂い"によって，寄生バチが効果的に誘引されることが原因であると考えられている．とくに，キバチの老熟幼虫に専門に寄生する *Rhyssa*（リッサ）属や *Megarhyssa*（メガリッサ）属の寄生バチは，共生菌が繁殖し老熟幼虫のキバチが生育している寄主木に対して高い誘引性を示し，それ以外の寄主木に対しては目もくれないことが実験で確かめられている（Spradbery 1970）．さらに，菌食性生活と昆虫食性生活の二つの生活史を持つ（任意寄生性）*Deladenus*（デラデヌス）属の線虫も高い割合でキバチに寄生しており，共生菌を持つキバチと共生菌を持たないキバチが同一寄主木内に共存する場合には，共生菌を持つキバチが優先的に寄生されることも明らかになってきた（福田 1997）．このように，キバチにとって菌との共生はメリットばかりでなく，捕食・寄生圧の上昇というマイナスの側面も同時に抱えているわけである．

一連の研究によって明らかにされた，自らは共生菌を持たず他のキバチの共生菌の繁殖場所を利用して次世代を残すオナガキバチの繁殖戦略は，一方でこのような寄生バチや線虫の寄生を軽減・回避するための戦略であるという解釈も成り立つかもしれない．

今後，キバチと菌との共生，非共生の進化的意義を明らかにしていくためには，オナガキバチの"菌を持たないことの意義"をより詳しく研究していく必要があろう．

4.3.5 日本でキバチが害虫になった理由

最後に，日本ではこれまで低密度で生息していたはずのキバチが，いまなぜ大発生して"害虫化"したのかを考えておこう．すでに述べたように，キバチは通常，森林内で散発的に発生する風倒木，衰弱木，枯死木を繁殖源としており，寄生バチによってもかなりの割合が捕食寄生されているため，全体的には低い密度レベルに保たれている昆虫であるといえる．森林生態系における機能的なとらえ方をするならば，個体群が低密度に保たれている限り，キバチは樹木枯死後の初期段階における間接的な分解者の役割を担うものとして位置づけることができよう．しかし，干ばつ，風雪害など，森林に何らかの攪乱やストレスが生じ，繁殖源が一気に増加すると，キバチは潜在的には高い次世代生産能力を持っているため(ニホンキバチの場合，1雌あたりの蔵卵数は，多いものでは1000個にも達する)，大発生が起こり害虫化する危険性が高いのである．

しかし，近年日本各地で起こっている，スギ，ヒノキ林におけるニホンキバチを中心としたキバチの大発生，およびそれによるスギ，ヒノキ生立木の変色被害は，これとは状況が異なっている．多くの人工林では，木材価格の低迷や人手不足などの理由から間伐木が林内に放置されたままになっており(伐り捨て間伐)，それがそのままキバチの繁殖源の増加につながっている(佐野1992)．間伐木は，かつては家を造るときの足場などに使われていたので，林内に放置されることはなかった．しかし，いまでは足場は鉄パイプとなり，安い外材の輸入などもあって，間伐木が利用される機会はきわめて少なくなってしまった．こうした産業構造の変化によって人工林の環境が一変し，これまでは細々と暮らしていたキバチが大発生する引き金となったのである．

では，どうすればキバチの大発生を防げるのだろうか．林業不振の構造的問題を早急に解決することは難しく，当面は現在の森林施業（森の仕立て方）をどのように改善していくかが課題になるだろう．防除のヒントは，キバチと菌との強い共生関係そのものにあるように思われる．共生菌を持たないオナガキバチを含め，キバチは *Amylostereum* 菌の存在なしでは繁殖は不可能である．これは裏を返せば，キバチは菌との関係が断ち切られたときには，その存在がおぼつかなくなるということを意味する．

これまで示してきたような，産卵に好適な寄主木の条件を考えれば，間伐時期によっては，その間伐木がたとえキバチに産卵されたとしても，接種された菌が材内で繁殖できないため，キバチの繁殖成功度が低下することが予想される．豊富にみえる資源も，キバチには一文の得にもならない資源となる．すなわち，伐り捨て間伐を行うとしても，その時期がカギとなる．それぞれの林分におけるキバチ類の脱出時期を把握し，そこか

ら間伐時期を決定していくという，現在の森林施業を少し改変した施業方法をとることによって，キバチの発生を抑えることができるかもしれない．実際，最近の研究では，7月上旬から10月上旬にわたってニホンキバチが発生する林分において，11月に伐倒した伐倒木はまったくキバチの繁殖源にならなかったことが示されている（福田1997）．

これまでみてきたように，キバチと*Amylostereum*菌との共生機構やそれらをめぐる生物間相互作用を解き明かしていくことは，昆虫と菌との共生関係の進化過程の全容解明のみならず，森林生態系の保全にかかわる今日的課題の解決にも重要な手がかりを与えるものと思われる．

（福田秀志）

BOX　キバチは世界的な悪者？

キバチは，元来ヨーロッパなどでは，他の昆虫や菌の侵入がみられたり，火事や大気汚染，傷などによって弱った木に対して，二次的に加害する昆虫であると思われていた．ところが，1940年代にニュージーランドにおいて，キバチの一種であるノクチリオキバチ（*Sirex noctilio*）が，明らかに元気なラジアータマツ（*Pinus radiata*）に加害して，枯死させたことが報告された．このノクチリオキバチの原産地であるヨーロッパでは，広い面積で樹木を枯死させるようなことはなかった．これに対し，ニュージーランド，さらにオーストラリアでは，このキバチは大量の樹木の枯死を引き起こしたのである．歴史的にみていくと，ノクチリオキバチは，この大量枯死を引き起こすわずか50年ほど前の1900年頃に，ヨーロッパからニュージーランドに侵入し，その後定着したもので，1940〜1950年代のわずか10年あまりで，ニュージーランドやタスマニアのラジアータマツ造林地の30〜40%を枯死させてしまったのである．さらにその後1960年代には，オーストラリア大陸本土においても，このキバチによるラジアータマツの大量枯死が発生した．

それでは，ヨーロッパでは害虫にならなかったノクチリオキバチが，なぜオセアニアでは害虫になったのだろうか．このラジアータマツの枯死のしくみは以下のとおりである．まず，一時的に水分不足にさらされた（水ストレス）木に対してノクチリオキバチが集中的に産卵し，産卵したときに注入される*Amylostereum*（アミロステレウム）菌とミューカス（mucus）と呼ばれる物質の作用により，個々の産卵場所に乾燥部分が生じる．次に，菌糸の成長にともなってその乾燥部分が材の中で次々と結合することにより，根から吸い上げられる水が上にあがらなくなり，その結果，枯死するというものである．

ノクチリオキバチはヨーロッパからオセアニアに侵入してきた昆虫であり，一方，このラジアータマツも北アメリカから導入した樹種であった．ラジアータマツがこのキバチの加害により大面積で枯死したのは，ラジアータマツがノクチリオキバチとオセアニアではじめて出会い，キバチの加害，正確にはキバチの持つ菌に対する抵抗力を備えて

いなかったことが最大の理由であると考えられている．こうして，ノクチリオキバチはオセアニアで分布域を広げながら，15年以上にもわたって大発生（漸進大発生）を続けたのであった．しかし，そんなラジアータマツも，ノクチリオキバチの侵入後10年を経過して，樹脂を形成する能力を高めることでキバチの加害に対して抵抗力を持ちはじめたことがわかってきた．このことは逆に，進化的に長い時間をかけて成立してきた地域固有のキバチと寄生樹種の関係では，オセアニアでみられたようなキバチによる樹木の大量枯死は発生しにくいことを暗示している．

それでは，日本ではどうだろうか．日本にも，このノクチリオキバチと非常に近縁のニトベキバチ (*Sirex nitobei*) というキバチがいる．ニトベキバチはノクチリオキバチと同属で，まったく同種の共生菌を持ち，しかも加害樹種もマツ類という共通点がある．ただしこのハチの場合，主要な加害樹種であるアカマツ・クロマツはともに日本自生種である．アカマツ・クロマツは，ニトベキバチの産卵加害に対して多量の樹脂の分泌による抵抗性を備えていて，ニトベキバチは，元気な木には産卵せず，樹脂の生成能力が低下した衰弱木を選んで産卵する．従来，木を枯らすことはないと考えられてきたが，何らかの理由で弱った木がニトベキバチによって高い密度で産卵されて，枯死してしまったという例もある．最近では，1986年に岩手県で，ニトベキバチの加害によるものと思われるアカマツの集団枯損が発生した．これらのアカマツは，マツカレハ (*Dendrolimus spectabilis*) 幼虫による食害を受けたため衰弱しており，ニトベキバチの加害に対する感受性が高まって枯死したものと考えられる．土着のキバチによる樹木の枯死は，このような食葉性昆虫の食害によって衰弱した木への産卵加害による場合が多く，カナダではハマキガという蛾の幼虫の食害によって衰弱したモミがコルリキバチ (*Sirex juvencus*) の加害を受けて大量に枯死した例がある．また，オーストラリアでも，食葉性昆虫の加害がノクチリオキバチの被害をいっそう進展させたことが報告されている．

このように，キバチの仲間は，とくにオセアニアでは大量のラジアータマツを枯らした害虫として世界的に有名になったが，昔からキバチが住んでいる国では，そこに昔から生えている種類の木を根こそぎ枯らしてしまうようなことはなかったのである．

（福田秀志）

4.4 微生物を"栽培"する繁殖戦略
―養菌性キクイムシとアンブロシア菌―

アンブロシア(ambrosia)―Schmidberger は，あるキクイムシが食べていた物質をこう名づけた．1836年，いまから160年以上も前のことである．アンブロシアとは，ギリシア神話に登場する，不老不死を約束する"神の食べ物"を意味する言葉である．当時彼は，発見した物質の正体を知らなかったようだが，彼にこのような神秘的世界を想像させたものとはいったい何だったのだろうか．

キクイムシは，鞘翅目ゾウムシ上科のナガキクイムシ科（Platypodidae）とキクイムシ科（Scolytidae）に属する甲虫の仲間である．体長にしてわずか数ミリ，大部分の種は黒～茶色で，はなはだ地味な存在である．このため，"黒いダイヤモンド"の異名をとる迫力満点のオオクワガタや，色彩も鮮やかなカミキリムシなど他の多くの甲虫に比べれば，その知名度はかなり低いといえよう．しかし，この"黒いゴマ"のようなキクイムシも，キクイムシ科，ナガキクイムシ科合わせて8000種を超える種が熱帯から寒帯までの全世界の森林に広く分布していて，日本でも約300種が知られている．しかも，そのルーツは古く，6000万年前から1億3000万年前の琥珀の中で原生種の化石が発見されている．

「キクイムシ」という和名の由来は，文字どおり"木食い虫"である．樹木に穿孔する昆虫は4万種以上存在するといわれているが，彼らの木化組織の利用方法は一味違っている．通常の樹木穿孔性昆虫のライフスタイルでは，親（成虫）が樹体内に産卵し，あとは子供（幼虫）たちだけで勝手に育っていく．しかし，キクイムシ類は産みっ放しにはしない．必ず成虫が樹木（ごく一部は草本植物）にトンネル（坑道あるいは孔道）を掘り，この巣の中で親子が一緒に生活するのである．さらに，樹木上で穿孔する部位はキクイムシの種類によって様々であり，その結果として食物の質も異なってくる（野淵 1974）．樹木の幹・枝・根の内樹皮（樹皮下穿孔虫；4.2節参照），材部（食材穿孔虫），髄（髄穿孔虫）あるいは種子（種子穿孔虫）というように，葉を除く木のほぼ全部を利用している．このうち，腐朽の進んだものを食べるのは食材穿孔虫のみで，他は健全な木や何らかの理由で衰弱した木を利用している．また，樹皮下穿孔虫はキクイムシ科の約半数を占める一大勢力であるが（4.2節参照），他はすべて少数派である．

ところが，キクイムシの世界にはもう一つの大派閥がある．弱った木の材部奥深くまで穿孔して坑道を作るにもかかわらず，"木は食わない"キクイムシのグループである．彼らは材を直接食べるのではなく，坑道内で繁殖する菌類を食物としている．実はこれ

が，Schmidberger の発見した物質の正体である．そして現在，これらの菌類はアンブロシア菌（ambrosia fungi）と総称され，またこれを食物としているキクイムシの一群もアンブロシアキクイムシ（ambrosia beetle）と呼ばれている．これまでに，ナガキクイムシ科（5.5節参照）のほぼ全種とキクイムシ科のうちの10族が，アンブロシアキクイムシであることが確認されている（Beaver 1989）．

アンブロシアキクイムシは，しばしば養菌性キクイムシとも呼ばれる．なぜ，「食菌性」ではなく「養菌性」なのだろうか．それは，このグループの成虫が菌の胞子を貯蔵する器官を持っていて，この器官によって菌を坑道内へ持ち込んでいるからである．つまり彼らは，自ら掘った坑道の中を"菌園"にみたて，自ら運んできた"菌の種（たね）"を植えつけて育てているのである．親が子供に給餌する，「亜社会性」の関係ともいえる．

彼らはどのように微生物を"栽培"し，子孫を残しているのだろうか．また，そのような習性・繁殖戦略がなぜ進化してきたのだろうか．本節では，この"不老不死の昆虫"の不思議な生態や"神の食べ物"との巧妙な共生関係を，おもにクスノオキクイムシ（*Xylosandrus mutilatus*）（写真1）の生活を通して紹介する．

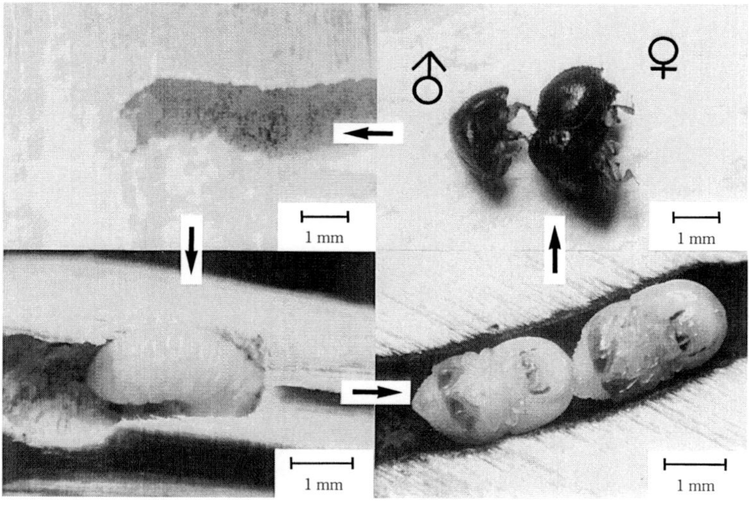

写真 1 クスノオキクイムシの発育過程（梶村1995を改変）
雄雌異型(右上)．日本全土と朝鮮半島，台湾，東南アジアに分布する．中部地方(愛知県北東部)では1年で1世代を経過する．雌成虫は，7月下旬をピークとして6月下旬から9月上旬まで飛翔分散する．この虫は，父親より太い"母親の細腕"で子供を育てる．

4.4 微生物を"栽培"する繁殖戦略

表 1 各キクイムシの生態的特徴の比較

生態的特徴	キクイムシ種		
	ミカドキクイムシ *Scolytoplatypus mikado*	タイコンキクイムシ *Scolytoplatypus tycon*	サクキクイムシ *Xylosandrus crasiussculus*
体長 (mm)	♀ 2.7～4.0, ♂ 2.9～3.4	♀ 3.3～4.5, ♂ 3.6～4.0	♀ 2.4～2.7
世代	1年2世代 (5～6月, 8～9月)	1年2世代 (5～6月, 8～9月)?	1年2世代 (7～8月, 9～10月)
習性	一夫一妻性	一夫一妻性	一夫多妻性
性比 (♀：♂)	1：1	1：1	10：1
越冬世代	成虫	成虫?	幼虫
マイカンギア構造	ピット状（前胸背）	ピット状（前胸背）	ポーチ状（前・中胸背）
穿入部位	樹幹部	樹幹部	細幹部～枝条部
フラス状態	粉状	粉状	長く硬質のチューブ状
坑道型	梯子孔（個室型）	梯子孔（個室型）	材質共同孔（共同部屋型）

生態的特徴	キクイムシ種			
	ハンノキキクイムシ *Xylosandrus germanus*	クスノオオキクイムシ *Xylosandrus mutilatus*	ハネミジカキクイムシ *Xylosandrus brevis*	ツツミキクイムシ *Xyleborus amputatus*
体長 (mm)	♀ 2.0～2.6	♀ 3.4～4.3	♀ 2.5～3.0	♀ 2.6～3.0
世代	1年2世代 (6～7月, 8～9月)	1年1世代 (6～8月)	1年1世代 (5～7月)	1年1世代 (5～7月)?
習性	一夫多妻性	一夫多妻性	一夫多妻性	一夫多妻性
性比 (♀：♂)	10：1	8：1	10：1	?
越冬世代	成虫	成虫	成虫	幼虫?
マイカンギア構造	ポーチ状（前・中胸背）	ポーチ状（前・中胸背）	ポーチ状（前・中胸背）	ポーチ状（前・中胸背）
穿入部位	細幹部～枝条部, 根	枝条部～枝条部末端	枝条部末端	枝条部末端
フラス状態	長く硬質のチューブ状	短く軟質のチューブ状	短く軟質のチューブ状	短く軟質のチューブ状
坑道型	材質共同孔（共同部屋型）	長梯子孔（共同部屋型）	長梯子孔（共同部屋型）	長梯子孔（共同部屋型）

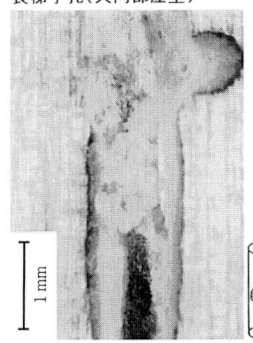

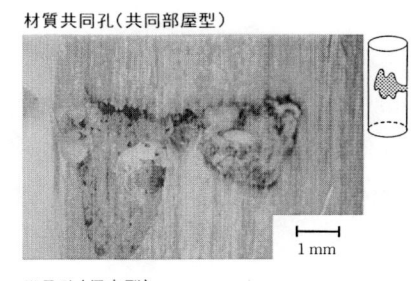

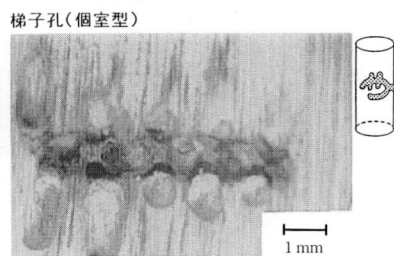

長梯子孔（共同部屋型）

材質共同孔（共同部屋型）

梯子孔（個室型）

4.4.1　トンネル内の虫と菌

　クスノオオキクイムシは，何らかの理由で弱ったか，倒れたばかりの各種広葉樹やスギの材部に穿孔する．調査や実験を行う際には，おもにシロモジ（*Lindera triloba*）（クスノキ科）やカエデ類の低木（地際の直径が5〜10 cm）を伐倒・放置したものを，餌木として使用している．シロモジには養菌性キクイムシ類のみが穿孔するが，カエデ類はカミキリムシ類，ゾウムシ類，クビナガキバチ類といった他の樹木穿孔性昆虫にも利用される．

　クスノオオキクイムシの雌（親）成虫は材表面から鉛直方向に穿孔を始め，ほぼ年輪に沿った形で水平坑道を掘る．その後，水平坑道の途中から上下に長く枝分かれする垂直坑道を形成する．穿入孔からは，削り取った木屑が盛んに排出される．坑道の全体像（坑道型）は，キクイムシの種類によって様々である（表1）．しかし，木材生産の観点からみれば，どの坑道も材の奥深くに達することには変わりなく，とくにその穿入孔はピンホール（針の穴）と呼ばれて製材時に非常に厄介な存在となる．

　穿入してから約3週間後，白色のアンブロシア菌が坑道内壁を覆い始める（写真1左上）．この虫の雌成虫はこの頃に産卵を開始し，卵は数個ずつまとめて坑道内に置かれる．孵化幼虫は坑道内のアンブロシア菌を食べながら成長し（写真1左下），3〜4週間で蛹化・羽化して新成虫となる（写真1右）．幼虫は黒色の糞を排泄するが，これは雌（親）成虫によって穿入孔から捨てられる．また一般に，アンブロシア菌が繁殖すると坑道の内壁が黒く変色する（写真2）．この変色も木材の経済的価値を大きく下げる．

　クスノオオキクイムシの終齢幼虫は垂直坑道に集合して蛹化し（写真1右下），新成虫もこの状態で黄色から茶色，黒色へと次第に着色・硬化し，成熟していく．この頃，親成虫は衰弱して死亡すると思われる．雄の新成虫は雌の新成虫よりも少し早く羽化し，同じ坑道内の多数の雌新成虫と交尾，すなわち兄妹間で交尾する．このような配偶様式を「同系交配の一夫多妻性（inbreeding polygamy）」という（Kirkendall 1983；荒谷ら

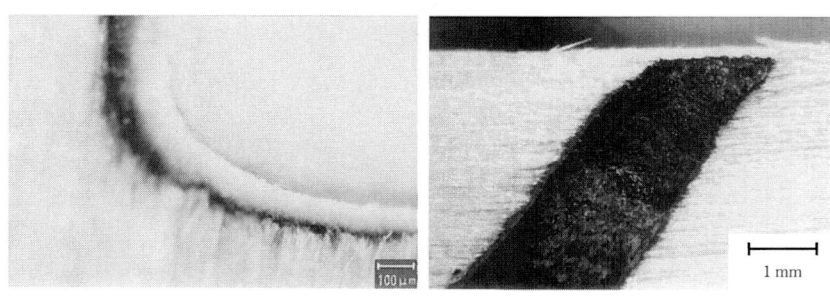

写真 2　黒く変色したクスノオオキクイムシの坑道
　幼虫が表面の菌（左）を食べてしまうと，その下から真っ黒な坑道壁面（右）が顔を出す．

4.4 微生物を"栽培"する繁殖戦略

1996).養菌性キクイムシは,種(属あるいは族)によって異なる配偶パターン・性比を持っており(表1),おもしろいことに他の食性のキクイムシ類にも同様のシステムが並行進化している.クスノオオキクイムシでは,雄成虫は交尾後坑道内から姿を消す(他種のキクイムシでは,兄が妹たちに食べられてしまうことが確認されている).一方,雌成虫は交尾後そのまま坑道内で越冬し,翌春新しい寄主木を求めて外界へ脱出する.

4.4.2 アンブロシア菌の正体

坑道内の様子を,走査型電子顕微鏡(SEM)による直接観察(Batra et al. 1986;中島 1999)によって,もう少し詳しく見てみよう.クスノオオキクイムシ雌成虫の穿入直後,とくにあとから形成される垂直坑道は,材の組織が露出したままの状態である.しかし,穿孔後の時間経過とともに,次第に坑道内壁に菌の姿が認められるようになる(写真3上).卵がみられる時期になると,水平坑道はその全面を菌で覆われるようになり(写真3下),また垂直坑道でもその先端部分を除いて,ほぼ全面に菌が繁殖している.

この菌は,有性世代が判明していない「不完全菌類」であり,その胞子(分生子)は直径約 10 μm の球形〜卵形である(写真3右).また,分生子を支持している部分(分生

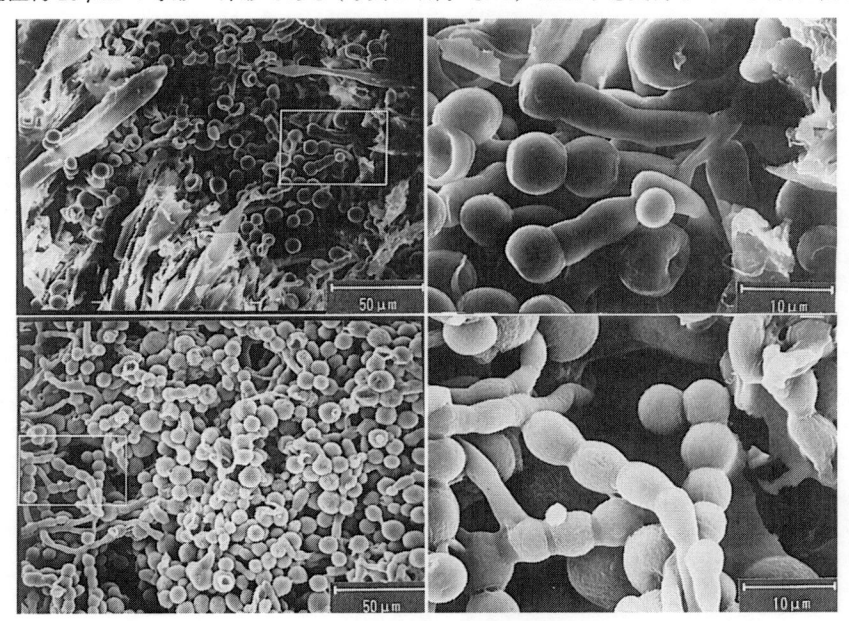

写真 3 クスノオオキクイムシの坑道内で繁殖する *Ambrosiella* 属菌 (Kajimura & Hijii 1992 および梶村 1995 を改変)
"数珠"あるいは"串団子"のような分生子柄(右)が,*Ambrosiella* 属菌の特徴である.

子柄)が凹凸を繰り返す形で連鎖するという，アンブロシア菌に特有な形状となっている．この分生子柄は，モニリオイドチェーン（monilioid chain：モニリア（*Monilia*）という菌に似た鎖状の構造という意味）と名づけられ，形態的分類方法の指標となる（Batra 1967）．そして，この分類方法によれば，このクスノオオキクイムシの共生菌は*Ambrosiella*（アンブロシエラ）属というグループの一種である（Kajimura & Hijii 1992）．これまでのところ，記載されているアンブロシア菌の大部分は不完全菌類であるが，完全世代が判明した一部の種については，子のう菌類，半子のう菌類，あるいは担子菌類に属することが確認されている（Beaver 1989）．

クスノオオキクイムシ幼虫の出現によって，活発に繁殖していた*Ambrosiella*属菌の状態に大きな変化が生じる（写真4）．どうやら，この菌はキクイムシ幼虫によって一方的に搾取され，しかもその生息環境は悪化しているようである．しかし，他種のキクイムシの場合では，幼虫の摂食が物理的・化学的な刺激となり，かえってアンブロシア菌の生育を促進するとの報告もある（Batra 1966）．クスノオオキクイムシ幼虫が蛹化して新成虫となる頃になると，あれほど厚く覆っていた菌の層がしだいに衰退し，材組織も

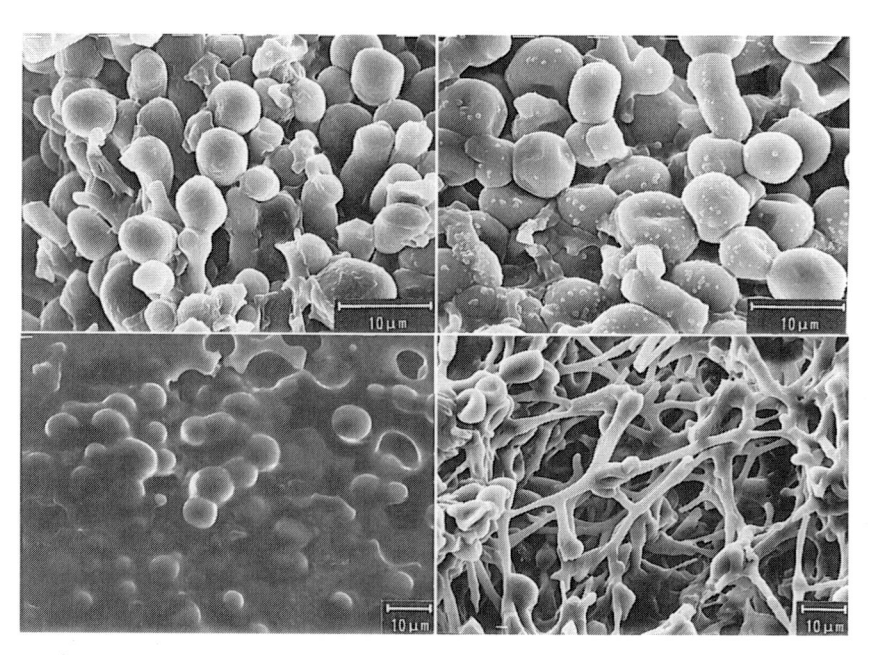

写真 4 幼虫の摂食活動にともなうクスノオオキクイムシの坑道内の変化（梶村 1995 を改変）*Ambrosiella*属菌は，菌体・胞子が変形・剝離したり（左上），その表面が粘質物質（左下）や付着物（右上）で被覆されたり，さらには菌糸（他の菌?）が繁殖したりする（右下）．

露出するようになる．その後，雌の新成虫が越冬する時期になると，坑道内に外から侵入したと思われる菌体もしばしば認められるようになってくる．

分離・培養実験の結果，クスノオオキクイムシの坑道の中には，*Ambrosiella* 属菌に加えて，酵母の仲間や *Paecilomyces*（パエキロミケス）属とよばれる菌が存在することがわかっている (Kajimura & Hijii 1992)．これらの菌類は，*Ambrosiella* 属菌が優占的になる穿入・産卵期には検出率が低いが，その後勢力を拡大する．また，越冬期以降にはその他の菌も分離されるようになる．このパターンは，坑道の部位（水平坑道と垂直坑道）に関係なくみられるものである．また，*Ambrosiella* 属菌の数の変化を調べてみると，卵が孵化するまでに坑道 1 cm あたり約 100 万〜1000 万個にまで増殖し，その後は大きく減少していくようである（梶村 1995）．

このように，クスノオオキクイムシは坑道内において，少なくとも三つの異なるグループの菌類と複合的に共存している．だが，それらの食物資源としての重要性は明らかに異なっている．つまり，幼虫が出現するまでにもっとも活発に増殖し，幼虫の摂食行動の開始とともに量的・質的に衰退していく *Ambrosiella* 属菌と，幼虫摂食とは関係なく豊富に存在する酵母類や *Paecilomyces* 属菌とでは，その存在意義が異なると考えられるのである．このような考え方は，Batra (1966) によって提唱されたもので，彼は前者を主要アンブロシア菌（primary ambrosia fungi：以下，PAF），後者を副次的アンブロシア菌（auxiliary ambrosia fungi：以下，AAF）と呼んだ．養菌性キクイムシに関係する菌類を，すべてアンブロシア菌と総称することからの脱却である．しかし，長い間，この分類は概念的・感覚的にしか理解されなかった．そこで考え出されたのが，その真偽を彼らキクイムシ自身に聞く方法である (Kajimura & Hijii 1994 b；梶村 1995)．それぞれの菌を人工培地で繁殖させ，この中にクスノオオキクイムシの孵化幼虫（坑道の卵を直接取り出して孵化させた，まだ何も食べさせていない幼虫）を入れて飼育してみたのである．結果は，*Ambrosiella* 属菌では成虫まで発育し，酵母類と *Paecilomyces* 属菌ではすべて孵化幼虫のまま死亡するという，きわめて明解なものであった．

これらの菌を組み合わせて与える飼育実験（たとえば，*Ambrosiella* 属菌＋酵母類）などを行えば，酵母類や *Paecilomyces* 属菌の存在意義や栄養価を見出すことができるかもしれない．しかし，現段階では，クスノオオキクイムシの主たる食物資源（PAF）は *Ambrosiella* 属菌であり，酵母類や *Paecilomyces* 属菌はそれほど積極的には食べられていないもの（AAF）であると考えるのが妥当であろう (Kajimura & Hijii 1992)．そして，*Ambrosiella* 属菌はおそらくこの虫にとってもっとも大切な食物であり，この虫は坑道の空間全体をアンブロシア菌の栽培場所として利用しているのである．ただし，ここで注意しておきたいのは，すべてのキクイムシ種が坑道内で同じように菌を繁殖させているわけではない，ということである．たとえば，ミカドキクイムシ（*Scolytoplatypus mikado*)の場合も，PAF は *Ambrosiella* 属菌，AAF は酵母類や *Paecilomyces* 属菌であるが（Kinuura et al. 1991），菌の繁殖は卵や幼虫の存在する部分に限られている（写真5）．この親成虫は卵孔（egg niche）と呼ばれる窪みを作り，そこに卵を一つずつ産んでいくため，幼虫は"個室"で生育することになる（表1）．どうやら，菌の繁殖場所とキクイムシの坑道形成や産卵のパターンとは密接な関係がありそうである．

ミカドキクイムシ

サクキクイムシ

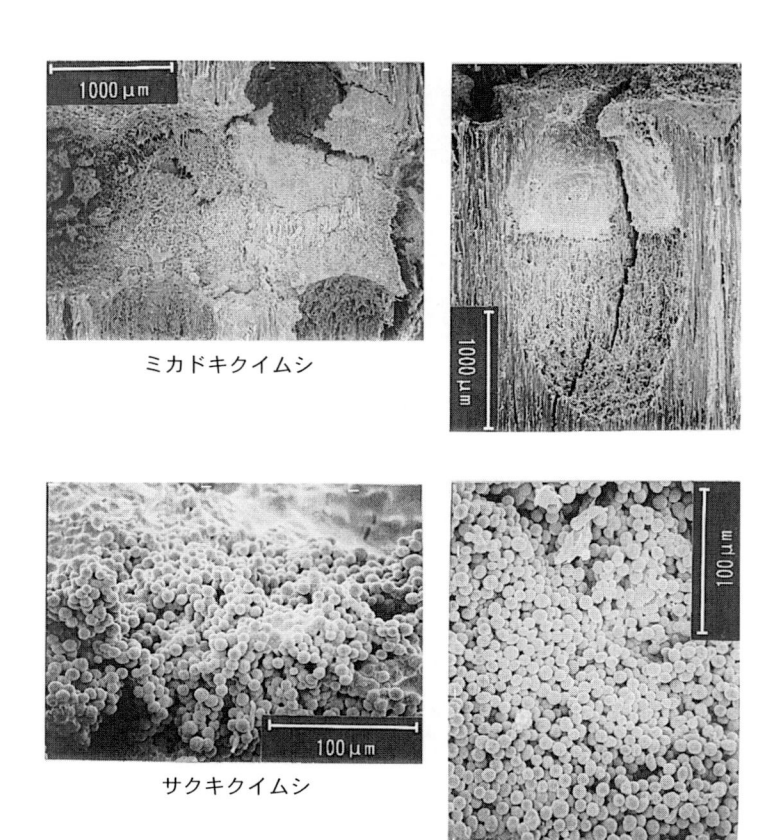

写真 5 ミカドキクイムシとサクキクイムシの坑道内の様子
　ミカドキクイムシの坑道は，母孔（左上）とその上下に掘られる幼虫孔（右上）で構成されている．*Ambrosiella* 属菌の繁殖は，それぞれの幼虫孔の入口付近（卵孔に植えつけられた部分）に限られている．これに対して，サクキクイムシの場合は，クスノオキクイムシと同様に，坑道の全面に *Ambrosiella* 属菌が繁殖する（下）．

4.4.3　菌が確保できる理由

ここで少し，Schmidberger（1836）以降の研究の歴史を確認しておこう（1.9 節も参照）．19 世紀の終わりから多くの研究者によって坑道内のアンブロシア菌の観察が行われ，この菌が前述したモニリオイドチェーンと呼ばれる独特の生育形態を持つことが明らかになってきた．ところが，新しい坑道内へのアンブロシア菌の伝播方法は長い間不明のままであった．ある人は，この菌がキクイムシ成虫の消化管を通じて定着すると考え，また別の人は，体表面への菌の付着による運搬を想像した．ところが，新成虫の消化管内に菌がまったく存在しなかったり，体表上には様々な雑菌が付着しているなどの矛盾が指摘されるようになり，これらの考え方は次第に説得力を失っていった．

しかし，20 世紀中頃になって，Nunberg（1951）が，あるキクイムシ成虫の体内に菌の胞子を貯蔵する特別の器官があることを発見した．そして，Batra（1963）は，この器官をマイカンギア（mycangia，菌囊）（単数形はマイカンギウム mycangium）と命名した．さらに Francke-Grosmann（1967）は，種々のキクイムシについてマイカンギアの存在を確認し，その位置を口腔，前胸背，前胸側板，前・中胸背，基節窩，鞘翅の六つの型に大別した（表 1，図 1）．この発見により，キクイムシとアンブロシア菌との相互関係は，双方に利益のある相利共生的なものであることが示唆された．つまり，アンブロシア菌の方も，新しい繁殖場所に安全・確実に運んでもらえるというメリットがあると考えられたのである．

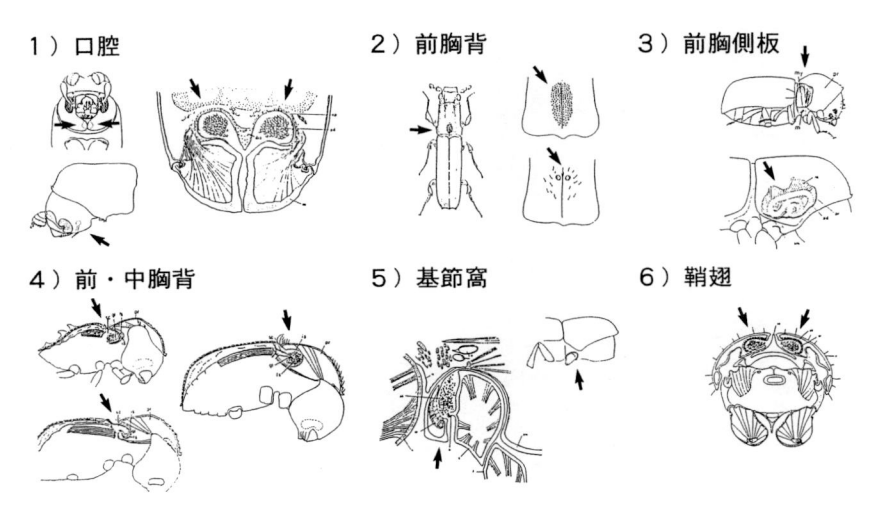

1）口腔　　　　2）前胸背　　　　3）前胸側板

4）前・中胸背　　5）基節窩　　　　6）鞘翅

図 1　マイカンギアの位置と形状（Francke-Grosmann 1967 を改変）
前胸背に存在するマイカンギアは，多数のピット（小孔）の集合体であるが，その他の位置の場合，比較的大きいポーチ（袋）またはチューブ（管）が各部位に 1〜2 個存在する．

現在までに、マイカンギアは約20タイプが発見されている（Beaver 1989）。存在位置が確認された種は、養菌性キクイムシ類全体からみるとまだごく一部にすぎないが、キクイムシの外部形態や雌雄の役割などの観点から、その機能的な意義が大変注目される。実は、マイカンギアの存在パターンはキクイムシの種類によって異なっていて、雌雄いずれか一方、あるいは両方にみられるものまで様々なのである。また、とくに興味深いのは、二つのタイプのマイカンギアを同時に備えたものが存在することである（Nakashima 1975；中島 1999）。最近では、ある種のキクイムシにおいて、確認されていたマイカンギアのすぐそばに新たな器官が発見され、これらが連結している可能性も示唆されている（後藤 私信）。

さて、クスノオオキクイムシの場合、マイカンギアは雌成虫のみに存在する（写真6上）。節間膜（前胸背と中胸背の間の膜）が陥没してできた窪み（開口部約0.2×0.4 mm）が二つ、いわゆるポーチ（袋）タイプのマイカンギアである（Kajimura & Hijii 1992）。新成虫が飛翔分散する頃になると、菌がマイカンギア内に充満する。坑道内と異なり（写真3）、この菌はほとんどが胞子（分生子）であり、直径約5 μmの大きさである（写真6右下）。実は、アンブロシア菌は、マイカンギア内では酵母類のように出芽と分裂を繰

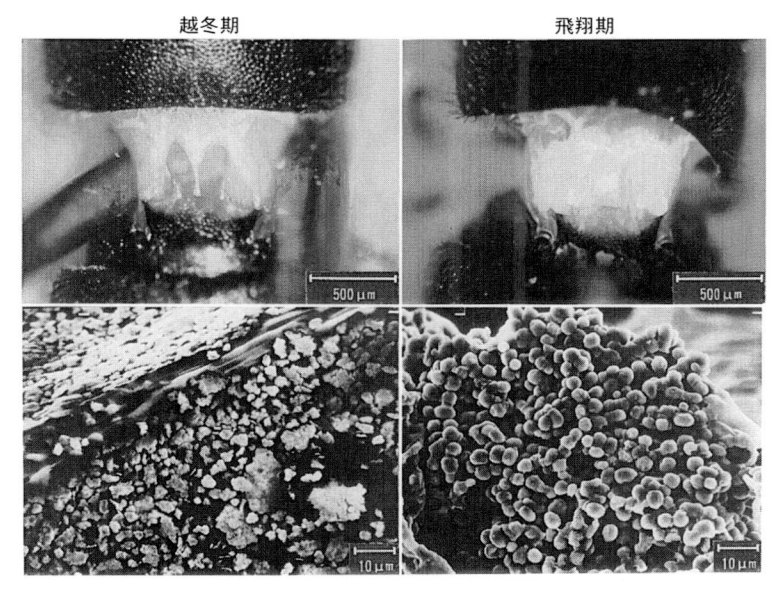

写真6 クスノオオキクイムシのマイカンギア（梶村1995を改変）
雌成虫の背面を上にして胸部を虫ピンで止め、腹部を引っ張っていくと、その間の（通常は折りたたまれていると思われる）膜がするすると開かれる。この一対の"ポケット"内は、越冬期（左）と飛翔期（右）でまったく異なる様相となる。

り返しているのである．一方で，人工培地上では菌糸しか伸ばさない場合がある（写真7）．つまり，生活場所（坑道，マイカンギア，人工培地）ごとにアンブロシア菌は生育パターンを変えており（Beaver 1989；梶村 1998），このような性質は多型性（pleomor-

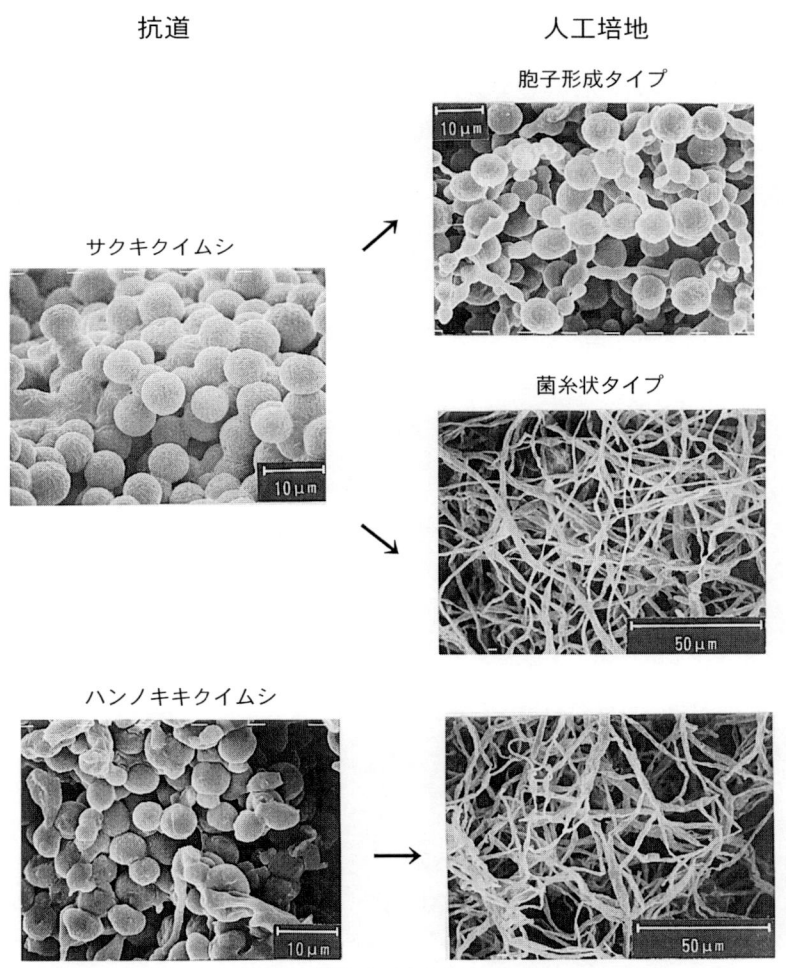

写真 7 坑道から人工培地に移植したサクキクイムシとハンノキキクイムシの *Ambrosiella* 属菌
 サクキクイムシの *Ambrosiella* 属菌は胞子を形成する場合もあるが(右上)，ハンノキキクイムシの場合は菌糸しか伸ばさない(右下)．典型的なアンブロシア菌の多形態性である．

phism) と呼ばれている (Batra 1967). なお, 走査型電子顕微鏡 (SEM) による観察によれば(梶村 1995), クスノオオキクイムシ越冬成虫のマイカンギアの膜上には, とても菌体とは思えないような正体不明の板状の物質が付着している(写真6左下). ところが飛翔期には, マイカンギアで保持されている菌塊はその表面を液体状の物質で覆われ, さらに胞子の表面でも分泌液が確認できる.

4.4.4 マイカンギアの謎を探る

それぞれの生育段階のクスノオオキクイムシのマイカンギア内からも, 菌の分離・培養実験は行われている (Kajimura & Hijii 1992). 脱蛹直後の未成熟な新成虫 (体色は黄～茶色)のマイカンギア内からは, 低率ながら *Ambrosiella* 属菌が分離され, 酵母類や *Paecilomyces* 属菌なども検出される. これらの菌はいずれも, この時期の坑道内からも分離されるものである. つまり, この虫は蛹から成虫になってすぐに, 坑道内に存在する菌を何でもマイカンギア内に取り込んでいるのである. 取り込み方法はまだ確認できていないが, キクイムシは物理的に, そしておそらく積極的に坑道内の菌体 (胞子や菌糸) を獲得しているものと思われる. 一般的には, マイカンギアの位置と形状により, その方法は異なると考えられている (Beaver 1989).

このようにして, クスノオオキクイムシはマイカンギア内にいろいろな菌を取り込んだのだが, その後新成虫が成熟する (体色が黒くなる) 頃になると, *Ambrosiella* 属菌しか分離されなくなる. ところが, 越冬期になると再び, 酵母類や *Paecilomyces* 属菌が検出され始める. 板状物質が目立つマイカンギアの中に(写真6左下), 菌が存在していたのである. そして翌春以降, 飛翔分散してから幼虫を育てるまでの間は, また一転して *Ambrosiella* 属菌だけが分離されるようになる. つまり, 坑道内の *Ambrosiella* 属菌は, マイカンギア内で酵母状に姿を変えていたことになる. また, 飛翔分散していく新成虫は, 彼らが幼虫時代を過ごした寄主木の樹種に関係なく, 必ずこの菌を保持していることもわかっている(梶村 1995). どうやら, この虫と *Ambrosiella* 属菌は切っても切れない関係にあり, どんな木のどこに坑道を形成しようとも, この菌だけは忘れずに運搬しているようである.

このような菌相の移り変わりとともに, *Ambrosiella* 属菌の量の変化も調べられている (梶村 1995). 菌の胞子数は飛翔期に最大 (キクイムシ1匹のマイカンギア内に約10万個) となり, その後産卵期までに急激に減少し, 約1000個 (最大時の100分の1) たらずとなる. この *Ambrosiella* 属菌の減少は, 明らかに坑道内への貯蔵胞子の植えつけによるものである. 放出経路はもちろんマイカンギアの開口部だが, 植えつけ方法の詳細はいまもって謎である. ただ, 穿入・産卵期には, この菌がマイカンギアからあふれ出ていることは確かである. この現象が, 貯蔵胞子の大量増殖による受動的なものなのか,

キクイムシ成虫による積極的な搾り出し行動によるものなのかはわからないが，あふれ出た菌が坑道内壁に物理的に接触していることは間違いないだろう．

ところで，坑道内での菌の獲得（未成熟成虫期）から放出（飛翔期以降）までの間，優占種の移り変わりは一体なぜ起こるのだろうか．その謎の一端は，ある操作実験によって明らかにされている（Kajimura & Hijii 1992）．まず，坑道の中からクスノオオキクイムシの蛹を取り出して，滅菌したシャーレの中で成熟成虫まで育ててみた（25℃全暗条件）．そして，この成虫のマイカンギアから菌の分離を行うと，菌はまったく検出されなかった．念のため，坑道内で脱蛹した，すなわち菌を取り込んでいるはずの未成熟成虫について，同様の処理・実験を行ってみた．こちらのマイカンギアには，*Ambrosiella*属菌だけがぎっしり詰まっていた．坑道内でそのまま成熟した成虫のものと同じである．坑道内壁に存在する菌に接触させないとどうなるか，という単純な発想から生まれた実験だが，その結果はマイカンギアの重要な機能をあらためて浮き彫りにした．すなわち，この器官内への菌の獲得時期のほかに，その中での*Ambrosiella*属菌の選択的培養の事実が，実験的に証明されたのである．

この選択的培養の発現機構についても，クスノオオキクイムシの越冬成虫を用いた操作実験によって，ある程度説明ができるようになった（梶村 1995）．坑道から成虫を採集して5℃と25℃の恒温器に入れ，それぞれの温度で飼育した成虫のマイカンギアから菌の分離を試みた．すると，25℃の処理区で，しかも最短4日間の飼育期間で，*Ambrosiella*属菌の選択的培養を再現することができた．さらに，5℃，15℃，20℃，25℃と処理区を増やして，この菌の量の変化も調べてみた．菌は20℃と25℃の処理区でのみ増殖し，しかも25℃での増殖速度の方が早かったのである．キクイムシはほかにも様々な物理的環境要因の影響下にあるものと思われるが，少なくとも温度が選択的培養の引き金の一つであることだけは間違いない．また，選択的培養には化学的要因も関与している可能性がある．

数種類のキクイムシでは，①マイカンギア内である種の化学物質（アミノ酸）が分泌されていて，ある特定の菌の生育を促進している，②その分泌物が他の菌の生育を抑えている，③その両方である，④特定の菌自身が抗生物質を生産して，他の菌の生育を抑えている，などの指摘がある（Beaver 1989）．クスノオオキクイムシの場合，マイカンギア内の菌塊の表面や貯蔵胞子の表面で，実際に粘液状の物質が確認されている．これらがマイカンギア特有の分泌物なのか，あるいは*Ambrosiella*属菌の抗生物質に相当するものなのか，すなわち①〜④のどの機能を持っているのかについては今後検討する必要がある．

4.4.5 共生関係のルーツを求めて

　偶然の発見は，人工飼育実験の中で生まれた．*Ambrosiella* 属菌で飼育していたはずのクスノオオキクイムシ幼虫の中で，ほとんど成長しない個体がいたのである．その理由は実に単純なものであった．この菌は，クスノオオキクイムシのものではなかったのである．自前（自種）のアンブロシア菌（PAF）でしかキクイムシは生育できないのだろうか．いまから 30 年以上も前に，Kaneko と Takagi (1966) は，2 種類のキクイムシ成虫が互いに相手の菌で繁殖できることを証明している．しかし，この画期的な研究，すなわち他種のアンブロシア菌の利用可能性を探る試みはあまり注目されず，そののちほとんど進展していなかった．

　そこで，クスノオオキクイムシ幼虫が生育できる菌を探すことにした（梶村 1995）．まず，同じ寄生木から飛翔分散する別の種のキクイムシ成虫を採集し，そのマイカンギアから菌の分離を行った．集めた候補は，それぞれミカドキクイムシ，ハネミジカキクイムシ（*Xylosandrus brevis*），サクキクイムシ（*Xylosandrus crasiussculus*）の PAF である．これらは，種は異なるが，すべて *Ambrosiella* 属の菌である（衣浦ら 1990）．そして，幸運にも，この中からクスノオオキクイムシ幼虫が利用できる相手が見つかった．それは，ハネミジカキクイムシの *Ambrosiella* 属菌であった．実は，これらの菌の化学成分（タンパク質）を分析してみると，そのパターンはクスノオオキクイムシとハネミジカキクイムシとの間でよく一致するのである（Kajimura & Hijii 1994 a）．利用可能な他種の PAF は，自分の PAF と菌体成分のよく似た近縁なものであるといえるかもしれない．さらにおもしろいことは，これを与えると，クスノオオキクイムシが成虫まで生育できる可能性（羽化率）が低くなり，体の大きさ（平均蛹重）も小さくなってしまうことである．つまり，自分の PAF より栄養価が低かったということになる．

　こうなると，反対にクスノオオキクイムシの PAF を"味見"させてみたくなる．ところが，その PAF で成虫まで生育できたのは，予想に反してサクキクイムシだった．先ほどの例のように，"相思相愛"ではなかったのである．その後さらに多くの組み合わせ実験を行った（表 2）．そして，この"星取表"とそこに登場するキクイムシの生態（表 1）を見比べていると，彼らの共生関係の歴史を思い描くことができる．樹木を舞台に，キクイムシとアンブロシア菌が，現在のようなきわめて緊密な共生関係を築いてきた過程，すなわち食菌性から養菌性への進化過程である（梶村 1995）．

　しかし，その種特異的関係の成り立ちと共進化のメカニズムの全貌を明らかにするのは容易なことではない．何しろ，現存する養菌性キクイムシの種数は膨大で，それぞれの生態は無論のこと，寄主木の種類すらわかっていないものも多いのである．熱帯林での調査がさらに進めば，数百あるいは数千の新種が発見されるとまでいわれている．さらに，共生する菌に至っては，同定はおろか分離さえされていないものがほとんどであ

表 2 キクイムシ孵化幼虫とアンブロシア菌との組み合わせによる人工飼育実験の結果

キクイムシ種	アンブロシア菌種（共生するキクイムシ種）			
	Ambrosiella sp. 1 （ミカドキクイムシ）	*Ambrosiella* sp. 2 （タイコンキクイムシ）	*Ambrosiella* sp. 3 （サクキクイムシ）	*Ambrosiella hartiggi* （ハンノキキクイムシ）
ミカドキクイムシ *Scolytoplatypus mikado*	NT	NT	NT	NT
タイコンキクイムシ *Scolytoplatypus tycon*	NT	NT	NT	NT
サクキクイムシ *Xylosandrus crasiussculus*	×	×	○ (10.2%;2.4 mg)*	×
ハンノキキクイムシ *Xylosandrus germanus*	×	×	◎ (53.3%;1.6 mg)*	○ (6.7%;—)*
クスノオキクイムシ *Xylosandrus mutilatus*	×	NT	×	×
ハネミジカキクイムシ *Xylosandrus brevis*	×	×	○ (2.0%;1.8 mg)*	×
ツヅミキクイムシ *Xyleborus amputatus*	NT	NT	NT	NT

キクイムシ種	アンブロシア菌種（共生するキクイムシ種）		
	Ambrosiella sp. 4 （クスノオキクイムシ）	*Ambrosiella* sp. 5 （ハネミジカキクイムシ）	*Ambrosiella* sp. 6 （ツヅミキクイムシ）
ミカドキクイムシ *Scolytoplatypus mikado*	NT	NT	NT
タイコンキクイムシ *Scolytoplatypus tycon*	NT	NT	NT
サクキクイムシ *Xylosandrus crasiussculus*	○ (2.2%;2.9 mg)*	○ (6.1%;0.7 mg)†	×
ハンノキキクイムシ *Xylosandrus germanus*	◎ (52.6%;1.4 mg)*	○ (26.7%;1.6 mg)*	NT
クスノオキクイムシ *Xylosandrus mutilatus*	◎ (68.8%;7.6 mg)*	○ (17.6%;6.4 mg)*	×
ハネミジカキクイムシ *Xylosandrus brevis*	×	○ (4.0%;2.0 mg)*	×
ツヅミキクイムシ *Xyleborus amputatus*	×	NT	NT

◎高度に利用可能（蛹化率50%以上），○利用可能，×利用不可能，NT 未実験
* 括弧内は，雌の蛹化率および平均蛹重を示す．
† 括弧内は，雄の蛹化率および平均蛹重を示す．

る．これらの共生菌も，おそらく新種ばかりであろう．両者の種分化の速度は，他の森林昆虫とその共生菌の場合よりも，はるかに早いようである．また一方で，PAF は坑道の位置によって複数種存在する（Nakashima et al. 1992）とか，細菌やバクテリアも調べなければならない（Haanstad & Norris 1985）といった指摘もあり，共生微生物側の概念や研究手法もまだ確立されているわけではない（Beaver 1989；梶村 1998）．160 年以上も前に発見された"アンブロシアの世界"は，予想以上に奥が深いようである．そのメカニズムやルーツを探る"知の旅"は，まだしばらくの間は楽しむことができるだろう．

（梶村　恒）

BOX　キクイムシ類の食性進化

　キクイムシ一億年の歴史は，適応放散の歴史である．キクイムシの多様な食性，それ自体が彼らの進化の産物といえる．ここでは，その壮大なドラマの一端を示すことにしよう．Kirkendall（1983）の仮説では，スタートは樹皮下穿孔虫の時代にさかのぼる．内樹皮は窒素分に富んだ比較的栄養価の高い食物であるが，生きた樹木では樹脂の分泌などの抵抗性が強く，簡単には食べさせてもらえない．へたをすれば，ヤニにまかれて死んでしまうのである．そこで，少し弱った木に穿孔・定着するわけだが，樹皮のすぐ下では外界に近いため，天敵に捕食・寄生される危険が高い．ならばもっと奥の材部に進出すればよいようなものだが，この部分はセルロースとリグニンの塊である．ほとんどすべての動物は，それらを分解する酵素を自らは生産することができず，食物として利用することができない．もちろん，キクイムシも例外ではなかった．しかし，その分解酵素を持っている生物，菌類は実際に存在する．ここで，両者の接点が生じる．ある種またはあるグループのキクイムシは，坑道から侵入する菌に目をつけた．菌の働きによって変質した材を食べ始めたのである．そしてその後，菌を積極的に食べるようになったキクイムシが，「養菌性」への道を歩むようになった．

　一方，Berryman（1989）は，「食材性（材食性）」が出発点であるとした．つまり，キクイムシの祖先は，腐朽材を摂食する食材穿孔虫であるという説を出したのである．そしてそこから，「樹皮下穿孔性」，「養菌性」へとそれぞれ独立的に進化したと考えた．死んで腐った材は樹木側の抵抗がなく，また十分に分解が進んでいるので，キクイムシが食物として利用するには都合がよい．しかし，カミキリムシなど他の多くの食材性昆虫もこの食物を狙っている．この食物資源をめぐる厳しい競争に勝つためには，できるだけ早く腐朽材を発見しなければならない．そこで登場したのが，材内に侵入・繁殖している菌の匂い（代謝産物）を手掛かりにする方法である．これが，キクイムシと菌との最初の出会いである．競争がエスカレートしてくると，比較的新しい材にも穿孔するようになり，さらには植物病原菌を利用（媒介）して自分で衰弱木・枯死木を作り出すものまで現れた．そしてこの過程で，比較的栄養のある内樹皮を摂食し始めたグループが，樹皮下穿孔虫へと進化した．一方，材内で遭遇した菌を積極的に食べるようになったグループが，現在の養菌性キクイムシへと進化していった．

　これらの食性進化論を支持する，"動かぬ証拠"もいくつかある．野淵（1974）は多くのキクイムシを解剖して前胃（消化管の一部）を調べ，その形態・構造がキクイムシの種類・食性ごとに異なることを発見している．たとえば，堅い材組織を食べるキクイムシの前胃には，歯状・針状・こぶ状といった突起があり，材を粉砕する咀嚼機能を持っている．これに対して，軟らかい菌を食べるものは，前胃自体が細く小型であり，突起も縮小・退化している．すなわち，食物のろ過機能しかないのである．そして，このよ

うな構造と機能の中間あるいは複合的なタイプが各食性グループ内に存在していることから，キクイムシは「食材性」から出発して新しい食性を発達させ，何度か過去の食性に戻りながら，複雑に分化していったものと推察した．そして現在，「養菌性」キクイムシは，この中で最も進化したグループであると考えられている．

さらに，樹皮下穿孔虫の中には，菌類を随伴し，マイカンギアを備えて「選択的培養」まで行っている種類がいること，またその菌がキクイムシの栄養源となったり，寄生木を衰弱・枯死させる病原性を持っていたりすること，なども知られている(4.2 節参照)．また，材部ではなく樹皮下でアンブロシア菌を培養しながら生活する養菌性キクイムシが存在したり，ナガキクイムシ科のアンブロシア菌の中に，樹木(ナラ類)の枯死現象に関与するものがある (5.5 節参照) といった報告もある．

最近では，分子生物学の進展によって遺伝子塩基配列の解読技術が急速に発達し，DNA レベルで系統関係を推定できるようになってきた．つまり，近縁な生物同士ほど遺伝子配列がよく似ていることを利用して，種間，地域間あるいは個体(親子)間の系統樹，すなわち"家系図"が描けるようになってきたのである．この試みは，キクイムシ類から分離された一部の菌についても行われている (Cassar & Blackwell 1996；Jones & Blackwell 1998)．そして，キクイムシの種類や食性と菌の病原性とを重ねあわせてみると (梶村 1998)，これまでのドラマも必ずしもフィクションではない気がしてくる．

このように，森林という環境の中で，キクイムシ類は菌類を利用することによって，多様な食物と住み場所という新しいニッチ (niche) を手に入れてきたものと思われる．しかし彼らもまた，大切な"運び屋(vector)"として，菌に利用されてきたに違いない．もしかすると，キクイムシ側にマイカンギアを創出させた菌のほうが，一枚上手なのかもしれない．

(梶村　恒)

4.5 微生物と線虫を利用する昆虫の繁殖戦略
—マツノマダラカミキリによるマツノザイセンチュウの伝播—

　マツノマダラカミキリ（*Monochamus alternatus*）といえば，かつてはカミキリムシマニアが目の色を変えて欲しがるくらいの珍品であった（写真1）．ところが昨今では，どこでも見られるような普通種となっている．このようなマツノマダラカミキリの急激な増加の背景には，森林に生息する線虫や微生物を巻きこんだ複雑な関係が存在することが明らかになってきた．

　マツノマダラカミキリは，成虫の体長が14～30 mm，体色が赤褐色から黒褐色で，地味な感じのするカミキリムシである．上翅は赤褐色の縦縞の間に暗褐色と灰白色の小斑が散りばめられたまだら模様になっていて，これが和名の由来となっている．分類学的には，フトカミキリ亜科（Lamiinae），ヒゲナガカミキリ族（Lamiini）に属し，果樹や街路樹の害虫としてよく知られているゴマダラカミキリ（*Anoplophora malasiaca*）と同族である．

　現在では，マツノマダラカミキリは，マツ材線虫病（pine wilt disease），いわゆるマツ枯れの病原体（pathogen）であるマツノザイセンチュウ（*Bursaphelenchus xylophilus*）（清原・徳重1971）（写真2）の運び屋として（Mamiya & Enda 1972；森本・岩崎1972），悪名をとどろかせている．なお，病気にかかった個体（ここではマツ）から健全な個体へと病原体を運ぶことを伝播（transmission）といい，病原体の運び屋のことを媒介者（vector）という．また，マツのように病原体に侵されるものを，その病原体の宿主（ま

写真1　マツノマダラカミキリの後食

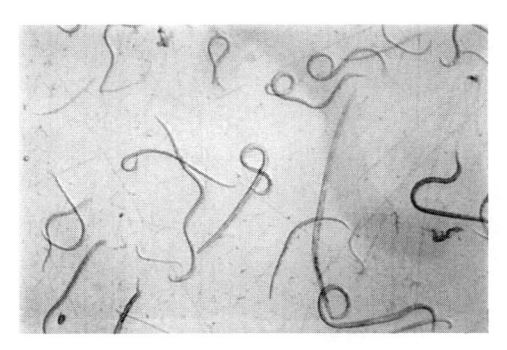

写真 2 マツノザイセンチュウ

たは寄主）（host）と呼ぶ．それでは，その地味な外観からは想像もつかないような，このカミキリムシがマツ林に及ぼす大きな被害のことから述べよう．

4.5.1 マツ材線虫病

日本人にとってなじみの深いアカマツ（*Pinus densiflora*）やクロマツ（*Pinus thunbergii*）を枯らす病気が，マツ材線虫病である．1905年に，長崎県でこの病気による被害がはじめて記録された．その後，局地的な被害がみられていたが，第二次世界大戦の前後に被害が増加した．戦後，連合軍最高司令部（GHQ）による「第一次ファーニス勧告」と「第二次ファーニス勧告」にもとづいて，被害木の伐倒駆除を徹底した結果，被害は低レベルに抑えられるようになったが，1970年代に再び被害が急増し，1978年には今日までで最大の年間被害量243万m^3を記録した．その後，「松くい虫防除特別措置法」や「松くい虫被害対策特別措置法」にもとづいて防除対策をとった結果，被害は減少したが，北海道と青森県を除く日本各地で，いまなお年間100万m^3の被害が出ている．樹齢40年くらいで，樹高が15mほどのマツの木5本が材積で1m^3に相当するので，1年間にこのような木が500万本も枯れていることになる．

この病気における，病原体マツノザイセンチュウとその媒介者マツノマダラカミキリの関係は次のようになっている（図1）．6～7月に，前年に枯れたマツから，マツノマダラカミキリの成虫は多数のマツノザイセンチュウを体内に持って脱出してくる．多いときには，マツノマダラカミキリは20万頭以上のマツノザイセンチュウを持っていることが知られている．そして，そのマツノマダラカミキリの成虫は健全なマツの小枝を食べる（これを幼虫期の摂食と区別して後食（こうしょく）（maturation feeding）と呼ぶ）（写真1）．その際，マツノザイセンチュウはカミキリの体からマツの枝へと乗り移り，枝についた傷口（後食痕）から木の中へと侵入する．マツノザイセンチュウの侵入を受けたマツは，7～8月に樹脂の浸出が止まる．まだこのころは，マツの針葉は緑色をしていて外見上は

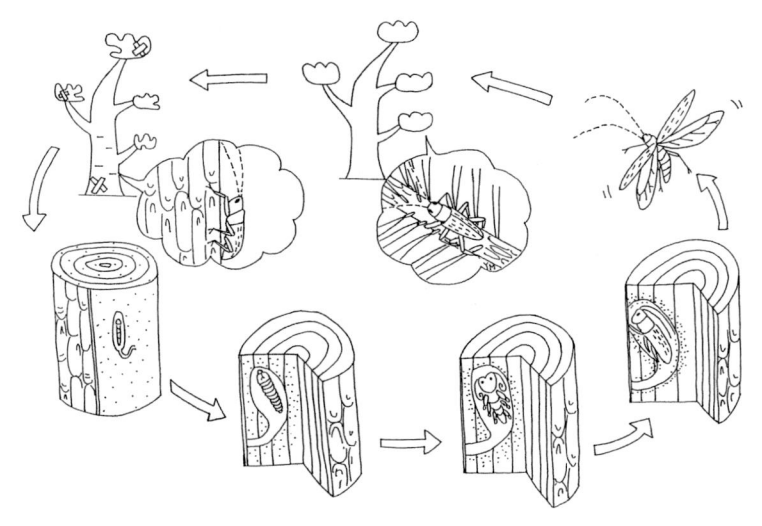

図 1　マツ材線虫病におけるマツノマダラカミキリとマツノザイセンチュウの関係

何の変化もみられないが，マツノマダラカミキリは，このような健全に見えても生理的には衰弱している木を探し当てて産卵する．マツノマダラカミキリは，脱出した直後には性的に未熟であるが，健全なマツの小枝を後食することにより，このころには十分に性成熟しているのである．8～10月に，これらの木では針葉の変色が起こり，やがて枯れてしまう．そのころ，マツノザイセンチュウは，木の中で旺盛に増殖している．一方，卵からかえったマツノマダラカミキリの幼虫は，樹皮下を食べ進みながら日に日に成長していく．そして，終齢幼虫になると，材内に蛹室とよばれる部屋を作り，その中で冬を越す．越冬した幼虫は，翌年の5～6月に蛹室の中で蛹になり，やがて成虫となる．そのころ，マツノザイセンチュウは大挙して蛹室のまわりに集まってきており，成虫になったマツノマダラカミキリの腹部にある気管の中へと乗り移っていく．このようにして，マツノザイセンチュウを体内に持ったまま枯れたマツから脱出したマツノマダラカミキリ成虫は，後食のため健全なマツを求めて飛び立っていくのである．

4.5.2　マツノザイセンチュウ

　マツ材線虫病の病原体であるマツノザイセンチュウは，成虫の体長が約1mmで，アフェレンクス目（Aphelenchida）のアフェレンコイデス科（Aphelenchoididae）に属する昆虫嗜好性線虫（entomophilic nematode）である．昆虫嗜好性線虫とは，その生活史の一部だけを昆虫に依存し，普通は昆虫を運搬者として利用している線虫のことであ

る．これに対し，昆虫体内で栄養摂取，発育を行う線虫は昆虫寄生性線虫(entomogenous nematode) であり，両者をあわせて昆虫関連線虫と呼んでいる（真宮1992）．

マツノザイセンチュウは，1900年代初めに北アメリカから日本（九州）に輸入マツ材とともに侵入したと考えられている．すなわち，輸入材中にマツノザイセンチュウを体内に持った，マツノマダラカミキリと同じヒゲナガカミキリ（*Monochamus*）属のカミキリムシが存在し，日本でそのカミキリムシが材から脱出してきて，日本のマツを後食する際にそこにマツノザイセンチュウを移したとされる．日本のクロマツやアカマツにはこのマツノザイセンチュウに抵抗性がなかったために，感染したマツはいともたやすく衰弱・枯死していった．そうしたマツに日本のマツノマダラカミキリが産卵した結果，その材内でマツノマダラカミキリとマツノザイセンチュウが出会うことになった．その後は，マツノマダラカミキリが前述のようにマツノザイセンチュウの媒介者となり，今日みられるような流行病的被害が起きている．

一般に，外国からの侵入病害に対しては，在来の生物は抵抗性を持たないことが多い．現在では，中国，台湾，韓国でも，日本と同様にマツノザイセンチュウによる被害が出ている．これに対し，北アメリカでは，もともと生育しているマツにマツノザイセンチュウによる流行病の被害は起きておらず，やはり被害が出ているのは外国から入ってきたクロマツやヨーロッパアカマツ（*Pinus sylvestris*）である．マツノザイセンチュウは北アメリカ原産であると考えられていることから，北アメリカ在来のマツはすでにマツノザイセンチュウに対して抵抗性を獲得しており，両者の間には平衡関係が成り立っているものと思われる（清原1997）．

一方，日本には，マツノザイセンチュウと同属のニセマツノザイセンチュウ（*Bursaphelenchus mucronatus*）が，東北から九州までの広い範囲にわたって分布している（岸1988）．この種は，マツノザイセンチュウが現在のように北海道と青森県を除く日本各地に広がるはるか以前から，日本各地に分布していたものと考えられている．ニセマツノザイセンチュウは，マツノマダラカミキリを媒介者とする点はマツノザイセンチュウと同じであるが，一般的にマツに対する病原性がほとんどないため，マツ材線虫病以外の何らかの原因によって衰弱したマツに，マツノマダラカミキリが産卵する際に伝播されてはじめて存続していくことができる．これは，前述の北アメリカにおける在来種のマツとマツノザイセンチュウとの関係と同じである．ニセマツノザイセンチュウは，中国やヨーロッパ，ロシアにも広く分布している．

4.5.3 マツノマダラカミキリとマツノザイセンチュウ

マツノザイセンチュウが日本に侵入する以前，マツノマダラカミキリは，被圧（光をめぐる同種または異種個体間の競争），風などの気象要因，高樹齢などによって衰弱した

マツに産卵することで，子孫を残していた．そうした予期できない資源に頼っていたために，マツノマダラカミキリはめったに見ることができないほど数が少なかったのである．しかし，そのような状態は，マツノザイセンチュウの日本への侵入で一変した．マツノマダラカミキリは，病原性のあるマツノザイセンチュウを健全なマツに伝播することで，産卵に必要な衰弱木を自ら次々と生み出すことが可能になったのである．その結果，マツノマダラカミキリは今日みられるように，その個体数を飛躍的に増加させることができた．

4.5.4 マツノザイセンチュウと菌
a． マツノザイセンチュウの食性

マツノザイセンチュウが属するアフェレンクス目の線虫は，元来，菌食性線虫（mycophagous nematode）であり，菌（いわゆるカビ）を餌として増殖する．菌食性線虫の中には，樹木に穿孔するカミキリムシやゾウムシなどの昆虫（穿孔虫）の孔道内に繁殖する菌を餌とし，新しい生息場所への運搬はもっぱらその穿孔虫に依存しているような種類が数多く存在する．マツノザイセンチュウも，灰色かび病菌（*Botrytis cinerea*）を餌として容易に培養できることからわかるように，菌食性の性質を持つ．

マツノザイセンチュウは，さらに，マツという高等植物に対して寄生性を持ち，これを加害する．この線虫は，菌だけでなく，マツのカルスによっても培養できることが確認されており（Tamura & Mamiya 1979；Iwahori & Futai 1990)，マツの柔細胞からも栄養分をとることができると考えられている．アフェレンクス目に属する昆虫嗜好性線虫の中で，樹木を枯らすという植物寄生性の性質を持つものは，マツノザイセンチュウ以外では，ココヤシ（*Cocos nucifera*）を加害するココヤシセンチュウ（*Rhadinaphelenchus cocophilus*）だけである（Griffith 1987)．このココヤシセンチュウは，甲虫の仲間であるオサゾウムシの一種（*Rhynchophorus palmarum*）によって伝播される．ココヤシのこの病気は，赤色輪腐病（red ring disease）と呼ばれている．

一般に，植物寄生性や菌食性の性質を持つ線虫は，口に針を持ち（これを口針という），その針を相手に突き刺してその細胞内容物を吸収することが知られているが，マツノザイセンチュウもその例外ではない（田中 1974).

b． マツノザイセンチュウの樹体内での増殖

マツノマダラカミキリによって健全なマツに伝播されたマツノザイセンチュウは，後食痕から樹体内に侵入し，そのうちの一部がすみやかに分散移動する．そしてその頃には，マツの柔細胞を餌にすると考えられている．一方，健全なマツの木の中にも，量的にはあまり多くはないが菌が存在しているので，マツノザイセンチュウはこれらの菌も餌として利用している（小林ら 1975).

写真 3 青変したマツ丸太

　外観的な病徴（病気の特徴）であるマツの針葉の変色，萎凋（しおれ）がみられる頃になると，マツノザイセンチュウはマツの柔細胞を餌として利用することができなくなる．一方，材内の菌相は大きく変化し，菌の量も著しく増加する．すなわち，健全木の中に存在した *Pestalotiopsis*（ペスタロチオプシス）属菌などにかわり，材を青黒く変色させる青変菌（blue-stain fungus）（写真3）の一種である *Ophiostoma*（オフィオストマ）属菌（4.2参照）や，材の黒変を引き起こす *Macrophoma*（マクロフォーマ）属菌などが優占するようになる（小林ら 1974, 1975）．マツに外観的な病徴が現れる頃，マツノザイセンチュウは爆発的に増加するが，それと時期を合わせるように青変菌も樹体内に広がっており，この時期のマツノザイセンチュウの餌として，この青変菌が重要な役割を果たしていると考えられている（黒田・伊藤 1992）．さらに，マツが完全に枯死したあとも，マツノザイセンチュウは青変菌などの材内菌を餌としている．

c．マツノザイセンチュウの増殖に好適な菌・不適な菌

　マツノザイセンチュウは菌を餌にするといっても，どんな種類の菌を食べても増殖できるかといえば必ずしもそうではない．ここで，マツに関係の深い菌を用いてマツノザイセンチュウの増殖を調べた実験の結果を示すことにしよう（Maehara & Futai 2000）．

　微生物実験でよく用いられるジャガイモブドウ糖寒天培地（PDA培地）を底に敷いた容器内で，何種類かの関連菌を1種類ずつ培養し，それぞれの容器の中に滅菌したマツの細枝の断片（長さ1cm, 直径1cm）を入れた．枝断片に菌が十分に広がったところで，その枝断片を別の容器に移し，マツノザイセンチュウを各枝断片あたり350頭ずつ加えた（このように線虫や微生物などを，培地や生物体などに植えつけることを"接種する"という）．そして，接種から 2, 4, 6, 8, 12週後，それぞれの枝断片における線虫数を調べてみた．その結果，マツ材線虫病の進行にともなってマツ材内で優占的になる青変菌（*Ophiostoma*）や材を黒変させる *Macrophoma* を繁殖させた枝断片では，マツノザイ

表 1 マツに関係する菌類のマツノザイセンチュウの増殖に対する好適性 (Fukushige 1991; Maehara & Futai 2000)

好適な菌類	不適な菌類
Ophiostoma	*Verticillium*
Verticicladiella	*Penicillium*
Macrophoma	*Trichoderma*
Pestalotiopsis	
Fusarium	

センチュウは4週目まで急激に増えていき,その後12週目まで緩やかに増え続けた.最終的な線虫数は,*Ophiostoma* で平均18600頭,*Macrophoma* で平均12400頭にも達し,それぞれはじめに接種した線虫数350頭の53倍と35倍に増えたことになる.逆に,*Verticillium*(バーティシリウム)属菌や *Trichoderma*(トリコデルマ)属菌を生やした枝断片では線虫数は激減し,12週目の線虫数は,*Trichoderma* では22頭,*Verticillium* ではわずか1頭とほぼ全滅状態であった.それ以外に,マツノザイセンチュウが増えも減りもしないという菌も存在した.これらのことを,同様の他の実験の結果(Fukushige 1991)と合わせて表1にまとめてみよう.このように,一口にマツに関係する菌といっても,マツノザイセンチュウの増殖に対する適・不適の程度(好適性)は様々なのである.

d. 線虫捕食菌

菌は線虫の餌になるばかりかというと,実はそうではない.菌の中には,逆に線虫を捕えて食べる菌,すなわち線虫捕食菌(nematophagous fungus)という,驚くべき生態を持つものも存在する(田村1973;三井1983, 1992).この線虫捕食菌は,線虫への寄生の方法により,外部寄生菌(ectoparasite)と内部寄生菌(endoparasite)の二つに大きく分けられる.

外部寄生菌とは,菌糸に特殊な器官(わな)を作って線虫を捕える菌,すなわち線虫捕捉菌(nematode-trapping fungus)のことである.捕捉器官には大別して,粘着性捕捉器官と環状捕捉器官の二つがある.粘着性捕捉器官には,菌糸の一部の表面に粘着性を持っているもの,枝分かれした菌糸が粘着性を持っているもの,枝分かれした菌糸がつながってできる平面的あるいは立体的な網状のもの,1～3個の細胞からなる柄によって菌糸につながった,あるいは枝分かれした菌糸の先端に作られた球状のものがある.環状捕捉器官は,3個の弓形の細胞でできた環状のもので,2～3個の細胞からなる柄によって菌糸にくっついている.この環には,収縮するものとしないものがある.菌の種類によっては,粘着性の球状捕捉器官と収縮しない環状捕捉器官を合わせ持つものもある.以上のいずれの場合にも,捕えられた線虫は激しくあばれるが,やがて動かなくな

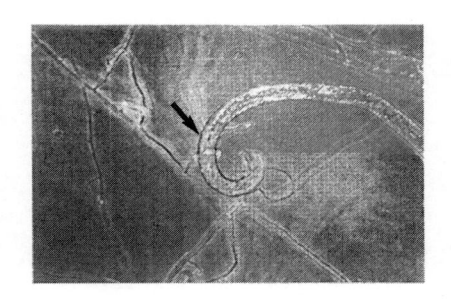

写真4 *Arthrobotrys* 属菌の捕捉器官（矢印）に捕えられたマツノザイセンチュウ

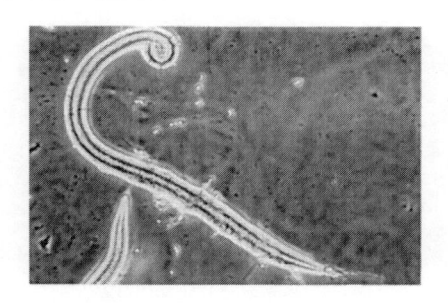

写真5 *Verticillium* 属菌に寄生されたマツノザイセンチュウ

る．その後，その菌は，捕捉器官から線虫体内に菌糸を伸ばし，体内容物を吸収する．最終的には，線虫は外皮だけになる．マツに関係する線虫捕捉菌の例としては，*Arthrobotrys*（アースロボトリス）属菌があげられる（写真4）．

また，内部寄生菌は，分生子（菌糸から無性的に作られる胞子の一種）が線虫に付着したり，線虫にわざと食べられたりすることによって線虫に感染し，線虫体内で増殖する．前述の *Verticillium* は，実はこの内部寄生菌である（写真5）．すなわち，*Verticillium* は *Trichoderma* のように餌にならないことから線虫が餌不足を起こすのではなく，この菌が積極的に線虫を殺してしまったために，線虫をほとんど全滅させてしまったのである．

以上のように，マツに関係している菌には，マツノザイセンチュウの餌となるもの，ならないもの，はてはマツノザイセンチュウを餌にして殺してしまうものまで，実に様々なものが存在している．

4.5.5 マツ材線虫病におけるマツノマダラカミキリ-マツノザイセンチュウ-菌の関係
a. マツノマダラカミキリのマツノザイセンチュウ保持数の重要性

マツノマダラカミキリが，マツ材線虫病の病原体であるマツノザイセンチュウを枯れたマツから健全なマツへと伝播することはすでに述べたとおりである．しかし，その後の調査で，1本の枯れたマツから脱出してくるマツノマダラカミキリのなかにも，膨大な数のマツノザイセンチュウを体内に持っているものもいれば，全く持っていないものもいることが明らかにされた．

この病気は，枯れたマツから健全なマツにマツノザイセンチュウが運ばれることによって広がる．また，多くの線虫が侵入するほど，そのマツは枯れやすいこともわかっている（清原ら1973；橋本・讃井1974）．枯死木から多数の線虫を抱えて脱出してきたマツノマダラカミキリは，後食の際にやはり多数の線虫を健全木に移すので，結局その木

は枯れてしまう(Togashi 1985). これに対し, 線虫をそれほど持たずに脱出してきたマツノマダラカミキリは, 健全木に伝播する線虫の数も少ないので, その木は枯れないで済むかもしれない. また, 線虫をまったく保持していないマツノマダラカミキリならば, いくら健全木を後食しても線虫を伝播することはないので, 決してその木を枯らすことはない. このように, 本病の広がりを考える上で, マツノマダラカミキリが運ぶ病原線虫の数というものが, きわめて重要であることがわかる.

b. マツノマダラカミキリのマツノザイセンチュウ保持数に影響する要因

マツノマダラカミキリが体内に持つマツノザイセンチュウの数が, カミキリ個体によってなぜ大きくばらついているのかという点については, これまで数多くの研究が行われてきた(岸 1988). マツノマダラカミキリのマツノザイセンチュウ保持数に影響する要因として, 地域や気象要因, マツノマダラカミキリの雌雄や体の大きさの違い, 枯死木からの成虫の脱出時期(初夏から晩夏の間のいつ脱出してくるか), カミキリが脱出した材や蛹室周辺の材の含水率などが調べられたが, 一定の傾向がみられたのは, 含水率くらいのものであった. 含水率が高すぎても低すぎても, すなわち, 材が湿りすぎても乾きすぎても, マツノマダラカミキリが枯死木から運び出す病原線虫の数は少なくなった.

しかし含水率だけで, マツノザイセンチュウ保持数のばらつきの理由のすべてを説明することはできなかった. なぜなら, 含水率が同程度の材から脱出してきたマツノマダラカミキリのなかにも, 保持する線虫数の多いものから少ないものまで, 様々な個体が同時にみられる場合が決して珍しくないからである.

マツノマダラカミキリがマツノザイセンチュウを多数保持するために必要な条件は, その蛹室に線虫が多数集まり, 羽化したカミキリに多数乗り移ることである. さらにさかのぼって考えてみると, 枯死木の材内で線虫自体が増殖していなければならないことになる. マツノザイセンチュウは, マツノマダラカミキリ幼虫の排泄物中の不飽和脂肪酸に誘引されてその蛹室に集まってくることが知られているが(宮崎ら 1977 a, b), もともと材内に線虫がそれほど多く存在していなければ, 蛹室に多数の線虫が集まるなどということはありえないからである.

c. マツノザイセンチュウの生活環

マツノザイセンチュウは, 餌が豊富にあるといった良い生息環境にいるときには, 卵, 増殖型第2期幼虫, 増殖型第3期幼虫, 増殖型第4期幼虫, 成虫, そしてその成虫が交尾して産卵するという"増殖型(propagative form)"のサイクルをとり, その個体数をどんどん増やしていく(真宮 1975). 線虫は, 脱皮することで, 発育ステージが一つ進む. やがて生息環境が悪化してくると, 増殖型第2期幼虫は, やはり脱皮して, 増殖型第3期幼虫とは形態的に違う分散型第3期幼虫になり, "分散型(dispersal form)"のサイクルに入る (Ishibashi & Kondo 1977 ; Kondo & Ishibashi 1978). そして, マツノマダラ

```
         成虫
     ↗        ↘
  第4期幼虫    分散型第4期幼虫
    ↑  増殖型 卵 分散型  ↓
  第3期幼虫    分散型第3期幼虫
     ↖        ↙
         第2期幼虫
```

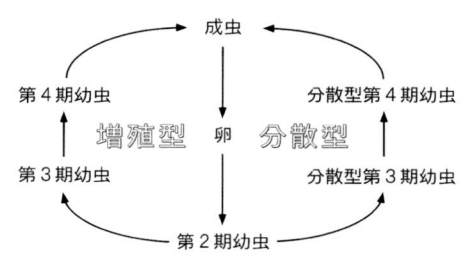

図2　マツノザイセンチュウの生活環

カミキリの蛹室に集合した分散型第3期幼虫は，カミキリの存在下で初めて分散型第4期幼虫（耐久型幼虫ともいう）になって（Maehara & Futai 1996），虫体へと乗り移る．分散型第4期幼虫は，媒介者によって伝播されるための特殊なステージであり，餌をとる必要がないため口針や食道を持たない．そして，マツノマダラカミキリによって健全木へと伝播された分散型第4期幼虫は，健全木内で成虫となり，再び増殖型のサイクルをたどる（図2）．以上のことからわかるように，マツノザイセンチュウがマツノマダラカミキリによって伝播されるためには，分散型のサイクルに入る必要があることになる．

d．マツノマダラカミキリのマツノザイセンチュウ保持数に対する菌の影響

　マツノザイセンチュウのマツノマダラカミキリへの乗り移りを人工的に再現できる実験系を用意して，カミキリの保持線虫数に対する菌の影響を調べた実験の結果をみてみることにしよう．その実験系とは，マツの幹から切り出した小さな材片（縦，横 2.5 cm，高さ 5 cm）にマツノマダラカミキリの蛹室を模した穴をあけ，滅菌後，穴の中に特定の菌を1〜数種接種して材片全体に繁殖させ，そこに無菌のマツノザイセンチュウを接種し，最後に人工飼料で無菌的に飼育したマツノマダラカミキリの老熟幼虫を入れるというものである．そして，その老熟幼虫が蛹を経て，成虫となり，材片から脱出してきたときに，その成虫はマツノザイセンチュウを体内に持っているというわけである．

　まずは，材内に1種類の菌だけが存在する場合について調べた実験の結果を示してみよう（Maehara & Futai 1996）．ここで用いた菌は，線虫の餌になる青変菌 *Ophiostoma* と，餌にはならない *Trichoderma* である．材片の穴の中に，菌，マツノザイセンチュウ，マツノマダラカミキリ老熟幼虫の順に入れ，カミキリが成虫になって脱出してくるのをひたすら待った．*Ophiostoma* の場合，マツノザイセンチュウはやはりよく増殖し，分散型幼虫の割合も高く，マツノマダラカミキリの保持線虫数は平均2360頭，最高6400頭と非常に多かった．これに対し，*Trichoderma* では，マツノザイセンチュウはあまり増殖せず，分散型幼虫の割合も低く，マツノマダラカミキリの保持線虫数は平均14頭ときわめて少なかった．菌をまったく接種しなかった対照区では，マツノザイセンチュウの数は当初の接種頭数より減少し，分散型幼虫の割合も非常に低く，マツノマダラカミキ

表 2 マツノマダラカミキリのマツノザイセンチュウ保持数に対する菌類の影響（Maehara & Futai 1997）

接種した菌類	線虫の増殖	分散型幼虫の割合	マツノマダラカミキリの保持線虫数
Verticillium 単独 *Ophiostoma* → *Verticillium* *Verticillium* → *Ophiostoma* *Ophiostoma* + *Verticillium*	×		×
Trichoderma 単独 *Ophiostoma* + *Trichoderma* *Trichoderma* → *Ophiostoma*	△	△	△
Ophiostoma 単独 *Ophiostoma* → *Trichoderma*	○	○	○

＋は2種類の菌を同時に接種したことを，→は左の菌を先に右の菌を後から接種したことを表す．

リが保持する線虫の数はほとんどゼロであった．

次に，材内に2種類の菌が存在する場合についてはどうだろうか（表2）（Maehara & Futai 1997）．ここで用いた菌は，*Ophiostoma* と *Trichoderma* に加えて，線虫の内部寄生菌である *Verticillium* である．*Ophiostoma* と *Trichoderma*，*Ophiostoma* と *Verticillium* を組み合わせ，それぞれの組み合わせについて，2種類の菌の同時接種といずれか一方の菌を先に接種する二通りの，合計三つの実験区を設けた．これに各菌単独接種の3実験区を加えて，全部で九つの実験区を用意した．そして，菌の接種後，先ほどと同じ方法で，マツノザイセンチュウを接種し，マツノマダラカミキリ老熟幼虫を穴の中に入れ，成虫になって出てくるのを待った．その結果，*Ophiostoma* と *Verticillium* の組み合わせでは，接種の順序にかかわらず *Verticillium* 単独接種の場合と同様に，接種したマツノザイセンチュウはまったく増殖しなかった．そのため，マツノマダラカミキリ成虫の保持線虫数はほとんどゼロであった．*Ophiostoma* と *Trichoderma* の組み合わせについては，カミキリ成虫の保持線虫数は，*Ophiostoma* を先に接種した区では *Ophiostoma* 単独接種の場合と同様に多くなったが，残り二つの区では少なくなった．これは，*Ophiostoma* を先に接種した区では，線虫がよく増殖し，分散型幼虫の割合も高くなったためである．

このように，マツノザイセンチュウに対する好適性が異なる菌の間にみられるかかわりあい（相互作用）の結果，マツ枯死木の材内で広く優占する菌の種類が何であるかによって，マツノザイセンチュウの増殖の良し悪しや分散型幼虫の割合が影響を受け，さらにはマツノマダラカミキリがその枯死木から運び出すマツノザイセンチュウの数が強く影響を受けることがわかってきた．

4.5.6 マツ材線虫病における生物間相互作用

　ここまでみてきたように，マツ材線虫病には，マツノマダラカミキリ，マツノザイセンチュウ，材内菌が関係していた．しかし，この病気にかかわる生物は，実はこれだけではない．たとえば，マツの枯死木の中には，マツノマダラカミキリ以外にも様々な種類のカミキリムシ，ゾウムシ，キクイムシなどの穿孔虫が存在する．マツノザイセンチュウが病原体であることがつきとめられる以前は，マツノマダラカミキリも含めたこれらの穿孔虫がマツを枯らしているのではないかと疑われ，これらを称して"松くい虫"と呼ばれたほどである．

　それでは，マツ枯死木の中には，このように多くの穿孔虫が存在するにもかかわらず，なぜマツノザイセンチュウはおもにマツノマダラカミキリによってのみ伝播されるのであろうか．それは，マツノマダラカミキリの蛹室には多数のマツノザイセンチュウが集合するのに対し，他の穿孔虫の蛹室にはマツノザイセンチュウがほとんど集まってこないからである（Maehara 1999）．しかし，その理由については，まだよくわかっていない．なお，寒冷地では，カラフトヒゲナガカミキリ（*Monochamus saltuarius*）というマツノマダラカミキリと同じヒゲナガカミキリ属に属する近縁なカミキリムシが，マツノザイセンチュウの媒介者となっていることが知られている（滝沢・庄司 1982）．また，マツノザイセンチュウの餌になる青変菌をマツノマダラカミキリ（小林ら 1974）やキクイムシ（黒田・伊藤 1992）がマツの衰弱木に持ち込むということも知られている．

　マツ材線虫病には，単に病原体とその宿主という関係だけではなく，これまでに判明しているものに限っても，微生物を含めた様々な生物間の相互作用をみることができる．今後，これらをさらに解明していくことにより，日本の森林において今なお最も重大な病虫害の一つであるこの病気の生物的防除を考える上で，大きな手がかりを得ることができるものと思われる．さらには，しばしば大被害を引き起こす，外国からの侵入病害についての重要な知見をももたらしてくれるに違いない．森林を舞台に織りなされる多様な生物間のかかわりあいが明らかになればなるほど，われわれはその巧妙さにますます驚かされることだろう．

（前原紀敏）

第5章

微生物が動かす森林生態系

5.1 森林生態系の駆動因子としての微生物

　生態系では，複数の生物的要因と非生物的要因が複雑に影響を及ぼしあいながら動的な平衡状態にある．樹木の寿命が長いことも関係して，森林は変化に乏しいという印象が強い．極相林ではとくにその印象が強いが，実際にはきわめてダイナミックに変動している．植物は光合成によって太陽エネルギーを生態系に取り込む役割を担っていて，地球上すべての生態系において，生物的構成要素の根幹を成している．森林においては，とくに高木種が，森林の骨格として内部環境を決定する最も重要な要素であり，下層植生など他の植物種にも影響を及ぼす．しかし，植物だけで森林生態系は存続できないし，ましてや高木種だけで森林を維持するのは不可能なことである．

　森林は時間的にも空間的にもきわめて多様である．生態学の教科書では，冷温帯林や寒帯林の多様性が低いことを教えるが，これはあくまでも1 haに数百種の植物が生育する熱帯林と比較した相対的な結果であって，冷温帯林や寒帯林が空間的に一様で単純な構造をしているわけでも，時間的に同じ状態が恒久的に続いていることを意味するものでもない．森林では，害虫の大発生・病気・鳥獣害などの生物害や，寒害・乾燥害・凍害・風倒などの気象害が原因で，あるときは単木的に，あるときはパッチ状に，そしてあるときには広い面積にわたって林冠木が枯死する．枯死した樹木は穿孔性昆虫や微生物の働きによって分解されていく．その一方で，林冠木が枯死したあとのギャップでは，異種あるいは同種の植物個体間による競争が起こり，長い時間をかけて次世代の林冠木に入れ替わる．森林はフェーズとサイズの異なるパッチのモザイク構造からできていて，空間的にも決して一様ではなく，時間的にも成長と世代交代を繰り返している．本章では，これらのダイナミクスに微生物がどのように関与しているのかを紹介する．

5.1.1　昆虫の大発生—昆虫の流行病と植物の防御—

　昆虫はその加害性によって次のように分類することができる．ほとんどの食葉性昆虫のように健全な樹木に寄生して樹木の健全性を引き下げるもの，衰弱した樹木に寄生して樹木を枯死させるもの，死亡した樹木の分解にかかわるものである．森林ではしばしば昆虫が大発生するが，昆虫の大発生にも様々な形で微生物が関係している．

　森林などの自然生態系は恒常性（homeostasis）を備えているため，自己制御機構の働きによって，通常は，寄主植物を殺してしまうほど高い密度になる前に害虫の密度が減少するか，あるいは，たとえ大発生したとしても天敵の働きによってすみやかに終息する．なかでも，食葉性昆虫の大発生ではウイルスや糸状菌などによる病気の流行によっ

て終息するものが多い．また，昆虫が高温多湿の異常環境におかれたり，餌不足で健康が損なわれると，普段は共生的な関係にある腸内細菌が異常増殖して，宿主である昆虫を殺してしまうこともある．異常増殖した細菌によって栄養が奪われるばかりでなく，細菌が生成する毒素で腸壁が壊され，腸内細菌が体内に侵入するのである．最後は細菌の生成するタンパク質分解酵素によって，体がどろどろに溶けてしまう．昆虫の消化管は，通常強アルカリ性であるが，ストレス環境下では消化液のアルカリ性が低下し，抗菌性物質が少なくなるために，細菌の増殖の抑えが効かなくなることがその原因である．驚くべきことに，もっとも増えやすい腸内細菌は，乳酸菌（*Streptococcus faecalis*）なのである．

このように，微生物が直接昆虫の密度を制御する例については多くの報告があるが，植物は植食者や病気などの外敵や不適な環境から身を守るために，進化の過程でさまざまな防御機構を身につけてきた．その一つとして，植物の体内にエンドファイト（endophyte）ないし内生菌と呼ばれる共生菌が生息することによって，病害虫や乾燥などに対して抵抗性を獲得する方法がある（2.2節参照）．エンドファイトと植物の組み合わせによって，様々な防御物質が作り出される．たとえば，家畜毒性のアルカロイド（alkaloid）としてはロリトレムBやエルゴバリン，耐虫性アルカロイドとしてはペラミンやロリナルカロイドが知られている（古賀1999）．家畜有害物質と耐虫性物質は異なっているため，家畜有害物質は産生しないで耐虫性物質のみを産生するエンドファイトを人工的に感染させることによって，耐虫性や耐乾性を持っていて家畜には無害な牧草を育成する研究が行われている（古賀1997）．

樹木に関しても，ニレ立枯病（Dutch elm disease）と内生菌の興味深い関係がイギリスで報告されている（Webber 1981）．ニレ立枯病は，キクイムシが病原菌 *Ophiostoma ulmi*（オフィオストマ・ウルミ）を媒介することによって起こる（5.5節参照）．しかし，ニレに内生菌 *Phomopsis oblonga*（フォモプシス・オブロンガ）が寄生すると，ニレ立枯病に対して抵抗性を発現するようになり，キクイムシが攻撃して病原菌が持ち込まれても枯れない．イギリスでは，ニレ立枯病を予防する目的で，この内生菌をニレに人工接種している．今後エンドファイトや内生菌の研究が進展すると，様々な森林病害虫に対して有効に利用される可能性を秘めている．

植物自身も，植食者や病気に対して防御物質を作り出している．植物の防御は，恒常的防御（constitutive defense）と誘導防御（induced defense）に分けることができる．誘導防御反応は，フェノール類（phenolics）やレジン（resin）といった比較的製造コストの安い二次代謝物質を食害レベルに応じて変化させるものである．食害を受けると食害を受けた葉そのものだけではなく，その周囲の枝，植物個体全体にも誘導防御反応が起こる（Baldwin & Shultz 1983）．そればかりか，周囲の食害を受けていない個体にも

誘導防御反応が誘発される．これは，空気を介した植物個体間のコミュニケーションや (Baldwin & Shultz 1983；Fujiwara et al. 1987；Zeringue 1987；Farmer & Ryan 1990；Bruin et al. 1992)，根の接触ないしは土壌を介したコミュニケーション (Haukioja et al. 1985) によって引き起こされる．また，失葉した個体が土壌からの養分吸収を高めることによって，競争関係にある近接した樹木個体の葉の質を引き下げるともいわれている (Tuomi et al. 1990)．近年，菌根菌ネットワークを介して植物個体間で炭素の輸送が行われていることが明らかにされてきたが (Simard et al. 1997) (5.3節参照)，菌根を介した養分のやりとりによって，近隣の他個体に誘導防御を誘発している可能性も考えられるだろう．

5.1.2　樹木の枯死

　微生物は，しばしば宿主植物を枯死させることがある (5.4，5.5節参照)．林床に生育する稚樹や若木は，光不足などのストレス条件下におかれているために，比較的病原性の弱い微生物でも枯死する．しかし，現在われわれが目の前にしている植物と微生物の宿主-寄生者関係は，長い時間をかけた共進化 (coevolution) の結果できあがったものであるため，自然生態系で林冠構成木を簡単に枯死させるような強い病原性を持った微生物はほとんどいない．このような強力な殺傷性は進化的に安定な戦略 (evolutionary stable strategy：ESS) とはなりえないからである．わかりやすくいえば，強力な殺傷性をもつ微生物が出現しても，宿主ともども絶滅してしまうか，もしくは長期的には宿主のなかで抵抗性を持つものが選抜されてしまうからである．

　ニレ立枯病やクリ胴枯病 (chestnut blight)，マツ材線虫病 (pine wilt disease) は，微生物の原産地では，宿主植物を枯らすことなく共存していたものである (5.5節参照)．マツノザイセンチュウ (*Bursaphelenchus xylophilus*) の原産地であるアメリカ大陸では，土着のマツの多くがマツノザイセンチュウに対する抵抗性を持っているため，マツが大量に枯死するような森林被害は発生しない．また，日本には，マツノザイセンチュウの近縁種で在来のニセマツノザイセンチュウ (*Bursaphelenchus mucronatus*) がいるが，ニセマツノザイセンチュウは日本のマツに病原性を持たない．しかし，土着でない病原微生物が侵入すると，流行病的に枯損が発生することがある．このような現象は，20世紀以降，地球規模の人的・物的な交流が盛んになるにつれて急激に増加した．

　日本のマツ材線虫病は，明治時代に最初に発生し，戦後急激に被害量が増大したが，近年でも枯死材積は年間100万m^3を超えており，日本のマツ林の風景が大きく変わってしまったのは記憶に新しい．マツノザイセンチュウは20世紀になってから日本に持ち込まれ，在来のマツノマダラカミキリ (*Monochamus alternatus*) との共生関係が成立したという点で，マツノマダラカミキリとマツノザイセンチュウの関係は特殊である

(5.5節参照)．マツノマダラカミキリの幼虫は健全なマツを摂食することができないため，マツノザイセンチュウが侵入する前のマツ林では，マツノマダラカミキリは自然に衰弱したマツを利用して細々と生活していた．マツ林の中でも，決して密度の高い種ではなかった．しかし，マツノザイセンチュウと新しい共生関係が成立すると，成虫がマツノザイセンチュウを健全なマツに媒介してマツを弱らせることができるようになったため，マツ林生態系の主要種になってしまった．また，北アメリカで発生しているクリ胴枯病も，東アジアから侵入したと推測されている病原菌によってクリが大量に枯死する侵入病害である．北アメリカでは，クリ胴枯病によって大量のクリが枯死したために森林の多様性が低下した．このように，もともと生息していなかった生物が侵入すると，生態系が大きく変化してしまうことは珍しくない．

もともと土着の生物でも，しばしば高密度になると，健全な樹木を攻撃して枯らすものがある．北海道では台風などによって風倒木が大量に発生すると，ヤツバキクイムシ (*Ips typographus japonicus*) が大発生する (4.2節参照)．ヤツバキクイムシは，通常は衰弱した樹木を利用して生活している．しかし，いったん大発生して密度が高くなると，健全な木に穿孔して樹木を枯死させるようになる．この際，キクイムシが随伴する青変菌 (blue stain fungi) が重要な役割を担っている．キクイムシの穿孔を受けると，健全な樹木は傷害樹脂道を形成して樹脂などの誘導防御物質を分泌し，キクイムシの寄生を阻止している．キクイムシが随伴する青変菌は樹木に対し病原性を持っているため，この青変菌が樹体内に多量に持ち込まれるとレジンの浸出が止まり，キクイムシが寄生できるようになる．キクイムシの密度が低いときには，健全な樹木を衰弱させるに十分な量の青変菌が接種されないため，宿主を衰弱させることはできないのである．

しかし，このように健全な樹木を次々に枯死に導くような病害はごくまれであり，カミキリムシなどの穿孔性昆虫の穿孔跡や物理的な傷害をきっかけに，そこから病原菌が侵入して，部分的な腐朽や枯死が発生する場合がほとんどである．

5.1.3 枯死木の分解

樹木は枯死すると，腐朽菌や材食性昆虫などによって分解されていく．通常，微生物にしても材食性昆虫にしても，一つ一つの種は分解過程の中の限定されたステージにのみ関与する．たとえば，材食性昆虫は，健全な樹木にしか加害できないものから，衰弱した樹木であれば加害できるもの，完全に枯死しないと加害できないものまで多様である．完全に枯死した材でも，腐朽していく過程によって加害する菌や昆虫の種は異なっている．樹脂や樹液といった樹木の防御反応と，材の栄養が，至近要因として関係している．

材の腐朽菌には，白色腐朽菌 (white rot fungi) と褐色腐朽菌 (brown rot fungi)，

軟腐朽菌（soft rot fungi）の三つの腐朽タイプがある．白色腐朽を起こした朽ち木は，セルロース（cellulose）とリグニン（lignin），ヘミセルロース（hemicellulose）という木材の3種の主成分がほぼ同じように分解され，色が白っぽくなり縦に繊維状にほぐれやすくなる．白色腐朽菌はおもに広葉樹に優占する．軟腐朽も白色腐朽と同じく三つの成分をほぼ同じように分解するが，野外では，水に浸かるとか土に埋まった状態の広葉樹におもに発生する．一方，褐色腐朽材は，色は赤褐色で，ブロック状に割れる．褐色腐朽が進むと，手でも簡単に崩せるほどに柔らかくなるが，これは，セルロースとヘミセルロースという，木材の骨格を形成する化学成分がおもに分解されるためである．褐色の色は，分解されずに残ったリグニンの色である．広葉樹にも発生するが，おもに針葉樹に多く発生し，とくに気温が冷涼な地域に比較的多く発生する．もとは同じ樹種でも，腐朽菌の種類によってまったく異なった性質に変わっていくが，逆に，樹種は異なっていても腐朽菌の種類が同じであれば，朽ち木の物理的・化学的な性質はよく似たものになる．

　腐朽のステージと腐朽タイプ（菌の種類）は，材食性昆虫の種類と密接に関係している．クワガタムシは腐朽菌が繁殖した材を摂食して発育するが，腐朽タイプと腐朽ステージによって，摂食できるクワガタムシの種類が決まっている（荒谷 1995）．ツヤハダクワガタ（*Ceruchus liganarius*）とマダラクワガタ（*Aesalus asiaticus*）は褐色腐朽材に，コルリクワガタ（*Platycerus acuticollis*）は軟腐朽材に集中して発生する．ツヤハダクワガタは，褐色腐朽でもとくに腐朽の末期ステージの材を選好する．ツヤハダクワガタの幼虫が順調に成長するためには褐色腐朽材が不可欠であり，また，雌成虫は褐色腐朽材に対して明らかに産卵選好性を示す．どの腐朽タイプでも生育できるオニクワガタ（*Prismognathus anglaris*）においてさえ，腐朽タイプの違いが幼虫の成長や成虫サイズに影響を与える．

　クワガタムシは腐朽菌が繁殖した材を利用するだけであるが，微生物とより進んだ共生関係を結ぶことによって，材の加害や摂食を可能にしている昆虫もいる．シロアリは，腸内に原生動物の仲間である原虫を培養していて，腸内原虫が木材セルロースの分解を助けている（3.4節参照）．アンブロシアキクイムシ（ambrosia beetle）の仲間は，マイカンギア（mycangia）という胞子貯蔵器官（菌嚢）にアンブロシア菌（ambrosia fungi）を持ち，親成虫は材内に掘った坑道の壁面に菌を培養して，菌を幼虫の餌とする（4.4節参照）．アンブロシア菌は材部から窒素を吸収して，アミノ酸を合成する．アンブロシアキクイムシは，その菌を食べることによって生体に必要な窒素を獲得している．同じキクイムシの仲間でも，アンブロシアキクイムシはそれ以外のキクイムシに比べると多犯性で食性幅が広いが，これは材そのものではなく培養した菌を食べるためであろう．キバチ類は，産卵の際に産卵管から菌を材に接種する．菌が接種された材では，キバチの

幼虫の生存率も成長もよくなる（4.3節参照）．

5.1.4 更新の促進と阻害

森林で樹木が枯死すると空いたニッチ（niche）をめぐって植物間で競争が起こる．菌類は森林の樹木の更新に密接に関係している．

熱帯林や温帯林の植林では，菌根菌の存在なくしては更新がうまくいかない場合が多い．これは，菌根菌が，養水分の吸収促進や重金属耐性の向上といった点で植物の発育に寄与しているためである（2.4節参照）．

一方で，更新を阻害する微生物もある（5.4節参照）．「ある樹種の天然林が成立しうるか否かはその稚苗が菌害を回避できるかどうかで決まる」という菌害回避更新論（倉田1949）や，「親木の近くでは親木と共通の病害虫が多いため更新しにくい（そのことが森林構造の多様性を維持している）」という Janzen-Connel モデル（Janzen 1970；Connel 1970）が提出されてから久しい．熱帯林では，親木と共通の病気による死亡が種子や稚樹の重要な死亡要因になっている（Augspurger 1979；Augspurger & Kelly 1984；Kitajima & Augspurger 1989）．ブナでは，炭そ病菌の一種 *Colletotrichum dematium*（コレトトリカム・デマチウム）が引き起こす立枯病（damping off）が，当年性実生の死亡を引き起こす最大の原因になっている（Sahashi et al. 1994, 1995；Sahashi 1997）．エゾマツ（*Picea jezoensis*）の天然更新では，暗色雪腐病（snow blight）による種子腐敗が重要な更新阻害要因となっている．土壌などの環境要因に関係した，*Racodium therryanum*（ラコディウム・テリアヌム）の密度が，エゾマツ種子の死亡率に密接に関係しており，*R. therryanum* がほとんど存在しないか存在しても密度が低い場所は，エゾマツの種子が菌害を回避できる「安全な場所」（safe site）になっている（程1989）．

以上のように，森林の動態においては微生物が関係していない側面を見つけるのが困難なほど，両者は密接に関係している．しかし，まだまだ未解明な点が多く，今後も大きな研究の進展が期待される分野である．

〔**鎌田直人**〕

5.2 森林食葉性昆虫の大発生と微生物

森林では，穿孔性昆虫，吸汁性昆虫，食葉性昆虫などがしばしば大発生する．本節では食葉性昆虫を中心に話を進めることにする．

5.2.1 森林生態系の恒常性と昆虫の大発生

食葉性昆虫が大発生して樹冠の葉を失うと，樹木が枯死する場合がある．一般的な傾向として，落葉樹は葉を食害されても枯死することは少ないが，常緑針葉樹では樹冠の葉の多くを失うと枯死する場合が多い．たとえば，スギ林やヒノキ林でスギドクガ (*Calliteara argentata*) が大発生すると，高い確率 (6.5〜58.2%) で枯死が発生する（柴田 1983）．一方で，カラマツ (*Larix leptolepis*) はカラマツハラアカハバチ (*Pristiphora erichsoni*) やカラマツマダラメイガ (*Cryptoblabes loxiella*) に数年間連続で食害されても枯死する個体は少ない（小林・竹谷 1994）．萌芽しやすさに関係した樹種特性がこれらの差に関係している．

また，乾燥ストレス (drought stress) が強い条件下では，樹木が枯死する場合が多い．アメリカ合衆国ではマイマイガ (*Lymantria dispar*) の大発生が原因で，ナラ類 (*Quercus* spp.) が大量に枯死して深刻な問題となっているが（Montgomery & Wallner 1988），日本でマイマイガが大発生しても，寄主であるカラマツやナラ類が枯死することはほとんどない．これは，日本では降水量が多いため，乾燥ストレスがかかりにくいことが関係している．ブナアオシャチホコ (*Syntypistis punctatella*) が大発生しても，通常はブナ (*Fagus crenata*) が枯死することはほとんどないが，大発生のあとの夏に降水量が少ないと強い乾燥ストレスが加わるため，100 ha もの大面積にわたりブナが枯死した例もある（鎌田ら 1989）．

森林などの自然生態系は恒常性 (homeostasis) を備えているため，自己制御機構の働きによって，通常は，寄主植物を殺してしまうほど高い密度になる前に害虫の密度が減少するか，あるいは，たとえ大発生したとしても天敵 (natural enemy) の働きによってすみやかに収束する．しかし，人為によって生態系が改変されると自己制御機構がうまく機能しなくなるために，害虫の大発生によって寄主植物が枯死してしまうことがある．

スギやヒノキの人工林で，樹木が枯死するほどにスギドクガの密度が高くなるのは，自己制御機構が機能しないためである．カラマツハラアカハバチの大発生が同じ林分で8年も連続して起こる場合があるのは，中部日本（長野・山梨・群馬・山形）にのみ自生していたカラマツを，戦後の拡大造林によってもともと分布していなかった北海道や東

北地方などの寒冷地に大面積に人工造林したため，有効な天敵が存在せず自己制御機構が機能しないことが原因の一つと推測されている．カラマツとカラマツハラアカハバチの関係とは逆に，もともと分布していなかった場所に昆虫が侵入した場合にも，天敵が有効に働かないために害虫化することが多い．もっとも有名な例として知られているのは，北アメリカにおけるマイマイガである．マイマイガは，ヨーロッパとアジアが原産でアメリカ大陸には分布していなかった．しかし，1860年代後半にマサチューセッツ州ボストンで飼育していたマイマイガが逃げ出して，またたくまに分布を広げていった．現在でも，アメリカ合衆国北東部を中心に，年に20～30 kmのスピードで分布域を広げており，北アメリカのもっとも深刻な森林害虫の一つになっている（Montgomery & Wallner 1988）．日本におけるマイマイガの大発生は，通常は1～3年で終息する．甲虫の捕食性天敵であるクロカタビロオサムシ（*Calosoma maximowiczi*）や，ブランコヤドリバエ（*Exorista japonica*）などの捕食寄生者（parasitoid）も増加することが知られているが，大発生を最終的に終息させるもっとも有効な要因は，*Entomophaga maimaiga*（エントモファーガ・マイマイガ）という疫病菌と核多角体(病)ウイルス(nucler polyhedrosis virus: NPV）による膿病である（小山 1953；小林・竹谷 1994；3.6節）．

日本における *E. maimaiga* や NPV のようにマイマイガの大発生に対して有効に働く天敵が，北アメリカでは報告されていない．1910～1911年にかけて，*E. maimaiga* はアメリカ合衆国に人為的に導入された．1989年に行われた調査で，*E. maimaiga* はアメリカ合衆国北東部のマイマイガの死体から普通に分離されることが判明している．*E. maimaiga* が定着したのにもかかわらず，マイマイガの大発生や分布拡大が終息しないのは，アメリカでは *E. maimaiga* があまり有効に働いていないためである．降水量が少ない環境が菌の生存に不向きであることも理由の一つであるが，詳しい原因はわからない．

マイマイガと *E. maimaiga* の例のように，害虫の原産地において有効に働いている天敵を導入しても，うまく働かない例は多い．むしろ，導入天敵が定着して害虫のコントロールに成功した例の方がはるかに少ない．生態系の様々な生物的・非生物的要因が，天敵と害虫の相互作用系に影響しているため，ある生態系では有効な制御要因が，別の生態系では有効に働かないのである．

天敵は大きく捕食者（predator）と寄生者（parasite）に大別される．さらに，寄生者のうち寄主を食べてしまうものを捕食寄生者と呼び，狭義の寄生者と区別する．一部の線虫（nematode）が捕食寄生者である例外を除くと，天敵微生物のほとんどは，狭義の寄生者として働く．森林生態系で昆虫が大発生した場合，捕食者，捕食寄生者も有効に働くが，最終的には狭義の寄生者である病気（disease）が大発生を終息させる要因として働いていることがほとんどである．これは，捕食者や捕食寄生者は，寄主である昆虫

の増加に応じてすばやく密度を増加することが困難であるとか(数の反応の限界)，あるいは寄主探索能力や単位時間に処理できる数に限界がある（機能の反応の限界）などの理由から，死亡率を高くすることに限界があるからである．後段で取り上げるハバチの仲間 *Diprion heryciniae*（ディプリオン・ヘリシニアエ）やブナアオシャチホコもまさにその例である．

5.2.2 昆虫に病気を引き起こす微生物・小動物

　昆虫に直接病気を引き起こす微生物は，ウイルス（virus），原核生物（Prokaryota），真核生物（Eucaryota）に分けられる．

　原核生物の仲間で昆虫の病気を引き起こすのは，クラミジア（*Chlamydia*），リケッチア（*Rickettsia*），スピロプラズマ（*Spiroplasma*）を含む細菌（bacteria）である．真核生物では，菌類（fungi），原生動物（Protozoa），線虫類（Nematoda）が病気を引き起こす．原生動物には，鞭毛虫類（Mastigophora），肉質虫類（Sarcodina），胞子虫類（Sporozoa），繊毛虫類（Ciliophora）に，昆虫の病気を引き起こすものが含まれる．線虫の仲間では，糸片虫類（Mermithida），桿線虫類（Rhabditida）が，昆虫寄生性線虫として病気を引き起こす．

　ウイルスは生物と無生物の中間的な性質を持つ．生細胞内でのみ増殖し，自らの代謝系を持たない．また，遺伝物質がDNAまたはRNAのどちらか一方しかない．昆虫病原性ウイルスとしては，核多角体ウイルス（NPV），顆粒病ウイルス（granulosis virus：GV），細胞質多角体ウイルス（cytoplasm polyhedrosis virus：CPV），昆虫ポックスウイルス（Entomopoxvirus：EPV），虹色ウイルス（Iridovirus），濃核病ウイルス（Densovirus），シグマウイルス（Sigmavirus）などがある．ウイルスが森林食葉性昆虫の大発生を終息させるうえで重要な役割を果たしている例は数多く知られる（渡部1988；片桐1995）．なかでも，種類が多いのが核多角体ウイルスである．マツカレハ（*Dendorolimus supectabilis*），ツガカレハ（*Dendrolimus superans*），ドクガ（*Euproctis subflava*），マイマイガ，ハラアカマイマイ（*Lymantria fumida*），アメリカシロヒトリ（*Hyphantria cunea*）などのチョウ目（Lepidoptera）昆虫のほか，オオアカズヒラタハバチ（*Cephalcia isshikii*），マツノクロホシハバチ（*Diprion nipponica*），マツノキハバチ（*Neodiprion sertifer*）などハチ目（Hymenoptera）昆虫の大発生の際に，核多角体ウイルスが流行することが知られている．大発生する森林食葉性昆虫の中で，核多角体ウイルスが知られていないものの方が少ないくらいである．

　昆虫病原細菌としては，Bacillaceae（バチラス科）の *Bacillus popilliae*（バチルス・ポピリアエ），*B. thuringiensis*（バチルス・チューリンゲンシス），腸内細菌科（Enterobacteriaceae）の *Serratia*（セラチア）属菌，*Proteus*（プロテウス）属菌，*Enterobacter*

(エンテロバクター)属菌, Pseudomonadaceae(シュードモナス科)の Pseudomonas (シュードモナス)属菌がある.

昆虫病原菌として働く菌類では, 接合菌 (Zygomycota) の仲間である Entomophaga (エントモファーガ) 属, 子のう菌 (Ascomycota) である Cordyceps (コルディセプス) 属のほか, 不完全菌類 (Deuteromycetes) の Beauberia (ボーベリア) 属, Paecilomyces (パエキロミケス) 属, Metarhizium (メタリジウム) 属などがおもなグループである. マイマイガの大発生を終息させる E. maimaiga, マツカレハの大発生を終息させる黄きょう病菌 (Beauberia bassiana), ブナアオシャチホコの大発生のときに活躍するサナギタケ (Cordyceps militaris) が有名である. 興味深いことに, 冬虫夏草や Paecilomyces 属の中には, 人間に対して薬効の認められているものもある. 中国でコウモリガ (Endoclyta excrescens) の天敵として知られる Cordyceps sinensis (コルディセプス・シネンシス) は, 日本薬局方にも漢方薬として登録されている.

5.2.3 昆虫病原性微生物の感染

病原体の伝播には二つのタイプがある. 病原体が感染個体で増殖したあと他の感受性個体に伝染する水平伝播 (horizontal transmission) と, 親から子へ直接伝達される垂直伝播 (vertical transmission) である. 垂直伝播の様式には三つのタイプがある. 細胞内の正常構成分として組み込まれるタイプ, 雌の卵巣内で卵細胞が感染するタイプ, あるいは卵の表面に病原体が付着していて幼虫が孵化時に感染するタイプである.

病原体の感染源や感染経路も様々である. 感染源は罹病個体の排出物や屍体からの伝搬, 共食いによる伝搬などがある. 感染経路は, 大きく経口感染と経皮感染に分けられる. 直接の接触感染の場合もあるが, 多くの場合は, 病原体の排出から感染成立までに長期間を要するので, 昆虫病原体の多くは, 野外条件下で長く活性を保つ耐久性ステージを持っている. 細菌, 菌類, 原生動物の胞子 (spore) やウイルスの包埋体 (occlusion body) が耐久性ステージである. 病原体の移動には, 宿主である昆虫の移動の他に, 捕食者の移動による分散, 雨, 風, 水流, 雪などの物理的要因による運搬が関係している.

病原体と昆虫が接触したときに発病するかどうかは, 病原体と宿主と環境要因の条件によって決まる. 病原体の性質は, 病原性 (pathogenicity ないし virulence) と感染力 (infectivity) によって決定される. 病原性は病原体が宿主に感染して病気を起こさせる能力のことで, pathogenicity は質的な, virulence は量的な病原性を示す. 感染力と病原性は必ずしも一致しない. 感染成立に関係する宿主側の性質は, 感受性 (susceptibility) と抵抗性 (resistance) で表現される. 感受性とは宿主が病原体に侵されやすい性質のこと, それとは反対に病原体の侵入や増殖を防ぐ力のことを抵抗性という. 耐性 (tolerance) は, 感染を受けたときに発病ないし死亡しない性質をいう. 菌類病の感染成立に

は高温多湿条件下で促進されるが，細菌，ウイルス，原生動物などの病原体は，経口感染するために，昆虫の発育が可能な温湿度条件下では，病原体の侵入過程は直接には気象条件には影響されない．ただし，異常高温や，異常低温，過湿などはストレッサーとして働く場合がある．

5.2.4 森林昆虫の個体群動態と疫学

動物の個体群や群集における病気を研究する学問を疫学（epizootiology）という．また，動物や植物の個体群についておもに数の変動を解析する学問を個体群生態学（population ecology）という．昆虫と病原菌の動態を調べるためには，昆虫の個体群生態学と疫学を有機的に組み合わせることが必要である．疫学・個体群生態学ともに，数学的な解析手法が必要不可欠になる．これまでに，森林昆虫と微生物の動態について行われてきた代表的な研究例を紹介する．

a．ハバチの仲間 *Diprion heryciniae* と核多角体ウイルス

D. heryciniae はもともとアメリカ大陸には生息していなかったが，1930年に初めてカナダのケベック州で発見されると，1938年には北アメリカ東部のトウヒ林で大発生して葉を食いつくし，トウヒが枯死するまでになった（図1）(Neilson & Morris 1964)．自己相関モデル（autoregressive integrated moving average (ARIMA) model）(Box & Jenkins 1976；Royama 1992)によって，幼虫密度の変動の周期性を検定すると，自己相関係数（autocorrelation function：ACF）は8～10世代で正の相関が高くなり，部分自己相関係数（partial autocorrelation function：PACF）は2世代で負の相関が高くなった．この結果は，*D. heryciniae* が8～10世代の周期で周期的に変動するAR (2) 過程であり，時間遅れの密度依存的な要因（delayed density dependent factor）によって，周期的変動が引き起こされていることを示している．

死亡率と幼虫密度の関係を調べると，昆虫密度が高くなった年か，中程度の密度が長期間続いた場合に，ウイルス病の発病率が高くなった．*D. heryciniae* の密度とウイルスの発病率との間には，時間遅れの密度依存的な関係が認められた．また，ヤドリバエや寄生バチなどの捕食寄生者も時間遅れの密度依存的要因として働いていた．Morrisの回帰法による変動主要因分析（key-factor analysis）を行うと，寄与率は捕食寄生者が72％ともっとも高く，ウイルス病を加えても74％とほとんど変化しなかった．この結果だけを解釈すれば，*D. heryciniae* の密度変動を制御しているもっとも重要な要因は捕食寄生者ということになるが，実際はそうではない．*D. heryciniae* の密度が捕食寄生者の調節能力を超えたときにウイルス病が有効に働き，数世代のうちに寄生昆虫の調節可能なレベルに引き下げていた．このような大発生は頻度が低く，中程度の密度で負のフィードバックが働くケースの方がはるかに多かったために，回帰法による変動主要因分析で

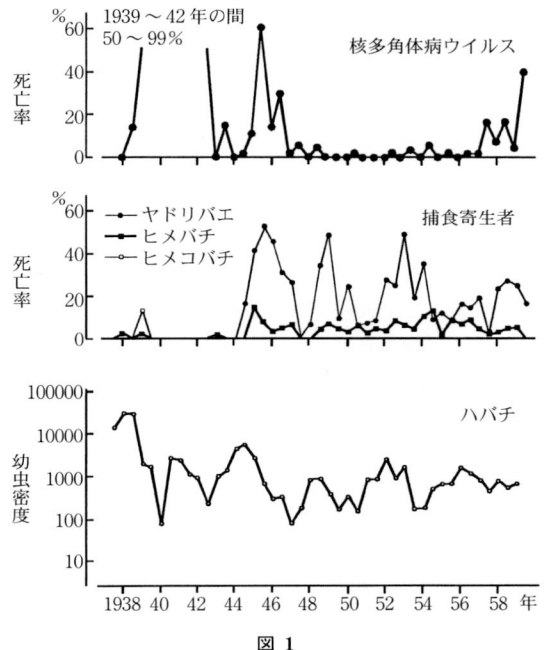

5.2 森林食葉性昆虫の大発生と微生物　　　　221

図 1
トウヒを食害するハバチの仲間 *Diprion hercyniae* の幼虫の密度変動と，核多角体ウイルスの発病率および捕食寄生者の寄生率の世代間変動（Neilson & Morris 1964 を改変）．捕食寄生者は，ヤドリバエ *Drino bohemica*（ドリノ・ボヘミカ）（ヤドリバエ科），ヒメバチ *Exenterus* spp.（ヒメバチ科），およびヒメコバチ *Dahlbominus fuscipennis*（ダールボミヌス・フシペニス）．

は，捕食寄生者の寄与率がもっとも高くなったのである．このように，個体群生態学的な解析に統計手法を使う際には，計算結果をうのみにするのではなく，常に元のデータにフィードバックして検証を行うことが必要である．

b．ハイイロアミメハマキと顆粒病ウイルス

　中部ヨーロッパのカラマツ林では，ハイイロアミメハマキ（*Zeiraphera diniana*）が周期的に大発生する．大発生の記録は 1800 年代後半から残っており，また，定点における密度変動データが 40 年以上もとられているなど，森林食葉性昆虫の中でも個体群動態がもっとも詳細に調べられてきた種の一つである．40 年以上の密度変動データについて ARIMA モデルを使って解析した結果，*D. heryciniae* の場合と同じく，8〜10 年の周期的な変動が AR(2) 過程によって作り出されていることが明らかにされている（Baltensweiler & Fischlin 1988）．現在までの知見で，大発生して食害を受けたカラマツの葉の

質が低下し，その回復に4年ほどかかることが，ハイイロアミメハマキの周期的な密度変動を引き起こす主変動要因であると考えられている（Baltensweiler & Fischlin 1988）。しかし，一時期は顆粒病ウイルスが主変動要因と考えられたこともあり，1949年から1965年までの16年間にわたる詳細な生命表データにもとづく解析がなされてきた（Varley & Gradwell 1970）。Morrisの回帰法による変動主要因分析を行うと，寄与率は寄生バチ，寄主植物の被害程度，顆粒病ウイルスの順に大きくなった。これらの要因は一見すると周期的変動の主要因であるかのように思われるが，Varley-Gradwellのグラフ法によって主要因分析を行うと，世代総死亡率の変化に最もよく似た変化を示した要因は，原因不明の死亡率であった（図2）。現在では，この原因不明の死亡は寄主の時間遅れの誘導防御反応（delayed induced defensive response）に関係していると考えら

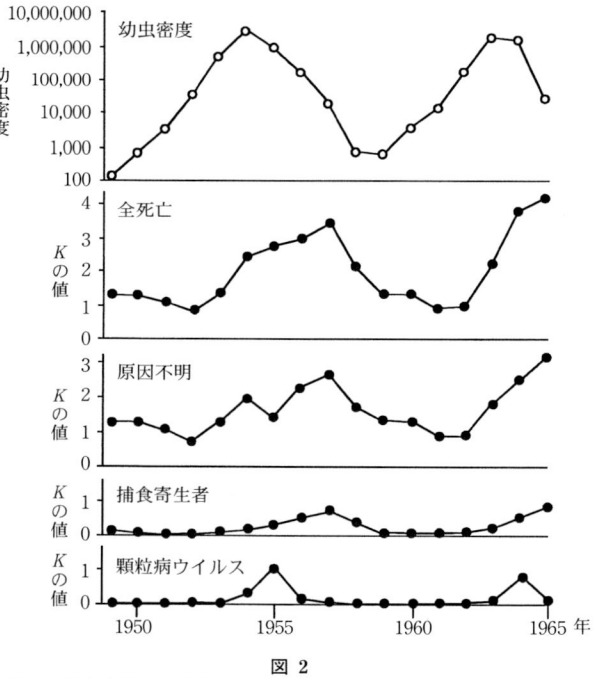

図 2

カラマツを食害するハイイロアミメハマキの幼虫の密度変動と変動の主要因分析（key-factor analysis）（Varley & Gradwell 1970を改変）。上より，幼虫密度の年次変動，総死亡率 K，原因不明の死亡率，捕食寄生者による死亡率，顆粒病ウイルスによる死亡率。総死亡率の変動パターンと最もよく似ているのが原因不明の死亡率である。BaltensweilerとFischlin（1988）は，40年の密度変動データからARIMAモデルによって，8〜10年の周期性がAR(2)過程によって作り出されていることを検出した。

れている．具体的には，大発生のあとには葉の繊維質（fiber）が増加して餌として劣悪になり，ハイイロアミメハマキの死亡率の増加や体サイズの小型化を引き起こす．また，ハイイロアミメハマキと顆粒病ウイルスの研究では，ハイイロアミメハマキの抵抗性の変化について興味深い知見が示されている．顆粒病流行年とその翌年のウイルス抵抗性を比べると，遺伝的にウイルスに弱い個体の割合が少なくなり，個体群の平均としては顆粒病ウイルスに対する抵抗性が強くなったという．

c. ブナアオシャチホコとサナギタケ

日本のブナ林では，ブナアオシャチホコが8～11年の周期で大発生する（写真1，2）．ARIMAモデルによって大発生の記録を解析することによって，AR(2)過程による8～11年の周期的変動であることが検出されているため，時間遅れを持つ密度依存的な要因が密度変動に重要である（Liebhold et al. 1996）．

ブナアオシャチホコの密度変動要因を，密度依存性と時間遅れの有無，大発生しない場合でも有効に働くかどうか，という三つの観点から整理すると図3のようになる（鎌

写真 1 ブナアオシャチホコの幼虫

写真 2 ブナアオシャチホコの大発生によって帯状に葉を食いつくされた八甲田山の山腹

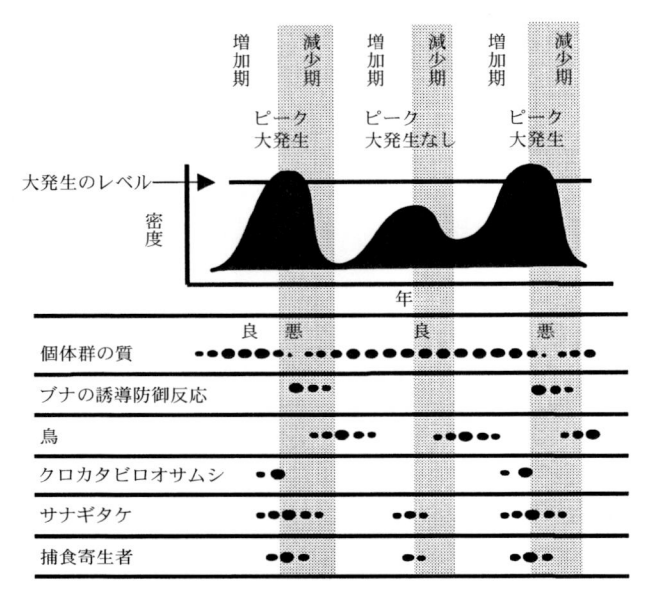

図3 ブナアオシャチホコの密度変動と8〜11年の周期的変動を作り出す自然の密度制御要因の複合体の働き方

田1997)．鳥による捕食率は，ブナアオシャチホコがある密度に達するまでは密度依存的に増加するが，ブナアオシャチホコが大発生すると有効に働かなくなるために，高密度域では密度逆依存的（inversely density dependent）に働く，いわゆるHollingのIII型の反応を示す(鎌田ら1994)．クロカタビロオサムシは密度依存的に働くが，ブナアオシャチホコが減少するとクロカタビロオサムシもすぐにいなくなってしまうために，時間遅れがみられない（Kamata & Igarashi 1995)．サナギタケとブナの誘導防御反応が時間遅れを持つ密度依存的な要因として働く．野外のブナでは，大発生の3年後でも，葉の窒素含有率は低くフェノール量が多く，ブナアオシャチホコ成虫の体サイズも大発生前に比べると小さいままであった（Kamata et al. 1996)．しかし，大発生しない場合には，ブナの葉の誘導防御反応は認められず，野外におけるブナアオシャチホコの体サイズも変化しない．大発生しない場所でも時間遅れの負のフィードバックとして有効に働くのはサナギタケなどの昆虫病原性菌類である．これらの密度変動要因が，自然の制御機構の複合体（natural bioregulation complex）として働くことによって，ブナアオシャチホコの密度変動や周期的な大発生が引き起こされている．

ブナアオシャチホコが大発生すると，地面には幼虫の死体が多数散乱する．これらは，葉は食いつくされて餌不足のために餓死したものもあるが，寄生者に寄生されて死んだ

ものがほとんどである．特定されている寄生者は，昆虫病原菌類であるサナギタケ，コナサナギタケ(*Paecilomyces farinosus*)，黄きょう病菌，寄生バエのカイコノクロウジバエ(*Pales pavida*)とブランコヤドリバエ，ヒメコバチ科の寄生バチ *Eulophus larvarum*（ユーロフス・ラーバルム）である（Kamata 1998)．これらの死亡要因の働き方の違いを生命表データから解析すると，捕食寄生者の死亡率が高いものの，捕食寄生者が取りこぼした個体に対して，サナギタケが高い割合で死亡を引き起こしている構図が明らかにされた(p.228 BOX を参照)．食害が激しい場所ほど，また，時期が遅くなるほど，寄生性天敵による死亡率が高く，また，厳しい餌不足を経験するために生き残った個体のサイズが小さくなる．大発生の翌年の夏には，サナギタケの子実体が大量に地面から発生する．土中で死亡した蛹からは，上記の昆虫病原性菌類のほかに，赤きょう病菌(*Paecilomyces fumosoroseus*)，黒きょう病菌(*Metarhizium anisopliae*)が検出される(Kamata et al. 1997)．

　サナギタケは子のう菌類バッカクキン目（Clavicipitales）バッカクキン科（Clavicipitaceae）に属する冬虫夏草の一種である（写真3）．ブナアオシャチホコが大発生すると，翌年の夏には，サナギタケの子実体が大量に地面から発生する．ブナアオシャチホコの密度がピークに達する前はサナギタケもほかの昆虫病原菌の寄生率も低いが，密度のピーク年にはサナギタケによる死亡率も非常に高くなり，2年以上長続きする時間遅れの密度依存的な死亡要因として働く．具体的な数字をあげると，サナギタケによる蛹の死亡率は，ブナアオシャチホコの密度がピークになる前年には約30％，ピークの年には約95％，ピークの翌年でも約90％，2年後でも約75％だった．サナギタケは大発生しない場合でも時間遅れの密度依存的要因として有効に働くため，サナギタケがブナアオシャチホコの周期的な密度変動を作り出す主要因と考えられている．

写真3 ブナアオシャチホコの蛹から発生したサナギタケの子実体

サナギタケとブナアオシャチホコの生活史を比較すると，両者がきわめて精巧に合致しているのがわかる．サナギタケは昆虫病原菌であると同時に，その不完全世代は土壌微生物として生活している（Watanabe 1994）．土壌中でのサナギタケの感染率は8月上・中旬まで上昇し，その後は秋まで緩やかに減少する（Kamata et al. 1997）．これは，温度がサナギタケの菌叢の発育に最適であることと（小川ら 1983），子実体の発生のピークがこの時期にあるため，子実体から胞子が飛散することによって密度が高くなることが原因である（Kamata et al. 1997）．一方，ブナアオシャチホコは1年に1世代を経過する（五十嵐 1982）．土中のサナギタケの感染率がもっとも高くなる8月上・中旬には，ブナアオシャチホコの個体の多くは終齢幼虫から老熟幼虫，発育の早いものは落葉層に潜って蛹になる．子実体から飛散する胞子で直接感染する幼虫もあれば，地上に落下して菌密度の高い地表面に接触することで感染する幼虫もいる．老熟した幼虫が土の中に潜って蛹になるため，土壌中でも感染が起こる．

ブナアオシャチホコの生活史の中で，もう一つ，サナギタケにとって都合のよいことは，8月から翌年5月までのおよそ8か月以上の間，蛹のステージで過すことである．黄きょう病などに比べて，サナギタケは感染から宿主を殺すまでに時間がかかる．したがって，サナギタケが感染して宿主を殺し，子実体を形成するためには，蛹期間がある程度以上長くなくてはならない．以上のような，サナギタケ子実体の発生時期，これと温度が関係した土の中での菌の感染能，これらとブナアオシャチホコの生活史のフェノロジーや行動が一致していることが，サナギタケとブナアオシャチホコの関係を密接なものにしている．

ブナアオシャチホコの密度のピークから3年経過しても，サナギタケは高い死亡率を引き起こすことができる．どうしてサナギタケは負のフィードバック（negative feedback）効果が長持ちするのだろうか．サナギタケの子実体は子のう胞子（ascospore）を飛散することによって，広い範囲にわたって土の中の菌密度を高める．子実体はブナアオシャチホコに感染した翌年の夏に発生するために，ブナアオシャチホコの密度が最大となる年の翌年にもっとも高い密度で子実体が発生し，土中の菌密度ももっとも高くなる．ここで1年の時間遅れができる．あとはたまに昆虫に寄生する以外は土壌微生物として細々と生活し，数年間かけて徐々に土壌中の菌密度が低下していく．以上がサナギタケの時間遅れが長持ちするメカニズムである．

5.2.5　天敵微生物の防除への応用

日本でも，1960～70年代には，森林食葉性昆虫の防除に天敵微生物を利用する研究が行われた．マツカレハの大発生には黄きょう病菌や細胞質多角体ウイルス（CPV）が，また，ハラアカマイマイの大発生に対しては核多角体ウイルス（NPV）とCPVの混合

液がヘリコプターで散布された(片桐1995).マツカレハCPVは日本で初めて農薬登録された微生物殺虫剤である.近年,日本では,森林食葉性昆虫の大発生に対する防除はほとんど行われなくなった.これは,食葉性昆虫の大発生では,樹木はほとんど枯死しないことがわかってきたことと,産業としての林業が衰退したため,薬剤散布を行うと経済的に元を取れないからである.最近では,黄きょう病菌を使ってマツ材線虫病の媒介者(vector)であるマツノマダラカミキリ(*Monochamus alternatus*)を防除する試みもなされているが,現時点では安定した効果は得られていない(Shimazu et al. 1995;衣浦ら 1999).

　アメリカ合衆国やカナダ,ヨーロッパ諸国では,食葉性昆虫が大発生すると樹木が枯死する確率が高いので,航空機による殺虫剤散布が行われている.かつては化学薬剤一辺倒だったが,近年では,昆虫病原細菌である *Bacillus thuringiensis* が産生するクリスタルと呼ばれるタンパク結晶性の内毒素を製剤したBT製剤がよく使われる.BT製剤は,殺虫力に選択性が強く,天敵を含め,害虫以外の昆虫をあまり殺さないため,生態系への影響が少ない点では化学殺虫剤よりも好ましい.しかし,製剤化されたBTを大量に恒常的に使用することによって,殺虫剤抵抗性系統の害虫が選択されるなど化学殺虫剤と同じ弊害がすでに出始めている.また,農業分野では,クリスタルをエンコードする *B. thuringiensis* の遺伝子をクローニングして,トマトやワタ,タバコなどの作物に組み込み,BT毒素を産生できる植物が作り出された.当初から懸念されていたが,これらの遺伝子操作作物が大規模に野外で栽培されるようになると,BT耐性を獲得した害虫個体群が急速に選抜されてしまった.

　天然物だからといって,微生物農薬を,化学農薬と同じように大量に施用する方法は好ましくない.森林の自己制御機構として,天敵微生物が有効に作用するような森林を育成するのが望ましい森林管理のあり方であり,微生物農薬の使用は,被害許容水準を超えたときに,あくまでも自己制御機構の手助けとして散布するのにとどめるべきである.

〈鎌田直人〉

BOX　生命表解析による死亡要因の働きの査定

　寄主昆虫の生命表を作成すると，死亡要因の客観的な評価を行い，要因間の相対的な重要性を比較することができる．

　発育段階単位の生命表では，それぞれの発育段階に突入した個体数 lx と，lx の調査開始時点での個体数に対するパーセント $lx(\%)$，各死亡要因 dxF ごとの死亡数 dx，調査最初の個体数に対する dx のパーセント $dx(\%)$，lx に対する dx のパーセント $qx(\%)$ を計算する．

　dx や dx（％）も死亡要因を査定する上で重要な情報であるが，どうしても発育段階の早いうちに死亡を引き起こす要因が，遅いステージで死亡させる要因をマスクしてしまうため，dx や dx（％）の場合，遅い段階で死亡を引き起こす要因は過小評価されてしまう．本文中の例として紹介した *Diprion heryciniae* で，核多角体ウイルスの影響が実際よりも過小評価されるのもこのことが原因の一つである．そこで，おのおのの発育段階の最初に生き残っていた個体に対して計算した死亡率 qx（％）で比較することが重要である．

　天敵微生物の多くは，ほかの死亡数が変化した場合でも，ほぼ同様の qx で死亡を引き起こすことができる．これは，天敵微生物の場合，もともと寄主との出会いが確率的なものに頼っているため，捕食者や捕食寄生者で障害となる機能の反応の問題がないからである．たとえば次の生命表は，ブナアオシャチホコが大発生している場所から終齢幼虫を採集してきて，室内で十分に餌を与えて飼育した場合の生命表である．この場合，採集した時点で寄生者（広義）に寄生されている．たとえば，老熟幼虫期に寄生バエが原因で 66 個体が死亡している（54＋1＋11）．もし，何かの原因で寄生バエが働かなかった場合，66 個体すべてが成虫になれるかというと，そうではない．もちろん，成虫まで生き残る数はある程度増加するだろう．蛹期にサナギタケは qx（％）＝29.4％ で働くので，サナギタケによる死亡は dx＝24，dx（％）＝8.7％ に増加する．コナサナギタケによる死亡数も同様に増加する．

　ただし，捕食者や捕食寄生者の場合は，数の反応に限界があり，機能の反応にも問題があるため，天敵微生物のようには反応できない場合が多い．数の反応とは，寄主の個体数の増加に合わせて天敵の数も増加することであり，機能の反応とは，天敵が寄主を探し出す能力や単位時間あたりに処理する（捕食者であれば捕食，捕食寄生者であれば産卵する）能力のことである．ただし，カイコノクロウジバエの場合は，葉の表面に卵を産みつけて，寄主であるブナアオシャチホコの幼虫がブナの葉と一緒にカイコノクロウジバエの卵を食べることによって寄生するという特殊な生活史戦略を持っているため，機能の反応はあまり問題にならない．もっとも，ブナアオシャチホコの密度が低い場合には，相乗的に寄生効率が低下する．それに対し，ハイイロハリバエ（*Eutachina japonica*)は寄主であるブナアオシャチホコの幼虫の体表に直接卵を産みつけるため,効率的に寄生できる反面,ブナアオシャチホコの密度が急激に増加したときには対応できない.

発育段階 x	lx	lx (%)	dxF		dx	dx (%)	qx (%)
終齢幼虫	275	100.0%	小計		124	45.1%	45.1%
			糸状菌				
				コナサナギタケ	11	4.0%	4.0%
				黄きょう病菌	21	7.6%	7.6%
			寄生バチ				
				Eulophus larvarum	1	0.4%	0.4%
			寄生バエ				
				カイコノクロウジバエ	2	0.7%	0.7%
				同定不能	2	0.7%	0.7%
			不明		87	31.6%	31.6%
老熟幼虫	151	54.9%	小計		117	42.5%	77.5%
			糸状菌				
				コナサナギタケ	11	4.0%	7.3%
			寄生バエ				
				カイコノクロウジバエ	54	19.6%	35.8%
				ハイイロハリバエ	1	0.4%	0.7%
			同定不能		11	4.0%	7.3%
			蛹化失敗		4	1.5%	2.6%
			不明		36	13.1%	23.8%
蛹	34	12.4%	小計		14	5.1%	41.2%
			糸状菌				
				コナサナギタケ	2	0.7%	5.9%
				サナギタケ	10	3.6%	29.4%
			不明		2	0.7%	5.9%
成虫	20	7.3%					

〔鎌田直人〕

5.3 森林における外生菌根菌の群集構造
―樹木をつなぐ菌根菌ネットワーク―

　秋，木々の葉が色づく頃，森の中では土や落ち葉を押しのけて多くのキノコが顔を出してくる．こうしたキノコは一見すると互いに似ているようだが，よく見ると色や形が実に様々なのに驚かされる．傘や柄のある，いわゆるハラタケ（Agaricales）と呼ばれる仲間に限っても，日本では約1000種にも達することが知られている（今関，本郷1987, 1989）．キノコという呼び名はいわゆる俗語で，学術的には「子実体（fruiting body）」と称され，その実体は土の中に生息する菌類の胞子形成器官であり，植物でいえば花のようなものである．

　森林生態系では，子実体をはじめとして，菌類は一般に分解者としてとらえられている．しかし，菌類の生活様式は腐生，寄生，共生と様々で，その機能も多岐にわたっている．このような生活様式の中で，森林を構成する多くの樹木と共生関係にある菌類は，外生菌根菌（ectomycorrhizal fungus,-gi；以下，菌根菌），その菌根菌によって樹木の細根に形成される共生体は外生菌根（ectomycorrhiza；以下，菌根）と呼ばれている．菌根の特徴は以下の3点にある．一つめは，密な菌糸の層で細根がすっぽりと包まれてしまう菌鞘（fungal sheath），次に，菌糸が根の表皮細胞や皮層細胞の間に入り込んで形作るハルティッヒネット（Hartig net）とよばれる特異な構造，そして根毛以上に幅広い範囲を網羅し菌根を基点として土壌中に伸び広がる外部菌糸である（Smith & Read 1997；写真1）．

　菌根を形成することによって，菌根菌側では樹木からの光合成生産物である糖やデンプンを享受するメリットがあり，植物側では養水分，とくに，土壌中ではおもに不動態として存在するリンの吸収促進などといった点においてメリットがあると考えられている（Smith & Read 1997）．なかでも，菌根菌の助けをかりることで植物の成長が促進されることが知られるようになってから，菌根共生系の機能的な側面の解明に多くの時間が費やされてきた．その結果，温帯や熱帯地域における植林事業では，菌根の形成が宿主植物の生育にきわめて有効に作用している事例も報告されている（Kikuchi et al. 1996）．

　これまでのところ，菌根形成と植物の成長の関係については，おもに実生苗を使い，ポットや苗畑などの実験環境下で数多くの研究が行われてきた．研究対象となった菌種は，多くの場合，コツブタケ（*Pisolithus tinctorius*），キツネタケ属菌（*Laccaria* spp.），ワカフサタケ属菌（*Hebeloma* spp.），*Cenococcum geophilum*（ケノコッカム・ゲオフ

5.3 森林における外生菌根菌の群集構造

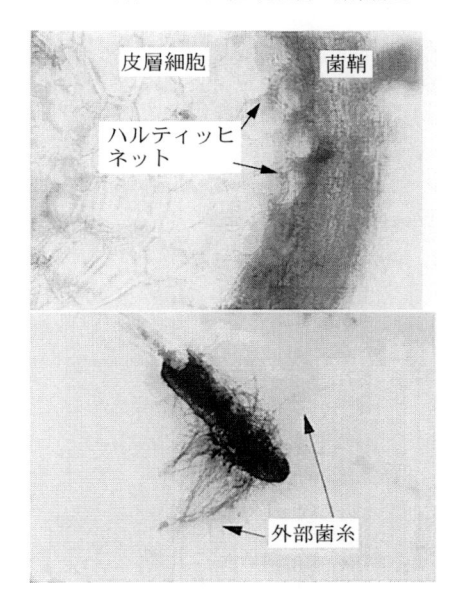

写真 1 モミの根を取り巻く菌鞘と皮層細胞間隙に形成されたハルティッヒネット(上)とモミ菌根から伸びる外部菌糸(下)

ィルム)など数種に限られており,まれに使われた菌種を含めても70種程度と,推定されている菌根菌の種数(5000〜6000種;Molina et al. 1992)に比べればごくわずかにすぎない(Castellano 1996).これらの実験を通して宿主植物に適した菌種が選抜されたが,接種して野外へ移植すると,ほとんどの場合,成長促進効果は検出されなかった(Le Tacon et al. 1992).実験的に植物の根に接種した菌根菌と,以前から野外に生息していた土着の菌根菌との間に競争が働き,接種した菌が土着の菌に置き換わってしまったことが,原因の一つと考えられている(Smith & Read 1997).この結果は,菌根菌の性質や野外における生態について多面的に理解する必要があることを示している.

　菌根菌では大部分の種が子実体を作るため,これまで野外での菌根菌の生態は,おもに子実体を指標として研究されてきた(Molina et al. 1992).菌根菌の主要な生活空間が土の中であることはよく知られていたが,土中での菌根や菌糸のしくみやはたらきをとらえることは技術的に困難であったため,現在まで,菌根菌が土の中でどのような生活をしているのかについて得られている情報は,非常に限られている.菌根共生に関する研究史や実験から得られた菌根の機能についての話題は他節に譲り,本節では,森林における菌根菌の群集構造を紹介しよう(松田 1999).具体的には,まず土の中に潜む菌

根菌の種をどのようにして識別し，量的にとらえられているのかを紹介し，続いて，それによって明らかになった地上の子実体と地下の菌根菌のつながりについて述べる．最後に，こうした群集解析を通して見えてくる森の中での菌根菌の役割についても触れることにする．

5.3.1 野外で菌根菌を見つけるには

森林生態系では，気温，降水，土壌の養水分など様々な環境要因の影響を受けながら，多種多様な植物が，発芽して間もない芽生えから成木そして老熟木と，異なる生育段階で混在している．また地域によって，優占する樹種や生育環境が大きく異なっている場合も多い．菌根菌の場合も，どこにでも同じ種が同じ樹木と共生関係を結んでいるわけではなく，生息する地域，共生する樹木の種類やその樹齢によって，その種構成は様々である（Deacon & Fleming 1992；Molina et al. 1992）．そこで，野外における菌根菌の群集構造を知るためには，対象とする地域にどのような種類の菌根菌が生息しているかを把握することが出発点となる．では，森の中に生息する菌根菌の種類をどのように調べればよいのだろうか．ここでは，菌根菌の調査でよく行われる三つのおもなアプローチ（子実体の同定，菌根の形態分類，両者の遺伝的解析）を紹介する．

a. 子実体を調べる

菌根菌の大部分は担子菌と呼ばれる仲間に属していて，およそ4500種が地上に子実体を作ると推定されている（Molina et al. 1992）．これら子実体の寿命は短く，すぐに腐敗するため，その姿は土の中に生息する菌根菌の生活環のほんの一部を反映しているにすぎない．しかし，子実体の多くは大型で，地表で簡単に見つけることができる．また，種の同定も比較的容易であることから，子実体の調査は土の中に生息する菌根菌相を概観するのには大変都合がよい．モミ（*Abies firma*）が優占している二次林で3年間にわたって調べた例では，300 m^{2}の地表面で39種もの菌根菌の子実体が確認されている（Matsuda & Hijii 1998；表1）．それらのなかでは，ベニタケ科（Russulaceae）に属する種がもっとも多く，そのうちベニタケ属（*Russula*）とチチタケ属（*Lactarius*）の仲間が，見つかった種数のそれぞれ28%，18%を占めていた．また，学名のついていないベニタケ属の一種（*Russula* sp. 1）の子実体は，調査期間を通してもっとも多く発生した．

このように，わずか300 m^{2}という狭い面積にもかかわらず，土の中には多種多様な菌根菌が生息していることがわかる．さらに，各調査年までに見つかった菌根菌の種の累積数をとっていくと，1年目から2年目，3年目と調査が進むにつれて，29種から34種，さらに39種へと直線的に増加している（図1）．つまり，発見される菌根菌の種の数は，3年間調査を続けても決して上限に達したとはいえないのである．このことは，土の中にはさらに多くの菌根菌が潜在的に存在しており，定点調査を続けていけば，もっと多く

5.3 森林における外生菌根菌の群集構造

表 1 調査プロットから発生した菌根菌子実体

科 名	属 名	和 名
キシメジ科 (Tricholomataceae)	キツネタケ属 (*Laccaria*)	キツネタケ属菌 (*Laccaria* sp. 1)
	キシメジ属 (*Tricholoma*)	ミネシメジ (*Tricholoma saponaceum*)
		アカゲシメジ (*T. imbricatum*)
テングタケ科 (Amanitaceae)	テングタケ属 (*Amanita*)	テングタケダマシ (*Amanita sychnopyramis* f. *subannulata*)
		ツルタケ (*A. vaginata* var. *vaginata*)
		フクロツルタケ (*A. volvata*)
フウセンタケ科 (Cortinariaceae)	アセタケ属 (*Inocybe*)	クロトマヤタケモドキ (*Inocybe cincinnata*)
		コバヤシアセタケ (*I. kobayashi*)
		シロトマヤタケの近縁 (*Inocybe* sp. 1)
	フウセンタケ属 (*Cortinarius*)	クリフウセンタケ (*Cortinarius* spp.)
		フウセンタケ属菌 (*Cortinarius* sp. 1)
オニイグチ科 (Strobilomycetaceae)	オニイグチ属 (*Strobilomyces*)	オニイグチモドキ (*Strobilomyces confusus*)
	ヤシャイグチ属 (*Austroboletus*)	クリカワヤシャイグチ (*Austroboletus gracilis*)
イグチ科 (Boletaceae)	キイロイグチ属 (*Pulveroboletus*)	キイロイグチ (*Pulveroboletus ravenelii*)
	イグチ属 (*Boletus*)	キアミアシイグチ (*Boletus ornatipes*)
		イグチ属菌 (*Boletus* sp. 1)
	ニガイグチ属 (*Tylopilus*)	ニガイグチモドキ (*Tylopilus neofelleus*)
		ブドウニガイグチ (*T. vinosobrunneus*)
		ニガイグチ属菌 (*Tylopilus* sp. 1)
ベニタケ科 (Russulaceae)	ベニタケ属 (*Russula*)	シロハツモドキ (*Russula japonica*)
		イロガワリベニタケ (*R. rubescens*)
		アカカバイロタケ (*R. compacta*)
		クサハツモドキ (*R. laurocerasi*)
		イロガワリシロハツ (*R. metachroa*)
		ニセクサハツ (*R. pectinatoides*)
		ヤマブキハツ (*R. ochroleuca*)
		ヒビワレシロハツ (*R. alboareolata*)
		ドクベニタケ (*R. emetica*)
		カラムサキハツ (*R. omiensis*)
		ベニタケ属菌 (*Russula* sp. 1)
	チチタケ属 (*Lactarius*)	ツチカブリ (*Lactarius piperatus*)
		チチタケ (*L. volemus*)
		クロチチダマシ (*L. gerardii*)
		キチチタケ (*L. chrysorrheus*)
		チチタケ属菌1 (*Lactarius* sp. 1)
		チチタケ属菌2 (*Lactarius* sp. 2)
		チチタケ属菌3 (*Lactarius* sp. 3)
ラッパタケ科 (Gomphaceae)	ラッパタケ属 (*Gomphus*)	ウスタケ (*Gomphus floccosus*)
		フジウスタケ (*G. fujisanensis*)

分類は今関・本郷 (1987, 1989) にしたがった.

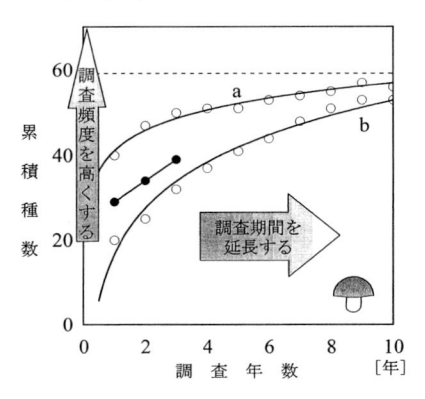

図1 調査プロットで発生した（●）および期待される（○）菌根菌の累積種数
菌根菌子実体調査では，調査頻度を高くする(a)か調査頻度が低くても調査を長く行う(b)ことで，その場所に生息する上限数の菌種が見出される（--）.

の種と出会う可能性があることを示している（図1）．

しかし，子実体を目印とする菌根菌の調査では，ショウロ（*Rhizopogon rubescens*）などの地下に子実体を作る種，いわゆる地下生菌(hypogeous fungi)と称される仲間や，*C. geophilum* などの子実体の存在が知られていない不完全菌類に属する種が見落とされてしまうという限界がある．したがって，地表に現れる子実体にもとづく調査の結果は，あくまでも土の中に潜む菌根菌群集のある一面を表しているにすぎないのだという点に留意しておくべきであろう．

b. 菌根を調べる

子実体の調査では，土壌中に生息する菌根菌のすべてを網羅することは難しく，そこから示される種構成は，子実体のサイズが大きく見つけやすい種や出現頻度の高い種に偏ったものになる可能性がある．このため，1980年代後半以降，調査の視点は徐々に地上の子実体から土の中の菌根へと移っていった．菌根菌の種によって子実体の形態が異なるように，菌根も異なることが予測される．そこで，菌根の周囲を覆っている菌糸層である「菌鞘」の形態的な特徴を体系的に記載することによって，菌根の分類が試みられた（Agerer 1987-1995；Ingleby et al. 1990）．その後，いくつかの樹種でこの方法による菌根形態の調査が行われた．ここでは，モミの成木とそれらを母樹とする芽生えの根系それぞれに形成された菌根について，菌根の形態的な特徴をもとにして，「菌根タイプ」と呼ばれるグループに分類した研究を詳しく紹介することにしよう（松田1999）．

土の中から拾い出した菌根を実体顕微鏡（最大倍率160倍）でのぞいてみると，薄紫

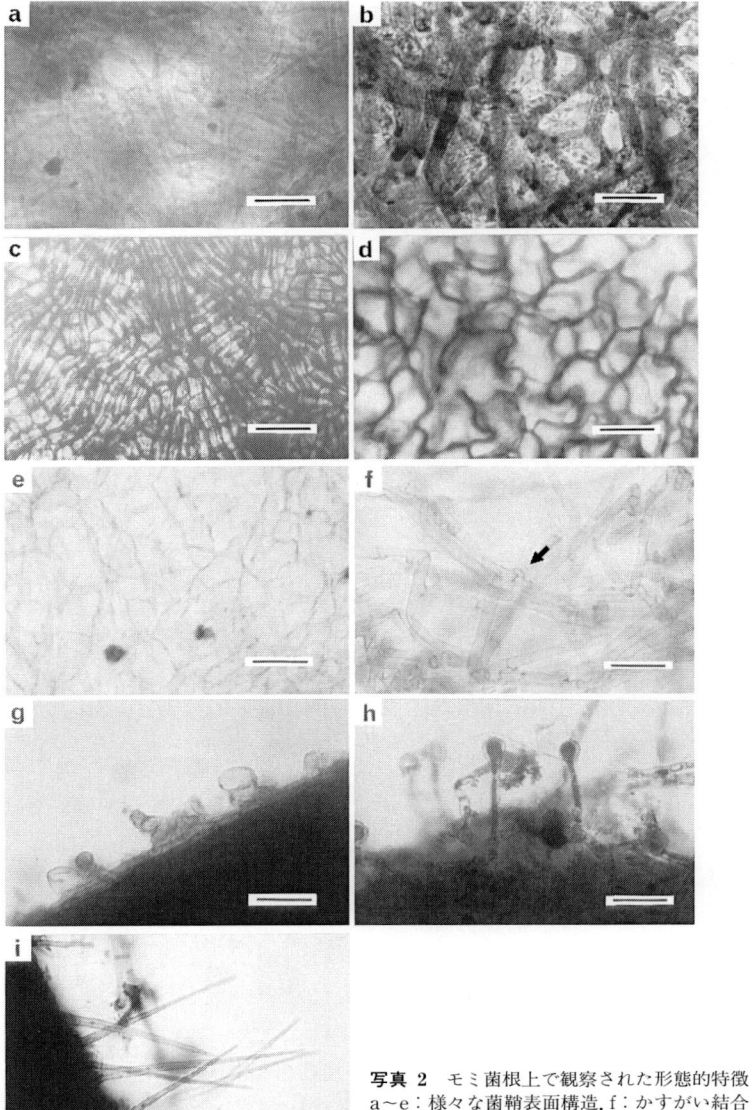

5.3 森林における外生菌根菌の群集構造　　　235

写真 2 モミ菌根上で観察された形態的特徴 a〜e：様々な菌鞘表面構造. f：かすがい結合された外部菌糸(矢印). g〜i：様々な形のシスチジア (スケール=20 μm).

色，赤褐色，黒色などの特徴的な色をした菌根が見られることもあるが，大部分の菌根は，白色系，淡色系，褐色系のいずれかの色の場合が多い．光学顕微鏡（最大倍率1000倍）でさらに詳しく観察してみると，菌鞘表層部の菌糸の配列，菌糸の特徴的な末端構造物であるシスチジア（cystidium,-dia），かすがい結合（clump connection），外部菌糸の直径など菌根分類の手がかりとなる構造的な特徴は，菌根によって実に様々である（写真2）．

　こうした顕微鏡観察の結果，成木と芽生えの菌根はあわせて48タイプに類別され，少なくとも48種の菌根菌が存在していることが明らかにされている（松田1999）．これまでの研究では，菌根の色の違いによってグループ分けがなされていた．しかし，色彩は互いに類似していても表面構造が全く異なる菌根が多数みられる．逆に，同じグループに分類された菌根でも，菌根の色にはある程度の変異が認められる（たとえば，褐色系の菌根における明褐色から暗褐色までの変化）．したがって，あたりまえのことではあるが，菌根の形態によって菌根菌を類別するためには，菌根の色だけでは不十分であり，菌根を形成している菌自体の構造的特徴から類別する必要がある．

　菌根を顕微鏡観察によって形態類別する方法は，ある地域に生息する菌根菌群集の全容を明らかにするという点では，子実体にもとづく調査よりも優れている．またこの方法は，土の中でどの菌根菌が優占的に樹木と共生構造を作り出しているのかといった，菌根菌の種レベルでの量的な情報を得るのに有用である．しかしながら，菌根形態の詳細な報告（Agerer 1987-1995；Ingleby et al. 1990）と比較しても，類別されたそれぞれの菌根タイプの共生菌がどの種に属するのかを，特定できない場合がある．この点では，ほとんどの種の同定が可能な子実体調査とは対照的である．次に，菌根を形作っている菌の種類を特定する方法について述べる．

c．子実体と菌根を遺伝的に調べる

　子実体の種の同定や菌根の形態類別は，経験や技術を必要とする．ところが最近になって，菌類の分類学的研究に，分子生物学的な手法が多く用いられるようになった．これまで分離・培養が難しかった菌根菌においても様々な遺伝的解析が行われ，数々の新しい事実が明らかにされている（Egger 1995）．とりわけ，ほんのわずかな量のDNAでも無限に増幅する技術，いわゆるPCR（polymerase chain reaction）法の開発により，たった一つの菌根からでも菌体DNAの検討が可能になり，野外における各種の菌根菌に関する情報も急速に蓄積されはじめている．種の識別には，菌根菌の種内変異が小さく種間変異が大きい，リボソームRNAのITS（internal transcribed spacer）領域（Bruns et al. 1991）を使う．

　子実体と菌根の形態類別で得られた情報が結びつかないとき，この分子生物学的な手法が威力を発揮する．たとえば，子実体の発生が多かったベニタケ属の一種やオニイグ

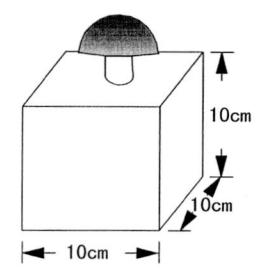

図2 子実体直下からの土壌ブロック採取の概念図
土壌ブロックに含まれるモミ菌根の形態類別を行い，子実体と類別された菌根を遺伝的な解析に用いた．

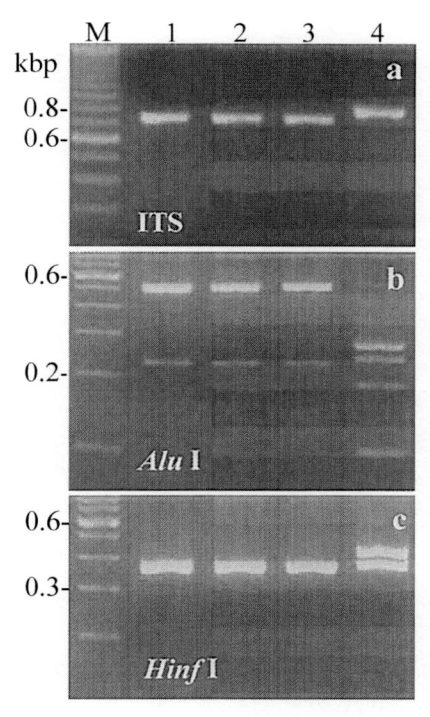

写真3 ベニタケ属の一種のDNA多型（ITS-RFLP）解析
a：PCR増幅された菌根菌のITS領域．b, c：ITS領域を制限酵素（Alu I, Hinf I）で切断したときのRFLPパターン．ベニタケ属の一種によって菌根が形成されている場合 (2, 3)，そのバンドパターンは子実体 (1) のものと一致するが，異なる菌の場合そのパターンは一致しない (4)．Mは100 bp分子量マーカー．

チモドキ (*Strobilomyces confusus*) の子実体とその直下に分布している菌根をそれぞれ採取し（図2），この2種が形成する菌根の特定を試みるにはどのようにしたらよいか紹介しよう．まず，顕微鏡観察にもとづいて，菌根をそれぞれのタイプに形態類別すると，両種の子実体の直下に分布する菌根はそれぞれ複数の菌根タイプに類別される．次に，子実体と菌根の両方から直接DNAを抽出し，PCR増幅したITS領域を制限酵素で切断する（Matsuda & Hijii 1999）．ITS領域の分子量サイズとその領域の制限断片長多型 (RFLP; restriction fragment length polymorphism) の両方を，子実体と菌根との間で比較することによって，どの菌根タイプが子実体に一致するのかを判別することができる．ベニタケ属の一種やオニイグチモドキに一致した菌根タイプは，それぞれ1タイプずつのみであった（写真3）．

菌根の形態類別からは明らかにすることができなかった菌根菌の種を，このようなDNA多型解析 (PCR-RFLP) により特定することができる．このような分子生物学的な手法は，従来の方法のように経験に影響されず，得られるデータもより客観的であるという点において優れている．こうしたDNA解析は，森林という広大な空間の中で菌根菌が繰り広げる営みのほんの一部を明らかにするにすぎないが，その簡便性と客観性から，今後菌根菌について様々な新しい知見をもたらすことだろう．

ここで森林に生息する菌根菌を調べる方法を，再度整理する（表2）．子実体の形成は環境要因に左右され，また菌根菌の中には子実体形成が確認されていない種もあることから，子実体を指標とする調査では，その地域に生息する種のすべてを網羅することはできない．しかし，子実体のほとんどは，種レベルの同定が可能である．逆に，菌根を指標とした調査では，形態的によって菌根をタイプごとに類別することはできても，多くは菌の種を特定することは難しい．子実体と菌根の遺伝的解析は，これら二つの手法で得られた結果を結びつけ，森林に生息する菌根菌の生活様式を明らかにすることを可能にするものである．このように，森林に生息する多様な菌根菌の種を正確にとらえるためには，子実体か菌根のいずれかのみを対象とするのではなく，双方を含む包括的な

表2 森林の菌根菌の特定方法

	種の特定	対象	利点	欠点
子実体調査	○	子実体を形成する種のみ	種の特定が可能	子実体の発生は環境に左右され，種同定に経験を要する
菌根の形態類別	△	菌根菌すべて	菌根の数を指標とすれば，菌根菌の量的推定が可能	菌根を類別するのに技術を要し，種の特定が困難
子実体と菌根の遺伝的解析	○	菌根菌すべて	客観的なデータが得られ，種の特定が可能	子実体の種同定が前提にあり，菌根すべてを処理するのが困難

5.3.2 菌根菌の分布様式

次に，森林に生息する菌根菌の種構成だけではなく，いつ，どこに，何がどのくらい生息しているかという，時間的，空間的な生息実態について紹介する．これらの情報は，菌根菌群集の構造や種間関係を明らかにする上できわめて重要である．

たとえば，モミが優占する二次林では，子実体の発生は梅雨期と秋に集中するが，子実体が発生する場所は菌種によって異なる（図3, 4）．すなわち，種によって子実体の発

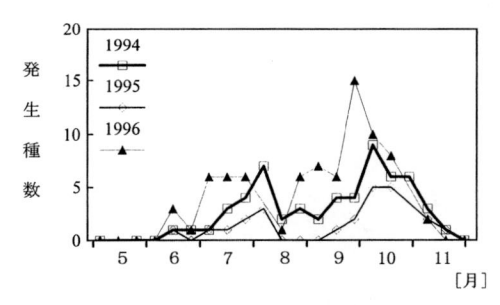

図 3 菌根菌子実体の種数の季節変化

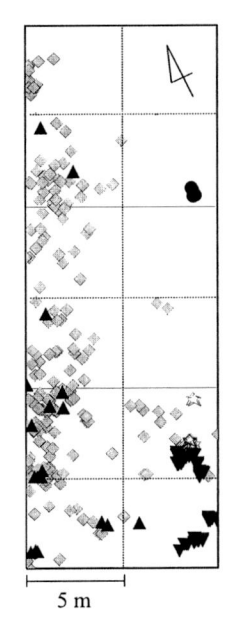

図 4 菌根菌子実体の発生位置分布の例（1996年に発生した主要な菌根菌 5 種）
オニイグチモドキ（▲）のみ発生ピークが夏に，それ以外は秋に認められた．
▼ クロトマヤタケモドキ
▲ オニイグチモドキ
◆ ベニタケ属の一種
☆ ウスタケ
● フジウスタケ

生が時間的には重なっても，空間的な分布には重なりはみられない．子実体でみる限り，複数の菌根菌が土の中で空間的に棲み分けているのではないかと予測される．ところが，同じ場所で天然更新したモミ芽生えの菌根とモミの母樹の周囲から表層土壌を採取（土壌コア）して菌根を調べると，芽生え・母樹の別や調査時期にかかわらず，それぞれの根系から一年を通して常に複数の菌根タイプ（芽生えで平均1.8タイプ，母樹で平均3.5タイプ）が見つかる．つまり，菌根菌は一年中土の中に生息しており，多くの種類の菌が数 cm 程度の非常に狭い範囲で複雑に入り組んで分布しているのである．子実体の直下でその菌しか存在していないだろうと予測される場所でさえも，表層土壌には様々な菌が生息している．たとえば，オニイグチモドキの子実体直下では最大10種，ベニタケ属の一種の場合8種もの菌根菌が見つかる．ところが，オニイグチモドキの子実体直下では，オニイグチモドキが形成する菌根の数は相対的に少なく，別の菌によって形成された菌根が優占する．それに対してベニタケ属の一種の場合，子実体直下ではこの菌の作る菌根が優占する．このように，子実体は土の中におけるその菌の存在を証明するものではあるが，その種の優占度やバイオマス（biomass）を示す指標には使えない．

　もう少し大きな空間スケールでみると，芽生えでも母樹でもモミの根がありさえすれば，菌根はどこにでも見られる．しかし，各菌根タイプの出現頻度は低いため（たとえば，松田（1999）では全採取地点17地点のうちの1，2か所），菌根菌全体としては土中の全面に分布しているものの，それぞれの種は点在的に分布しているものと考えられる．

　子実体と菌根という地上部と地下部との関係を調べると，局所的には分布の相関関係が認められないものの，大きな空間スケールでみると，子実体数が多い種ほど土壌からの出現頻度も高いという関係が認められるため，地上部で優占的にみられる種は，土の中でも優占しているようである．たとえば，モミ林で子実体の最優占種であったベニタケ属の一種は，モミの母樹および芽生えの根に最も多くの菌根を形成している（図5）．しかしながら，逆必ずしも真ならずで，土の中で優占的であっても地上部に子実体を

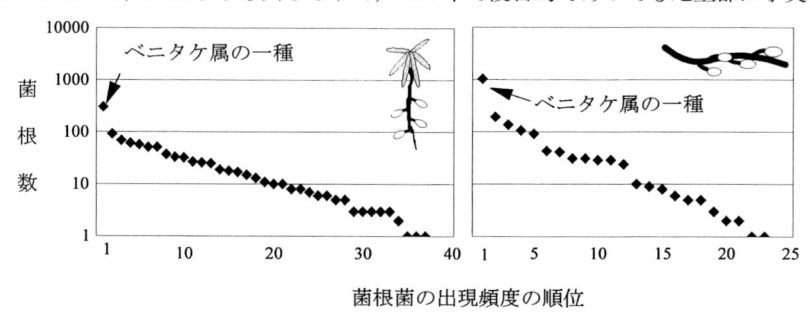

図5　モミ芽生え（左）と母樹（右）に形成された菌根菌の種とそれが作る菌根数との関係
　　　菌根菌種は菌根の形態類別にもとづき，各タイプごとに左から多い順に並べた．

まったく形成しないか，目立たない子実体を作る種が存在する（Smith & Read 1997；Erland & Taylor 1999）．したがって，子実体を目印として菌根菌の分布を把握する方法が，土の中の菌根や菌糸の実体をどれほど反映できるかについては議論の余地が大きい．森林における菌根菌の群集構造を知るためには，菌根共生系を維持している地下の菌根や菌糸を調べ，地上部と地下部での菌根菌の対応関係を明らかにしていかなければならない．

5.3.3　森林における菌根の役割

このように，野外での菌根菌の生態を調べていくと，たとえば植物の成長促進効果といった，これまで実験系で示唆されてきた菌根の機能的な役割とは別の役割を，菌根が森林で担っている可能性が浮かびあがってきた．

a．菌根菌の多様性

野外では菌根菌はどこにでも広く分布しているものの，種ごとにみればその分布は点在的であり，局所的には多種の菌が混在している．そして大きな空間スケールでみると，出現頻度が著しく高い（および低い）少数の種と，その中間に位置する多数の種が，ある構造的な規則性のもとに混在している（図5）．菌種間での出現頻度の違いこそあれ，種数からみれば，根の先端部，根の周囲，調査区画全体というどの空間スケールでみても，多種の菌が常時同所的に生息している．

菌根菌は，種間だけでなく同種内においても生育のための栄養条件やpHなどに対する適性にばらつきがあることが知られている（Smith & Read 1997；Cairney 1999）．こうした菌根菌個々の生育特性のばらつきが，養分環境の不均一な森林土壌において彼らの最適な生息場所をうまく分け，その結果として非常に狭い空間における多種の菌の同所的な分布を可能にしているのかもしれない．また，同じような生活環境を好む菌同士では，両者の宿主植物との相性（Molina et al. 1992）や宿主の細根をめぐる競争（Deacon & Fleming 1992）などによって，それぞれの生息範囲が決定されるのだろう．いずれにしても，多種の菌根菌が存在し，菌自身の安定的な存続のための生育活動を通して，共生相手の植物は，常にある環境に対して最も適応的な菌と共生関係を結ぶことができるのかもしれない．

b．菌糸のネットワーク

宿主植物の樹齢と菌根菌の多様性との関係を考えてみよう．芽生えと成木とでは，菌根共生系を構成する菌種が異なるという研究例と（Deacon & Fleming 1992），モミの例のように，成木，芽生えいずれにおいても，同じ種（ベニタケ属の一種）が優占する場合とがある（松田 1999）．植物の根が菌根菌に感染する経路として考えられるのは，胞子やすでに形成された菌根から伸びる菌糸である．ベニタケ属の菌では，胞子からの感染

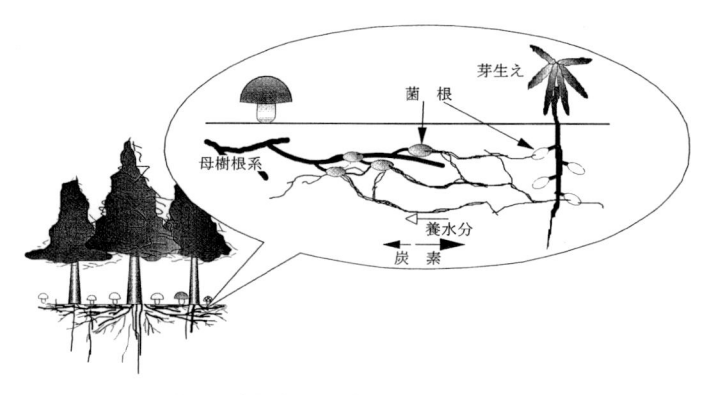

図 6 菌根菌の菌糸ネットワークの概念図
森林土壌中では，複雑な菌根菌の菌糸ネットワークが形成されており，母樹から伸びる菌糸が芽生えに定着した場合，その間で養分の移動が起こっている可能性がある．

はまれであるため（Deacon & Fleming 1992），モミの場合は母樹から伸びてきた菌糸が芽生えに定着し，母樹と芽生えの双方が菌糸によって結ばれているものと考えられる（図6）．

　菌根菌の菌糸による樹木間の連結は，同一樹種内や異なる樹種間においても報告されており（Miller & Allen 1992），カバノキの一種（*Betula papyrifera*）とダグラスファー（*Pseudotsuga menziesii*）の間には，炭素の双方向への輸送があることが示唆されている（Simard et al. 1997）．このような菌糸ネットワークの形成と菌糸ネットワークを通した物質の移動は，菌の立場からみると，生育に必要な資源（炭素源）をより多くの樹木から獲得し，繁殖域を拡大する機会を作り出すという点において適応的である．一方，植物側にとっては，立地や光条件など生育環境の悪い場所に生育する個体が，地下部の菌糸によって他個体と連結されることで，生育条件の良い個体から資源を補ってもらえるという利点がある．このことは，菌糸ネットワークに含まれる樹木の個体間では，資源獲得のための競争が緩和されている可能性を秘めている．しかし，生育条件のよい樹木個体にとっては資源を奪われることになるため，菌糸ネットワークの働きについてよりいっそう調査していく必要がある．

　植物にとって菌根を維持することは必ずしもメリットばかりではなく，光合成によって得られる純生産量の約15％が菌根に利用されていると推定されている（Vogt et al. 1982）．そのため，芽生えが単独で菌根共生系を作ることは，かなりの負担になる．しかし，芽生えが母樹と菌糸によって連結されていれば，菌根菌への資源供給を母樹に肩代わりしてもらうとか，母樹から芽生えに資源を供給することで生存率を高めるようなこ

とが行われている可能性もある．

　遠い昔に植物が陸上に進出して以来，現在もなお淘汰されることなく菌根菌が多くの植物根に遍在している事実は（Harley & Harley 1987；Molina et al. 1992），この両者の相互関係の親密さや重要性を示すものである．これまで，森林生態系における樹木同士の関係は，地上部では光，地下部では養水分という資源をめぐる競争者としてとらえられてきた．しかし，菌糸による植物間のネットワークが普遍的にみられ，菌糸による養分の移動が生態系において無視できない量であるならば，光や養水分などの資源をめぐる競争など，植物間の相互関係に関する定説を見直す必要があるだろう．
　土の中で繰り広げられる植物と菌根菌との相互関係を菌根菌群集の中でとらえ，その構造をどこまで正確に把握していくかが，森林における菌根の機能，さらにはこの生態系のダイナミクスを解き明かすための鍵となるであろう． 　　　　　（**松田陽介**）

5.4 森林の更新初期動態を制御する微生物
―実生・稚樹における病原菌の働き―

　近年，森林破壊が世界的な規模で進行するなかで，森林の持つ様々な役割や機能が注目されてきている．材の生産や水涵養機能のみならず，特異的な景観の保全，遺伝資源の保存，様々な動植物の生息場所，自然体験やレクリエーションの場の提供といった公益的機能の観点からも，森林に期待されるところは大きい．

　このような状況のなかで，天然林の動態，森林が担う生物多様性などに関する研究が数多くなされてきた．菌類（糸状菌類）を中心とする微生物も森林生態系の重要な構成者として（図1），従来言われていた病原菌や分解者としての働きのほかにも，生態系の他の構成者と相互に関係を持ちながら，様々な機能や役割を果たしている(Rodriguez & Redman 1997；金子・佐橋（編）1998)．森林樹木の菌類病については，これまで多数の報告がなされてきた．しかしながらその大部分は，病気による被害の報告，病原菌の記載にとどまっており，病気の発生機構や病原菌が森林動態のなかで果たす役割や意義についての研究例は現状ではきわめて少ない．また，目に見える被害を起こすことなく，樹木と密接にかかわりを持ちながら生活している菌類も，森林の動態や天然更新に大きな影響を及ぼしているが，内生菌（エンドファイト endophyte）や菌根菌など，一部の菌類で生理・生態的研究が進みつつあるのを除き，これらの菌類が森林生態系に及ぼす功罪についてはほとんど研究の蓄積がなく，研究は緒についたばかりといえる．したがって，森林の動態に関与する微生物といっても，これまで体系的に研究が行われてきたわけではなく，研究は発展途上にある．

　ある樹種の天然林が成立しうるか否かは，その稚苗が菌害を回避できるかどうかで決まるという主旨の「菌害回避更新論」を唱えた倉田（1949）は，天然更新に関与する菌

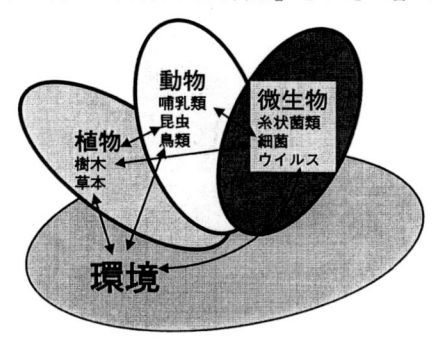

図1　森林生態系を構成する各種生物の相互作用

害について樹病学的・生態学的見地から研究が行われる必要性を強調している（倉田 1973，1982）．この説は，これまであまり積極的に取りあげられることは少なかったが，菌類生態学的視点から天然林の成因について考えた非常に興味を引く仮説であり，個々の植物とその病原菌との関係において，もう一度検討される必要がある．

本節では，上に述べたような現状をふまえ，ブナの実生の病害など，天然更新の初期段階に影響を及ぼすと考えられる菌類に焦点を絞り，近年明らかにされた研究例を挙げながら，森林に及ぼす微生物の役割について紹介する．同時に，森林生態系の構成者である菌類を中心とする微生物の生態学的研究のあり方を考えてみたい．

5.4.1 実生を枯死させる菌類

a．ブナ実生のすみやかな枯死

わが国のブナ（*Fagus crenata*）は北海道から鹿児島県まで本州，四国を含め広く分布しており，なかでも東北地方においては，森林の主要な構成樹種としてその景観を代表するものである．ブナの種子生産には豊凶があり，数年から10年に一度しか豊作がない．豊作年には，$1m^2$あたり数百から1000個程度の多量の種子が落下し，翌春多数の実生が発生するが，大半のものがその年の終わりまでに枯死し，消失してしまう（写真1）．これまで，枯死の原因として，光不足，乾燥，昆虫・小形哺乳類による食害，菌害（寄生病害）など（前田1988；橋詰1991）が関与していると指摘されてきた．このように，ブナ当年生実生のすみやかな枯死に菌類が関与するらしいことが推測されているにもかか

写真 1　ブナ当年生実生の消失（写真提供：伊藤進一郎）
A：林床一面に芽生えたブナ当年生実生，B：芽生え後約2か月後の林床（ほとんどすべての実生が枯死し消失している），C：菌類によると考えられる出芽後立枯病（矢印）．

わらず，菌害を中心に取りあげた研究はほとんど行われていない．

b．ブナ実生の病害

ブナ実生のすみやかな枯死に菌類が関与しているという報告は，ブナ林の天然更新にかかわる技術者や研究者によって，これまでに多数なされてきた（橋詰・山本 1975；前田 1988；Nakashizuka 1988；寺沢 1995；丸田・紙谷 1996；水永・中島 1997）．しかしながら，これらの報告はその枯れの形態的特徴から菌害と推定したものが大部分であり，枯死の原因が実際に菌類によるかどうかの確認がなされておらず，原因となる菌類も特定されてはいない．また菌害とされたものの外見的特徴も，研究者によって違いが認められる．

一般に，ある微生物が病気の原因であることを証明するためには，コッホの三原則を満足させる必要がある．この原則によると，ある微生物が病気の原因であるとき，①病変部に常にその微生物が存在すること，②その微生物が純粋に取り出され培養されること，③その微生物を健全な植物に接種し同様な病徴（symptom）が再現され，さらにそこから接種に用いたものと同じ微生物が再分離されること，という三つの条件を満足させる必要がある．このような観点から，菌害によって枯死したと考えられる個体から菌を分離した研究は散見されるが（橋詰・山本 1975；小林ら 1984），接種試験によって病原性が確認された例は少なく（Sasaki 1977；Sahashi et al. 1995），天然更新の初期段階において菌類が阻害要因として働いているという結論には至っていなかった．

c．ブナの立枯病を引き起こす病原菌

ブナの立枯病を引き起こす病原菌について，代表的な報告例を表1に示す．立枯実生のうち根腐れ型の被害苗からは，主として *Cylindorocarpon destructans*（キリンドロカルポン・デストラクタンス），ついで *Fusarium*（フザリウム）属菌が，また茎腐れ型の被害からは *Phomopsis*（フォモプシス）属菌，土壌病原菌である *Cylindorocarpon*, *Fusar-*

表 1 ブナの立枯病を引き起こす病原菌

病　原　菌	分　離　源	文　献
Cylindorocarpon spp.	立枯実生の根*および胚軸	小林ら（1984）
Fusarium sp.	立枯実生の根および胚軸	
Phomopsis sp.	立枯実生の胚軸	
Colletotricum dematium	立枯実生の胚軸	
Rhizoctonia sp.	罹病種子	橋詰・山本（1975）
Fusarium sp.	立枯実生	
Colletotrichum dematium	立枯実生	Sasaki（1977）
Colletotrichum dematium	立枯実生の胚軸地際部	Sahashi et al.（1994）
		Sahashi et al.（1995）

＊根からは主として *C. destructans*

ium 両属菌，および *Colletotrichum dematium*（コレトトリカム・デマチウム）が分離されている（小林ら 1984）．これらのことから，ブナ実生の消失には，*Cylindorocarpon destructans*, *Fusarium oxysporum*（フザリウム・オキシスポルム）など，土壌病原菌による苗立枯病が関与していると推測されている．しかしながら，まき付け苗に対する接種試験では，これら土壌病原菌の病原性は発現しなかったため(小林ら 1984)，今後さらに検討される必要がある．

また，立地条件と立枯病の発生の関係が検討され，湿潤平坦庇陰地が土壌生息性の病原菌によって根や茎が侵されて枯れる，いわゆる立枯病の多い場所であることが指摘されている(小林 1975)．このような場所では，翌年も同じ被害が続いて発生し，稚苗消失が発芽当年だけでなく2年またはそれ以上に及び，累積消失率が次第に高くなる．一方，1年以上経過した実生に菌類による立枯症状はきわめて少ないことが観察されている(Sahashi et al. 1994)．立地環境や調査年などの違いが，これらの観察結果の相違に関係しているものと思われる．

実生の消失原因について調査した他の報告（前田 1988）によれば，枯れの形態として

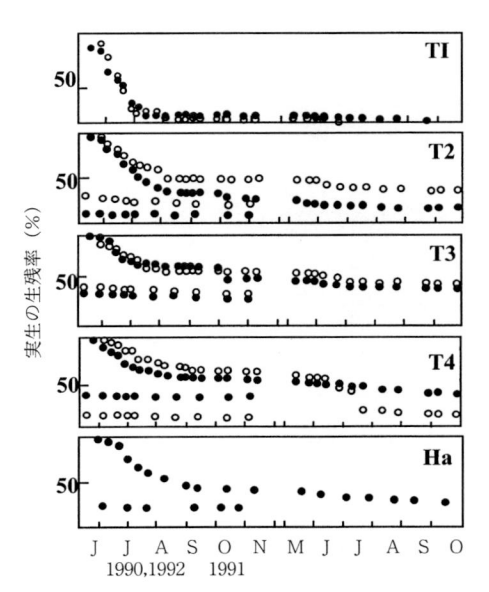

図 2 ブナ当年生実生の生残率（Sahashi et al. 1994 を改変）
T1～T4は田沢湖高原の，Haは八甲田の調査林分を示す．○，●はそれぞれ同一林分内の別の方形区のデータを示す．

葉枯れ型と倒伏根腐れ型（いわゆる立枯れ型）が認められ，葉枯れ型に相当する被害は林外で発生するが，林内で発生稚樹が大量に枯死するのは倒伏根腐れ型被害であり，湿ったところでその発生が多いという．

立枯病の原因となる病原菌の検索も行われており，罹病苗の胚軸下部から炭そ病菌の一種 *C. dematium* が分離されている（Sasaki 1977）．本菌は，接種試験の結果，ブナ稚苗に対して弱い病原性を示すことが確認され，ブナが新しい宿主に加えられた．また，大山のブナ当年生実生では地中腐敗型，立枯れ型，葉枯れ型の3タイプの菌害が認められ，罹病種子から *Rhizoctonia*（リゾクトニア）属菌が，また罹病苗から *Fusarium* 属菌が検出されているが(橋詰・山本 1975)，これらが真の病原菌かどうかについては確認されていない．

d．最近のブナ立枯病研究

菌類の森林内での役割を明らかにする一環として，ブナ当年生実生のすみやかな枯死，それに引き続いて起こる消失に関する問題に植物病理学の観点から取り組んだ最近の研究例（Sahashi et al. 1994, 1995；Sahashi 1997）を紹介しよう．

最初に，野外で起こる実生の枯死に立枯病がどの程度関与しているかについての調査が秋田，青森，岩手各県の5か所のブナ林で行われ，その形態的特徴から菌類によると考えられる出芽後立枯病（post-emergence damping off）が広く発生し，すみやかな枯死が起きているのが確認された（写真1，図2）．続いて，これらのブナ林において採集した，立枯症状を呈した個体から菌類の分離が行われ，実生の発生年，発生場所にかかわらず *C. dematium* が高頻度で分離されることが確認された(表2)．また，当年生実生に対する接種試験により，病徴伸展経過に若干の違いが認められるが，有傷接種のみな

表2 各地のブナ林から採取した立枯症状を呈した当年生実生からの *Colletotrichum dematium* の分離（Sahashi et al. 1995）

調査地		調査年	採取月	供試実生数	分離率（%）
青森県	八甲田山	1990	7月	23	95.7 (22)*
		1993	6月	90	94.4 (85)
			7月	71	98.6 (70)
秋田県	田沢湖	1990	7月	68	55.9 (38)
		1993	7月	31	83.9 (26)
		1994	6月	50	80.0 (40)
				62	91.9 (57)
岩手県	安比高原	1994	6月	58	91.4 (53)
			7月	58	87.9 (51)
	八幡平	1994	7月	84	97.6 (82)
	カヌマ沢	1994	7月	37	73.0 (27)

* *C. dematium* が分離された実生の数

らず無傷接種でも,ほとんどの個体が野外で認められるのと同じ症状を呈して接種後20日以内に枯死すること(写真2,図3,表3),枯死した個体からは例外なく接種した菌が再分離されることが確認された.菌を分離するための基質として,表面殺菌した当年生実生の下胚軸をブナ林床の落葉層に埋め込み,それにトラップされた菌を分離することによって,落葉層に *C. dematium* が生息しているか否かが検討され,供試したいずれの落葉層からも本菌が検出できることが確認されている(表4).これまでのところ,これらの事実から *C. dematium* によって引き起こされる出芽後立枯病が,野外で発生するブナ当年生実生の主要な枯死原因の一つであると考えられている.このように,コッホの三原則の確認も含め,植物病理学の分野ではごく普通に行われる方法が,森林の更新阻害の原因解明に適用されたのである.

また,芽生え直後の実生には,昆虫などによる微細な食害,出芽時に起こる微細な傷が多数存在し,これが落葉層に常在している立枯病菌の進入門戸となり,発病を助長する要因になると考えられている (Sahashi et al. 1995;Sahashi 1997).さらに,照度を変えて生育した実生に本病原菌を接種すると,照度が十分な場合には病気が起こらないことから,芽生え直後の林床内の低い日射量が発病に大きく関与する可能性がある.

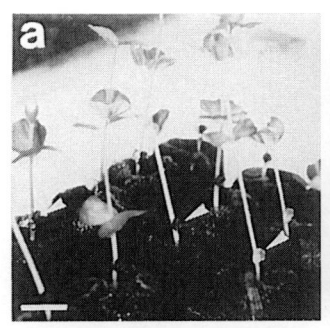

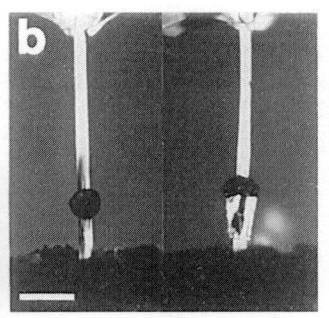

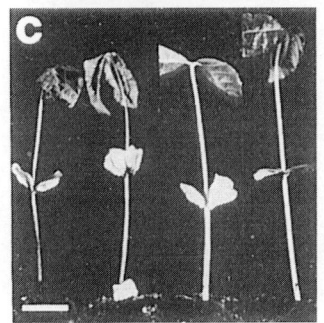

写真 2 ブナ当年生実生に対する *C. dematium* の病原性
ブナ当年生実生に病原菌を培養した寒天円盤を傷をつけて,あるいは無傷のまま接種した.
a:接種直後の芽生え(矢印は接種部位),b:接種後5日後の様子―傷をつけて接種した芽生え(左)ではすでに接種部位を中心に水浸状の病斑ができている.培養物を接触させただけの芽生え(右)はこの時点でわずかに褐変しているだけである.c:接種によって再現された病徴.接種された個体は野外で見られるのと同様な症状を示して枯れてしまった.左側2本はそれぞれ傷をつけて接種した個体(接種14日後)と培養物を接触させた個体(接種20日後).右側2本の対照区(傷をつけ病原菌を含まない寒天円盤をつけたものおよび傷だけをつけた個体)は健全なままである.

第5章 微生物が動かす森林生態系

接種後の日数

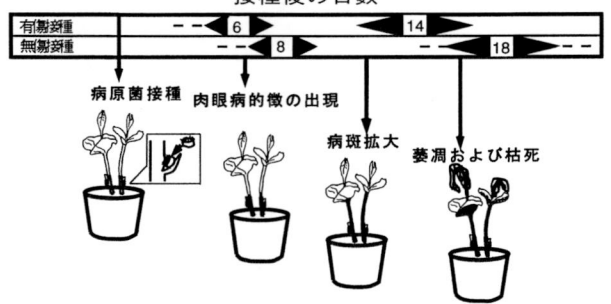

有傷接種	--- 6 ---	14
無傷接種	--- 8 ---	18 ---

↓病原菌接種 ↓肉眼病的徴の出現 ↓病斑拡大 ↓萎凋および枯死

図3 ブナ立枯症状から分離された *C. dematium* 接種による病徴の進展経過 (Sahashi et al. 1995)

表3 ブナ当年生実生に対する *C. dematium* の接種試験 (Sahashi et al. 1995)

接種方法	接種した実生の数*	枯死した実生の数 接種後の日数 14	20
有傷接種	26	23 (88.5)**	25 (96.2)
無傷接種	18	8 (44.5)	16 (88.9)
付傷のみ (対照)	17	0 (0.0)	0 (0.0)
付傷+培地 (対照)	17	0 (0.0)	0 (0.0)

* 3回の繰り返し実験の合計
** 枯死実生の割合 (%)

表4 ブナ林内のリターからの *C. dematium* の検出 (Sahashi et al. 1995)

リター採取場所	回収した胚軸数	分生子層形成率 (%)	分離率 (%)
八甲田山	25[*2)]	76.0 (19)[*3)]	72.0 (18)[*4)]
田沢湖	27	29.6 (8)	29.6 (8)
安比高原	26	73.1 (19)	50.0 (13)
対照[*1)]	31	0.0 (0)	

[*1)] 胚軸は表面殺菌後, 直ちに培地上で培養した.
[*2)] 胚軸は表面殺菌後, それぞれのリター内においた.
[*3)] 分生子層が形成された胚軸数.
[*4)] *C. dematium* が分離された胚軸数.

e. ブナに認められるその他の病害

　日本植物病名目録（2000）には，ブナの病害として前述したものも含め，20の病名が記載されている．しかしながら，そのうち腐朽病害が6種で，他のものも分類学・病原学的研究にとどまっており，森林の更新動態や維持に病原菌がどのようにかかわっているかについて行われた研究例は少ない．

　ブナの褐変した葉枯部位より *Botrytis cinerea*（ボトリティス・シネレア），*Discosia* sp.（ディスコシア属菌の一種），および *Pestalotia* sp.（ペスタロチア属菌の一種）が検出される（工藤・石橋 1983）．なかでも *Discosia* sp. が高い頻度で分離され，葉の褐変・落葉にはこれらの病原菌が関与していることは明らかである．一方，これらの菌は任意寄生菌（条件的寄生菌 facultative parasite）で，葉が何らかの原因で活力を失ったとき侵入し発病するので，一次的原因がほかにあると考えられている．*Discosia* sp. による葉枯病は，環境条件が悪い場合は甚大な被害をもたらす（佐藤 1978，1991）．しかしながら，接種試験による病原性の確認はなされていないことから，今後この点について確認する必要があろう．

　このほかにも，さび病（*Pucciniastrum fagi* プキニアストルム・ファギ），うどんこ病（*Phyllactinia corylea* フィラクティニア・コリレア，*Uncinula curvispora* ウンキヌラ・クルビスポラ）など，主として葉を侵す病原菌の記載がある（日本植物病名目録：日本植物病理学会（編）2000）．これらは直接枯死の原因にならなくても，光合成能を低下させるなどして個体を衰弱させ，他の要因による死亡を助長する．とくに，光合成産物の蓄積が少ない実生や稚樹に対しては影響が強い．このように，あまり被害が目立たない場合でも，病原菌は森林の動態に影響を及ぼす可能性がある．

5.4.2 種子を腐敗させる菌類
a. 北方針葉樹林の更新阻害

　エゾマツ（*Picea jezoensis*），トドマツ（*Abies sachalinensis*）など北海道の天然林を代表する針葉樹，とくにエゾマツは天然更新が期待できない樹種として知られている．これらの更新は，腐朽した倒木や伐根上，有機腐植物に乏しい鉱質土壌の露出地，およびコケが優占する林床など，非常に特殊な立地に限られており，腐植質に富む一般林床ではほとんど更新はみられない（程 1989）．このような特殊な更新特性については，古くから多くの研究者の関心を集め，数多くの研究がなされてきた．しかしながら，これらの研究の大部分は，光，水分，土壌，植生などといった環境因子を中心に取りあげたものであり，菌害による更新阻害という視点（倉田 1949）が欠けていた．以下にこれらの樹種の特殊な更新形態を明らかにするために，菌学的な立場から取り組んだ研究を紹介したい．

b. 北方針葉樹の種子腐敗病

　暗色雪腐病菌 *Racodium therryanum*（ラコディウム・テリアヌム）によって引き起こされる種子の腐敗が原因で，北方針葉樹の天然更新が阻害されていることは，トドマツ林の種子，実生の菌害の広範な発生調査によってはじめて確認された（林・遠藤 1975）。その後，種子腐敗病（出芽前立枯病 pre-emergence damping off）に関して多くの研究がなされてきたが，近年，エゾマツの天然更新を阻害する主要因として，土壌などの環境要因に加え，暗色雪腐病菌の感染による種子腐敗が重要な役割を果たしていることが一連の実験から明らかにされた（程 1989）。

　北海道北部のトウヒ類（エゾマツまたはアカエゾマツ（*Picea glehnii*））とトドマツを主体とした天然林の林床は，5 種類の代表的な型，すなわち針葉樹リター型，広葉樹リター型，ササリター型，コケ型，腐朽倒木型に分けられる。前 2 種類の林床型では，菌の感染率，発芽喪失率ともに高く，実生の発生率は低い（図 4）。逆にコケ型，腐朽倒木型では，感染率，発芽喪失率とも低く，実生の発生率は高い（図 4）。すなわち，針葉樹リター型と広葉樹リター型の林床では，病原菌がごく普通に存在して密度も高いのに対し，コケ型，腐朽倒木型では，菌がほとんど存在しないか，存在しても菌密度は低い。コケ型，腐朽倒木型の場所が菌害を回避できるセーフサイト（safe site）である。

　また，*R. therryanum* は A_0 層に集中しているため，A_0 層にあたる部分を除去すると，感染率，発芽喪失率が低くなり，実生の発生率は高くなる。*R. therryanum* によるエゾマツの種子腐敗の発生には，温度と湿度条件が密接に関係している。病気の発生する温湿度は，それぞれ $0 \sim 10°C$，$92 \sim 100\%$ であり，両方の条件が同時に満たされる必要がある。このような条件は北海道多雪地帯（積雪深 50 cm 以上）の積雪下の環境条件に合致するため，*R. therryanum* が存在し，雪が 50 cm 以上積もる期間が 3〜4 か月以上になる場所では，天然下種更新によるエゾマツの更新は不可能である。このように，雪腐病菌による種子腐敗は，エゾマツの天然更新の主要な阻害要因であり，森林の更新初期動態に大きく関与している菌類の姿が，病原学的，生態学的視点から明らかにされている。

　一方，エゾマツの生育過程の様々な段階で更新阻害に関与する菌類が調べられている（高橋 1991）。暗色雪腐病は，芽生え・稚苗から稚幼樹段階においても阻害要因として大きな影響を及ぼす。また，各々の生育段階において重要視すべき病害がそれぞれ存在することも指摘されている。

　自然条件下では，エゾマツは倒木という特殊な立地に依存して更新しているが，これは病原菌の生態が密接に関係しているのである。菌類の森林内での機能や役割について，このような視点からの研究は今後ますます増加し，森林生態系の構成者としての菌類の真の姿が明らかになるだろう。

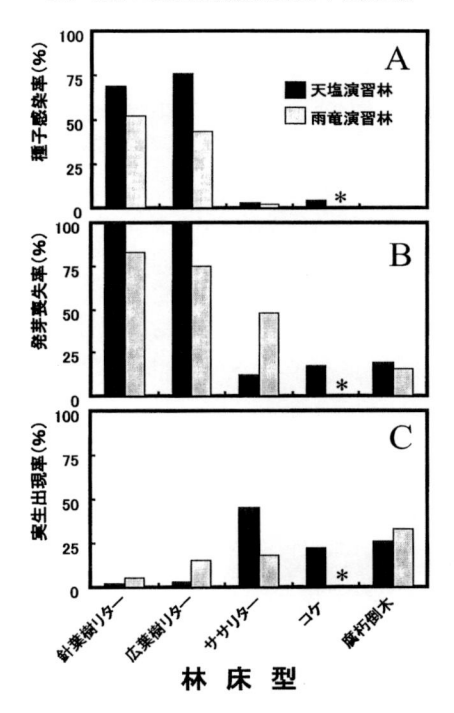

5.4 森林の更新初期動態を制御する微生物 253

図 4 異なる林床型におけるエゾマツ種子の暗色雪腐病菌感染率(A), 発芽喪失率(B), 実生出現率(C)(程 1989 を改変)
*雨竜演習林にはコケ型林床は存在しない.

5.4.3 菌類が森林の動態に与える影響

　これまでみてきたように, 菌類は森林の更新初期段階において実生を枯死させたり, 種子を腐敗させたりしている. ブナの例で紹介したように, 当年生実生の多くが菌類によって枯死し消失する. 一般に, 実生などに立枯病を引き起こす菌類は, 概して多犯性である. ブナの立枯病菌, *C. dematium* も例外ではなく, 本属に含まれる種は草本植物から樹木まで広範な植物に炭そ病(anthracnose disease)という恐ろしい病気を引き起こす (Agrios 1997). また, 炭そ病菌は, 外見上健全に見える様々な種の広葉樹の葉に潜在感染しているとされ(寺下 1973), 病原に対する防御機構が十分備わっていない実生や新鞘を侵したり, 光不足や傷害などストレスで宿主が弱った際に発病する. ブナの実生に病原菌である *C. dematium* を接種しても, 光が十分である場合にはほとんど枯死しない. ブナの実生は, 通常閉鎖した林冠の下で芽生える場合がほとんどであり, 光不足から防

御に割り当てるコストも少なく，病原菌の侵入に対して物理的防御壁として働くと考えられる樹木特有の組織も未発達であるため，病原性の弱い菌でも感染し枯死してしまう．このように森林の中では，人為的に管理された農生態系のなかではほとんど問題にならないような病原性の弱い菌でも，森林の動態に大きな影響を及ぼしていると考えられる．

先に述べたとおり，トドマツ・エゾマツは林床ではほとんど更新することが不可能で，腐朽した倒木や伐根上でしかその後継稚樹は生育できない．林床の土壌に生息している暗色雪腐病による種子腐敗や実生の立枯病が阻害要因として大きく働いているためである．したがってエゾマツは，倒木上など病原菌の密度が低い場所を，菌害が回避できる特殊な場所として利用している．このような更新形態は，当然のことながらエゾマツの天然林の成立に強く影響しているはずである．倉田 (1949) が「菌害回避更新論」で主張したように，ある樹種の天然林が成立しうるか否かは，その稚苗が菌害を回避できるかどうかで決まるという可能性も十分に考えられよう．すなわち，菌類はトドマツやエゾマツ林の成立やその分布域を規定する要因として，重要な役割を果たしているのである．

このように注意深くみると，菌類は森林の成立，更新，遷移などに密接にかかわっていることがわかる．しかしながら，菌類が森林の中でどのような機能を持ち，またどのような役割を担っているかについての研究は残念ながら少ない．菌類といえば病気を引き起こす原因であるとか，分解者として樹木の遺体の処理を行っているというイメージが強いが，それは森林生態系の中で菌類が行っている活動のごく一面を見ているにすぎない．

一般に病気というと悪いイメージとして捉えられがちである．しかしながら，植物の様々な器官に感染し，病気を引き起こす植物寄生菌類は，見方を変えると，生きている組織を分解している「生体分解者」として位置づけることができる（金子ら 1992）．倒木は，実際には，木材腐朽菌（wood-rotting fungi）により生体分解が進んだ結果，物理的強度が低下し，台風などの強風で倒れてできる場合が多い．また，倒木によって林冠にギャップができると，光環境が好転し，次世代を担う稚樹の生育の場となる．すなわち，菌類が間接的に森林の更新に影響を及ぼしているといえる．

レンゲツツジ（*Rhododendron japonicum*）には生殖器官である花芽を侵す，芽枯病という恐ろしい病気が存在する（Kaneko et al. 1988）．この病気に侵されると，花芽は花を咲かすことなく枯れてしまい，種子を生産することはできない（写真3）．個体の生存にはほとんど影響は及ぼさないが，生殖器官を直接攻撃し種子の生産を阻害するので，レンゲツツジの繁殖，分布域の拡大に影響を及ぼすことは容易に想像できる．森林生態系における微生物の機能的な役割を評価する上で，病原菌が植物に与える直接的な害だけでなく，生態系に起こるこのような副次的な影響も考慮することが必要である．

写真 3 レンゲツツジ芽枯病
左：芽枯病に感染し，花を咲かすことなく枯れてしまったレンゲツツジの花芽，右：花芽に形成された病原菌のひげ状の分生子柄束.

　森林を生態系というシステムとしてみると，一つの自己制御機能を備えた機能体ととらえることができる．菌類も，その制御機能を正常に保つための構成者として重要な役割を果たしているはずである．森林に生息する菌類が，森林生態系あるいはその中心的な構成者である樹木に対して与える影響の功罪，すなわち利益になる側面と不利になる側面を，いままで以上に厳密に考える必要があるのではないだろうか．今後，このような視点からの研究がますます盛んになることが期待される． 　　　　　（佐橋憲生）

BOX　病原菌とエンドファイト

　生きている植物から栄養を摂取して生活できる菌類（fungus, *pl.* fungi）を植物寄生菌類（plant parasitic fungi）と呼ぶが，その中には宿主である植物に異常をきたし，病気を引き起こす植物病原菌（plant pathogenic fungi）と呼ばれるものもあれば，植物に外見上いかなる害も引き起こすことがないエンドファイト（内生菌，fungal endophyteまたは endophytic fungi）と呼ばれるものもある．ところで，植物病原菌とエンドファイトは明確に区別できるのであろうか．

　もちろん，イネ科植物とそのエンドファイトの関係のようにまったく病気は起こらず，さらに双方がともに利益を得るという双利共生関係が成り立っている場合もあり，このような場合は病原菌と明確に区別できる．

　現在もっとも広く用いられている定義によれば，エンドファイトは「生活史のある時期（その時間的長さにかかわらず），宿主にいかなる害も及ぼさないで，植物組織内に存在している菌群」ということになる．この定義によれば，植物病理学の分野でよく使用

される「潜伏期間が長い病原菌」は，エンドファイトとして取り扱うこともできる．すなわち，植物病理学者はこのような菌を，潜在感染期間が長く発病までに時間を要する病原菌として取り扱うし，菌学者はエンドファイトとして取り扱うことになる．しかしながら，病原菌の潜伏期間といっても，その期間は病原菌と宿主の組み合わせによって様々である．多くの植物に炭そ病という病気を引き起こす *Colletotrichum* 属の菌類は，潜伏期間の長い病原菌として知られているが，ある植物のエンドファイトであるという報告もあり，上のような例にあてはまる．

また，分類学的に非常に近縁な2種の菌が，一方はある特定の植物の病原菌であり，他方はエンドファイトであったりするし，逆にある特定の菌が非常に近縁な2種の植物の一方に病気を引き起こし，他方に内生的に感染したりする．このような事実は，ますますエンドファイトと植物病原菌の区別を困難にしている．

もちろん，言葉の上の問題だけであるので，その場その場で使い分けていけばよいという意見もあるかもしれない．しかしながら，誰が見てもわかるように両者を客観的に区別するような基準はないだろうか．

植物の病気のなかには，秋になって紅葉が始まる頃に病斑ができたり，傷害など他の原因で植物がストレスを受けた場合に発病する例も多い．これらは病気として扱われる場合が多いが，その原因となる菌は発病する以前から植物内で生活しており，老化などにより宿主植物と菌とのバランスが崩れた結果が発病であると考えれば，そこに存在する菌の本質的な生活様式は内生的であり，エンドファイトであるとする方が理解しやすい．両者を客観的に区別する必要があると考えるのは筆者だけだろうか．**（佐橋憲生）**

宿主に関連した生活環

エンドファイト　　内生的（双利共生関係）

病原菌　　病原性（病徴の出現）

潜在感染期間を持つ病原菌　　老化，傷害ほか　　内生的（潜在感染）　　病原性（病徴の出現）

病原菌 vs エンドファイト

5.5 森林生態系を脅かす"微生物-昆虫連合軍"

微生物 (microbe, microorganism) は，光エネルギーを利用して光合成を行う生産者である植物界，そしてそれを利用する消費者である動物界の産出した有機物を分解し，無機物に変える最終分解者として，森林生態系の中の物質循環において重要な役割を果たしている．Hawksworth (1991) は，主要生物群の既知種と未記載種の数を推定しているが (表1)，この中で，名前のついている菌類の種数は昆虫，顕花植物・シダ類について3番目に多く，約7万種であるとしている．しかしながら，まだ名前のついていない菌類を含めた総種数は150万種としており，昆虫について大きな生物群を形成することになる．しかも名前のついている菌類の割合はわずか5%であり，未記載の種が多い大きな生物群といえる．このように，菌類は種数において多様であるばかりでなく，遺伝的にも，またその機能においても多様な生物群であると考えられている (Hawksworth 1991)．

一般に，菌類などの微生物類は，有機物を吸収する従属栄養を営んでいる．その栄養の摂取方法により，腐生者 (saprophyte)，寄生者 (parasite)，共生者 (symbiont) の三つのグループに分けることができる．腐生者とは，植物や動物の遺体などから腐生的に栄養を取って生活し，それらを分解する．寄生者とは，植物や動物の体表などに付着し，また内部に侵入して栄養を取って生きており，これらは病原微生物として，生物に何らかの被害を及ぼすことになる．共生者とは，他の生物と利益を交換あるいは与えるか，まったく無害の関係である．われわれ人間は，このような異なる栄養摂取方法をする微生物の機能を有効に利用し，いまでは農学や医学の分野などで微生物は不可欠な存

表 1　主要生物群の既知数と推定される未記載種の数
(Hawksworth 1991 を改変)

生物群	既知数	推定総種数	既知数の割合 (%)
哺乳類	4000	4000	100
鳥　類	9000	9100	99
魚　類	19000	21000	90
顕花・シダ植物	220000	270000	81
セン類・タイ類	17000	25000	68
藻　類	40000	60000	67
昆　虫	800000	6000000	13
細　菌	3000	30000	10
菌　類	69000	1500000	5
線　虫	15000	500000	3

在となっている．その一方で，微生物の中でも圧倒的に多数を占める病原微生物は，人間に対して莫大な経済的損失も与えている．

菌類を含む微生物類は単独でも他の生物に被害を与えるが，森林生態系において，とくに昆虫類と共生関係を持ちながら，森林被害を発生させる例が知られている．ここでは，森林生態系において微生物が昆虫と巧みに連携し，樹木や森林被害に関与している事例をみることにする．

5.5.1 森林被害にみられる微生物と昆虫の共生関係

病原微生物が雨や風で植物体に伝播されるように，昆虫の体表に付着して運搬され，宿主のもとに伝播されて被害を発生させる例は多く，そのような事例は昔からよく知られている．たとえば，ヨコバイやアブラムシなどの吸汁性昆虫（sap-sucking insect）や線虫（nematode）によるウイルスの伝播，キクイムシ類（*Dendroctonus* 属，*Ips* 属）による青変菌（*Ceratocystis* 属，*Ophiostoma* 属）の伝播，ハエやアリなど種々の昆虫類によるさび病菌（rust fungi）の伝播，アブラムシやカイガラムシによるすす病（sooty mold）菌の伝播，花粉媒介昆虫（insect pollinator）による細菌の伝播など，昆虫類は樹木や森林被害を発生させる病原微生物の媒介者（vector）として，大きな役割を果たしている．

しかし，単に媒介者としてではなく，微生物と昆虫類が共生関係を保ちながら，樹木，森林被害に関与している例も多く明らかにされている（表 2）．すす病菌やこうやく病（felt）菌は，アブラムシやカイガラムシの排泄物を栄養源として利用し繁殖することか

表 2　共生関係にある微生物と昆虫による樹木加害の例

微　生　物	昆　　虫	樹　　種
Amylostereum areolatum	*Sirex* spp.	マツ
A. chailettii	*Sirex* & *Urocerus* spp.	マツ
Heterobasidion annosum	ハエ類	トウヒ，カラマツ，モミ
Phytophthora palmivora	アリ類	カカオ
Ceratocystis clavigera	*Dendroctonus ponderosae*	マツ
C. fagacearum	ケシキスイ科 *Pseudopityophthorus* spp.	ナラ
C. fimbriata	*Xyloborus ferrugineus*	カカオ
C. laricicola	*Ips cembrae*	カラマツ
Cryphonectria parasitica	甲虫類	クリ
Ophiostoma ips	*Ips* spp.	マツ
O. polonica	*Ips typographus*	トウヒ
O. ulmi	*Scolytus* spp. & *Hylurgoinus rufipes*	ニレ，ケヤキ
Leptographium terebrantis	*Dendroctonus* spp.	マツ
Trichosporium symbioticum	*Scolytus ventralis*	モミ
Verticicladiella serpens	*Hylastes* spp.	マツ

ら，微生物と昆虫の共生関係の代表的な例としてよく取りあげられる．一方，キバチ類（*Sirex* spp., *Urocerus* spp.）や養菌性キクイムシ（ambrosia beetle）は，体内に菌類を保持する器官をもち，積極的に菌類と共生関係を結びながら，時として大きな森林被害を発生させることがあり，最近これら昆虫類と共生菌との相互関係に対する関心が高くなっている．キバチ類（4.3節参照）は，雌成虫がマイカンギア（mycangia 菌嚢）を持ち，産卵時にそれら菌類を一緒に接種することにより，マツ類を枯死させたり，スギやヒノキの材部に星形の変色を発生させる．この場合，キバチ類は菌の運搬を，菌類は樹木を枯死させ，あるいは材に変色を形成することによって，菌類が定着した部位をキバチ類の繁殖の場として提供している．また，養菌性キクイムシ（アンブロシアキクイムシ：4.4節参照）も，キバチ類と同様にマイカンギアを持ち，雌成虫が材部に穿入しながら菌類を抗(孔)道壁に植えつけたあとに産卵する．これら抗道内で繁殖した菌類の菌糸や分泌物は，のちに孵化した幼虫の栄養源となる．キクイムシは菌類の運搬の役割を，運搬された菌類はキクイムシ幼虫の栄養源となり，繁殖の場を提供することになる．

このような微生物と昆虫の共生関係が，時として大きな森林被害をもたらし，森林生態系に大きな打撃を与えることがある．本節では，森林を脅かす"微生物と昆虫連合軍"の代表的な事例を紹介しよう．

5.5.2 針葉樹を脅かす"線虫-昆虫連合軍"
マツ類（Pine）の枯れ

1905年，長崎県で初めて発生したとされるマツ類（おもにアカマツとクロマツ）の集団的な枯死は，現在北海道と青森県を除く都府県で発生し，わが国における最大の森林被害をもたらしている．世界的な流行病害として知られてきたニレの立枯病（Dutch elm disease），クリの胴枯病（chestnut blight），五葉マツの発疹さび病（white pine blister rust）とともに，現在ではマツ材線虫病も含めて世界の4大流行病害とされている．

この被害は，いまでも行政的には松くい虫被害と呼ばれているが，これはかつて，松くい虫（樹皮下穿孔性甲虫の総称）がマツの樹皮下を加害することによって発生すると考えられていたためである．しかしながら，1969年にマツ枯死木から体長1mm未満のマツノザイセンチュウ（*Bursaphelenchus xylophilus* または *B. lignicolus*）が発見され，接種試験によってその病原性が確認されたことから(清原，徳重 1971)，この被害はマツ材線虫病（pine wilt disease）と命名された（Mamiya & Kiyohara 1972 a）．その後，松くい虫と総称される昆虫の中で，マツノマダラカミキリ（*Monochamus alternatus*）がマツノザイセンチュウと巧みに連携していることがわかった（Mamiya & Kiyohara 1972 b）．

表 3 マツ枯れにおける 3 種の生物の関係

季節	マツ類	マツノマダラカミキリ	マツノザイセンチュウ
2～4 月	枯死木	幼虫から蛹に	蛹室に集合
4～6 月	枯死木	蛹から成虫に脱出	成虫に移動
6 月～	健全木	後食	傷口からマツ樹体内へ侵入
7 月～	異常木	産卵	樹体内を分散・移動
8 月～	枯死木	樹皮下幼虫	樹体内で増殖
		幼虫で越冬	
9 月～	枯死木	蛹室内幼虫	各ステージの幼虫・成虫

　3 種の生物の相互関係は，表 3 のとおりである．マツノマダラカミキリが枯死木から羽化脱出する前，成虫のステージのときに，マツノザイセンチュウはカミキリの体内に侵入する．そして，カミキリ成虫が健全なマツの枝や新梢を後食する際に，線虫は新しいマツに侵入する．線虫が樹脂道を通ってマツの樹体内を移動・分散すると，次第にマツは生理的に異常をきたすようになる．マツノマダラカミキリは，人間の目には見分けがつかないが，線虫によって樹脂滲出に異常をきたすようになったマツに誘引され産卵を行う．孵化したマツノマダラカミキリ幼虫は内樹皮を食害し，さらに材部に侵入してそこで繁殖の場を得ることになる．マツノマダラカミキリによってマツに伝播されたマツノザイセンチュウは，寄生したマツを枯死させることによってマツノマダラカミキリに繁殖の場を与えることになり，両者は巧みな共生関係を築き上げている（4.5 節参照）．

　マツノザイセンチュウは，日本で発見される以前に北アメリカで記載されていた種であることがわかった．マツ類は広く梱包材として利用されてきたことから，20 世紀初頭にアメリカから日本に持ち込まれたものではないかと考えられている．日本に持ち込まれたマツノザイセンチュウはパートナーとしてマツノマダラカミキリと共生関係を結び，この線虫に感受性のある日本のマツ類とは寄生関係を結び，九州から北上を続けて日本のマツを次々と枯らしていった．マツ類の枯れは，日本だけでなく中国，韓国，台湾などのアジア地域でも発生していることが明らかにされている（遠田 1997）．それらの多くの地域では，マツノマダラカミキリは天然分布していることから，おそらくアメリカから日本にマツノザイセンチュウが持ち込まれたように，線虫が侵入したことによってマツノマダラカミキリと共生関係を結び，日本と同様に感受性のあるマツ類に大きな被害を与える結果になったものと考えられている．一方アメリカでは，線虫も存在し，*Monochamus*（ヒゲナガカミキリ）属の昆虫も天然分布しているが，アメリカのマツ類はこの線虫に対して抵抗性を持っていたため，大きな森林被害が発生することはなかった．

　ところで，日本各地のマツ枯れ地帯において，マツノザイセンチュウによく似た線虫で雌成虫の尾端に突起がある（マツノザイセンチュウの雌成虫の尾端は丸い）線虫の存

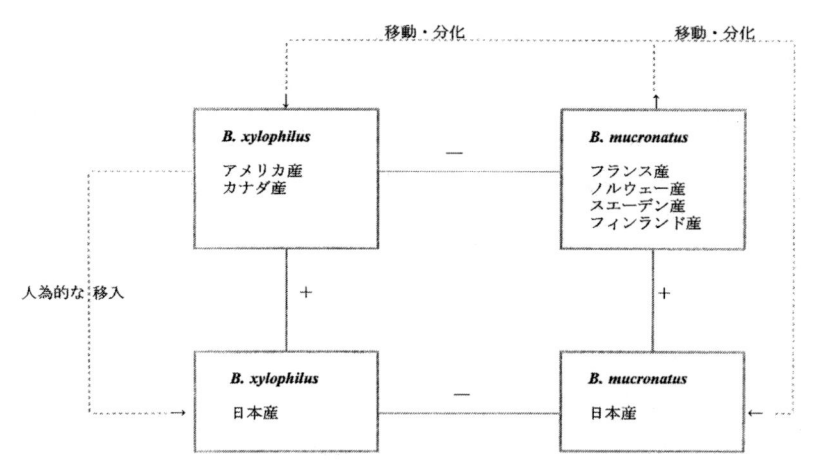

図 1 世界に分布するザイセンチュウ類の相互関係（岩堀・二井 1995，真宮 1996 を改変）
　　　　＋　交配成立，　－　交配不成立

在が知られていた．この線虫は，マツノザイセンチュウとは生殖隔離があることから，別種としてニセマツノザイセンチュウ（*Bursaphelenchus mucronatus*）と命名されている．この線虫は，マツノザイセンチュウとは異なり病原性はきわめて弱いが，ヨーロッパなどの地域にも広く分布していることが明らかにされている．最近，世界に分布する線虫の近縁関係が分子生物学的な手法を用いて調べられ，興味ある結果が得られつつある（岩堀・二井 1995；真宮 1996）．いままでに得られた種々の実験結果が整理され，日本，北アメリカ，ヨーロッパの線虫の間には図1のような関係があることが明らかになってきた（岩堀・二井 1995）．世界の線虫の類縁関係から，日本のマツノザイセンチュウが北アメリカ由来であることが裏づけられると同時に，世界に分布するザイセンチュウ類の病原性の強弱や昆虫類との共生関係を考える上で興味ある問題が含まれており，今後シベリアやアジア地域，日本国内の線虫の類縁関係についての研究成果が期待されている．

5.5.3　広葉樹を脅かす"微生物-昆虫連合軍"
a．ニレ類（Elm）の枯れ

ニレの立枯れ被害は，フランス（1918年），オランダ（1919年），ドイツ（1921年）で発生記録が残されているが，1900年代からこれらの地域で発生していたと考えられている（Brasier & Mehrotra 1995）．病名のニレの立枯病（Dutch elm disease）は，オランダの研究者がこの被害の発見，病原菌や媒介昆虫の同定など，的確・迅速な研究業績

を残したことを記念して命名されたものである．その後被害はヨーロッパの全域に拡大し，オランダでは，1950年代初頭までに95％のニレが枯死したとされている．

ヨーロッパでは，病原菌 *Ophiostoma* (*Ceratocystis*) *ulmi* (オフィオストマ (セラトシスティス)・ウルミ) は，キクイムシ科 (Scolytidae) の3種のキクイムシ，Large European elm bark beetle (*Scolytus acolytus* スコリタス・アコリタス)，Middle European elm bark beetle (*S. laevis* スコリタス・ラエヴィス)，Small European elm bark beetle (*S. multistriatus* スコリタス・ムルティストリアタス)によって伝播され，これらキクイムシ類によって形成された枝や幹の傷口からニレ樹体内に侵入する．その後病原菌は導管を通って樹体内全体に広がり，数週間から数年でニレを枯らしてしまう．キクイムシは枯死したニレで越冬し，新成虫は抗道内で病原菌を体に付着させ，翌年脱出したキクイムシは，新しい健全木を加害することによって被害は拡大する．3種のキクイムシの分布は重なる地域もあるが，おもに前者2種は北部から中部ヨーロッパで，残り1種は南部ヨーロッパにおいて，この被害に関与している．

北アメリカでは，1930年にオハイオ州で初めてニレの立枯れ被害が発見された．被害の発生は，ベニヤの原料としてヨーロッパから輸入したニレ丸太とともに，*S. multistriatus* と病原菌が持ち込まれたためではないかと推測されている．その後毎年10 kmの速さで被害が拡大していった．北アメリカでは，土着の Native elm bark beetle (*Hylurgopinus rufipes* ヒルルゴピナス・ルフィペス) が，*S. multistriatus* とともに病原菌の伝播者としての役割を果たし，被害拡大に重要な役目をした．カナダでも同様に，ヨーロッパから材と一緒に病原菌が持ち込まれ，1944年にケベックで最初の被害が発生している．

キクイムシは病原菌を運搬し，病原菌はニレを枯死させてキクイムシ類に繁殖の場や食糧源を提供していることになり，マツノザイセンチュウとマツノマダラカミキリの関係と同様に，両者は共生関係といえる（枯死したニレの根と健全木の根との接触によって，被害が拡大する場合があり，キクイムシはそのような枯死木も繁殖源として利用することが可能である）．この被害によって，これまでに2億本以上のニレが枯死したとされている．被害の拡大やその速度には，樹木の感受性や環境要因も重要な影響を及ぼしているものと考えられる．しかしながら，菌類と昆虫の巧みな共生関係によって，森林樹木に寄生して被害をもたらしている典型的な例であろう．

ところで，ヨーロッパ各地で被害が拡大しているとき，*O. ulmi* よりもさらに病原性の強い系統の菌（*O. novo-ulmi* オフィオストーマ・ノヴォウルミ，ユーラシア系統，EAN）がルーマニアからウクライナの地域に出現し，それまで以上にこの被害の拡大に関与したことが明らかにされている（Jeng & Brasier 1994；Brasier & Mehrotra 1995）．一方，北アメリカにおいても，五大湖の地域でアメリカ系統（NAN）が出現し，

その後その系統の菌が被害の拡大に関与していったとされている．1960年代になり，今度はこのNAN系統の菌は北アメリカからイギリスに持ち込まれたために，イギリスを中心にヨーロッパ南部への被害拡大に関与していった．皮肉なことに，NAN系統のヨーロッパへの侵入によって，長い年月を費やして作り出されたO. ulmiに対するニレ類の抵抗性品種は，ことごとく被害を受ける結果となってしまった．現在ヨーロッパや北アメリカでは，O. ulmiはほとんど検出されず，代わって病原性の強いO. novo-ulmiが，ニレ類の立枯れ被害に関与しているとされている（Brasier & Mehrotra 1995）．

最近，被害の発生のない中央アジアにおいて，さらに別の系統の菌系（O. himal-ulmi sp. nov.）が発見されている（Brasier & Mehrotra 1995）．ニレ類の中で，アメリカニレ（Ulmus americana）やヨーロッパのニレ（U. glabra：セイヨウハルニレ，U. carpinifolia）はこの被害に弱く（感受性が高い），日本やアジアのニレ（U. parvifolia：アキニレ，U. pumila：ノニレ，U. davidiana var. japonica：ハルニレ）は遺伝的にこの被害に強い（抵抗性が高い）性質を持っている．そのため，アジア地域ではほとんど被害の発生はなく，病原菌の原産はアジア地域ではないかと考えられてきたが，新しい系統の菌が発見されたことから，病原菌の原産地が，中央アジアではないかとの可能性がますます高くなってきている．これまでの被害の発生，拡大の経緯から判断し，今後さらに病原菌側において病原性の異なる系統の菌が出現する可能性も十分に考えられる．そのような場合には，それぞれの地域において，新系統の菌類と新たに別の種類の昆虫との間で新しい共生関係が出現する可能性がある．そうなれば，森林にとっては今後さらに大きな脅威となるであろう．

b．ナラ類（Oak）の枯れ

1980年代後半，滋賀県の北部でナラ類（Quercus spp.）が集団的に枯死する被害が発見された．その後，同様の被害が日本海側の各地で発生していることが確認されるようになったが，いずれも被害発生地は日本海側に集中していた(伊藤・山田1998)．しかし1999年になって，三重県，奈良県，和歌山県の県境で新しい被害の発生が発見され，現在までに1府14県で被害の発生が確認されている（図2）．

わが国のナラ類には，約40種の病害が記録されているが，ならたけ病（Armillaria root rot）などの土壌病害を除いて成木を枯死させるような病害はなく，また病害によってナラ類が集団的に枯死した例も報告されていない．一方，欧米では，ナラ類の集団的な枯死被害に病原菌が関与する事例が報告されている．北アメリカでは，1930年頃からナラ・カシ萎凋病（oak wilt）が発生していたとされ，本病によるナラ・カシ類の枯死被害は，現在でも大きな問題となっている（Appel 1994）．この被害では，病原菌Ceratocystis fagacearum（セラトシスティス・ファガセアリューム）の運搬にケシキスイ科昆虫（nitidulid beetle）の穿孔が一部関与していることが明らかにされている．また，

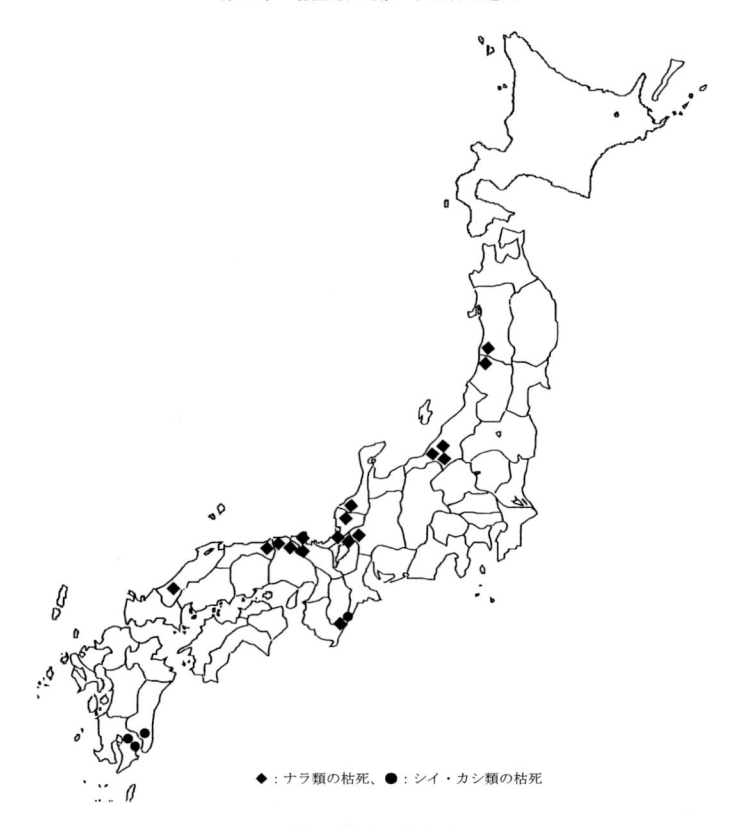

図 2 被害の発生地

●:ナラ類の枯死、●:シイ・カシ類の枯死

最近ヨーロッパ南部の国々で問題となっているナラ類の枯死・衰退現象には，*Phytophthora*（フィトフソーラ）属菌，とくに *P. cinnamomi*（フィトフソーラ・シナモミ）の関与が報告されている（Marcais et al. 1996）．

日本各地の被害発生地では，枯死木には例外なくナガキクイムシ科（Platypodidae）のカシノナガキクイムシ（*Platypus quercivorus*；写真1, 2）が穿入しており，枯死木地際部には大量のフラス（frass）が見られる（写真3）のが共通した特徴である．カシノナガキクイムシは，40種以上の樹種に穿入することが確認されているが，とくにブナ科（Fagaceae）に属する常緑樹と落葉樹，シイ類（*Castanopsis* spp.），カシ類（oak），ナラ類に集中している（表4）．日本海側の地域では，ナラ類，おもにコナラ（*Quercus serrata*）とミズナラ（*Q. mongolica* var. *grosseserrata*）が集団的に枯死している．一方，九州では，カシ類やシイ類がカシノナガキクイムシの穿入を受けており，アカガシ（*Q.*

5.5 森林生態系を脅かす"微生物-昆虫連合軍"

穿入孔

カシノナガキクイムシ

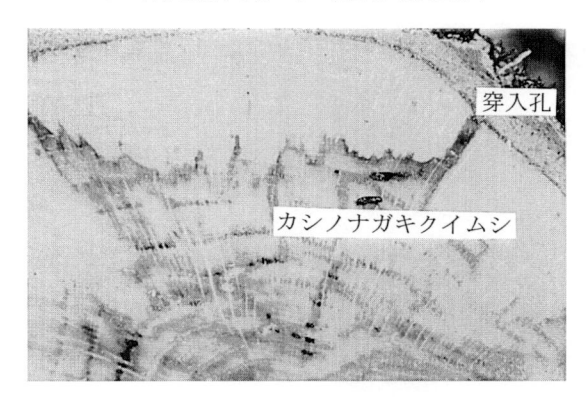

写真 1　被害木のカシノナガキクイムシ

←マイカンギア

写真 2　カシノナガキクイム
　　　　シの雌成虫

写真 3　カシノナガキクイム
　　　　シが排出した枯死木
　　　　地際部のフラス

acuta）やマテバシイ（*Pasania edulis*）など一部の樹種で枯死が発生している．また三重県，和歌山県，奈良県の県境で発見された新たな被害発生地では，コナラの集団的な枯死のほかに，九州の被害地と同様にシイ・カシ類も穿入を受けており，シラカシ（*Q. myrsinaefolia*）やウバメガシ（*Q. phillyraeoides*）などの樹種に単木的な枯死が発生している．これらのことから，現在のところカシノナガキクイムシの穿入を受けて集団的に枯死しているのは，ブナ科の落葉樹，とくにコナラとミズナラであるといえる．この森林被害に関する研究は始まったばかりであり，まだ研究成果も少ないために不明な点も

表 4 カシノナガキクイムシの加害対象樹種

属 名	種 名	学 名
コナラ	クヌギ	Quercus acutissima
	アベマキ	<u>Q. variabilis</u>
	カシワ	Q. dentata
	ミズナラ	<u>Q. mongolica var. grosseserrata</u>
	コナラ	Q. serrata
	ウバメガシ	<u>Q. phillyraeoides</u>
	イチイガシ	Q. gilva
	アカガシ	<u>Q. acuta</u>
	ハナガガシ	Q. hondae
	ツクバネガシ	Q. sessilifolia
	アラカシ	Q. glauca
	シラカシ	Q. myrsinaefolia
	ウラジロガシ	Q. salicina
クリ	クリ	<u>Castanea crenata</u>
シイ	ツブラジイ	Castanopsis cuspidata
	スダジイ	<u>C. cuspidata var. sieboldii</u>
マテバシイ	マテバシイ	<u>Pasania edulis</u>
ブナ	ブナ	Fagus crenata

下線部は,枯死が発生している樹種

多いが,菌類とナガキクイムシ科の昆虫の共生関係による,世界でも例のない森林被害である可能性が高い.以下で,これまで明らかにされてきた成果を紹介しよう.

　カシノナガキクイムシの穿入を受けたナラ類は,マツの材線虫病と同様に夏季に急激に萎凋し,秋までに枯死に至る.はたして,カシノナガキクイムシの穿入のみで枯死に至るのであろうか.一般に,ナガキクイムシ科の昆虫は熱帯・亜熱帯に多く,衰弱木や枯死木で繁殖するとされており,健全木をアタックする例は少ないとされてきた(野淵1993).林業的には,キクイムシ科の養菌性キクイムシと同様に伐倒丸太の害虫で,ブナ丸太など広葉樹の良質材,ラワン材などの輸入材などに穿孔してピンホール(pinhole)を作り,そこから木材腐朽菌の侵入を促進し,材質劣化を起こす害虫として問題とされてきた.しかし熱帯地域では,生立木に穿入する種も知られている(Wagner et al. 1991).また南ヨーロッパでは,ナガキクイムシ科の *Platypus cylindrus* (プラティプス・キリンドーラス)が健全なコナラ属の樹木に穿入した事例も報告されている (Baker 1963).さらにオーストラリアでは,*P. sugbranosus* (プラティプス・サグブラノーサス)が,ブナ科の *Nothofagus cunninghamii* (ノトファガス・カニングハミー)などナンキョクブナ属 (*Nothofagus*) の樹木に穿入している.しかしいずれの被害も,ナガキクイムシ科の昆虫の穿入のみで枯死することはなく,枯死には *Chalara australis* (チャララ・オーストラーリス)などの菌類の関与が示唆されている (Kile & Hall 1988).

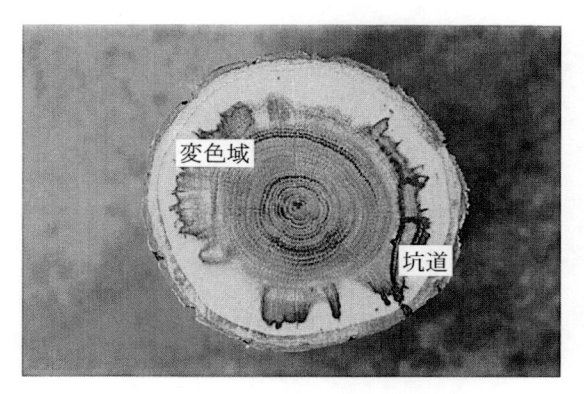

5.5 森林生態系を脅かす"微生物-昆虫連合軍"

写真 4 カシノナガキクイムシの抗道と変色域

表 5 枯死木からの微生物の分離

分離菌	内樹皮	辺材部	心材部	抗道壁
Fusarium spp.	14	4		3
未同定菌	21	76	30	58
その他	5	5		
細菌	3	6	14	10
分離片の数	105	105	105	105
分離菌の数	43	86	44	76

そこで,各地の被害発生地において,ナラ類を枯死に至らしめるような生物害,たとえばならたけ病などに関する調査が行われた.しかし,被害地に共通する病虫害の発生はみられなかった(伊藤ら 1998).枯死木あるいは被害木(カシノナガキクイムシの穿入を受けているが枯れていない木)の断面を見ると,辺材部にはカシノナガキクイムシの抗道に沿って褐色の変色域(写真 4)が形成されている.それら変色域などから菌類の分離を行った結果,ある種の菌類(現在未同定のため,以下ナラ菌とする)が優占的に分離されることがわかった(表 5).その後,各地の被害発生地の被害材からも同様に分離試験を行った結果,同様にこのナラ菌が優占的に分離されることも明らかとなった(伊藤ら 1998).分離されたナラ菌は,フランスやポルトガルのコルクガシ(*Q. suber*)とアカガシワ(*Q. rubra*)に穿入する *P. cylindrus* のマイカンギア(胞子貯蔵器官)から分離された菌類 *Raffaelea montetyi*(ラファエレア・モンテティー)(Morelet 1998)に類似しており,目下その所属について検討が進められているが,*Raffaelea*(ラファエレア)属の新種となる可能性が高い.

ナガキクイムシ科の昆虫はすべての種が養菌性キクイムシであり,おもにメスがマイ

カンギアの中に共生菌を持ち，穿入時に抗道壁に胞子を植えつけ，そこで繁殖した菌糸を孵化した幼虫が栄養源にするとされている(野淵1993)．幼虫，蛹，成虫の体表，あるいはマイカンギアからも菌類の分離を行った結果，いずれからもナラ菌が分離された(伊藤ら1998)．これら分離菌を用いた接種試験の結果，優占的に分離されたナラ菌のみが，ミズナラに対して病原性を示すことを示唆したことから(伊藤ら1998)，ナラ菌がナラ類の集団的な枯死被害に密接に関与していると考えられている．カシノナガキクイムシは，枯死したナラ類でしかほとんど次世代を残すことができないことから，ナラ菌を運搬することによってナラ類を枯死に導き，繁殖の場を確保しているといえる．このように，両者は共生関係を結んでいる可能性が高い．

この被害は，1980年代に突然発生したのであろうか．それを確かめるため，過去の病虫獣害の被害発生記録が詳細に調べられた(表6)．その結果，被害は1930年代から日本で発生していることが確認された(伊藤・山田1998)．過去の被害地の多くは，現在被害が発生している地域と重なっている．しかしながら，記録に残された過去の被害の発生状況と1980年以降の被害の発生傾向とは大きく異なっている．それは，1980年以前の被害が5年程度で終息していたのに対して，現在の被害発生地では，10年以上も継続して

表6 1980年以前の被害発生記録

発生年	発生場所	樹種	樹齢	被害量
1934	宮崎・西諸懸郡	シイ・カシ		
	鹿児島・肝属郡	シイ・カシ		
1945	鹿児島・都城	シイ・カシ		311本
1950	高知	カシ		300本
1952	兵庫・城崎郡	ナラ	50～60年	7000本
	高知・幡多郡	シイ・カシ		2273 ha
1953	兵庫・城崎郡	シイ・カシ・ナラ	40～70年	70000本
	鹿児島・姶良郡	シイ・カシ	40年	1.4町
1954	兵庫・城崎郡	ナラ	50～80年	920本
	鹿児島・姶良郡	カシ	20～60年	8.4町
1955	兵庫・城崎郡	ナラ	60年	100本
	鹿児島・姶良郡	カシ	40年	292本
1956	兵庫・城崎郡	ナラ	20～60年	200本
	兵庫・美方郡	ナラ	20～70年	900本
1958	山形・西田川郡	ナラ	40～50年	300 ha
1959	山形・西田川郡	ナラ	5年	2100本
1960	山形・西田川郡	ナラ	41～100年	451本
1964	福井・敦賀	ナラ	40～50年	500本
1973	新潟・岩船郡	ナラ	40～60年	3 ha
1974	兵庫・城崎郡	ナラ	60～150年	400 ha
1979	山形・東田川郡	ナラ		2 ha

被害が発生していることである．しかも，現在被害は面的に拡大傾向にあり，1999年に突然太平洋側で飛び火的に被害が発生するなど，過去の被害の発生，拡大経緯とは大きな違いが認められている．

　一般的には，ナガキクイムシ科の昆虫類が生立木を加害することは異常なことのようである．丸太などの枯死木に穿孔するナガキクイムシ類は，他のキクイムシ，ゾウムシ，カミキリムシ類など，生息場所を同じにする多くの昆虫類と競争をしなければならない．もし生立木に穿孔，寄生することができれば競争相手は少なくなり，有利に繁殖することが可能となるであろう．そのためには，微生物と共生関係をもって生立木を加害する能力を獲得することが，優位に繁殖できる手段と考えられる．この被害については，まだまだ未知な部分が多く残されている．他の国では，微生物とナガキクイムシ科の昆虫の共生関係による森林被害の発生は記録にない．マツの材線虫病と同様に，他から侵入してきたのか，はたして2種の生物が何処で出会ったのか，まだ謎の多い生物現象である．

〔伊藤進一郎〕

まとめにかえて

　最近になって，「21世紀は生命科学の時代」というキャッチフレーズを眼にすることが多くなった．しかし，ここでいう生命科学とは分子生物学であったり，脳の研究であったり，生物現象のメカニズムを深く掘り下げる分析的な研究をさしているのであって，分類学や形態学，あるいは生態学や進化学といった総合的な視座に立つ分野はその埒外におかれているようにみえる．しかし，生物学には本来，生物現象を分析的（還元的）に研究する立場と，各現象を総合して研究する立場があり，生物の世界に存在する，"分子→細胞器官→細胞→組織→器官→個体→個体群→群集"といったレベルに対応して，あるいはこれらのレベルを包括して生物学の諸分野が発展してきたという経緯がある．にもかかわらず，遺伝物質DNAの構造解明に端を発した近代分子生物学の驚異的な発展は，あらゆる生物現象は，究極的には遺伝子，ひいては分子のレベルで解明できるといった間違った還元主義を横行させ，多くの研究者の興味を生物本来の姿から遠ざけてしまった感がある．

　微生物学の分野においてはとくにこのような傾向が顕著で，20世紀の中葉以降，微生物は分子生物学の材料としてのみ脚光を浴びることが多くなった．たとえば，DNAを導入することにより形質転換を導き，遺伝物質がDNAであることを明らかにしたO. Averyの有名な研究では，肺炎双球（細）菌が大きな役割を果たした．さらに，それ以降の分子生物学の発展を支えたのは，大腸（細）菌とこれに寄生するウイルス（ファージ）であったことはあまりにも有名であるし，細胞内構造が飛躍的に複雑な真核生物に分子生物学の成果を普遍化しようとしたときにも，選ばれたのは単細胞の酵母であった．DNAの分子構造をF. Crickとともに明らかにしたJ. Watsonはその著書の中で，大腸菌のことを「形が小さく，普通の生物に対して病原性を持たず，さらに，実験室内で容易に培養できることなどから，いまでは人間を除けば，最も広く研究された生物といえる」と述べ，生命現象解明になくてはならない生物として紹介している．しかし，同時に「大腸菌以外の他の多くの細菌も同じく分子生物学の研究に有利な性質を備えているので，大腸菌が選ばれた最初の理由は全くの偶然である」と述べている．そうなのだ．分子生物学者にとっては大腸菌は便利な研究材料ではあったが，大腸菌そのものの生活に興味があったわけではない．もちろん，このような分子生物学の研究を通して微生物の生活に関する知識が飛躍的に高まったのも事実である．しかし，そこで積み上げられた知識が，あくまで分子生物学的，生化学的な側面に偏っていたのは致し方のないこと

だろう．いや，むしろこのような分析的研究の流行により，微生物自体を対象とした生物学的研究は停滞してしまったようにさえみえる．

ところが，近年になって，総合的な視点から進められてきた進化学や生態学の分野に，それまで分析的な研究に用いられていた分子生物学的な手法が導入され，そこで得られた知識が進化学や分類学，あるいは生態学に新たな情報を提供するようになった．一つの例を挙げてみよう．アメリカ合衆国は五大湖に面するミシガン州の北部の広葉樹の森で 15 ha の範囲から，ナラタケの近縁種 *Armillaria bulbosa*（アルミラリア・ブルボーサ）の子実体（キノコ）と根状菌糸束が集められた．それらから分離した菌糸を用いて，菌糸どうしの親和性やミトコンドリア DNA のパターンを調べたところ，高い相同性が見られたという．さらに厳密な分子遺伝学的な調査を行ったところ，これらが同一の菌体の一部であることが明らかになった．つまり，菌が約 1500 年をかけて，栄養成長し広さ 15 ha，重さ 10 t 以上の巨大生物に生育したというのである．このようなことが，きわめて正確に証明できるようになったのは，まさに分子生物学的手法のたまものというべきであろう．

一方，生態学的視点や進化学的視点からの理解が，分子生物学や遺伝学のような基礎生物学の分野の事象を理解するのに不可欠になってきている．よく知られた例としては，一見効率が悪そうに見える有性生殖が生物界に広く存在する理由として，病原微生物による絶滅を回避するための適応の結果ではないかと考える仮説がある．また，葉緑体やミトコンドリアが独自の DNA を持っている事実や，特徴的な二重膜構造を持っている事実を説明するのに，これら細胞器官が，かつては自由生活をしていた微生物が共生した結果だと考える説（細胞内共生説）もこの一例と考えてよかろう．このように，現代生物学の諸分野を俯瞰すると，還元主義的な視点と総合的な視点は以前ほど隔絶していないように見える．しかもこの点は，微生物学の分野においてとくに顕著である．古くから有名な根粒細菌とマメ科植物のあいだの窒素固定をめぐる共生は，分子生物学的な視点でそのメカニズムが深く掘り下げられ，両者の相互関係は分子のレベルで明らかになりつつある．また，本書で取りあげられた多くの例が示すように，森林を舞台に繰り広げられる微生物と他の生物の相互関係はその生態系全体を制御する重要な機能を帯びており，微小なレベルでの相互関係の結果が森林全体を揺るがす決定的な駆動因となりうることがおわかりいただけたと思う．

本書のいずれの執筆者も，微生物そのものの生理や生化学，遺伝学などを研究テーマにしているわけではなく，他の生物と微生物の相互関係に興味を持って，この世界に飛び込んだ者ばかりである．必然的にその視点は生態学的であり，また総合的な視野に立つ見方をする場合が多い．そこで繰り広げられている微生物学は，およそ既往の微生物学の教科書では取りあげられなかった分野であることに読者は気がつかれたであろう．

そして，われわれが本書でアピールしようとしたのはまさにこの点であった．多様で興味の尽きない微生物の生態学的な諸側面については，これまでほとんどその研究成果が一般に知られていなかった．本書は「森林微生物生態学」と銘打っているが，これを教科書と呼ぶのにまったくためらいがなかったわけではない．それは決して内容によるものではなく，この分野がまだ，"学"の名を冠するまでの系統だった構造を持つに至っていないことと，本書がいわゆる従来の教科書のスタイルからはかなりかけ離れたものであることによる．しかしこれは逆に，この分野の新鮮さと学際性の高さを示しているという見方もできよう．本書の編集にあたっては，森林の中で繰り広げられている，微生物を核とした生物間相互作用の奥行きの深さに触れることに主眼を置きながらも，今後の研究の発展や学問分野としての体系化を予感させるものとなるように努めたつもりである．また，著者の方々には，内容に正確を期すだけでなく，読者の理解を深める工夫にも意を用いていただいたが，なお用語の誤りや不統一，重複などがあるとすれば，その責はすべて編者が負うべきものである．編・著者一同，これを"成長する教科書"として見守っていただければ幸いである．また，この分野がなお発展途上にあることに鑑み，この分野に興味を持ってくださった読者の便宜を考慮して，あえて多くの文献を挙げるように努めたこともここにお断りしておきたい．

　本書が，微生物と他の生物の間で繰り広げられる様々な関係に読者の興味のいくばくかでも惹きつけることができたとしたら，そして，できることなら将来生物学の分野に進もうとしている若者たちに興味を持っていただけるきっかけとなったならば，編者としてこれに過ぎる喜びはない．

　本書を刊行するにあたっては，多くの方々から様々なご助力をいただいた．共著者でもある金子信博，鎌田直人両氏からは，編集上の有益な助言を数多くいただいた．ここに深く感謝の意を表したい．また，過去6回にわたって開かれた研究集会での熱のこもった討論が，本書を生む強力な推進力となったことはここでとくに強調しておきたい．堀越孝雄会長をはじめ，企画・参加された方々に厚くお礼申し上げる．最後に，この分野の重要性を深く理解され，面倒な編集作業のみならず，この企画をより魅力あるものにするために多大な労をとられた朝倉書店編集部の方々にも厚くお礼申し上げたい．

（二井一禎・肘井直樹）

引用文献

安部琢哉 (1989) シロアリの生態—熱帯の生態学入門. 東京大学出版会, 東京.
Abe T, Higashi M (1991) Cellulose centered perspective on terrestrial community structure. *Oikos* **60**: 127-133
安部琢哉, 東 正彦 (1992) シロアリの発明した偉大なる「小さな共生系」.「地球共生系とは何か」(東 正彦, 安部琢哉編). 平凡社, 東京, pp 58-83
Abbott LK, Robson AD, Jasper D, Gazey C (1992) What is the role of VA mycorrhizal hyphae in soil? In: Read DJ, Lewis DH, Fitter AH, Alexander IJ (eds) Mycorrhizas in Ecosystems. CAB International, Wallingford, UK, pp 37-41
Abuzinadah RA, Read DJ (1989) The role of proteins in the nitrogen nutrition of ectomycorrhizal plants. IV. The utilization of peptides by birch (*Betula pendula* Roth.) infected with different mycorrhizal fungi. *New Phytologist* **112**: 55-60
Agerer R (1987-1995) Colour Atlas of Ectomycorrhizae. Einhorn-Verlag, Schwäbisch Gmünd, Germany
Agerer H (1994) Anatomical characteristics of identified ectomycorrhizas: an attempt towards a natural classification. In: Varma A, Hock B (eds) Mycorrhiza. Springer-Verlag, Berlin, pp 685-734
Agrios GN (1997) Plant Pathology. 4 th ed. Academic Press, New York, 635 pp
Akhurst RJ (1982) Activity of *Xenorhabdus* spp., bacteria symbiotically associated with the insect pathogenic nematodes of the families Heterorhabditidae and Steinernematidae. *Journal of General Microbiology* **128**: 3061-3065
Akhurst RJ, Boemare NE (1990) Biology and taxonomy of *Xenorhabdus*. In: Gaugler R, Kaya HK (eds) Entomopathogenic Nematodes in Biological Control. CRC Press, Boca Raton, Florida, pp 75-90
Allen MF (1991) The Ecology of Mycorrhizae. Cambridge University Press, Cambridge & New York, 184 pp (中坪孝之, 堀越孝雄訳 (1995) MF アレン, 菌根の生態学. 共立出版, 東京, 208 pp)
Allen MF (ed) (1992) Mycorrhizal Functioning. Academic Press, London, 300 pp
Allen ON, Allen EK (1981) The Leguminosae. University of Wisconsin Press, Madison, Wisconsin, 812 pp
Amaranthus MP, Li CY, Perry DA (1990) Influence of vegetation type and madrone soil inoculum on associative nitrogen fixation in Douglas-fir rhizospheres. *Canadian Journal of Forest Research* **20**: 368-371
Anderson IC, Chambers SM, Cairney JWG (1998) Use of molecular methods to estimate the size and distribution of mycelial individuals of the ectomycorrhizal basidiomycete *Pisolithus tinctorius*. *Mycological Research* **102**: 295-300
Andreadis TG, Weseloh RM (1990) Discovery of *Entomophaga maimaiga* in North American gypsy moth, *Lymantria dispar*. *Proceedings of the National Academy of Sciences of the United States of America* **87**: 2461-2465
Andrews JH, Hirano SS (eds) (1991) Microbial ecology of leaves. Springer-Verlag, New York, 499

pp
青木淳一(1973)土壌動物学.北隆館,東京,814 pp
Appel DN (1994) The potential for a California oak wilt epidemic. *Journal of Arboriculture* **20**: 79-85
荒谷邦雄(1995)日本産クワガタムシ幼虫の生態―その生息環境と食性―.「魅惑の昆虫―クワガタムシ」(長谷川道明編).豊橋市自然史博物館,愛知,pp 70-73
荒谷邦雄,近 雅博,上田明良(1996)食材性甲虫における亜社会性.「親子関係の進化生態学」(斎藤 裕編著).北海道大学図書刊行会,札幌,pp 76-108
Arnolds E (1991) Decline of ectomycorrhizal fungi in Europe. *Agriculture, Ecosystems and Environment* **35**: 209-244
Asai E, Hata K, Futai K (1999) Effect of simulated acid rain on the occurrence of Lophodermium on Japanese black pine needles. *Mycological Research* **102**: 1316-1318
浅沼修一(1992)窒素固定活性の測定と窒素固定細菌の計数,分離.「新編 土壌微生物実験法」(土壌微生物研究会編).養賢堂,東京,pp 224-296
Augspurger CK (1979) Irregular rain cues and the germination and seedling survival of a Panamanian shrub (*Hybanthus prunifolius*). *Oecologia* **44**: 53-59
Augspurger CK, Kelly CK (1984) Pathogen mortality of tropical tree seedlings: experimental studies of the effects of dispersal distance, seedling density, and light intensity. *Oecologia* **61**: 211-217
Bacon CW, Porter JK, Robbins JD, Luttrell ES (1977) *Epichloe typhina* from toxic tall fescue grasses. *Applied and Environmental Microbiology* **34**: 576-581
Baker DD (1987) Relationship among pure cultured strain of *Frankia* based on host specificity. *Physiologia Plantarum* **70**: 245-248
Baker DD, Schwintzer CR (1990) Introduction. In: The Biology of *Frankia* and Actinorhizal Plants. Academic Press, San Diego, pp 1-13
Baker JM (1963) Ambrosia beetles and their fungi, with particular reference to *Platypus cylindrus* FAB. *Symposium of the Society for General Microbiology* **13**: 232-264
Baldani VLD, Dobereiner J (1980) Host-plant specificity in the infection of cereals with *Azospirillum* spp. *Soil Biology and Biochemistry* **12**: 433-439
Baldwin IT, Schultz JC (1983) Rapid changes in tree leaf chemistry induced by damage. Evidence for communication between plants. *Science* **221**: 277-279
Baltensweiler W, Fischlin A (1988) The larch budmoth in the Alps. In: Berryman AA (ed) Dynamics of Forest Insect Populations: Patterns, Causes, Implications. Plenum, New York & London, pp 331-351
Barras SJ (1970) Antagonism between *Dendroctonus frontalis* and the fungus *Ceratocystis minor*. *Annals of the Entomological Society of America* **63**: 1187-1190
Barras SJ, Perry T (1972) Fungal symbionts in the prothorasic mycangium of *Dendroctonus frontalis* (Coleopt.: Scolytidae). *Zeitschrift für Angewandte Entomologie* **71**: 95-104
Barron GL, Thorn RG (1987) Destruction of nematodes by species of *Pleurotus*. *Canadian Journal of Botany* **65**: 774-778
Batra LR (1963) Ecology of ambrosia fungi and their dissemination by beetles. *Transactions of the Kansas Academy of Science* **66**: 213-236
Batra LR (1966) Ambrosia fungi: extent of specificity to ambrosia beetles. *Science* **153**: 193-195
Batra LR (1967) Ambrosia fungi: a taxonomic revision, and nutritional studies of some species. *Mycologia* **59**: 976-1017

Batra LR, Batra SWT, Nakashima T (1986) Some techniques to study ambrosia beetles and their associated fungi. *Memoirs of Hokkaido Musashi Women's Junior College* **18**: 73-94

Beaver RA (1989) Insect-fungus relationships in the bark and ambrosia beetles. In: Wilding N, Collins NM, Hammond PM, Webber JF (eds) Insect-Fungus Interactions. Academic Press, London, pp 121-143

Bedding RA (1972) Biology of *Deladenus siricidicola* (Neotylenchidae) an entomophagous mycetophagous nematode parasitic in siricid woodwasps. *Nematologica* **18**: 482-493

Bedding RA (1974) Five new species of *Deladenus* (Neotylenchidae), entomophagous mycetophagous nematodes parasitic in siricid woodwasps. *Nematologica* **20**: 204-225

Bedding RA (1984) Large scale production, storage and transport of the insect parasitic nematodes *Neoaplectana* spp. and *Heterorhabditis* spp. *Annals of Applied Biology* **104**: 117-120

Bedding RA (1993) Biological control of *Sirex noctilio* using the nematode *Deladenus siricidicola*. In: Bedding R et al. (eds) Nematodes and Biological Control of Insect Pests. CSIRO, Australia, pp 11-20

Bedding RA, Akhurst RJ (1975) A simple technique for the detection of insect parasitic rhabditid nematodes in soil. *Nematologica* **21**: 109-110

Bedding RA, Akhurst RJ (1978) Geographical distribution and host preferences of *Deladenus* species (Nematoda: Neotylenchidae) parasitic in siricid woodwasps and associated hymenopterous parasitoids. *Nematologica* **24**: 286-294

Bengtsson GA, Erlandsson A, Rundgren S (1988) Fungal odour attracts soil Collembola. *Soil Biology and Biochemistry* **20**: 25-30

Berg B, Hannus K, Popoff T, Theander O (1982) Changes in organic chemical components of needle litter during decomposition. Long-term decomposition in a Scots pine forest. I. *Canadian Journal of Botany* **60**: 1310-1319

Bernstein ME, Carroll GC (1977) Internal fungi in old-growth Douglas fir foliage. *Canadian Journal of Botany* **55**: 644-653

Berryman AA (1989) Adaptive pathways in scolytid-fungus associations. In: Wilding N, Collins NM, Hammond PM, Webber JF (eds) Insect-Fungus Interactions. Academic Press, London, pp 145-159

Bitton SR, Kenneth G, Bén-Ze'ev I (1979) Zygospore overwintering and sporulative germination in *Triplosporium fresenii* (Entomophthoraceae) attacking *Aphis spiraecola* on citrus in Israel. *Journal of Invertebrate Pathology* **34**: 295-302

Blaxter ML, Ley DP, Garey JR, Liu LX, Scheldeman P, Vierstraete A, Vanfletern JR, Mackey LT, Dorris M, Frlsse LM, Vida JY, Thomas WK (1998) A molecular evolutionary framework for the phylum Nematoda. *Nature* **392**: 71-75

Bochner BR (1989) Sleuthing out bacterial identities. *Nature* **339** (11): 157-158

Bocock KL, Gilbert O, Capstick CK, Twinn DC, Waid JS, Woodman MJ (1960) Changes in leaf litter when placed on the surface of soild with contrasting humus types I. Losses in dry weight of oak and ash leaf litter. *Journal of Soil Science* **11**: 1-9

Borden JH (1982) Aggregation pheromones. In: Mitton JB, Sturgeon K (eds) Bark Beetles in North American Conifers. The University of Texas Press, Austin, Texas, pp 74-139

Boucher DM, James S, Keeler KH (1982) The ecology of mutualism. *Annual Review of Ecology and Systematics* **13**: 315-347

Boucher DM (ed) (1985) The Biology of Mutualism. Oxford University Press, New York, 388 pp

Bousquet J, Lalonde M (1990) The genetics of Actinorhizal Betulaceae. In: The Biology of *Frankia* and Actinorhizal Plants. Academic Press, San Diego, pp 239-263

Bowen D, Rocheleau TA, Blackburn M, Andreev O, Golubeva E, Bhartia R, Ferench-Constant RH (1998) Insecticidal toxins from the bacterium *Photorhabdus luminescens*. *Science* **280**: 2129-2132

Box GEP, Jenkins GM (1976) Time Series Analysis: Forecasting and Control (Revised Edition). Holen-Day, San Francisco, 575 pp

Brand F (1992) Mixed associations of fungi in ectomycorrhizal roots. In: Read DJ, Lewis DH, Fitter AH, Alexander IJ (eds) Mycorrhizas in Ecosystems. CAB International, Wallingford, pp 142-147

Brand JM, Bracke JW, Britton LN, Markovetz AJ, Barras SJ (1976) Bark beetle pheromones: production of verbenone by a mycangial fungus of *Dendroctonus frontalis*. *Journal of Chemical Ecology* **2**: 195-199

Brasier CM, Mehrotra MD (1995) *Ophiostoma himal-ulmi* sp. nov. a new species of Dutch elm disease fungus endemic to the Himalayas. *Mycological Research* **99**: 205-215

Breznak JA (1982) Intestinal microbiota of termites and other xylophagous insects. *Annual Review of Microbiology* **36**: 323-343

Breznak JA (1984) Biochemical aspects of symbiosis between termites and their intestinal microbiota. In: Anderson JM, Rayner ADM, Walton DWH (eds) Invertebrate-Microbial Interactions, Cambridge University Press, Cambridge, pp 173-203

Bridges JR (1983) Mycangial fungi of *Dendroctonus frontalis* (Coleoptera: Scolytidae) and their relationship to beetle population trends. *Environmental Entomology* **12**: 858-861

Bridges JR, Moser JC (1983) Role of two pholetic mites in transmission of blue-stain fungus, *Ceratocystis minor*. *Ecological Entomology* **8**: 9-12

Bridges JR, Nettleton WA, Conner MD (1985) Southern pine beetle (Coleoptera: Scolytidae) infestations without the blue-stain fungus, *Ceratocystis minor*. *Journal of Economic Entomology* **78**: 325-327

Bruin J, Dicke M, Sabelis MW (1992) Plants are better protected against spider mites after exposure to volatiles from infested conspecifics. *Experientia* **48**: 525-529

Bruns TD, White TJ, Taylor JW (1991) Fungal molecular systematics. *Annual Review of Ecology and Systematics* **22**: 525-564

Cairney JWG (1999) Intraspecific physiological variation: implications for understanding functional diversity in ectomycorrhizal fungi. *Mycorrhiza* **9**: 125-135

Callaham D, Del Tredici P, Torrey JG (1978) Isolation and cultivation in vitro of the actinomycete causing root nodulation in Comptonia. *Science* **199**: 899-902

Carroll FE, Muller E, Sutton BC (1977) Preliminary studies on the incidence of needle endophytes in some European conifers. *Sydowia* **29**: 87-103

Carroll GC (1988) Fungal endophytes in stems and leaves: from latent pathogen to mutualistic symbiont. *Ecology* **69**: 2-9

Carroll GC (1990) Fungal endophytes in vascular plants: mycological research opportunities in Japan. *Transactions of the Mycological Society of Japan* **31**: 103-116

Carroll GC (1995) Forest endophytes: pattern and process. *Canadian Journal of Botany* **73** (Suppl. 1): S 1316-S 1324

Carroll GC, Carroll FE (1978) Studies on the incidence of coniferous needle endophytes in the Pacific Northwest. *Canadian Journal of Botany* **56**: 3034-3043

Cassar S, Blackwell M (1996) Convergent origins of ambrosia fungi. *Mycologia* **88**: 596-601

Castellano MA (1996) Outplanting performance of mycorrhizal inoculated seedlings. In: Mukerji KG (ed) Concepts in Mycorrhizal Research. Kluwer Academic Publishers, Dordrecht, The

Netherlands, pp 223-301
Chambers SM, Cairney JWG (1999) *Pisolithus*. In : Chambers SM, Cairney JWG (eds) Ectomycorrhizal Fungi. Springer, Berlin, pp 1-31
Chanway CP, Holl FB (1991) Biomass increase and associative nitrogen fixation of mycorrhizal *Pinus contorta* seedlings inoculated with a plant growth promoting *Bacillus* strain. *Canadian Journal of Botany* **69** : 507-511
Chatarpaul L, Chakravarty P, Subramaniam P (1989) Studies in tetrapartite symbiosis. I. Role of ecto- and endomycorrhizal fungi and *Frankia* on the growth performance of *Alnus incana*. *Plant and Soil* **118** : 145-150
Clay K (1989) Clavicipitaceous endophytes of grasses : their potential as biocontrol agents. *Mycological Research* **92** : 1-12
Cleveland LR (1923) Symbiosis between termites and their intestinal protozoa. *Proceedings of the National Academy of Sciences of the USA* **9** : 424-428
Cleveland LR (1924) The physiological and symbiotic relationships between the intestinal protozoa of termites and their host, with special reference to *Reticulitermes flavipes* Kollar. *Biological Bulletin* **46** : 178-227
Collins NM (1981) The role of termites in the decomposition of wood and leaf litter in the Southern Guinea Savanna of Nigeria. *Oecologia* **51** : 389-399
Connel JH (1970) On the role of natural enemies in preventing competitive exclusion in some marine animals and in rain forest trees. In : den Boer PJ, Gradwell GR (eds) Dynamics of Populations. PUDOC, Wageningen, pp 298-312
Coutts MP, Dolezal JE (1969) Emplacement of fungal spores by the woodwasp, *Sirex noctilio*, during oviposition. *Forest Science* **15** : 412-416
Crawford RH, Li CY, Floyd M (1997) Nitrogen fixation in root-colonized large woody residue of Oregon coastal forests. *Forest Ecology and Management* **92** : 229-234
Cryan WS, Hansen E, Martin W, Sayre FW, Yarwood EA (1963) Axenic cultivation of the dioecious nematode *Panagrellus redivivus*. *Nematologica* **9** : 313-319
Danielson RM (1984) Ectomycorrhizal associations in jack pine stands in north-eastern Alberta. *Canadian Jounal of Botany* **62** : 932-939
Darwin C (1881) The formation of vegetable mould through the action of worms with observation on their habits. John Murray
Deacon JW, Fleming LV (1992) Interactions of ectomycorrhizal fungi. In : Allen MF (ed) Mycorrhizal Functioning. Chapman & Hall, London, pp 249-300
Dix NJ (1979) Inhibition of fungi by gallic acid in relation to growth on leaves and litter. *Transactions of the British Mycological Society* **73** : 329-336
土壌微生物学研究会 (編) (1992) 新編 土壌微生物実験法. 養賢堂, 東京, 411 pp
Duchesne LC, Peterson RL, Ellis BE (1987) The accumulation of plant-produced antimicrobial compounds in response to ectomycorrhizal fungi : a review. *Phytoprotection* **68** : 17-27
Duddridge JA, Malibari A, Read DJ (1980) Structure and function of mycorrhizal rhizomorphs with special reference to their role in water transport. *Nature* **287** : 834-836
Dunphy GB, Nolan RA (1982) Mycotoxin production by the protoplast stage of *Entomophthora egressa*. *Journal of Invertebrate Pathology* **39** : 261-263
Dunphy GB, Thurston G (1990) Insect immunity. In : Gaugler R, Kaya HK (eds) Entomopathogenic Nematodes in Biological Control. CRC Press, Boca Raton, Florida, pp 301-326
Dustan AG (1927) The artificial culture and dissemination of *Entomophthora sphaerosperma* Fres., a

fungous parasite for the control of the European apple sucker (*Psylla mali* Schmidb.). *Journal of Economic Entomology* **20**: 68-75

Edwards CA, Heath GW (1963) The role of soil animals in breakdown of leaf material. In: Doeksen J, van der Drift J (eds) Soil Organisms. North Holland, Amsterdam, pp 76-83

Egger KN (1995) Molecular analysis of ectomycorrhizal fungal communities. *Canadian Journal of Botany* **73** (Suppl. 1): S 1415-S 1422

Ek H (1997) The influence of nitrogen fertilization on the carbon economy of *Paxillus involutus* in ectomycorrhizal association with *Betula pendula*. *New Phytologist* **135**: 133-142

Ekwebelam A, Reid CPP (1983) Effect of light, nitrogen fertilization, and mycorrhizal fungi on growth and photosynthesis of lodgepole pine seedlings. *Canadian Journal of Forest Research* **13**: 1099-1106

遠田暢男 (1997) アジア地域におけるマツ材線虫病の被害状況と対策. 森林防疫 **46**: 182-188

Entry JA, Backman CB (1995) Influence of carbon and nitrogen on cellulose and lignin degradation in forest soils. *Canadian Journal of Forest Research* **25**: 1231-1236

Entry JA, Donnely PK, Cromack K Jr (1991 a) Influence of ectomycorrhizal mat soils on lignin and cellulose degradation. *Biology and Fertility of Soils* **11**: 75-78

Entry JA, Rose CL, Cromack K Jr (1991 b) Microbial biomass and nutrient concentrations in hyphal mats of the ectomycorrhizal fungus *Hysterangium sethelli* in a coniferous forest soil. *Soil Biology and Biochemistry* **24**: 447-453

Erland S, Taylor AFS (1999) Resupinate ectomycorrhizal fungal genera. In: Cairney JWG, Chambers SM (eds) Ectomycorrhizal Fungi: Key Gerena in Profile. Springer-Verlag, Berlin, pp 347-363

Evans HC (1989) Mycopathogens of insecs of epigeal and aerial habitats. In: Wilding N, Collins NM, Hammond PM, Webber JF (eds) Insect-Fungus Interactions. Academic Press, London, pp 205-238

Farmer EE, Ryan CA (1990) Interplant communication: airborne methyl jasmonate induces synthesis of proteinase inhibitors in plant leaves. *Proceedings of the National Academy of Sciences of the USA* **87**: 7713-7716

Ferguson JJ, Menge JA (1982) The influence of light intensity and artificially extended photoperiod upon infection and sporulation of *Glomus fasciculatus* on Sudan grass and on root exudation of Sudan grass. *New Phytologist* **92**: 183-192

Findlay JA, Li G, Penner PE (1995) Novel diterpenoid insect toxins from a conifer endophyte. *Journal of Natural Products* **58**: 197-200

Finlay R, Read DJ (1986 a) The structure and function of the vegetative mycelium of ectomycorrhizal plants. I. Translocation of 14 C-labelled carbon between plants interconnected by a common mycelium. *New Phytologist* **103**: 143-156

Finlay R., Read DJ (1986 b) The structure and function of the vegetative mycelium of ectomycorrhizal plants. II. The uptake and distribution of phosphorus by mycelial strands interconnecting host plants. *New Phytologist* **103**: 157-165

Fisher RC, Thompson GH, Webb WE (1953) Ambrosia beetles in forest and sawmill. Their biology, economic importance and control. Part I. Biology and economic importance. *Forestry Abstracts* **14**: 381-389

Fleming LV (1983) Succession of mycorrhizal fungi on birch: infection of seedlings planted around mature trees. *Plant and Soil* **71**: 263-267

Florence LZ, Cook FD (1984) A symbiotic N_2-fixing bacteria associated with three boreal conifers.

Canadian Journal of Forest Research **14** : 595-597

Fogel R, Cromack KJ (1977) Effect of habitat and substrate qualityin Douglas fir needles decomposition in western Oregon. *Canadian Journal of Botany* **55** : 1632-1640

Fokkema NJ, van den Heuvel J (eds) (1986) Microbiology of the Phyllosphere. Cambridge University Press, Cambridge, 392 pp

Francke-Grosmann H (1956) Hautdrüsen als Träger der Pilzsymbiose bei ambrosiakäfern. *Zeitshrift für Morphologie und Ökologie der Tiere* **45** : 275-308

Francke-Grosmann H (1967) Ectosymbiosis in wood-inhabiting insects. In : Henry SM (ed) Symbiosis vol. 2. Associations of Invertebrates, Birds, Ruminants, and Other Biota. Academic Press, New York & London, pp 141-205

Frank AB (1885) Ueber die auf Wurzelsymbiose beruhende Ernahrung gewisser Baume durch untgerindische Pilze. *Berichten der Deutschen Botanischen Gesellschaft* **3** : 128-145

Fransen JJ (1931) Enkele gegevens omtrent de verspreiding van de door *Graphium ulmi* Schwarz veroorzaakte iepenziekte door de iepenspintkevers, *Eccoptogaster* (*Scolytus*) *scolytus* F. en *Eccoptogaster* (*Scolytus*) *multistriatus* Marsh in verband met de bestrijding dezer ziekte. *Tijdschrift over plantenziekten* **37** : 49-62

Fred EB, Baldwin IL, McCoy E (1932) Root Nodule Bacteria and Leguminous Plants. University of Wisconsin Press, Madison

Fries CF, Allen MF (1991) The spread of VA mycorrhizal fungal hyphae in the soil : inoculum types and external hyphal architecture. *Mycologia* **83** : 409-418

Fujiwara M, Oku H, Shiraishi T (1987) Involvement of voltile substances in systematic resistance of barley against *Erysiphe graminis* f. sp. Hordei induced by pruning of leaves. *Journal of Phytopathology* **120** : 81-84

福田秀志 (1997) キバチ類3種の資源利用様式と繁殖戦略. 名古屋大学森林科学研究 **16** : 23-73

Fukuda H, Hijii N (1996 a) Host-tree conditions affecting the oviposition activities of the woodwasp, *Sirex nitobei* Matsumura (Hymenoptera : Siricidae). *Journal of Forest Research* **1** : 177-181

Fukuda H, Hijii N (1996 b) Different parasitism patterns of the two hymenopterous parasitoids (Ichineumonidae and Ibaliidae) depending on the development of *Sirex nitobei* (Hymenoptera : Siricidae). *Journal of Applied Entomology* **120** : 301-305

Fukuda H, Hijii N (1997) Reproductive strategy of a woodwasp with no fungal symbionts, *Xeris spectrum* (Hymenoptera : Siricidae). *Oecologia* **112** : 551-556

福本 勉, 和田富吉, 武藤直紀 (1995) ナワシログミに共生する窒素固定菌フランキアの純粋分離. 日本土壌肥料学雑誌 **66** : 490-498

Fukushige H (1991) Propagation of *Bursaphelenchus xylophilus* (Nematoda : Aphelenchoididae) on fungi growing in pine-shoot segments. *Applied Entomology and Zoology* **26** : 371-376

古野東洲 (1992) クスサンが発生したモミジバフウ林のリターフォールについて. 京都大学演習林報告 **64** : 1-14

Gardes M, Bruns TD (1996) Community structure of ectomycorrhizal fungi in a *Pinus muricata* forest : above-and below-ground views. *Canadian Jounal of Botany* **74** : 1572-1583

Gaugler R, Kaya HK (1990) Entomopathogenic Nematodes in Biological Control. CRC Press, Boca Raton, Florida, 365 pp

Gaut IPC (1970) Studies of siricids and their fungal symbionts. PhD thesis, The University of Adelaide, 160 pp

Gehring CA, Whitham TG (1994) Interactions between aboveground herbivores and the mycorrhizal mutualists of plants. *Trends in Ecology and Evolution* **9**: 251-255

Gibson F, Deacon JW (1988) Experimental study of establishment of ectomycorrhizas in different regions of birch root systems. *Transactions of the British Mycological Society* **91**: 239-251

Gilbert O, Bocock KL (1960) Changes in leaf litter when placed on the surface of soils with contrasting humus types II. Changes in the nitrogen content of oak and ash leaf litter. *Journal of Soil Science* **11**: 10-19

Glaser RW (1940) The bacteria-free culture of a nematode parasitic in the Japanese beetle. *Proceedings of the Scociety for Experimental Biology and Medicine* **43**: 512-514

Golden JW, Riddle DL (1984) A *Caenorhabditis elegans* dauer-inducing pheromone and an antagonistic component of the food supply. *Journal of Chemical Ecology* **10**: 1265-1280

Goodey JB (1956) Observations on species of the genus *Iotonchium* Cobb, 1920. *Nematologica* **1**: 239-248

Goodey T (1953) On certain eelworms, including Buschli's *Tylenchus fungorum*, obtained from toadstools. *Journal of Helminthology* **27**: 81-94

Graham SA (1952) Forest Entomology, 3 rd ed. McGraw-Hill, New York, 351 pp

Griffith R (1987) Red ring disease of coconut palm. *Plant Disease* **71**: 193-196

Griffiths RP, Hartman ME, Cladwell BA, Carpenter SE (1993) Acetylene reduction in conifer lags during early stages of decomposition. *Plant and Soil* **148**: 53-61

Haanstad JO, Norris DM (1985) Microbial symbiotes of the ambrosia beetle *Xyloterinus politus*. *Microbial Ecology* **11**: 267-276

Hairston NG, Smith FE, Slobodkin LB (1960) Community structure, population control, and competition. *American Naturalist* **44**: 421-425

Hajek AE (1997) *Entomophaga maimaiga* reproductive output is determined by the spore type initiating an infection. *Mycological Research* **101**: 971-974

Hajek AE, Humber RA (1997) Formation and germination of *Entomophaga maimaiga* azygospores. *Canadian Journal of Botany* **75**: 1739-1747

Hajek AE, Roberts DW (1991) Pathogen reservoirs as a biological control resource: Introduction of *Entomophaga maimaiga* to North American gypsy moth, *Lymantria dispar*, populations. *Biological Control* **1**: 29-34

Hajek AE, Shimazu M (1995) Types of spores produced by *Entomophaga maimaiga* infecting the gypsy moth *Lymantria dispar*. *Canadian Journal of Botany* **74**: 708-715

Hajek AE, Humber RA, Elkinton JS (1995) Mysterious origin of *Entomophaga maimaiga* in North America. *American Entomologist* **41**: 31-42

浜　武人 (1959) ―わが国において応用された一寄生菌によるコガネムシ類幼虫の防除法．長野林友12月号: 22-45

濱田 稔 (1954) 菌根研究の変遷．農林省林業試験場青森支場研究だより，10月15日号

Hammond PM, Lawrence JF (1989) Appendix : mycophagy in insects : a summary. In : Wilding N, Collins NM, Hammond PM, Webber JF (eds) Insect-Fungus Interactions. Academic Press, London, pp 275-324

Han R, Wouts WM, Li L (1991) Development and virulence of *Heterorhabditis* spp. strains associated with different *Xenorhabdus luminescens* isolates. *Journal of Insect Pathology* **58**: 27-32

Handley WRC (1954) Mull and Mor formation in relation to forest soils. *Bull. of For. Comm. London* **23**: 1-115

Harley JL, Harley EL (1987) A check-list of mycorrhiza in the British flora. *New Phytologist* **105**: 1-102

引用文献

Harley JL, McCready CC (1950) The uptake of phosphate by excised mycorrhizal roots of beech. I. *New Phytologist* **49**: 388-397

Harley JL, Smith SE (1983) Mycorrhizal Symbiosis. Academic Press, London, 483 pp

Harrington TC (1993) Biology and taxonomy of fungi associated with bark beetles. In: Schowalter TD, Filip GM (eds) Beetle-Pathogen Interactions in Conifer Forests. Academic Press, London, pp 37-58

Harrington TC, Zambino PJ (1990) *Ceratocystiopsis ranaculosus*, not *Ceratocystis minor* var. *barrasii*, is the mycangial fungus of the southern pine beetle. *Mycotaxon* **38**: 103-116

Hartig T (1844) Ambrosia des Bostrychus disper. Allg. *Forst-Jagdzeit.* **13**: 73-74

橋本平一, 讃井孝義 (1974) マツ樹体内におけるマツノザイセンチュウの行動とマツの異常経過 (IV). 第 85 回日本林学会大会講演集: 251-253

橋詰隼人 (1991) ブナの種生態.「ブナ林の自然環境と保全」(村井 宏ほか編). ソフトサイエンス社, 東京, pp 53-89

橋詰隼人, 山本進一 (1975) ブナ林の成立過程に関する研究 (I). 第 86 回日本林学会大会講演集: 226-227

畑 邦彦 (1997) 菌類の採集・検出と分離 植物関連(寄生菌, 共生菌, 腐生菌): 内生菌. 日本菌学会報 **38**: 110-114

Hata K, Futai K (1995) Endophytic fungi associated with healthy pine needles and needles infested by the pine needle gall midge, *Thecodiplosis japonensis*. *Canadian Journal of Botany* **73**: 384-390

Hata K, Futai K (1996) Variation in fungal endophyte populations in needles of the genus *Pinus*. *Canadian Journal of Botany* **74**: 103-114

Hata K, Futai K, Tsuda M (1998) Seasonal and needle age-dependent changes of the endophytic mycobiota in *Pinus thunbergii* and *Pinus densiflora* needles. *Canadian Journal of Botany* **76**: 245-250

Hatch AB (1936) The role of mycorrhizae in afforestation. *Journal of Forestry* **34**: 22-29

服部 勉, 宮下清貴 (1996) 土の微生物学. 養賢堂, 東京, 170 pp

Haukikoja E, Suomela J, Neuvonen S (1985) Long-term inducible resistance in birch foliage: triggering cues and efficacy on a defoliator. *Oecologia* **65**: 363-369

Hawksworth DL (1991) The fungal dimension of biodiversity: magnitude, significance, and conservation. *Mycological Research* **95**: 641-655

林 敬太, 遠藤克昭 (1975) トドマツ天然生稚苗の発生を左右する菌害と乾燥害. 林業試験場研究報告 **274**: 1-22

Hering TF (1965) Succession of fungi in the litter of a Lake District Oakwood. *Transactions of the British Mycological Society* **48**: 391-408

Hibbs DE, Cromack KJr (1990) Actinorhizal plants in Pacific Northwest forests. In: The Biology of *Frankia* and Actinorhizal Plants. Academic Press, San Diego, pp 343-364

日高義實 (1933) 天敵應用松蛄蝛驅除に就いて. 林学会雑誌 **15**: 1221-1231

Hogg BM, Hudson HJ (1966) Microfungi on leaves of *Fagus sylvatica*. I. The microfungal succession. *Transactions of the British Mycological Society* **49**: 185-192

Holt JG, Krieg NR, Sneath PA, Staley JT, Williams ST (1994) Bergey's Manual of Determinative Bacteriology, 9 th ed. Williams & Wilkins, Baltimore, 787 pp

Horntvedt R, Christiansen E, Solheim H, Wang S (1983) Artificial inoculation with *Ips typographus*-associated blue-stain fungi can kill healthy Norway spruce trees. *Meddelelser fra Norsk Institutt for Skogforskning* **38**: 1-20

Hsiau PTW, Harrington TC (1997) *Ceratocystiopsis brevicomi* sp. nov., a mycangial fungus from *Dendroctonus brevicomis* (Coleoptera: Scolytidae). *Mycologia* **89**: 661-669

Hudson HJ (1968) The ecology of fungi on plant remains above the soil. *New Phytologist* **67**: 837-874

Hungate RE (1938) Studies on the nutrition of *Zootermopsis*. II. The relative importance of the termite and the protozoa in wood digestion. *Ecology* **19**: 1-25

Hutchinson, LJ (1990) Studies on the systematics of ectomycorrhizal fungi in a xenic culture. III. Patterns of polyphenol oxidase activity. *Mycologia* **82**: 424-435

五十嵐正俊 (1982) ブナアオシャチホコの生態. 日本林学会東北支部会誌 **34**: 122-124

今関六也, 本郷次雄 (1987) 原色日本新菌類図鑑 (I). 保育社, 大阪, 325 pp

今関六也, 本郷次雄 (1989) 原色日本新菌類図鑑 (II). 保育社, 大阪, 315 pp

Ingleby K, Mason PA, Last FT, Fleming LV (1990) Identification of Ectomycorrhizas. Institute of Terrestrial Ecology Research Publication No. 5, HMSO, London, 112 pp

Irvine JA, Dix NJ, Warren RC (1978) Inhibitory substances in *Acer platanoides* leaves. Seasonal activity and effects on growth of phylloplane fungi. *Transactions of the British Mycological Society* **70**: 363-371

石橋信義 (1992) 土壌生態系における線虫の役割. 「線虫研究の歩み—日本線虫研究会創立20周年記念誌」(中園和年編). 日本線虫研究会, つくば, pp 71-76

Ishibashi N, Kondo E (1977) Occurrence and survival of the dispersal forms of pine wood nematode, *Bursaphelenchus lignicolus* Mamiya and Kiyohara. *Applied Entomology and Zoology* **12**: 293-302

石川 統 (1994) 昆虫を繰るバクテリア. 共生の生態学1. 平凡社, 東京, 230 pp

石沢修一 (1977) 微生物と植物生育. 博友社, 東京, 324 pp

伊藤進一郎, 山田利博 (1998) ナラ類集団枯損被害の分布と拡大. 日本林学会誌 **80**: 229-232

伊藤進一郎, 窪野高徳, 佐橋憲生, 山田利博 (1998) ナラ類集団枯損被害に関連する菌類. 日本林学会誌 **80**: 170-175

Iwahori H, Futai K (1990) Propagation and effects of the pinewood nematode on calli of various plants. *Japanese Journal of Nematology* **20**: 25-36

岩堀英昌, 二井一禎 (1995) 線虫の分類におけるDNA分析技術の利用—マツノザイセンチュウの場合—. 日本線虫学会誌 **25**: 1-10

Jakobsen I (1991) Carbon metabolism in mycorrhiza. In: Norris JR, Read DJ, Varma AK (eds) Methods in Microbiology. Academic Press, London, pp 149-180

Jansson HB, Jeyaprakash A, Marban-Mendoza N, Zuckerman BM (1986) *Caenorhabditis elegans*: Comparisons of chemotactic behavior from monoxenic and axenic culture. *Experimental Parasitology* **61**: 369-372

Janzen DH (1970) Herbivores and the number of tree species in tropical forests. *American Naturalist* **104**: 501-528

Jeng RS, Brasier CM (1994) Two-dimensional mapping of mycelial plypeptides of *Ophiostoma ulmi* and *Ophiostoma novo-ulmi*, causal agents of Dutch elm disease. *Canadian Journal of Botany* **72**: 370-377

Jones KG, Blackwell M (1998) Phylogenetic analysis of ambrosial species in the genus *Raffaelea* based on 18S rDNA sequences. *Mycological Research* **102**: 661-665

Jurgensen MF, Larsen MJ, Graham RT, Haevey AE (1987) Nitrogen fixation in woody residue of northern Rockey Mountain conifer forest. *Canadian Journal of Forest Research* **17**: 1283-1288

梶村 恒 (1995) クスノオオキクイムシとアンブロシア菌の共生機構とその適応的意義. 名古屋大学農学部演習林報告 **14**: 89-171

梶村 恒 (1998) 森林昆虫の共生菌—アンブロシア菌について—. 植物防疫 **52**: 491-495

Kajimura H (2000) Discovery of mycangia and mucus in adult female xiphydriid woodwasps

(Hymenoptera: Xiphydriidae) in Japan. *Annals of the Entomological Society of America* **93**: 312-317

Kajimura H, Hijii N (1992) Dynamics of the fungal symbionts in the gallery system and the mycangia of the ambrosia beetle, *Xylosandrus mutilatus* (Blandford) (Coleoptera: Scolytidae) in relation to its life history. *Ecological Research* **7**: 107-117

Kajimura H, Hijii N (1994 a) Electrophoretic comparisons of soluble mycelial proteins from fungi associated with several species of ambrosia beetles. *Journal of the Japanese Forestry Society* **76**: 59-65

Kajimura H, Hijii N (1994 b) Reproduction and resource utilization of the ambrosia beetle, *Xylosandrus mutilatus*, in field and experimental populations. *Entomologia Experimentalis et Applicata* **71**: 121-132

鎌田直人 (1997) Part II. 森林における長期の個体群研究と保全生態学．周期的大発生種の個体群生態学 ―ブナアオシャチホコの大発生から学んだこと―．個体群生態学会会報 **54**: 53-58

Kamata N (1998) Periodic outbreaks of the beech caterpillar, *Syntypistis punctatella*, and its population dynamics: the role of insect pathogens. In: McManus ML, Liebhold AM (eds) Population Dynamics, Impacts, and Integrated Management of Forest Defoliating Insects. USDA Forest Service General Technical Report NE-247, pp 34-46

Kamata N, Igarashi Y (1995) An example of numerical response of the carabid beetle, *Calosoma maximowiczi* Morawitz (Col., Carabidae), to the beech caterpillar, *Quadricalcarifera punctatella* (Motschulsky) (Lep., Notodontidae). *Journal of Applied Entomology* **119**: 139-142

Kamata N, Igarashi Y, Ohara S (1996) Defoliation of *Fagus crenata* affects the population dynamics of the beech caterpillar, *Quadricalcarifera punctatella*. In: Mattson WJ, Niemela P, Rousi M (eds) Dynamics of Forest Herbivory: Quest for Pattern and Principle. USDA Forest Service General Technical Report NC-183, pp 68-85

Kamata N, Sato H, Shimazu M (1997) Seasonal changes in the infection of pupae of the beech caterpillar, *Quadricalcarifera punctatella* (Motsch.) (Lep., Notodontidae), by *Cordyceps militaris* Link (Clavicipitales, Clavicipitaceae) in the soil of the Siebold's beech forest. *Journal of Applied Entomology* **121**: 17-21

鎌田直人，五十嵐正俊，金子 繁，菱谷文雄 (1989) ブナアオシャチホコの食害に伴うブナの大量枯損とその後の経過．森林防疫 **38**: 144-146

鎌田直人，鈴木祥悟，五十嵐 豊，中村充博 (1994) ブナ林における食葉性昆虫のバイオマスと繁殖鳥類群集の給餌内容の季節変動と年変動．日本林学会東北支部会誌 **46**: 37-38

金光桂二 (1978) 針葉樹に入るキバチ類とその寄生蜂．昆虫 **46**: 498-508

金田 憲，青木襄児 (1980) *Entomophthora aulicae* の休眠胞子の内部形態の季節的変化．昭和 55 年度日本菌学会関東談話会講演要旨: 8-9

Kaneko N (1995) Community organization of oribatid mites in various forest soils. In: Edwards CA, Abe T, Striganova BR (eds) Structure and Function of Soil Communities. Kyoto University Press, Kyoto, pp 21-33

Kaneko N (1999) Effect of millipede *Parafontaria tonominea* Attems (Diplopoda: Xystodesmidae) adults on soil biological activities: a microcosm experiment. *Ecological Research* **14**: 271-279

Kaneko N, McLean MA, Parkinson D (1995) Grazing preference of *Onychiurus subtenuis* (Collembola) and *Oppiella nova* (Oribatei) for fungal species inoculated on pine needles. *Pedobiologia* **39**: 538-546

金子 繁，佐橋憲生 (編著) (1998) ブナ林をはぐくむ菌類．文一総合出版，東京，234 pp

金子 繁，佐橋憲生，服部 力 (1992) 森林の中の菌類―樹木寄生菌を中心として．*Biosphere* **3**: 3-10

金子周平 (1983) ヒラタケのいぼ病 (仮称) とその防除. 森林防疫 32: 201-203
Kaneko S, Yokosawa Y, Kubono T (1988) Bud blight of *Rhododendron* trees caused by *Pycnostysanus azaleae*. Annals of the Phytopathological Society of Japan 54: 323-326
Kaneko T, Takagi K (1966) Biology of some scolytid ambrosia beetles attacking tea plants VI. A comparative study of two ambrosia fungi associated with *Xyleborus compactus* Eichhoff and *Xyleborus germanus* Blandford (Coleoptera: Scolytidae). Japanese Journal of Applied Entomology and Zoology 10: 173-176
片桐一正 (1995) 森の敵森の味方—ウイルスが森林を救う—. 地人書館, 東京, 253 pp
河田 弘 (1961) 落葉の有機物組成と分解に伴う変化について. 林業試験場報告 128: 115-144
河内 宏 (1997) 共生窒素固定と根粒形成のメカニズム. 秀潤社, 東京, pp 28-37
Kaya HK, Koppenhofer AM, Johnson M (1998) Natural enemies of entomopathogenic nematodes. Japanese Journal of Nematology 28 (Special issue): 13-21
Kelting DL, Burger JA, Edwards GS (1998) Estimating root respiration, microbial respiration in the rhizosphere, and root-free soil respiration in forest soils. Soil Biology and Biochemistry 30: 961-968
菊地淳一, 小川 眞 (1997) 共生微生物を利用したフタバガキの育苗. 熱帯林業 38: 36-48
Kikuchi J, Okimori Y, Watanabe T (1996) The effect of mycorrhiza formation on the seedling growth of several Dipterocarps in the Nursery and Field. In: Suhardi I (ed) Proceedings of the seminar on ecology and reforestation of Dipterocarp forest. Aditya media, Yogyakarta, pp 10-16
Kile GA, Hall MF (1988) Assessment of *Platypus subgranosus* as a vector of *Chalara australis*, causal agent of vascular disease of *Nothofagus cunninghamii*. New Zealand Journal of Forest Science 18: 166-186
衣浦晴生, 肘井直樹, 金光桂二 (1990) *Xylosandrus* 属 2 種のキクイムシの共生菌. 日本林学会誌 72: 441-445
Kinuura H, Hijii N, Kanamitsu K (1991) Symbiotic fungi associated with the ambrosia beetle, *Scolytoplatypus mikado* Blandford (Coleoptera: Scolytidae): succession of the flora and fungal phases in the gallery system and the mycangium in relation to the developmental stages of the beetle. Journal of the Japanese Forestry Society 73: 197-205
衣浦晴生, 大谷英男, 槇原 寛, 長岐昭彦, 藤岡 浩 (1999) 改良型天敵微生物付与装置を用いたキイロコキクイムシ放虫によるマツノマダラカミキリに対する感染率. 日本林学会誌 81: 17-21
Kirkendall LR (1983) The evolution of mating systems in bark and ambrosia beetles (Coleoptera: Scolytidae and Platypodidae). Zoological Journal of the Linnean Society 77: 293-352
岸 洋一 (1988) マツ材線虫病—松くい虫—精説. トーマス・カンパニー, 東京, 292 pp
岸本良一 (1957) ウンカ類の翅型に関する研究 III. ウンカ類の長翅型と短翅型における形態的および生理的相違について. 日本応用動物昆虫学会誌 1: 164-172
Kitajima K, Augspurger CK (1989) Seed and deedling ecology of a monocarpic tropical tree, *Tachigalia versicolor*. Ecology 70: 1102-1114
清原友也 (1997) マツノザイセンチュウの病原性と生活史.「松くい虫 (マツ材線虫病) —沿革と最近の研究—」(田村弘忠編). 全国森林病虫獣害防除協会, 東京, pp 26-43
清原友也, 徳重陽山 (1971) マツ生立木に対する線虫 *Bursaphelenchus* sp. の接種試験. 日本林学会誌 53: 210-218
清原友也, 堂園安生, 橋本平一, 小野 馨 (1973) マツノザイセンチュウの接種密度と加害力. 日本林学会九州支部研究論文集 26: 191-192
Klironomos JN, Kendrick WR (1993) Research on mycorrhizas: trends in the past 40 years as expressed in the 'MYCOLIT' database. New Phytologist 125: 595-600

Klironomos JN, Kendrick WB (1995) Stimulative effects of arthropods on endomycorrhizas of sugar maple in the presence of decaying litter. *Functional Ecology* **9**: 528-536

Klironomos JN, Widden P, Deslandes I (1992) Feeding preferences of the collembolan Folsomia candida in relation to microfungal successions on decaying litter. *Soil Biology and Biochemistry* **24**: 685-692

小林富士雄, 竹谷昭彦 (編) (1994) 森林昆虫：総論・各論. 養賢堂, 東京, 567 pp

小林享夫 (1975) 広葉樹林業の現状と展望 23. 有用広葉樹の病害. 山林 **1093**：27-35

小林享夫, 佐々木克彦, 真宮靖治 (1974) マツノザイセンチュウの生活環に関連する糸状菌 (I). 日本林学会誌 **56**：136-145

小林享夫, 佐々木克彦, 真宮靖治 (1975) マツノザイセンチュウの生活環に関連する糸状菌 (II). 日本林学会誌 **57**：184-193

小林享夫, 佐々木克彦, 田中 潔 (1984) ブナ稚苗の消失経過と関連糸状菌. 第 95 回日本林学会大会発表論文集：439-440

古賀博則 (1994) エンドファイトのはなし (4) エンドファイトの検出法. グリーンニュース **33**：2-6

古賀博則 (1997) エンドファイトによる芝草の病害虫防除の現状と将来.「芝草・芝地ハンドブック」(北村文雄ほか編). 博友社, 東京, pp 322-335

古賀博則 (1999) 食植性昆虫類から身を守る植物の共生戦略. 個体群生態学会会報 **56**：47-54

Koidzumi M (1921) Studies on the intestinal protozoa found in the termites of Japan. *Parasitology* **13**: 235-309

Kondo E (1989) Studies on the infectivity and propagation of entomogenous nematodes, *Steinernema* spp. (Rhabditida: Steinernematidae), in the common cutworm, *Spodoptera litura* (Lepidoptera: Noctuidae). *Bulletin of the Faculty of Agriculture, Saga University* **67**: 1-88

Kondo E (1991) Dependency of three steinernematid nematodes on their symbiotic bacteria for growth and propagation. *Japanese Journal of Nematology* **21**: 11-17

Kondo E, Ishibashi N (1978) Ultrastructural differences between the propagative and dispersal forms in pine wood nematode, *Bursaphelenchus lignicolus*, with reference to the survival. *Applied Entomology and Zoology* **13**: 1-11

Kondo E, Ishibashi N (1989) Ultrastructural characteristics of the infective juveniles of *Steinernema* spp. (Rhabditida: Steinernematidae) with reference to their motility and survival. *Applied Entomology and Zoology* **24**: 103-111

Koo CD (1989) Water stress, fertilization and light effects on the growth of nodulated mycorrhizal red alder seedlings. Ph.D.thesis, Oregon State University, Corvallis, Oregon, USA.

小山良之助 (1953) マイマイガの二大流行病. 森林防疫ニュース **27**：10-12

Kuiters AT (1990) Role of phenolic substances from decomposing forest litter in plant-soil interactions. *Acta Botanica Neerlandica* **39**: 329-348

工藤 弘, 石橋卓保 (1983) ブナの更新 (1). 日本林学会北海道支部講演集 **32**：172-175

Kukor JJ, Martin MM (1983) Acquisition of digestive enzymes by siricid woodwasps from their fungal symbiont. *Science* **220**: 1161-1163

Kukor JJ, Martin MM (1987) Nutritional ecology of fungus-feeding arthropods. In: Slansky F Jr, Rodriguez JG (eds) Nutritional Ecology of Insects, Mites, Spiders, and Related Invertebrates. John Wiley & Sons, New York, pp 791-814

倉田益二郎 (1949) 菌害回避更新論. 日本林学会誌 **31**：32-34

倉田益二郎 (1973) 天然更新技術確立のための菌害回避説. 林業技術 **377**：10-14

倉田益二郎 (1982) ブナ林更新の知見と考察―特に稚苗の枯死消失について―. 林業技術 **480**：16-19

黒田慶子, 伊藤進一郎 (1992) クロマツに侵入後のマツノザイセンチュウの動きとその他の微生物相の変

遷. 日本林学会誌 74：383-389

Kusano S (1911) *Gastrodia elata* and its symbiotic association with *Armillaria mellea*. *Journal of College of Agriculture of the University of Tokyo* **4**: 1-66

Larsen MJ, Jurgensen MF, Harvey AE, Ward JC (1978) Dinitrogen fixation associated with sporophores of *Fomitopsis pinicola*, *Fomes fomentarius*, and *Echinodontium tinctorium*. *Mycologia* **70**: 1217-1222

Latge J-P, Perry D, Papierok B, Coremans-Pelseneer J, Remaudiere G, Reisinger O (1978) Germination des azygospores d'*Entomophthora obscura* Hall et Dunn, role du sol. *Comptes Rendus de l'Académie des Sciences, Paris. Série D* **287**: 943-946

Lavelle P, Bignell D, Lepage M, Wolters V, Roger P, Ineson P, Heal OW, Dhillion S (1998) Soil function in a changing world: the role of invertebrate ecosystem engineers. *European Journal of Soil Biology* **33**: 159-193

Lawton JH, McNeill S (1979) Between the devil and the deep blue sea: on the problems of being a herbivore. In: Anderson RM, Turner BD, Taylor LR (eds) Population Dynamics. Blackwell Scientific Publications, Oxford, pp 223-244

Le Tacon F, Alvarez IF, Bouchard D, Henrion B, Jackson RM, Luff S, Parlade JI, Pera J, Stenstrom E, Villeneuve N, Walker C (1992) Variations in field response of forest trees to nursery ectomycorrhizal inoculation in Europe. In: Read DJ, Lewis DH, Fitter AH, Alexander IJ (eds) Mycorrhizas in Ecosystems. CAB International, Cambridge, pp 119-134

Lechevalier MP (1983) Cataloging *Frankia* strains. *Canadian Journal of Botany* **61**: 2964-2967

Lewis DH (1973) Concepts in fungal nutrition and the origin of biotrophy. *Biological Reviews* **48**: 261-278

Li CY, Castellano MA (1987) *Azospirillum* isolated from within sporocarps of the mycorrhizal fungi *Hebeloma crustuliniforme*, *Laccaria laccata* and *Rhizopogon vinicolor*. *Transactions of the British Mycological Society* **88**: 563-565

Li CY, Massicote HB, Moore LVH (1992) Nitrogen-fixing *Bacillus* sp. associated with Douglas-fir tuberculate ectomycorrhizae. *Plant and Soil* **140**: 35-40

Li CY, Maser C, Maser Z, Caldwell BA (1986) Role of three rodents in forest nitrogen fixation in western Oregon: another aspect of mammal-mycorrhizal fungus-tree mutualism. *Great Basin Naturalist* **46**: 411-414

Liebhold AM, Kamata N, Jacob T (1996) Cyclicity and synchrony of historical outbreaks of the beech caterpillar, *Quadricalcarifera punctatella* (Motschulsky) in Japan. *Researches on Population Ecology* **37**: 87-94

Linderman RG (1994) Role of VAM fungi in biocontrol. In: Pfleger FL, Linderman RG (eds) Mycorrhizae and Plant Health. American Phytopathological Society (APS) Press, St. Paul, Minnesota, USA, pp 1-25

LoBuglio KF (1999) *Cenococcum*. In: Chambers SM, Cairney JWG (eds) Ectomycorrhizal Fungi. Springer, Berlin, pp 287-305

MacBrayer JF (1973) Exploitation of deciduous leaf litter by *Apheloria montana* (Diplopoda: Eurydesmidae). *Pedobiologia* **13**: 90-98

MacFall J, Slack SA (1991) Effects of Hebeloma arenosa and phosphorus fertility on growth of red pine (*Pinus resinosa*) seedlings. *Canadian Journal of Botany* **69**: 372-379

MacLeod DM, Tyrrell D, Soper RS, DeLyzer AJ (1973) *Entomophthora bullata* as a pathogen of *Sarcophaga aldrichi*. *Journal of Invertebrate Pathology* **22**: 75-79

Madden JL (1968) Behavioural responses of parasites to symbiotic fungus associated with *Sirex* noctilio F. Nature **218**: 189-190

Madden JL (1988) *Sirex* in Australasia. In: Berryman AA (ed) Dynamics of Forest Insect Populations-Patterns, Causes, Implications-. Plenum Press, New York & London, pp 407-429

前田禎三 (1988) ブナの更新特性と天然更新技術に関する研究. 宇都宮大学農学部学術報告特輯 **46**: 1-79

Maehara N (1999) Studies on the interactions between pinewood nematodes, wood-inhabiting fungi, and Japanese pine sawyers in pine wilt disease. PhD thesis, Kyoto University, 117 pp

Maehara N, Futai K (1996) Factors affecting both the numbers of the pinewood nematode, *Bursaphelenchus xylophilus* (Nematoda: Aphelenchoididae), carried by the Japanese pine sawyer, *Monochamus alternatus* (Coleoptera: Cerambycidae), and the nematode's life history. *Applied Entomology and Zoology* **31**: 443-452

Maehara N, Futai K (1997) Effect of fungal interactions on the numbers of the pinewood nematode, *Bursaphelenchus xylophilus* (Nematoda: Aphelenchoididae), carried by the Japanese pine sawyer, *Monochamus alternatus* (Coleoptera: Cerambycidae). *Fundamental and Applied Nematology* **20**: 611-617

Maehara N, Futai K (2000) Population changes of the pinewood nematode, *Bursaphelenchus xylophilus* (Nematoda: Aphelenchoididae), on fungi growing in pine-branch segments. *Applied Entomology and Zoology* **35**: 413-417

Malajczuk N, Trappe JM, Molina R (1986) Interrelationships among some ectomycorrhizal trees, hypogeous fungi and small mammals: western Australian and northwestern American parallels. *Australian Journal of Ecology* **12**: 53-55

真宮靖治 (1975) マツノザイセンチュウの発育と生活史. 日本線虫研究会誌 **5**: 16-25

真宮靖治 (1992) 樹木・森林とかかわる線虫.「森林保護学」(真宮靖治編). 文永堂出版, 東京, pp 119-169

真宮靖治 (1996) マツノザイセンチュウの種をめぐる最近の研究. 森林防疫 **45**: 48-56

Mamiya Y, Enda N (1972) Transmission of *Bursaphelenchus lignicolus* (Nematoda: Aphelenchoididae) by *Monochamus alternatus* (Coleoptera: Cerambycidae). *Nematologica* **18**: 159-162

Mamiya Y, Kiyohara T (1972 a) Description of *Bursaphelenchus lignicolus* n. sp. (Nematoda: Aphelenchoidae) from pine wood and histopathology of nematode-infected trees. *Nematologica* **18**: 120-124

Mamiya Y, Kiyohara T (1972 b) Transmission of *Bursaphelenchus lignicolus* by *Monochamus alternatus*. *Nematologica* **18**: 159-162

Marcais B, Dupuis F, Desprez-Loustau ML (1996) Susceptibility of the *Quercus rubra* root system to *Phytophthora cinnamomi*; comparison with chestnut and other oak species. *European Journal of Forest Pathology* **26**: 133-143

Margulis L (1981) Symbiosis in Cell Evolution. WH Freeman, San Francisco, 419 pp

Martin MM (1984) The role of ingested enzymes in the digestive process of insects. In: Anderson JM, Rayner ADM, Walton DWH (eds) Invertebrate-Microbial Interactions. Cambridge University Press, Cambridge, pp 155-172

Martin MM, Martin JS (1978) Cellulose digestion in the midgut of the fungus-growing termites *Macrotermes natalensis*: the role of acquired digestive enzymes. *Science* **199**: 1453-1455

丸田恵美子, 紙谷智彦 (1996) 太平洋型ブナ林におけるブナ実生の定着過程 I—三国山における当年生実生の消長—. 森林立地 **38**: 43-52

Marx DH (1991) The practical significance of ectomycorrhizae in forest establishment. In: Ecophysiology of Ectomycorrhizae of Forest Trees. Wallenberg Foundation, Stockholm, pp 54-90

Mason PA, Last FT, Pelham J, Ingleby K (1982) Ecology of some fungi associated with an ageing stand of birches (*Betura pendula* and *B. pubescens*). *Forest Ecology and Management* **4**: 19-39

Masuya H, Kaneko S, Yamaoka Y (1998) Blue stain fungi associated with *Tomicus piniperda* (Coleoptera: Scolytidae) on Japanese red pine. *Journal of Forest Research* **3**: 213-219

Matanmi BA, Libby JL (1976) The production and germination of resting spores of *Entomophthora virulenta* (Entomophthorales: Entomophthoraceae). *Journal of Invertebrate Pathology* **27**: 279-285

松田陽介 (1999) モミ根系における外生菌根菌の群集生態学的研究. 名古屋大学森林科学研究 **18**: 83-141

Matsuda Y, Hijii N (1998) Spatiotemporal distribution of fruitbodies of ectomycorrhizal fungi in an *Abies firma* forest. *Mycorrhiza* **8**: 131-138

Matsuda Y, Hijii N (1999) Characterization and identification of *Strobilomyces confusus* ectomycorrhizas on Momi fir by RFLP analysis of the PCR-amplified ITS region of the rDNA. *Journal of Forest Research* **4**: 145-150

松本忠夫 (1983) 社会性昆虫の生態—シロアリとアリの生物学. 培風館, 東京, 257 pp

松本忠夫 (1992) 昆虫の消化共生系.「地球共生系とは何か」(東 正彦, 安部琢哉編), 平凡社, 東京, pp 40-57

Maxwell PW, Chen G, Webster JM, Dunphy GB (1994) Stability and activites of antibiotics produced during infection of the insect *Galleria mellonella* by two isolates of *Xenorhabdus nematophilus*. *Applied and Fundamental Microbiology* **60**: 715-721

McLean MA, Parkinson D (2000) Field evidence of the effects of the epigeic earthworm *Dendrobaena octaedra* on the microfuncal community in pine forest floor. *Soil Biology and Biochemistry* **32**: 351-360

Meesters TM, van Vliet MW, Akkermans ADL (1987) Nitrogenase is restricted to the vesicles in *Frankia* strain EAN 1 pec. *Physiologica Plantatum* **70**: 267-271

Melillo JM, Aber JD, Muratore JF (1982) Nitrogen and lignin control of hardwood leaf litter decomposition dynamics. *Ecology* **63**: 621-626

Melin E (1930) Biological decomposition of some types of litter from north American forests. *Ecology* **11**: 72-101

Melin E, Nilsson H (1953) Transfer of labelled nitrogen from glutamicacid to pine seedlings through the mycelium of *Boletus variegatus* (S.W.) Fr. *Nature* **171**: 434

Mengel K (1985) Dynamics and availability of major nutrients in soil. *Advances in Soil Science* **2**: 65-131

Messer AC, Lee MJ (1989) Effect of chemical treatments on methane emission by the hindgut microbiota in the termite *Zootermposis angusticollis*. *Microbial Ecolology* **18**: 275-284

Mikola P (1973) Mycorrhizal symbiosis in forestry practice. In: Marks GC, Kozlowski TT (eds) Ectomycorrhizae: Their Ecology and Physiology. Academic Press, New York, pp 383-428

Miller SL, Allen EB (1992) Mycorrhizae, nutrient translocation and interactions between plants. In: Allen MF (ed) Mycorrhizal Functioning. Chapman & Hall, London, pp 301-332

三井 康 (1983) わが国における線虫捕食菌の種類と分布および生理・生態に関する研究. 農業技術研究所報告 **37**: 127-211

三井 康 (1992) 線虫寄生菌の生態とその利用.「線虫研究の歩み—日本線虫研究会創立 20 周年記念誌」(中園和年編). 日本線虫研究会, 茨城, pp 262-266

宮崎 信, 尾田勝夫, 山口 彰 (1977 a) マツノザイセンチュウの不飽和脂肪酸に対する行動. 木材学会誌 **23**: 255-261

宮崎 信, 尾田勝夫, 山口 彰 (1977 b) マツノマダラカミキリ蛹壁における脂肪酸の蓄積. 木材学会誌 **23**: 307-311

水永博己, 中島嘉彦 (1997) ブナーホオノキ林分の林分構造とホオノキ実生稚樹の生存. 森林立地 **39**: 21-28

Molina R, Massicotte HB, Trappe JM (1992) Specificity phenomena in mycorrhizal symbioses: Community-ecological consequences and practical implications. In: Allen MF (ed) Mycorrhizal Functioning. Chapman & Hall, London, pp 357-423

Montgomery ME, Wallner WE (1988) The gypsy moth, a westward migrant. In: Berryman AA (ed) Dynamics of Forest Insect Populations: Patterns, Causes, Implications. Plenum, New York & London, pp 353-375

Morelet M (1998) Une espece nouvelle de *Raffaelea* isolee de *Platypus cylindrus*, coleoptere xylomycetophage des chenes. *Annales de la Société des Sciences Naturelles el d'Archeologie de Toulon* **50**: 185-193

Morgan FD (1968) Bionomics of Siricidae. *Annual Review of Entomology* **13**: 239-256

森本 桂, 岩崎 厚 (1972) マツノザイセンチュウ伝播者としてのマツノマダラカミキリの役割. 日本林学会誌 **54**: 177-183

Mosse B, Powell CL, Hayman DS (1976) Plant growth responses to vesicular-arbuscular mycorrhiza. IX. Interactions between VA mycorrhiza, rock phosphate and symbiotic nitrogen fixation. *New Phytologist* **76**: 331-342

Muller PE (1879) Studier over Skovjord, som bidrag til skovdyrkningens theori. I. Om bøgemuld og bøgrmor paa sand og ler. *Tidsskrift for Skogbruk* **3**: 122-133

Nadelhoffer KJ, Raich JW (1992) Fine root production estimates and belowground carbon allocation in forest ecosystems. *Ecology* **73**: 1139-1147

Nakashima T (1975) Several types of mycetangia found in platypodid ambrosia beetles (Coleoptera: Platypodidae). *Insecta Matsumurana*, New Series **7**: 1-69

中島敏夫 (1999) 図説 養菌性キクイムシ類の生態を探る―ブナ材の中のこの小さな住民たち―. 学会出版センター, 東京, 91 pp

Nakashima T, Otomo T, Owada Y, Iizuka T (1992) SEM observations on growing conditions of the fungi in the galleries of several ambrosia beetles (Coleoptera: Scolytidae and Platypodidae). *Journal of the Faculty of Agriculture, Hokkaido University* **65**: 239-273

Nakashizuka T (1988) Regeneration of beech (*Fagus crenata*) after simultaneous death of undergrowing dwarf bamboo (*Sasa kurilensis*). *Ecological Research* **3**: 21-25

Neilson MM, Morris RF (1964) The regulation of European spruce sawfly numbers in the Maritime Provinces of Canada from 1937 to 1963. *Canadian Entomologist* **96**: 773-784

Newell K (1984 a) Interaction between two decomposer Basidiomycetes and a Collembolan under Sitka spruce: distribution, abundance and selective grazing. *Soil Biology and Biochemistry* **16**: 227-233

Newell K (1984 b) Interaction between two decomposer Basidiomycetes and a Collembolan under Sitka spruce: grazing and its potential effects on fungal distribution and litter decomposition. *Soil Biology and Biochemistry* **16**: 235-239

Newman GG, Carner GR (1975) Factors affecting the spore form of *Entomophthora gammae*. *Journal of Invertebrate Pathology* **26**: 29-34

日本植物病理学会 (編) (2000) 日本植物病名目録. 日本植物防疫協会, 857 pp

Nioh I (1980) Nitrogen fixation associated with the leaf litter of Japanese ceder (*Cryptomeria japonica*) of various decomposition stages. *Soil Science and Plant Nutrition* **26**: 117-126

仁王以智夫, 春田泰次, 川上日出國 (1989) ポット内で分解させたスギ落葉の化学的・微生物的変化. 東大農学部演習林報告 **81**: 21-37

西口陽康, 柴田叡弌, 山中勝次 (1981) キバチ類による生立木の変色. 第32回日本林学会関西支部大会講演論文集: 257-260

野淵 輝 (1974) キクイムシ類の生活型の進化. 植物防疫 28: 75-81

野淵 輝 (1993) カシノナガキクイムシの被害とナガキクイムシ科の概要. 森林防疫 42: 109-114

Noirot C, Noirot-Timothee C (1969) The digestive system. In: Krishna K, Weesner FM (eds) Biology of Termites, vol. 1. Academic Press, New York, pp 49-88

Nunberg M (1951) Contribution to the knowledge of prothoracic glands of Scolytidae and Platypodidae (Coleoptera). *Annales Musei Zoologici Polonici* 14: 261-266.

Nylund JE, Wallander H (1989) Effect of ectomycorrhiza on host growth and carbon balance in a semi-hydroponic cultivation system. *New Phytologist* 112: 389-398

O'Brien GW, Veivers PC, McEwen SE, Slaytor M, O'Brien RW (1979) The origin and distribution of cellulase in the termites, *Nasutitermes exitiosus* and *Coptotermes lacteus*. *Insect Biochemistry* 9: 619-625

小川 真 (1978) マツタケの生物学. 築地書館, 東京, 326 pp

Ogawa M (1985) Ecological characters of ectomycorrhizal fungi and their mycorrhizae. *Japanese Annual Research Quarterly* 18: 305-314

小川 睦, 山家敏雄, 横沢良憲 (1983) ブナアオシャチホコに寄生するサナギタケ (*Cordyceps militaris* Link) の生理的性質. 日本林学会東北支部会誌 35: 122-125

Ohkawa A, Aoki J (1980) Fine structure of resting spore formation and germination in *Entomophthora virulenta*. *Journal of Invertebrate Pathology* 35: 279-289

岡部宏秋 (1997) 植物の根と共生する菌根菌. 「新・土の微生物 (2)」(土壌微生物研究会編). 博友社, 東京, pp 75-112

Okabe H (1998) Ecology of ectomycorrhizas and actinorhizal root-nodules in broad-leaved deciduous forests. Proceedings of 6th International Symposium of the Mycological Society of Japan, Chiba, pp 48-51

岡部宏秋, 江崎次夫, 丸本卓哉, 早川誠而, 赤間慶子 (1994) 共生微生物の植生回復技術への応用 (I) 外生菌根菌の活用. 森林立地学会誌 36: 55-63

Okafor N (1966) The ecology of micro-organisms on, and the decomposition of insect wings in the soil. *Plant and Soil* 25: 211-237

Pacioni G (1989) Biology and ecology of the truffles. *Acta Medica Romana* 27: 104-117

Paine TD, Raffa KF, Harrington TC (1997) Interactions among scolytid bark beetles, their associated fungi, and live host conifers. *Annual Review of Entomology* 42: 179-206

Paracer S, Ahmadjian V (2000) Symbiosis. An Introduction to Biological Associations. 2nd edition. Oxford University Press, New York, 291 pp

Perry DA (1994) Biogeochemical cycling: nutrient inputs to and losses from local ecosystems. In: Forest Ecosystems. The Johns Hopkins University Press, Baltimore, pp 360-387

Perry DF, Tyrrell D, DeLyzer AJ (1982) The mode of germination of *Zoophthora radicans* zygospores. *Mycologia* 74: 549-554

Petersen H, Luxton M (1982) A comparative analysis of soil fauna populations and their role in decomposition processes. *Oikos* 39: 287-388

Petrini O (1991) Fungal endophytes of tree leaves. In: Andrews JH, Hirano SS (eds) Microbial Ecology of Leaves. Springer-Verlag, New York, pp 179-197

Poinar GO Jr (1979) Nematodes for biological control of insects. CRC Press, Boca Raton, Florida, 277 pp

Poinar GO Jr (1990) Taxonomy and biology of steinernematidae and heterorhabditidae. In:

Gaugler R, Kaya HK (eds) Entomopathogenic Nematodes in Biological Control. CRC Press, Boca Raton, Florida, pp 23-60

Poinar GO Jr (1991) The mycetophagous and entomophagous stages of *Iotonchium californicum* n. sp. (Iotonchiidae : Tylenchida). *Revue de Nematologie* **14** (4) : 565-580

Poinar GO Jr (1998) *Howardula neocosmis* sp. n. parasitizing North American *Drosophila* (Diptera : Drosophilidae) with a listing of the species of *Howardula* Cobb, 1921 (Tylenchida : Allantonematidae). *Fundamental and Applied Nematology* **21** (5) : 547-552

Poinar GO Jr, Hansen EL (1986 a) Associations between nematodes and bacteria. *Journal of Invertebrate Pathology* **9** : 510-514

Poinar GO Jr, Hansen EL (1986 b) Associations between nematodes and bacteria. *Helminthological Abstract* (Series B) **55** : 57-81

Poinar GO Jr, Thomas GM (1966) Significance of *Achromobacter nematophilus* Poinar and Thomas (Achromobacrteraceae : Eubacteriales) in the development of the nematode, DD-136 (Neoaplectana sp., Steinernematidae). *Parasitology* **56** : 385-390

Poinar GO Jr, Thomas GM (1967) The nature of *Achromobacter nematophilus* as an insect pathogen. *Journal of Invertebrate Pathology* **9** : 510-514

Polis GA (1999) Why are parts of the world green? Multiple factors control productivity and the distribution of biomass. *Oikos* **86** : 3-15

Pommer EH (1959) Uber die Isolierung des Endophyten aus den Wurzelknollchen von *Alnus glutinosa* Gaertn. und uber erfolgreich Re-Infektionsversuch. *Berichte der Deutschen Botanischen Gesellschaft* **72** : 138-150

Raich JW, Nadelhoffer KJ (1989) Belowground carbon allocation in forest ecosystems global trends. *Ecology* **70** : 1346-1354

Read DJ (1983) The biology of mycorrhiza in the Ericales. *Canadian Journal of Botany* **61** : 985-1004

Read DJ (1992) The mycorrhizal mycelium. In : Allen MF (ed) Mycorrhizal Functioning. Chapman & Hall, New York, pp 102-133

Read DJ (1993) Mycorrhiza in plant communities. *Advances in Plant Pathology* **9** : 1-32

Reddell P, Spain AV (1991) Earthworms as vectors of viable propagules of mycorrhizal fungi. *Soil Biology and Biochemistry* **23** : 767-774

Redlin SC, Carris LM (ed) (1996) Endophytic Fungi in Grasses and Woody Plants-Systematics, Ecology and Evolution. American Phytopathological Society (APS) Press, St. Paul, 223 pp

Remacle J (1971) Succession in the oak litter microflora in forests at Mesnil-Eglise (Ferage), Belgium. *Oikos* **22** : 411-413

Rodriguez RJ, Redman RS (1997) Fungal life-styles and ecosystem dynamics : Biological aspects of plant pathogens, plant endophytes and saprophytes. *Advances in Botanical Research* **24** : 169-193

Rose SL, Youngberg CT (1981) Tripartite associations in snowbrush (*Ceanothus velutinus*) : effect of vesicular-arbuscular mycorrhizae on growth, nodulation, and nitrogen fixation. *Canadian Journal of Botany* **59** : 34-39

Roskoski JP (1980) Nitrogen fixation in hardwood forests of the northeastern United States. *Plant and Soil* **54** : 33-44

Rousseau JVD, Sylvia DM, Fox AJ (1994) Contribution of ectomycorrhiza to the potential nutrient-absorbing surface of pine. *New Phytologist* **128** : 639-644

Royama T (1992) Analytical Population Ecology. Chapman & Hall, London, 371 pp

Rozycki H, Dahm H, Strzelczyk E, Li CY (1999) Diazotrophic bacteria in root-free soil and in the root zone of pine (*Pinus sylvestris* L.) and oak (*Quercus robur* L.). *Applied Soil Ecology* **12** : 239-

250
Ruess RW, Van Cleve K, Yarie J, Viereck LA (1996) Contributions of fine root production and turnover to the carbon and nitrogen cycling in taiga forests of the Alaskan interior. *Canadian Journal of Forest Research* **26**: 1326-1336

Rygievicz PT, Andersen CP (1994) Mycorrhizae alter quality and quantity of carbon allocated below ground. *Nature* **369**: 58-60

Safranyik L, Shrimpton DM, Whitney HS (1974) Management of lodgepole pine to reduce losses from the mountain pine beetle. Forestry Technical Report 1. Canadian Forestry Service, Victoria, 24 pp

相良直彦 (1989) きのこと動物. 築地書館, 東京, 185 pp

Sagara N (1992) Experimental Disturbances and Epigeous Fungi. In : Carroll GC and Wicklow DT (eds) Fungal Comunity, 2 nd ed. Marcel Dekker Inc, New York, pp 427-454

Sagara N, Abe H, Okabe H (1993) The persistence of moles in nesting at the same site as indicated by mushroom fruiting and nest reconstruction. *Canadian Journal of Botany* **71**: 1690-1693

Sahashi N (1997) *Colletotrichum dematium*, a causal pathogen of damping off disease of Japanese beech and its role in rapid seedling death. In : Laflamme G, Berube JA, Hamelin RC (eds) Foliage, Shoot and Stem Diseases in Forest Trees. Proceedings of the IUFRO Working Party 7.02.02 Meeting, Quebec City, pp 248-255

Sahashi N, Kubono T, Miyasawa Y, Ito S (1999) Temporal variations in isolation frequency of endophytic fungi of Japanese beech. *Canadian Journal of Botany* **77**: 197-202

Sahashi N, Kubono T, Shoji T (1994) Temporal occurrence of dead seedlings of Japanese beech and associated fungi. *Journal of Japanese Forestry Society* **76**: 338-345

Sahashi N, Kubono T, Shoji T (1995) Pathogenicity of *Colletotrichum dematium* isolated from current-year beech seedlings exhibiting damping-off. *European Journal of Forest Pathology* **25**: 145-151

佐野 明 (1992) ニホンキバチ. 林業と薬剤 **122**: 1-8

讃井孝義 (1986) 宮崎県における造林木の変色と腐朽 (II) —キバチの産卵後に起こる変色—. 第39回日本林学会九州支部論文集: 197-198

Sasaki K (1977) Materials for the fungus flora of Japan (26). *Transaction of the Mycological Society of Japan* **18**: 343-345

佐藤邦彦 (1978) 実践森林病理. 農林出版, 東京, 249 pp

佐藤邦彦 (1991) ブナ林の菌類と病害. 「ブナ林の自然環境と保全」(村井 宏ほか編). ソフトサイエンス社, 東京, pp 121-140

Sawyer WH (1931) Studies on the morphology and development of an insect-destroying fungus *Entomophthora sphaerosperma*. *Mycologia* **23**: 411-432

Scheu S, Parkinson D (1994) Effects of earthworms on nutrient dynamics, carbon turnover and microorganisms in soils from cool temperate forest of the Canadian Rocky Mountains : laboratory studies. *Applied Soil Ecology* **1**: 113-125

Schmidberger J (1836) Naturgeschichte des Apfelborkenkafers *Apte dispar*, Beitrage zur Obstbaumzucht und zur Naturgeschichte der den Obstbaumen schadlichen. *Schadlichen Insekten* **4**: 213-230

Schulz B, Sucker J, Aust HJ, Krohn K, Ludewig K, Jones PG, Doring D (1995) Biologically active secondary metabolites of endophytic *Pezicula* species. *Mycological Research* **99**: 1007-1015

Schwartz MB (1922) The twig and vascular disease of the elm. Das Zweigsterben der Ulmen, Trauerweiden und Pfirsichbaume. *Mededeelingen uit het Phytopathologisch Laboratorium 'Willie Commelin Scholten'* **5**: 1-73

Scrivener AM, Slaytor M (1994) Cellulose digestion in *Panesthis cribrata* Saussure : does fungal cellulase play a role? *Comparative Biochemistry and Physiology* **107** : 309-315

柴田叡弌 (1983) スギドクガ. 林業と薬剤 **84** : 12-19

Shimazu M, Koizumi C, Kushida T, Mitsuhashi J (1987) Infectivity of hibernated resting spores of *Entomophaga maimaiga* Humber, Shimazu et Soper (Entomophthorales : Entomophthoraceae). *Applied Entomology and Zoology* **22** : 216-221

Shimazu M (1979) Resting spore formation of *Entomophthora sphaerosperma* Fresenius (Entomophthorales : Entomophthoraceae) in the brown planthopper, *Nilaparvata lugens* (Stal) (Hemiptera : Delphacidae). *Applied Entomology and Zoology* **14** : 383-388

Shimazu M (1987) Effect of rearing humidity of host insects on the spore type of *Entomophaga maimaiga* Humber, Shimazu et Soper. *Applied Entomology and Zoology* **22** : 394-397

Shimazu M, Soper RS (1986) Pathogenicity and sporulation of *Entomophaga maimaiga* Humber, Shimazu, Soper and Hajek (Entomophthorales : Entomophthoraceae) on larvae of the gypsy moth, *Lymantria dispar* L. (Lepidoptera : Lymantriidae). *Applied Entomology and Zoology* **21** : 589-596

Shimazu M, Kushida T, Tsuchiya D, Mitsuhashi W (1995) Microbial control of *Monochamus alternatus* Hope (Coleoptera : Cerambycidae) by implanting wheat-bran pellets with *Beauveria bassiana* in infested tree trunks. *Journal of the Japanese Forestry Society* **74** : 325-330

Shishido M, Chanway CP (1998) Storage effects on indigenous soil microbial communities and PGPR efficacy. *Soil Biology and Biochemistry* **30** : 939-947

Shrimpton DM, Whitney HS (1979) In vitro growth of two blue stain fungi into resinous compounds produced during the wound response of lodgepole pine. *Bi-monthly Research Notes* (Canadian Forestry Service) **35** : 27-28

Siddiqi MR (1986) Tylenchida, Parasites of Plants and Insects. Commonwealth Agricultural Bureaux, UK, 645 pp

Siepel H, De Ruiter-Dijkman EM (1993) Feeding guilds of oribatid mites based on their carbohydrase activities. *Soil Biology and Biochemistry* **25** : 1491-1497

Simard SW, Perry DA, Jones MD, Myrold DD, Durall DM, Molina R (1997) Net transfer of carbon between ectomycorrhizal tree species in the field. *Nature* **388** : 579-582

Simpson RF (1976) Bioassay of pine oil components as attracts for *Sirex noctilio* (Hymenoptera : Siricidae) using electro-antennogram techniques. *Entomologia Experimentalis et Applicata* **19** : 11-18

Slobodkin LB, Smith FE, Hairston NG (1967) Regulation in terrestrial ecosystems, and the implied balance of nature. *Amelican Naturalist* **101** : 109-124

Smith SE, Read DJ (1997) Mycorrhizal Symbiosis, 2 nd ed. Academic Press, New York, 605 pp

Smucker SJ (1935) Air currents as possible carriers of *Ceratostomella ulmi*. *Phytopathology* **25** : 442-443

Solheim H (1986) Species of Ophiostomataceae isolated from *Picea abies* infested by the bark beetle *Ips typographus*. *Nordic Journal of Botany* **6** : 199-207

Solheim H (1988) Pathogenicity of some *Ips typographus*-associated blue-stain fungi to Norway spruce. *Meddelelser fra Norsk Institutt for Skogforskning* **40** : 1-11

Solheim H, Längström B (1991) Blue-stain fungi associated with *Tomicus piniperda* in Sweden and preliminary observations on their pathogenicity. *Annales des Sciences Forestières* **48** : 149-156

Sollins P, Cline SP, Verhoeven T, Sachs D, Spycher G (1987) Patterns of log decay in old-growth Douglas-fir forests. *Canadian Journal of Forest Research* **17** : 1585-1595

Soma K, Saito T (1979) Ecological studies of soil organisms with reference to the decomposition of pine needles. I. Soil macrofaunal and mycofloral surveys in coastal pine plantations. *Revue d'Ecologie et de Biologie du Sol* **16**: 337-354

Speare AT, Colley RH (1912) The Artificial Use of the Brown-Tail Fungus in Massachusetts, with Practical Suggestions for Private Experiment, and a Brief Note on a Fungous Disease of the Gypsy Caterpillar. Wright & Potter Printing, Boston, 31 pp

Spradbery JP (1970) Host finding by *Rhyssa persuasoria* (L.), an ichneumonid parasite of siricid woodwasps. *Animal Behaviour* **18**: 103-114

Sprent JI (1979) The range of nitrogen-fixing organisms. In: The Biology of Nitrogen-fixing Organisms. McGraw-Hill Book Company, London, pp 1-50

Staaf H, Berg B (1982) Accumulation and release of plant nutrients in decomposing Scots pine needle litter. Long-term decomposition in a Scots pine forest II. *Canadian Journal of Botany* **60**: 1561-1568

Stairs GR (1972) Pathogenic microorganisms in the regulation of forest insect populations. *Annual Review of Entomology* **17**: 355-372

Stefaniak OS, Seniczak S (1981) The effect of fungal diet on the development of *Oppia nitens* (Acari, Oribatei) and on the microflora of its alimentary tract. *Pedobiologia* **21**: 202-210

Stillwell MA (1966) Woodwasps (Siricidae) in conifers and associated fungus, *Stereum chailletii* in eastern Canada. *Forest Science* **12**: 121-128

Stillwell MA, Kelly DJ (1964) Fungus deteriolation of balsam fir killed by spruce budworm in northern New Brunswick. *Forestry Chronicle* **40**: 482-487

Stoy WM, Volovage WD, Frye RD, Carlson RB (1988) Germination of resting spores of the grasshopper (Orthoptera: Acrididae) pathogen, *Entomophaga grylli* (Zygomycetes: Entomophthorales), pathotype 2, in selected environments. *Environmental Entomology* **17**: 238-235

Strobel GA, Sugawara F (1986) The pathogenicity of *Ceratocystis montia* to lodgepole pine. *Canadian Journal of Botany* **64**: 113-116

Strong DR, Lawton JH, Southwood TRE (1984) Insect on Plants: Community Patterns and Mechanisms. Blackwell Scientific Publications, Oxford, 313 pp

Strongman DB (1987) A method for rearing *Dendroctonus ponderosae* Hopk. (Coleoptera: Scolytidae) from eggs to pupae on host tissue with or without a fungal complement. *Canadian Entomologist* **119**: 207-208

Swift MJ, Heal OW, Anderson JM (1979) Decomposition in Terrestrial Ecosystems. Blackwell, Oxford, 372 pp

Sylvia DM (1986) Spatial and temporal distribution of vesicular-arbuscular mycorrhizal fungi associated with *Uniola paniculata* in Florida foredunes. *Mycologia* **78**: 728-734

Sylvia DM, Sinclair WA (1983) Phenolic compounds and resistance to fungal pathogens induced in primary roots of *Pseudotsuga menziesii* seedlings by the ectomycorrhizal fungus *Laccaria laccata*. *Phytopathology* **73**: 390-397

Tacon FL, Alvarez IF, Bouchard D, Henrion B, Jackson RM, Luff S, Parlade JI, Pera J, Stenstrom E, Villeneuve N, Walker C (1992) Variations in field response of forest trees to nursery ectomycorrhizal inoculation in Europe. In: Read DJ, Lewis DH, Fitter AH, Alexander IJ (eds) Mycorrhizas in Ecosystems. CAB International, Oxon, UK, pp 119-134

高林純示，田中利治 (1995) 寄生バチをめぐる「三角関係」．講談社，東京，270 pp

高橋旨象 (1989) きのこと木材．築地書館，東京，142 pp

高橋郁夫 (1991) エゾマツの生育過程と菌類相の遷移—特に天然更新に対する菌類の役割—．東京大学農

学部演習林報告 86：201-273

武田博清(1994)森林生態系において植物—土壌系の相互作用が作り出す生物多様性．日本生態学会誌 44：211-222

Takeda H, Ishida Y, Tsutsumi T (1987) Decomposition of leaf litter in relation to litter quality and site conditions. *Memoirs of the College of Agriculture, Kyoto University* **130**: 17-38

竹内吉蔵（1962）膜翅目キバチ科．日本昆虫分類図説 2．北隆館，東京，12 pp

滝沢幸雄，庄司次男（1982）岩手県におけるカラフトヒゲナガカミキリの分布とその材線虫病媒介の可能性．森林防疫 **31**：4-6

Talbot PHB (1977) The *Sirex-Amylostereum-Pinus* association. *Annual Review of Phytopathology* **15**: 41-54

田村弘忠（1973）線虫捕食菌研究の現状．日本線虫研究会誌 **3**：9-18

Tamura H, Mamiya Y (1979) Reproduction of *Bursaphelenchus lignicolus* on pine callus tissues. *Nematologica* **25**: 149-151

田中 潔（1974）マツノザイセンチュウの菌糸摂食行動．第 85 回日本林学会大会講演集：247-249

田中利治（1988）カリヤコマユバチの寄主制御．植物防疫 **42**：275-280

Taylor AFS, Alexander IJ (1989) Demography and population dynamics of ectomycorrhizas of Sitka spruce fertilised with N. *Agriculture, Ecosystems and Environment* **28**: 493-496

程 東昇(1989)エゾマツの天然更新を阻害する暗色雪腐病菌による種子の地中腐敗．北海道大学農学部演習林報告 **46**：529-575

寺沢和彦（1995）ブナの更新過程における花・種子・稚樹の数の推移．光珠内季報 **98**：1-9

寺下隆喜代(1973)広葉樹の炭そ病菌に関する研究—特にその潜在性について—．林業試験場報告 **252**：1-85

Thaxter R (1888) The Entomophthoreae of the United States. *Memoirs of the Boston Society of Natural History* **4**: 133-201

Thimm T, Hoffman A, Birkett H, Munch JC, Tebbe CC (1998) The gut of the soil microarthropod *Folsomia candida* (Collembola) is a frequently changeable but selective habitat and a vector for microorganisms. *Applied and Environmental Microbiology* **64**: 2660-2669

Thompson JN (1994) The Coevolutionary Process. The University of Chicago Press, Chicago, 376 pp

Thompson JN, Pellmyr O (1991) Evolution of oviposition behavior and host preference in Lepidoptera. *Annual Review of Entomology* **36**: 65-89

Togashi K (1985) Transmission curves of *Bursaphelenchus xylophilus* (Nematoda : Aphelenchoididae) from its vector, *Monochamus alternatus* (Coleoptera : Cerambycidae), to pine trees with reference to population performance. *Applied Entomology and Zoology* **20**: 246-251

Tokumasu S (1998 a) Fungal successions on pine needles fallen at different seasons : the succession of interior colonizers. *Mycoscience* **39**: 409-416

Tokumasu S (1998 b) Fungal successions on pine needles fallen at different seasons : the succession of surface colonizers. *Mycoscience* **39**: 417-423

Topps JH, Wain RL (1957) Fungistatic properties of leaf exudates. *Nature* **179**: 652-653

Trager W (1934) The cultivation of a cellulose-digesting flagellate *Trichomonas termopsidis* and of certain other termite protozoa. *Biological Bulletin* **66**: 182-190

Trappe JM, Maser C (1976) Germination of spores of *Glomus macrocarps* (Endogonaceae) after passage through a rodent digestive tract. *Mycologia* **68**: 433-436

Tsuda K, Futai K (1999) *Iotoncium cateniforme* n. sp. (Tylenchida : Iotonchiidae) from fruiting bodies of *Cortinarius* spp. and its life cycle. *Japanese Journal of Nematology* **29**: 24-31

Tsuda K, Kosaka H, Futai K (1996) The tripartite relationship in gill-knot disease of the oyster mushroom, *Pleurotus ostreatus* (Jacq.: Fr.) Kummer. *Canadian Journal of Zoology* **74**: 1402-1408

Tsutsumi T (1987) The nitrogen cycle in a forest. *Memoirs of the College of Agriculture, Kyoto University* **130**: 1-16

Tuno N (1998) Spore dispersal of *Dictyophora* fungi (Phallaceae) by flies. *Ecological Research* **13**: 7-15

Tuno N (1999) Insect feeding on spores of a braket fungus, *Elfvingia applanata* (Pers.) Karst. (Ganodermataceae, Aphyllophorales). *Ecological Research* **14**: 97-103

都野展子 (1999) キノコ食昆虫群集の構造と動態—ショウジョウバエ類を中心として—. 博士論文, 京都大学, 154 pp

Tuomi J, Niemela P, Siren S (1990) The Panglossian paradigm and delayed inducible accumulation of foliar phenolics in mountain birch. *Oikos* **59**: 399-410

Valdes M (1986) Survival and growth of pines with specific ectomycorrhizae after 3 years on a highly eroded site. *Canadian Journal of Botany* **64**: 885-888

Varley GC, Gradwell GR (1970) Recent advances in insect population dynamics. *Annual Review of Entomology* **15**: 1-24

Veivers PC, Musca AM, O'Brien RW, Slaytor M (1982) Digestive enzymes of the salivery glands and gut of *Mastotermes darwiniensis*. *Insect Biochemistry* **12**: 35-40

Visser S (1985) Role of the soil invertebrates in determining the composition of soil microbial communities. In: Fitter AH, Atkinson D, Read DJ, Busher M (eds) Ecological Interactions in Soil. Blackwell, Oxford, pp 297-317

Vogt KA, Edmonds RL, Grier CC (1981) Dynamics of ectomycorrhizae in *Abies amabilis* stands: the role of *Cenococcum graniforme*. *Holarctic Ecology* **4**: 167-173

Vogt KA, Grier CC, Meier CE, Edmonds RL (1982) Mycorrhizal role in net primary production and nutrient cycling in *Abies amabilis* ecosystems in western Washington. *Ecology* **63**: 370-380

Wagner MR, Atuahene SKN, Cobbinah JR (1991) Forest entomology in West Tropical Africa. In: Forest Insects of Ghana. Kluwer Academic Publication, London, 210 pp

Waksman SA (1922) Microbiologiacal analysis of soil as an index of soil fertility: II. Methods of the study of numbers of microorganisms in the soil. *Soil Science* **14**: 283-298

Waksman SA, Stevens KR (1930) A system of proximate chemical analysis of plant materials. *Industrial and Engineering Chemistry Analyser*. Ed/, 2 (167-)

Waksman SA, Tenney FG, Stevens KR (1928) The role of microorganisms in the transformation of organic matter in forest soils. *Ecology* **9**: 126-144

Wallace DR, MacLeod DM, Sulivan CR, Tyrrell D, DeLyzer AJ (1976) Induction of resting spore germination in *Entomophthora aphidis* by long-day light conditions. *Canadian Journal of Botany* **54**: 1410-1418

Wardle DA (1992) A comparative assessment of factors which influence microbial biomass carbon and nitrogen levels in soil. *Biological Reviews* **67**: 321-358

Wardle DA, Giller KE (1997) The quest for a contemporary ecological dimension to soil biology. *Soil Biology and Biochemistry* **28**: 1549-1554

渡部 仁 (1988) 微生物で害虫を防ぐ. 裳華房, 東京, 163 pp

Watanabe H, Nakamura M, Tokuda G, Yamaoka I, Scrivener AM, Noda H (1997) Site of secretion and properties of endogenous endo-B-1,4-glucanase components from *Reticulitermes speratus*, a Japanese subterranean termite. *Insect Biochemistry and Molecular Biology* **27**: 305-313

Watanabe T (1994) Pictorial Atlas of Soil and Seed Fungi: Morphologies of Cultured Fungi and

Key to Species. Lewis, Boca Laton, Florida, 411 pp
Webber J (1981) A natural biological control of Dutch elm disease (UK). *Nature* **292**: 449-451
Webber J, Brasier CM (1984) The transmission of Dutch elm disease: a study of the processes involved. In: Anderson JM, Rayner ADM, Walton DWH (eds) Invertebrate-Microbial Interactions. Cambridge University Press, Cambridge, pp 271-306
Weber NA (1972) Gardening ants, the attines. *Memories of the American Philosophical Society* **92**: 1-146
Werren (1997) Biology of *Wolbachia. Annual Review of Entomology* **42**: 587-609
Werren JH, Skinner SW, Huger A (1986) Male-killing bacteria in a parasitic wasp. *Science* **231**: 297-302
Weseloh RM, Andreadis TG (1997) Persistence of resting spores of *Entomophaga maimaiga*, a fungal pathogen of the gypsy moth, *Lymantria dispar. Journal of Invertebrate Pathology* **69**: 195-196
Wheeler Q, Blackwell M (1984) Fungus-Insect Relationships: Perspectives in Ecology and Evolution. Columbia University Press, New York, 514 pp
Whitford WG, Freckman DW, Santos PF, Elkins NZ, Parker LV (1982) The Role of Nematodes in Decomposition in Desert Ecosystems. In: Freckman DW (ed) Nematodes in Soil Ecosystem. University of Texas Press, Austin, pp 98-116
Whitney HS (1982) Relationships between bark beetles and symbiotic organisms. In: Mitton JB, Sturgeon KB (eds) Bark Beetles in North American Conifers. The University of Texas Press, Austin, pp 183-211
Whitney HS, Blauel RA (1972) Ascospore dispersion in *Ceratocystis* spp. and *Europhium clavigerum* in conifer resin. *Mycologia* **64**: 410-414
Whitney HS, Cobb FWJr (1972) Non-staining fungi associated with the bark beetle *Dendroctonus brevicomis* (Coleoptera: Scolytidae) on *Pinus ponderosa. Canadian Journal of Botany* **50**: 1943-1945
Whitney HS, Farris SH (1970) Maxillary mycangium in the mountain pine beetle. *Science* **167**: 54-55
Widler B, Müller E (1984) Untersuchungen uber Endophytische Pilze von *Arctostaphylos uva-ursi* (L.) Sprengel (Ericaceae). *Botanica Helvetica* **94**: 307-337
Wilding N, Collins NM, Hammond PM, Webber JF (eds) (1989) Insect-Fungus Interactions. 14 th Symposium of the Royal Entomological Society of London in collaboration with the British Mycological Society. Academic Press, London, 344 pp
Wilson EO (1993) The Diversity of Life. Viking, New York, 424 pp
Wingfield MJ, Seifert KA, Webber JF (1993) *Ceratocystis* and *Ophiostoma*. Taxonomy, Ecology, and Pathogenicity. The American Phytopathological Society Press, St. Paul, Minnesota, 293 pp
Witkamp M (1966) Decomposition of leaf litter in relation to environment, microflora, and microbial respiration. *Ecology* **47**: 194-201
Woese CR, Fox GE (1977) Phylogenetic structures of the prokaryotic domain: the primary kingdomes. *Proceedings of the National Academy of Sciences USA* **74**: 5088-5090
Wood TG (1976) The role of termite (Isoptera) in decomposition process. In: Anderson JM, Macfadyen A (eds) The Role of Terrestrial and Aquatic Organisms in Decomposition Process. Brackwell Scientific Publications, Oxford, pp 145-168
Wood TG (1978) Food and feeding habits of termite. In: Brian MV (ed) Production Ecology of Ants and Termites. Cambridge University Press, Cambridge, pp 55-80
山村則男 (1995) 共生の生態学.「寄生から共生へ—昨日の敵は今日の友—」(山村則男, 早川洋一, 藤島

政博編). 平凡社, 東京, pp 12-29

山中高史, 岡部宏秋 (1995) ヤマハンノキの根粒から分離されたフランキア菌. 日本林学会誌 **77**：267-271

山中高史, 岡部宏秋, Li CY (1999) オオバヤシャブシ根粒形成への蛍光性シュードモナス菌およびアーバスキュラー菌根菌の影響. 第 110 回日本林学会大会発表論文集：24

Yamaoka I (1979) Selective ingestion of food by the termite protozoa, *Trichonympha agilis*. *Zoological Magazine* **88**：174-179

山岡郁雄 (1982) シロアリと腸内共生原虫. 遺伝 **36** (12)：52-57

山岡郁雄 (1992) シロアリの腸内共生系.「さまざまな共生」(大串隆之編). 平凡社, 東京, pp 9-24

Yamaoka I (1996) Symbiosis in termites. In: Colwell RR, Shimizu U, Ohwada K (eds) Microbial Diversity in Time and Space, Plenum Press, New York, pp 65-70

Yamaoka I, Nagatani Y (1975) Cellulose digestion system in the termite. I. Producing sites and physiological significance of the kinds of cellulase in the worker. *Zoological Magazine* **84**：23-29

Yamaoka I, Endo M, Hoshino A (1987) Endosymbiosis in the lower termites (*Reticulitermes speratus*). A role of bacteria. *Endocytobiosis and Cell Research* **4**：91-99

Yamaoka I, Ideoka H, Sasabe K (1983) Distribution of the intestinal flagellates in the hindgut of the termite, *Reticulitermes speratus* (Kolbe). *Annals of Entomology* **1**：45-50

Yamaoka I, Sasabe K, Terada K (1986) A timely infection of intestinal protozoa in the developing hindgut of the termite (*Reticulitermes speratus*). *Zoological Science* **3**：175-180

Yamaoka Y, Hiratsuka Y, Maruyama PJ (1995) The ability of *Ophiostoma clavigerum* to kill mature lodgepole pine trees. *European Journal of Forest Pathology* **25**：401-404

Yamaoka Y, Swanson RH, Hiratsuka Y (1990) Inoculation of lodgepole pine with four blue-stain fungi associated with mountain pine beetle, monitored by a heat pulse velocity (HPV) instrument. *Canadian Journal of Forest Research* **20**：31-36

Yamaoka Y, Wingfield MJ, Ohsawa M, Kuroda Y (1998) Ophiostomatoid fungi associated with *Ips cembrae* in Japan and their pathogenicity to Japanese larch. *Mycoscience* **39**：367-378

Yamaoka Y, Wingfield MJ, Takahashi I, Solheim H (1997) Ophiostomatoid fungi associated with the spruce bark beetle *Ips typographus* f. *japonicus* in Japan. *Mycological Research* **101**：1215-1227

Yamin MA (1978) Axenic cultivation of cellulolytic flagellate *Trichomitopsis termopsidis* (Cleveland) from the termite *Zootermopsis*. *Journal of Protozoology* **25**：535-538

Yokoe Y (1964) Cellulase activity in the termite, *Leucotermes speratus*, with new evidence in support of a cellulase produced by the termite. *Scientific Papers of the College of General Education, the University of Tokyo* **14**：115-120

吉田睦浩 (1993) 1. 本邦産昆虫寄生性線虫の分布と生態 A. 分布：有用線虫の探索とその大量生産ならびに施用法のシステム化 (石橋信義編). 平成 4 年度文部省科学研究費補助金試験研究 A(1) 研究成果報告書：2-9

Yoshimura F (1982) Phylloplane bacteria in a pine forest. *Canadian Journal of Microbiology* **28**：580-592

Yoshimura T, Tsunoda K, Takahashi M (1992) Distribution of the symbiotic protozoa in the hindgut of *Coptotermes formosanus* Shiraki (Isoptera: Rhinotermitidae). *Japanese Journal of Environmental Entomology and Zoology* **4**：115-120

Zak JC, Willig MR, Moorhead DL, Wildman HG (1994) Functional diversity of microbial communities: A quantitative approach. *Soil Biology and Biochemistry* **26**：1101-1108

Zeringue HJ (1987) Changes in cotton leaf chemistry induced by volatile elicitors. *Phytochemistry* **26**：1357-1360

用語説明

亜社会性（subsocial）
　親が子の世話をする，動物の家族関係・習性のこと．ただし，世話（care）とは，天敵に対する防衛行動や給餌など，子の成長過程において親が示す保護行動のことをいう．社会生物学的には，真社会性（複数の雌が共同で子の世話をし，不妊の雌が存在する状態）が発展する前段階と考えられている．

アナモルフ-テレオモルフ（anamorph-teleomorph）
　菌類には，その生活環の中に有性生殖を行う有性時代と，無性生殖により増殖する無性時代の両方を持つものがある．子のう（嚢）菌類の子のう殻，子のう，子のう胞子，担子菌類の担子器果，担子器，担子胞子，冬胞子などの有性器官で特徴づけられる有性時代をテレオモルフ（teleomorph），分生子，分生子柄などの無性器官で特徴づけられる無性時代をアナモルフ（anamorph）と呼んでいる．

AM菌（VA菌）（(Vesicular -) Arbuscular mycorrhiza)
　アブラナ科，タデ科，アカザ科，カヤツリグサ科など少数の例外を除いて，ほとんどの植物が下等な菌類の藻菌類との間で形成する菌根．植物の根の皮層の細胞間隙に侵入した菌糸は，皮層細胞の細胞壁を押し込むようにして樹枝状体（Arbuscule）を形成したり，細胞間隙に球状ののう（嚢）状体（Vesicle）を形成するのでVA菌根と呼ばれたが，のう状体は必ずしもすべての場合で形成されるわけではないので，最近ではArbuscule Mycorrhizaeを略してAM菌と呼ばれることが多くなっている．

外部ルーメン（external rumen）
　ルーメンとは本来，反芻動物の反芻胃内の細菌，原生動物をさし，これらは動物の体内の特殊環境に適応して，動物の食物を消化している．外部ルーメンはこれを拡大解釈して，ミミズやヤスデなど土壌動物が排泄した有機物上で生育した微生物をふたたび食べることで，微生物の体外酵素を用いて未消化有機物を今度は消化利用していると考えるものである．

カイロモン（kairomone）
　ある生物が生産した物質を他の生物が感知したとき，その生産者よりも後者の方に適応的な利益をもたらすような化学伝達物質．たとえば，植物が生産する昆虫誘引物質や，捕食寄生バチを誘引する寄主昆虫の匂いなど．生産者からみて利益がある場合は，アロモン（allomone）と呼ぶ．

拡大造林（expansive tree plantation）
　天然林を伐採した跡地や原野などに植栽して人工林を造ること．それに対して，人工林の伐採跡地への植栽は，再造林と呼ばれる．

褐色腐朽菌（brown rot fungi）
　白色腐朽菌（別項）とともに，木材腐朽菌（wood-rotting fungi）の一群をなす．樹木の細胞壁成分の一つであるセルロースとヘミセルロースをほぼ同じ割合で分解する能力のある菌で，リグニンも少し分解するが，大部分が残るので，この菌に侵された材は，残ったリグニンの色から褐色を呈する．大部分の褐色腐朽菌はヒダナシタケ目の担子菌で，針葉樹がよくこの菌に侵される．

感受性（susceptibility）
　感受体（宿主（寄主））と病原とが出会ったとき，その宿主が示す病気のかかりやすさ（⇔抵抗性）．病原力，感染力（感染性）などとの関係については，本文5.2.3項（p.219）を参照のこと．

基質（substrate）
　ここでは，ある生物が栄養源，繁殖源として利用するもの．

希釈平板法（dilution plate method）
　微生物を含む土壌などの試料を滅菌水で何段階かに希釈し，これを適当な栄養分の入った寒天培地に加え，一定時間培養後，形成されるコロニー数が100前後になる希釈度を選び，その希釈度の平板（寒天培地）5〜10枚の平均値と希釈度から微生物密度を求める方法．

寄(宿)主特異性（host specificity）
　おもに植食性，寄生性，肉食性動物における食物選択の幅．ただ一種のみを餌（寄主）とする単食性から，数種（同科・同属）程度の選択幅を持つ狭食性，餌種（寄主種）を問わない広食性まで様々．

義務的共生（obligatory symbiosis）
　共生関係にある2種間において，相手の存在なしには繁殖ができないような場合をさす共生形態．必須共生ともいう．これに対することばは，任意共生（facultative symbiosis）．

ギャップ（gap）
　上層木の枯死や強風などの自然攪乱によって，森林の林冠層にあいた穴のこと．光条件の改善によって，林床の実生の発生と稚樹の成長が促進される．

ギルド（guild）
　分類学上の位置（近縁度）に関係なく，資源（餌，空間，時間など）利用の観点からみた，同じようなニッチ（別項）を持つ種のグループ．たとえば，植食者ギルド，種子食(者)ギルドなど．

共進化（coevolution）
　2種以上の生物が互いに他の形質を進化させる要因になっている，すなわちいずれもが他方によって進化させられるような同調的な進化形態．宿(寄)主—寄生者，植物—送粉者（花粉媒介者）などの密接な関係を持つ種間にしばしばみられる．利害が一致すればその関係をより緊密化する方向に働き，対立すればその関係は軍拡競争的となる．

共生（symbiosis）
　種間相互関係の一形態．2種の生物が一緒に生活している状態にあるとき，それによって両者にともに利益がある（すなわち，適応度が高まる）とき，この共生形態を相(双)利共生（mutualism）と呼び，一方には利益，他方には害となる場合には寄生（parasitism），さらに，一方には利益があるが，他方には利益も害もないような場合には片利共生（commensalism）と呼ぶ．単に共生という場合には，しばしば相利共生をさすことが多い．また，ここでいう利益や害は，あくまでも相対的なものである．

蛍光顕微鏡（fluorescent microscope）
　生物の細胞や組織内に存在するクロロフィルや脂質，ビタミンなどの蛍光性物質に，外部から紫外線などの励起光をあて，発生する蛍光を手がかりにこれら蛍光物質の存在部位，量などを観察する顕微鏡．

血体腔（h(a)emocoel）
　節足動物および軟体動物の体内の組織，器官の間にみられる不規則な間隙．これらの動物は開放血管系のため，血液は血リンパとしてこの間隙を流れる．原体腔も同義．

抗生物活性（antibiotic activity）
　生物を殺したり生長を抑制したりする働き，およびその強さ．

酵母（yeast）
　菌類の仲間のうち，その生活史の大部分を単細胞で過ごすものの総称．原生子のう（嚢）菌，原生担子菌など，菌類の広い分類群にわたって存在する．英名のイーストもよく使われる．

肛門食（ingestion of proctodeal food）
　肛門からの後腸排出物（proctodeal food）を食べること．これにより，シロアリ同士の栄養交換が可能であり，同時に原生動物や微生物の感染が生じる．また，このような関係が，社会性の進化に重要であるとも考えられている．

根圏（rhizosphere）
　根と根の影響の及ぶ範囲のこと．養分の濃度と微生物の密度から判定されるが，普通根の表面から数mm以内の空間をさす．

根状菌糸束（rhizomorph）
　菌糸がひも状に発達し，植物の根のようになった組織．ナラタケの根状菌糸束が有名．緻密で褐色〜黒色に着色した外層と繊維菌糸組織からなる内層に分化している．

最確値法（MPN (most probable number) method）
　通常の寒天培地では生育しないが，液体培地なら生育するような微生物の計数に用いる方法．何段階かに希釈した土壌希釈液（あるいは微生物を含む液体）を，前もって培地を入れた試験管に一定量ずつ接種し，十分な培養期間後，微生物の生育の有無を希釈濃度ごとに判定し，その希釈濃度から微生物数を求める方法．最確数法ともいう．

ササラダニ（oribatid mites）
　トビムシと同様広く分布するダニ類で，亜目を構成する．食性は微生物食および腐植食で，体長は $100\ \mu m$ から数 mm．温帯の森林土壌には $1\ m^2$ あたり数万から数十万頭生息する．

自活性線虫（free living nematode）
　植物や動物寄生性以外の線虫の総称．細菌，菌類を食べるものと他の線虫や動物を捕えて食べる捕食性のものを含む．

時間遅れの密度依存的死亡要因（(time-)delayed density-dependent mortality factor）
　密度が高くなるほど死亡率が高くなる要因を「密度依存的死亡要因」，死亡率が低くなるような死亡要因を「密度逆依存的―」，密度に死亡率が関係ないものを「密度非依存的―」という．密度依存的死亡要因のうち，次世代以降にも高い死亡率を引き起こすものを「時間遅れのある―」といい，次世代以降には影響が残らないものを「時間遅れのない―」という．「時間遅れの密度依存的死亡要因」は，周期的な密度変動を引き起こす．

樹脂（resin）
　植物の代謝二次産物で，通常精油と混合して分泌され，空気中で精油の一部が揮発または酸化され，しだいに粘度を増し固化する精油類縁物質の総称．植物体からの分泌物または傷口からの流出物として生ずる．主としてセスキテルペン，ジテルペン，トリテルペン，またはそれらのヒドロキシ誘導体の混合物からなる．針葉樹の柔細胞のうち，樹脂細胞（resin cell）が集まってその間にできた樹脂道（resin canal）という間隙にたまっている．

種分化（speciation）
　新しい種（species）が生まれること．正確には，相互に交雑する生物個体の集団の中から，交雑できない構成員が出てくる現象．種形成ともいう．集団内の一部で交雑しない状態が続くと，遺伝子流動（gene flow）が起こらず，やがて交雑を妨げる生殖隔離機構（reproductive isolating mechanism）（別項）が発生する．地形の変化など，物理的な要因がその状態を作る．

消化酵素（digestive enzyme）
　消化に関与する酵素の総称．その作用は一般には基質の加水分解である．基本的には細胞外に消化液の形で分泌される．その意味で，消化器官内に分泌される高等動物の消化酵素も，菌体外に分泌される微生物の菌体外酵素も同じである．

条件的寄生（facultative parasitism）**と絶対的寄生**（obligatory parasitism）
　植物寄生菌類はその栄養摂取形態から次のように区分される．おもに腐生生活をしているが，条件によっては生きた宿主から養分を摂取するものを条件的寄生菌（任意寄生菌），逆に，宿主に対する依存度が高いが，条件によっては腐生生活を営めるものを条件的腐生菌と呼ぶ．絶対寄生菌は生きた生物体からしか養分を接種することができないもので，人工培養ができない．

食性（food habit）
　動物が必要とする食物のタイプ，多様さ，摂食様式にかかわる生態的・行動的形質のこと．そのうち，摂食対象の幅のことを食性幅という．

進化的に安定な戦略（ESS: evolutionary stable strategy）
　ゲーム理論を使って生物の適応戦略を分析する一つの手段として，J. Maynard Smith が提案した行動生態学・社会生物学の中心概念の一つ．ある戦略を持った場合に，ほかの突然変異に置き換わることがない場合，それを進化的に安定な戦略という．

人工酸性雨（artificial acid rain）
　希硫酸や希硝酸を酸性雨に模して作成し，これを実験に用いたもの．

制限酵素 (restriction enzyme)
宿主支配性制限に関与している酵素でDNAの特定な塩基配列を識別して二本鎖を切断するエンドヌクレアーゼ．制限酵素によるDNAの切断個所を示した物理的遺伝子地図のことを，制限酵素切断地図という．

生殖隔離 (reproductive isolation)
連続的な分布圏を持つ種間，集団間において，遺伝子の交流が，物理的，季節的，性的，生態的原因のいずれかによって妨げられるような状態．種，亜種における同所的隔離．地理的隔離 (geographic isolation) も同義．

生食連鎖 (grazing food chain)
生物が群集内で繰り広げる，食う-食われるの関係によるつながりを食物連鎖というが，このような関係のうち，植物生体を出発点とし，生きている生物を直接に食う連鎖を生食連鎖と呼ぶ．

生物検定 (bioassay)
生物の生死や成長に対する化学物質の作用を定量的に測定するため，生物自体の反応を標識として用いる方法．薬剤や微量元素，ホルモンなどの効力検定に用いられる．

セルロース (cellulose)
D-グルコースが β, 1-4結合し，直鎖状に連結した高分子化合物．植物の細胞壁の主要構成成分，樹木においては，約40〜50%を占めている．セルロースが数十本集合して，細胞壁の骨格 (ミクロフィブリル) を形成する．

漸進大発生 (gradation)
生物個体群の大発生のうち，密度上昇の開始からピークに達し，やがて終息するまでに数世代を要するような場合をさす変動の一形態．森林害虫にはこのような経過をたどるものがしばしばみられる．大発生期の間には低密度の期間が数年続く場合が多い．

選抜・淘汰 (selection)
生物集団中に遺伝子型の異なった個体があり，その間で生存率や妊性（一般的には，適応度）に差があるとき淘汰が働くといい，そのような差を引き起こす作用または操作を淘汰という．

代謝産物 (metabolic products)
生物の細胞内で起こるすべての化学的変換（代謝）の結果，生成される物質．微生物においては，細胞の増殖に伴ってこれらの変換の大部分が行われる．培養基に含まれる利用可能な基質が，一連の反応によって細胞物質に変換される．

多犯性 (polyxeny, omnivora)
おもに病原性微生物に対して使う用語で，特定の宿主にのみ寄生するのではなく，宿主幅が広いこと (⇔単犯性)．

虫えい (insect gall)
虫こぶのこと．昆虫類や線虫，ダニによって植物の器官上に形成される．

腸内細菌 (intestinal bacteria)
狭義の腸内細菌 (Enterobacteriaceae) は，大腸菌，サルモネラ，エルシニア，プロテウス (*Proteus*)，シゲラなどの各属を含むグラム陰性通性嫌気性桿菌類の一科をさす．広義の腸内細菌は，腸内に常在する細菌類の総称のこと．そのような細菌の分布状態を腸内細菌叢 (intestinal flora) と呼ぶ．腸内細菌叢は宿主の年齢，食物習慣，疾病や精神的ストレスによっても変化し，消化管の部位によっても異なる．

適応度 (fitness)
ある環境のもとで，ある形質を持つ個体が，次世代に残す子の期待値．生存率 (viability, survival rate) と次世代生産力 (fertility, fecundity) の二つの要素からなる．生まれた子の総数ではなく，生殖年齢に達するまで生き延びることができた子の数によって測る．言いかえれば，母親あたりの成長した娘の数．

適応放散 (adaptive radiation)
もともと系統的に同類の生物が，様々に異なる環境に最も適した形態的，生理的分化を起こすことにより，多くの系統に分化していき，その程度が時代の経過とともに強まっていくこと．オーストラリア大陸における有袋類に，食肉目やげっ歯目のような形態や生活史を持つものが生じたのがもっとも有名な例．

天敵 (natural enemy)
自然界である生物よりも食物連鎖の上位にあり，その死亡要因として働く他種生物のこと．通常は，ある動物種の個体群に対して働

く捕食者・寄生者（捕食寄生者）および病原微生物をさす．雑草防除の概念では，雑草を食う植食性動物をさす場合もある．

天然更新（natural regeneration）
植栽によらず，自然に落下してくる種子から発生した稚樹により森林が更新を行うこと．

土壌呼吸（soil respiration）
野外の土壌表面から大気に向かって放出される二酸化炭素のことで，土壌中の有機物を分解する微生物や動物などの従属栄養生物の呼吸，および植物の根の呼吸の両方を含んでいる．

トビムシ（Collembola）
各種の土壌に広く生息する無翅昆虫で，ひとつの目（Order）を構成する原始的な分類群．食性は微生物食，腐植食および捕食性で，体長は数百 μm から数 mm．温帯の森林土壌には 1 m^2 あたり数万頭生息する．

内樹皮（inner bark）
樹皮は外樹皮と内樹皮の二つに分けられる．外樹皮は，最も外界に近い硬い部分で，コルク質の多い死んだ組織からなる．その内側，外樹皮と材部（辺材部）との間にあるのが内樹皮で，原形質を持つ生きている組織（柔細胞）が存在する．この中の師管と呼ばれる通導組織によって，葉で生産された糖などの有機物が運搬されている．

ニッチ（niche）
ある環境下において，各生物種の生活様式を相対的に位置づけたもの．生態的地位とも呼ばれる．言いかえると，生態系においてある生物が占める機能的な位置のこと．食物，生息場所，温度など，対象生物に影響する様々な環境要因がその評価基準となる．ある種が生活できる最大範囲を基本ニッチ（ideal niche）と呼ぶのに対して，実際の生物群集を構成する他種との相互関係の中で決まるものを実現ニッチ（realized niche）という．生物の住み場所であるハビタットとの根本的な違いは，ニッチは，生息場所だけではなく，その生物が出現したり活動する期間やその生物が利用する資源なども重要な要素となることである．

バイオマス（biomass）
生物（体）量ともいい，ある時点で，ある空間内に生息する生物体の量のことである．重量で表すことが多いが，エネルギー量で表現することもある．現存量（standing crop）も同義．

白色腐朽菌（white rot fungi）
担子菌の一種で，樹木の細胞壁成分のうち，セルロースやヘミセルロースとともに，リグニンもほぼ同程度に分解できる．この点が褐色腐朽菌と異なる．この菌に侵されるとリグニン成分が失われるため，腐朽部分は白色を呈する．

繁殖成功度（reproductive success）
一成体が次世代に残しうる成体の数，またはその程度．すなわち，「適応度」の概念的な言い方．厳密に定義されている言葉ではない．

日和見感染（opportunistic infection）
ある宿主に普段は感染しない病原体が，その宿主の衰弱などにより感染すること．

フェロモン（pheromone）
動物が生産して体外に放出し，同種の他個体に特有の行動や発育分化を引き起こす活性物質の総称．たとえば，配偶行動などで雌雄間の交信に使われる性フェロモン，同種他個体を集合させる集合フェロモンなどが知られている．

不完全菌類（Deuteromycetes）
菌類はその生活史に有性生殖を行う時期と無性生殖を行う時期がある．このうち，これまで有性生殖が知られていない菌類を不完全菌類と呼ぶ．その大部分は子のう（囊）菌であると考えられている．

腐植形成（humification）
土壌中で植物や動物の遺体が微生物の分解作用を受け，微生物の遺骸とも混じりあって黒褐色の不定形の物質（腐植）を形成する作用．

腐食連鎖（detritus food chain）
食物連鎖のうち，動植物の遺体や，その部分遺体（たとえば落葉や落枝）を連鎖の出発点にするような生物間のつながり．

不飽和脂肪酸（unsaturated fatty acid）
炭素原子間の二重結合または三重結合を含

む脂肪酸（カルボキシル基を1個もつ鎖式化合物）のこと．マツノマダラカミキリ幼虫の排泄物から見つかっている不飽和脂肪酸は，オレイン酸，リノール酸，パルミトオレイン酸．

フラス（frass）
　キクイムシなどの穿孔虫類が穿孔する際に出す，木屑と昆虫の糞の混合物．キクイムシなどでは，このフラスに，寄主植物由来の揮発性物質と昆虫由来のフェロモンが含まれていて，同種昆虫の集合を促すことが知られている．

分解速度（rate of decomposition）
　動植物の遺体や，排泄物中の有機物を従属栄養性の微生物が利用し，無機物に変換する過程を分解と呼ぶが，その速度は温度や水分などの環境因子や，微生物の種類，密度，基質の種類などにより異なる．

ベールマン・ロート法（Baermann funnel extraction, Baermann apparatus）
　湿式の動物抽出法で，木片やリターなど線虫を含む試料をガーゼなどの目の細かい布様のものでくるみ，常温で水に浸し，水中に泳ぎだしてきた線虫をとらえる装置．線虫は水よりわずかに比重が大きいので，ロートの下端に沈んだ線虫を採取する．

ホメオスタシス（恒常性：homeostasis）
　生物体あるいは生物システムが，外的および内的の諸変化の中に置かれながら，形態的状態・生理的状態を安定な範囲内に保ち，生存（存続）を維持する性質のこと．ホメオスタシスの状態が崩れることを，カタストロフィ（catastrophe）という．

マツノザイセンチュウの生育ステージ（life-stages of *Bursaphelenchus xylophilus*）
　とくに重要なのは，分散型第3期幼虫（third-stage dispersal juvenile）と分散型第4期幼虫（fourth-stage dispersal juvenile）．前者は，増殖型第3期幼虫より体長が大きく，体内には貯蔵物質（脂質顆粒）が充満している．乾燥条件下での飢餓に耐えることができるステージ．後者は，耐久型幼虫（dauer juvenile）ともいう．口針や食道を持たず，体の表面は粘着性の物質で覆われており，分散型第3期幼虫よりは少ないが体内に脂質顆粒を持つ．媒介者によって伝播されるためのステージ．

有機態窒素と無機態窒素（organic nitrogen, inorganic nitrogen）
　森林土壌に供給される窒素は大部分落葉・落枝や動物遺体のような有機物に含まれる．これらタンパク質や核酸などに含まれる窒素のことを有機態窒素と呼ぶが，樹木はこれを直接窒素源として利用することはできない．やがて，微生物の働きで分解が進み，アンモニアが遊離してくる．さらに，硝酸菌の働きでアンモニアは硝酸に還元される．これら，アンモニアや硝酸に含まれる窒素のことを無機態窒素と呼び，とくに植物は硝酸態窒素を利用する．

有性胞子（sexual spore）
　菌類は子孫を残す手段の一つとして胞子形成を行うが，この際，性的に和合性のある二つの単核性の菌糸どうしが接近→接着→融合し，一方から他方へ核が移動し複核化した後，特別な胞子形成器官を形成しこの中に作られるのが有性胞子である．一方，菌糸の融合～複核化といった過程を経ず，一方の菌糸だけで胞子形成する場合，そのような胞子を無性胞子と呼ぶ．

葉圏（phyllosphere）
　植物体から物質が浸出したり，揮散したりするため植物体の近傍はこの影響を受けて微生物の密度が高くなる．植物の地上部についてこのような影響を受ける範囲を，地下部の根圏に比して，葉圏と呼ぶ．

リグニン（lignin）
　フェニルプロパン単位を基本骨格とした三次元重合体で，樹木の約20～30%を占めている．細胞相互を強固に結合する，いわゆる接着剤の役割を果たす．リグニンが細胞壁に蓄積する現象を木化という．

索　引

日本語索引

あ

アースロボトリス（属）　203
アーバスキュラー菌根（菌）　41, 58, 64, 69
アイソザイム　135
アカエゾマツ　252
アカガシ　264
アカガシワ　267
アカシデ　43
アカマツ　27, 79, 165, 178, 197, 259
アクレモニウム（属）　39
アグロバクテリウム　6
アグロフォレストリー　69
亜社会性　180, 301
アスペルギルス　22
アセタケ　44
アセチレン還元法　25
アゾスパイリラム　73
アゾトバクター　74
厚膜胞子　53
アナモルフ　56, 158, 301
アフェレンクス目　198
アフェレンコイデス科　198
アブラムシ　127, 143, 258
網状胞子　53
アミタケ　60
アミノ酸　61, 28, 75, 111, 191, 214
アミロステレウム（属）　164, 177
アメリカシロヒトリ　218
アメリカニレ　263
アリ　10, 125, 143, 258
アルカロイド　31, 40, 211
アルタナリア　22
アルファルファ　6, 52, 69
アルブトイド菌根　58
アルブトゥス（属）　58
アルミニウム　21, 61
暗色雪腐病（菌）　215, 252
アンブロシアキクイムシ　10, 143, 148, 180, 214, 216
アンブロシア菌　10, 153, 180, 195, 214
アンブロシエラ（属）　184
アンモニア（化）　4, 23, 61, 76

い

イエシロアリ　102
硫黄細菌　75
イオトンキウム　94
イグチ（科）　46, 58
イグチナミキノコバエ　94
一次樹脂　155
一次性樹皮下キクイムシ　148
萎凋　162, 201, 266
イネ科　30, 255
イバリシメジ　23
イボタケ　48
いや地化　48
インゲン　6

う

ウイルス（-病）　12, 14, 137, 218, 258
ヴェルベノール　156
ヴェルベノン　156
羽化率　192
ウスタケ　48
ウスヒラタケ　96
ウスムラサキフウセンタケ　96
うどんこ病　251
ウバメガシ　265
ウラムラサキ　97
ウンカ　130

運搬共生系　142

え

栄養菌糸　91
栄養繁殖　49
栄養連鎖　16, 78, 91, 140
疫学　220
液体培地　24, 121
疫病菌（類）　126, 217
エコシステムエンジニア　84
餌トラップ法　116
壊死病斑　155
エゾマツ　215, 252
エピクロエ（属）　40
エリコイド菌根　58
エルゴステロール　45
エルゴバリン　211
L-, F-, H層　29
エンジニア生物　89
エンテロバクター（属）　219
エンドウ　6, 69
エントバクター（属）　74
エンドファイト　31, 40, 211, 244, 255, 256
エントモファーガ（属）　219

お

オイスター・マッシュルーム　92
オウギタケ（属）　45
黄きょう病（菌）　11, 219, 225, 226, 227
オオアカズヒラタハバチ　218
大型土壌動物　19
オオゴキブリ　80, 143
オオバヤシャブシ　71
オオフォルソムトビムシ　81, 87
オーレオバシディウム（属）

29
オオワカフサタケ 73
オサゾウムシの一種 200
オストレアチン 93
オナガキバチ 165
オニイグチ 49
オニイグチモドキ 236
オニクワガタ 214
オニノヤガラ 7
オフィオストマ(属) 150, 201
オフィオストマキン科 151
オフィオストマ様菌類 151

か

カイガラムシ 258
カイコ 11, 127, 137
カイコノクロウジバエ 225, 228
外生菌根(菌) 7, 41, 57, 67, 230
害虫抵抗性 137
害虫防除 12, 119, 127, 137
外部寄生菌 202
外部共生 144
外部菌糸 60, 230
外部ルーメン 88, 301
カイロモン 145, 301
ガウティエリア(属) 47
カウピー 6
カエデ 182
可給態 22, 62
拡大造林 216, 301
核多角体(病)ウイルス 11, 134, 137, 217, 228
核多角体病 11, 12
獲得酵素説 88, 164
角皮 124
カシ 5, 127, 263
カシノナガキクイムシ 264
加水分解性タンニン 20
かすがい結合 236
数の反応 218, 228
カタツムリ 132
家畜毒性 211
褐色腐朽菌(-材) 22, 49, 213, 301
下等シロアリ 109, 143
カバノキ(科) 57, 242
カビ 14, 200
花粉媒介昆虫 258
がまの穂病菌 40

カミキリムシ 145, 182, 194, 199, 213, 269
可溶態 22
カラフトヒゲナガカミキリ 207
カラマツ 127, 160, 216
カラマツハラアカハバチ 216
カラマツマダラメイガ 216
カラマツヤツバキクイムシ 148
カリウム 17, 47, 61
カリビアマツ 64
顆粒病ウイルス 137, 218
カルシウム 17, 47
カルス 200
カルボキシメチルセルラーゼ 110
かんきつ類 65
感受性 9, 116, 178, 219, 260, 301
緩衝(バッファー)機能 141
環状捕捉器官 202
含水率 204
感染根 60
完全世代 184
感染態雌成虫 94
感染態(3期)幼虫 115
桿線虫類 218
乾燥ストレス 216
乾燥耐性 61
寒天培地 41, 107, 121

き

キーストン種 89
キクイムシ(科) 9, 40, 143, 148, 179, 194, 211, 258
ギグナルディア 170
基質 23, 144, 156, 249, 301
希釈平板法 24, 302
寄主 142, 197, 216, 228
寄主植物 144, 166, 210, 216
寄主特異性 302
寄主木 168, 183, 190
寄生(者) 142, 217, 257, 302
寄生型(4期)幼虫 117, 120
寄生菌 29, 134
寄生性線虫 115, 125
寄生態雌成虫 99
寄生的共生 173
寄生バエ 225, 228
寄生バチ 12, 100, 145, 175,

220
キチチタケ 97
キチン 23, 45, 55
キツネタケ(属) 44, 64, 73, 97, 230
機能の反応 218, 228
キノコ 14, 23, 44, 85, 113, 146, 230
キノコシロアリ 113, 143
キノコバエ(科) 82, 85, 91
キバチ(科) 10, 99, 143, 163, 178, 214, 259
キバチ亜科 165
揮発性物質 87, 169
起病能力 133
基物 48
義務的共生 143, 175, 302
義務的(必須)相利共生 144
ギャップ 210, 254, 302
吸収菌糸 50
吸汁性昆虫 216, 258
球状捕捉器官 202
休眠胞子 5, 126
共進化 40, 100, 147, 192, 212, 302
共生(者) 7, 29, 67, 141, 164, 192, 212, 230, 257, 302
共生菌 99, 164, 211
共生細菌 7, 72, 119
共生説 142
共生窒素固定 67
極相林 210
切り捨て間伐 176
ギルド 146, 302
キレーター 61
菌界 55
菌害回避更新論 215, 244
菌核 42
菌株 6, 70
菌環 42
菌根 41, 57, 230
菌根共生 7, 25, 59, 79, 231
菌根共生系 144, 230, 241
菌根菌 7, 18, 41, 57, 60, 87, 215, 230, 244
――の群集構造 231
菌根菌ネットワーク 212, 230
菌根圏 46
菌根遷移 45
菌根タイプ 234
菌根ヘルパー細菌 46

菌糸　60, 84, 128, 158, 164, 189, 202, 236, 241, 259
菌糸食　85
菌糸ネットワーク　241
菌鞘　57, 230
菌食(性)昆虫　146
菌食者　87
菌食小動物　53
菌食性線虫　91, 200
菌食世代　94
菌食態雌成虫　94
菌囊　152, 164, 187, 214
菌類　4, 14, 26, 55, 85, 91, 137, 141, 149, 179, 194, 219, 244, 255, 257
菌類病　138, 244

く

茎腐れ型　246
クギタケ(属)　45
クサウラベニタケ　47
クスノオキクイムシ　180
クスノキ科　182
クチクラ　28, 108
クビナガキバチ　182
グミ(属)　68
グラスエンドファイト　31
クラドスポリウム(属)　22, 29, 87
クラミジア　218
グラム染色法　24
グラム陽性高GC含有細菌類　55
グリコゲン顆粒　124
クリスタ　124
クリスタル　227
クリ胴枯病　8, 212, 259
グルコース　23
クレード　115
クローバー　6, 69
クロカタビロオサムシ　217
クロサイワイタケ科　33
クロストリジ(-ディ)ウム　23, 73
クロハツ　97
クロマツ　29, 35, 51, 165, 178, 197, 259
グロマレス　58
クロミスタ界　55
グロムス　65
クワガタムシ　214
グンネラ(属)　67

け

経口(-経皮)感染　138, 219
蛍光顕微鏡　24, 302
蛍光抗体法　24
蛍光性キレート物質　71
蛍光性シュードモナス(PS)細菌　71
継代培養　103
系統分類　55
ケカビ　54
ケシキスイ科昆虫　263
血体腔　94, 117, 128, 137, 302
ケナンギウム(属)　29
原核生物　14, 26, 55, 218
嫌気(的)条件　73, 102
原生生物界　55
原生動物　5, 14, 23, 82, 84, 102, 138, 143, 214, 218
現存量　9, 140, 305
原虫(-相)　103, 138, 214

こ

好アンモニア菌　49
硬化病菌類　138
口腔　114, 187
交互接種群　69
抗集合フェロモン　156
恒常性　210, 216, 306
恒常的防御　211
後食　197, 260
抗真菌性　28
更新阻害　215, 249
更新動態　215, 251
抗生物活性　38, 302
抗生物質　191
酵素(-活性)　18, 84
後娘相　44
甲虫(類)　143, 179
後腸　102, 143
後腸排出物　112
坑(孔)道　11, 145, 149, 179, 187, 195, 200, 262
高等シロアリ　109, 143
高分子炭水化物　80
酵母　149, 185, 188, 302
酵母エキス・マンニトール培地　69
コウモリガ　219
肛門食　112, 302
コウヤクタケ科　45
こうやく病菌　258
硬薬　66
広葉樹　92, 116, 136, 163, 182, 214, 253, 266
広葉樹リター型　252
コーヒーの木　62
ゴキブリ　143
黒きょう病菌　225
国際植物命名規約　56
コケ型　252
ココヤシ　200
ココヤシセンチュウ　200
古細菌　55
個体群生態学　220
個体群動態　11, 221
コットンブルー　32
コツブタケ　41, 64, 230
コッホの三原則　246
古典的生物の防除法　136
コナサナギタケ　225, 228
コナラ(-属)　79, 264
コニディオボルス(属)　129
ゴマダラカミキリ　196
五葉(ゴヨウ)マツの発疹さび病　8, 259
コルクガシ　267
コルディセプス(属)　219
コルリキバチ　178
コルリクワガタ　214
コロニー　4, 112, 170
根系　234
根圏　21, 41, 67, 79, 85, 302
根状菌糸束　41, 302
昆虫疫病菌類　126, 138
昆虫関連線虫　199
昆虫寄生性線虫　98, 199, 218
昆虫寄生世代　94
昆虫嗜好性線虫　198
昆虫死体　117
昆虫病原菌(類)　126, 218
昆虫病原(性)細菌　137, 218
昆虫病原性　11
昆虫病原性ウイルス　218
昆虫病原性菌類　224
昆虫病原性線虫　81, 114
昆虫ポックスウイルス　137, 218
根頭癌腫病細菌　6
根毛　25, 57, 230
根粒　6, 50, 68
根粒(細)菌　6, 54, 68

索引

さ

最確値(法) 24, 303
細菌 4, 14, 22, 26, 55, 137, 218, 258
細菌食性線虫 5, 27, 81, 91, 114
細根(-量) 41, 57, 78, 230
材食性昆虫 143, 194, 213
細胞質多角体(病)ウイルス (CPV) 12, 137, 218
細胞内共生 142
細胞内共生説 272
細胞内共生バクテリア 12
サイレックス(属) 100
サクキクイムシ 192
ササラダニ 5, 84, 303
ササリター型 252
サナギタケ 219, 228
サバクトビバッタ 23
さび病(-菌) 251, 258
酸化還元色素 25
酸性雨 37, 141
酸性土壌 21, 76
ザントバクター 74
産卵試(-実)験 172
産卵選好度 166, 214

し

シアノバクテリア 55
シイタケ 14
シェフェアデア(属) 70
自活性線虫 82, 91, 114, 303
時間遅れの密度依存的(死亡)要因 220, 303
シグマウイルス 218
翅型 130
自己施肥システム 17
自己相関係数(-モデル) 220
脂質 23, 53
子実体(キノコ) 24, 44, 67, 85, 91, 225, 230
糸状菌 22, 26, 29, 88, 91, 146, 149, 210, 244
シスチジア 236
次世代生存率 174
自然の制御機構の複合体 224
子のう菌 14, 22, 32, 54, 57, 138, 150, 158, 184, 219, 225
子のう菌門 137

子のう胞子 158, 226
シハイタケ 172
糸片虫類 218
ジャガイモ疫病 8
ジャガイモタケ 52
ジャガイモブドウ糖寒天培地 166, 201
ジャケツイバラ亜科 69
シュークロース 17
集合フェロモン 156
柔細胞 200, 201
従属栄養(-微生物) 18, 257
シュードモナス(属) 23, 137, 219
シュードモナス科 219
宿主 31, 44, 66, 94, 122, 126, 142, 153
宿主昆虫 94, 126, 137
宿主植物 6, 31, 45, 75, 212, 230, 231, 241, 256
宿主選好性 35
宿主特異性 126, 137
宿主範囲 42, 69, 100, 136
樹脂 144, 155, 178, 197, 211, 260, 303
樹枝状体 58
樹脂道 260
種子穿孔虫 179
種子腐敗(病) 215, 252
出芽後立枯病 248
出芽胞子 53
出芽前立枯病 252
種特異性(-的) 142, 173, 192
樹皮下キクイムシ 9, 144, 148
樹皮下穿孔虫 148, 179, 194, 259
樹病(学) 2, 245
種分化 142, 193, 303
樹木穿孔(性昆)虫 148, 175, 179
樹木内生菌 31
硝化 6, 65, 76, 89
傷害樹脂道 213
消化管内共生 81
消化共生系 142
消化酵素 88, 144, 164, 303
硝化細菌 24
条件的寄生(-菌) 251, 303
小腸 152
硝石 6
消費生態系仮説 80

小胞 58, 70
小房子のう菌類 42
ショウロ(属) 45, 234
初期相 44
植食者 31, 40, 80, 144, 211
植食性昆虫 140, 163
食性 83, 145, 183, 194, 200, 214, 303
食性進化 194
植物遺体 9, 25, 39, 140
植物寄生菌類 255
植物病原菌 194, 255
植物ホルモン 63
植物リター 3, 16, 27
食物連鎖 78
食葉性昆虫 16, 175, 178, 210, 216
主要アンブロシア菌 185
シラカシ 265
シラミ 143
シロ 42, 48
シロアリ 9, 80, 84, 102, 143, 214
シロアリタケ 143
シロセイヨウショウロ 52
シロハツモドキ 97
シロモジ 182
真核生物 14, 26, 55, 218
進化的に安定な戦略 212, 303
シンク 16, 57
人工酸性雨 37, 303
心材 23, 149
親水的 48
真性細菌 55
針葉 19, 29
針葉樹 30, 149, 160, 214, 252
針葉樹リター型 252
森林害虫 11, 99, 135
森林昆虫 9, 143, 193, 220
森林生態系 2, 16, 59, 78, 91, 140, 176, 210, 230, 244, 257
森林施業 176
森林土壌 2, 16, 29, 62, 75, 79, 85
森林流行病 8
親和性 6, 123

す

髄穿孔虫 179
垂直伝播 219

日本語索引

水分吸収能　61
水平伝播(搬)　131, 219
スギ　20, 74, 79, 116, 165, 216, 259
スギドクガ　216
ズキンタケ科　33
すす病菌　258
スタイナーネマ(科, 属)　91, 114
ストレス　36, 176, 212, 216, 253
ストレッサー　220
ストレプトマイシン　4
ストレプトマイセス　23
スピロプラズマ　218

せ

生活環　91, 116, 126, 138, 165, 204, 232, 256
生活史　40, 94, 116, 128, 166, 198, 225, 228, 255
制限酵素　304
制限断片長多型　238
生殖隔離　261, 304
生食連鎖　16, 78, 304
生態の特異性　50
生体分解者　254
生体防御　117
生物検定　133, 304
生物多種性　142, 244
生物(的)防除　134, 207
生物農薬　136
青変菌　22, 145, 149, 153-162, 201, 213, 258
青変病　149
生命表　225, 228
セーフサイト　252
赤きょう病菌　225
赤色輪腐病　200
接合　129
接合菌(類)　22, 54, 55, 58, 129, 138, 218
接合菌門　22, 126, 137
接合胞子　53
接種　57, 70, 96, 123, 131, 143, 154, 170, 201, 246
接種源　50, 131
接種試(実)験　64, 70, 96, 246, 259, 268
殺生菌　38
絶対(的)昆虫寄生性線虫　98, 119

絶対的寄生　303
ゼノラブダス(属)　116
セラチア(属)　137, 218
セラトシスティオプシス(属)　150
セラトシスティス(属)　150
ゼリス(属)　100
セルラーゼ　23, 84, 102, 143
セルロース　4, 17, 22, 49, 80, 84, 103, 140, 164, 194, 214, 304
前胃　194
遷移(現象)　22, 29
繊維質　223
前胸背　152, 187
穿孔(性昆)虫　207, 210, 216
腺細胞　152
漸進大発生　178, 304
選択的培養　191, 195
線虫　5, 84, 91, 145, 175, 196, 217, 258
線虫分離法　92, 115
線虫捕食(-捕捉)菌　202
選抜・淘汰　304
前胞子　129
繊毛虫類　218
戦略　38, 125, 141

そ

相互接種群　6
相思樹(属)　69
走出菌糸　49, 60
増殖型第2(-3, -4)期幼虫　204, 306
ゾウムシ(上科)　179, 200, 269
相(双)利共生　29, 48, 57, 142, 153, 187, 255, 302
疎水的　47
粗タンパク質　4

た

体外共生　83
体外培養　103
耐寒性　40, 211
耐久型幼虫　122, 205, 306
耐久性ステージ　219
代謝活性　14
代謝産物　102, 194, 304
ダイズ　6, 69
耐性　129, 158, 219
耐虫性アルカロイド　211

体内共生　83
大発生　133, 155, 176, 178, 210, 216
耐病性　40, 57
タイリクヤツバキクイムシ　148
タイワンシロアリ　112
唾液腺　102
ダグラスファー　31, 64, 242
多型性　158, 189
多重共生　46
立枯れ型　248
立枯れ　215, 247
脱窒　67, 89
ダニ　5, 126, 145, 156
多犯性　214, 253, 304
タマバエ　31, 40
単為接合胞子　53
単系統群　115
短翅型　130
担子菌(類)　14, 22, 29, 55, 57, 87, 92, 150, 164, 184, 232
単生　67
単生窒素固定(細菌)　74
炭素　3, 18, 59, 67, 212
炭素源　18, 242
炭そ病(菌)　215, 248, 256
炭素量　59
タンニン　3, 20, 28
タンパク質　61, 67, 211

ち

地下生菌　7, 51, 234
地上生菌　51
チシオハツ　97
チチタケ(属)　46, 97, 232
地中腐敗型　248
窒素　2, 17, 47, 61, 67, 214, 224
窒素源　20, 61, 75
窒素固定　3, 20, 46, 67
窒素固定酵素　70
窒素固定細菌　18, 67, 73
窒素循環　75
チップ　45
チャイボタケ　64
虫えい　37, 304
中葉　28
長翅型　130
チョウジチチタケ　49
腸内原生動物　9, 102, 214

腸内細菌科　211, 218, 304
チョウノスケソウ（属）　69
チョウ目　218
直接計数法　24
貯蔵胞子　190

つ

通導阻害　160
ツェレロミセス（属）　52
ツガ　64
ツガカレハ　218
ツガサルノコシカケ　73
ツチアケビ　7
ツチダンゴ（属）　42
ツツジ科　30, 58
ツボカビ門　55, 137
ツヤハダクワガタ　214
ツリガネタケ　73

て

DNAプローブ法　24
抵抗性　155, 175, 178, 219
ディスコシア（属）　251
ディプロキシロン（亜属）　36
テーダマツ　65
適応度　12, 142, 304
適応放散　10, 140, 194, 304
鉄　21, 61, 71
テトラゾリウム塩　25
デトリタス　82
デラデヌス（属）　98, 175
テラトニンファ　111
テレオモルフ　56, 158, 301
テングタケ（科, 属）　44, 58
天敵　11, 116, 134, 145, 210, 216, 225, 304
天敵微生物　134, 217, 228
天然下種更新　252
天然更新　215, 240, 244, 305
伝播（伝搬）　40, 74, 93, 131, 149, 187, 196, 219, 258

と

ドイツトウヒ　148, 159
動化　19
同系交配の一夫多妻性　182
冬虫夏草（菌）　12, 138, 219
導入天敵　217
トウヒ　45, 64, 220, 252
倒伏根腐れ型　248
トウモロコシ　137
ドクウツギ（属）　69
ドクガ　218
土壌菌（類）　23, 30
土壌コア　240
土壌呼吸（量）　24, 59, 79, 305
土壌食者　84
土壌動物　4, 16, 54, 81, 83, 125
土壌微生物　4, 83, 226
土壌肥沃度　4
土壌風化作用　46
ドッグフード寒天培地　119
トドマツ　251
トノサマバッタ　127
トビイロウンカ　130
トビムシ　5, 84, 305
トリコデルマ（属）　22, 29, 170, 202
トリコニンファ　103
トリュフ　7, 51, 58

な

内外生菌根　58
内樹皮　145, 153, 194, 260, 305
内生菌　27, 211, 244
内生菌根　7, 58
内部寄生菌　202
内部共生　144
苗立枯病　247
ナガエノスギタケ　48
ナガキクイムシ科　143, 179, 264
ナトリウム　17
ナミトモナガキノコバエ　95
ナメクジ　51, 92
ナラ（類）　195, 216, 263
ナラ・カシ萎凋病　263
ナラ菌　267
ナラタケ　7, 272
ならたけ病　263
ナンキョウブナ（属）　266
軟腐朽菌　214
難分解性　17
ナンヨウスギ　65

に

肉エキス培地　120
肉質虫類　218
虹色ウイルス　218
二次樹脂　155
二次性樹皮下キクイムシ　148

ニセショウロ　73
ニセマツノザイセンチュウ　199, 212, 261
ニッチ　195, 215, 305
ニトベキバチ　165
ニトロゲナーゼ　70
ニトロソバクター　76
ニトロソモナス　76
ニホンキバチ　165
乳酸菌　211
尿素　23
ニレ　262
ニレ立枯病　8, 40, 211, 259, 261
ニワトリ内臓培地　119
任意寄生　38, 175, 251
任意共生　302
任意（的）昆虫寄生性線虫　98

ぬ

ヌメリイグチ（属）　45

ね

ネオティフォディウム（属）　39
根腐れ型　246
ネズミ　54
根箱　45
ネムノキ（亜科, 属）　69
粘着性捕捉器官　202

の

ノイラミニダーゼ　105
濃核病ウイルス　218
のう状体　53
膿病　217
ノクチリオキバチ　99, 165, 175, 177
ノセマ　138
ノルウェーカエデ　27
ノンネマイマイ　11

は

パーシア（属）　72
バーティシリウム（属）　202
ハイイロアミメハマキ　221
灰色かび病菌　200
ハイイロハリバエ　228
バイエリンキア　73
バイオマス　9, 16, 43, 63, 80, 240, 305
媒介者　9, 175, 196, 227

日本語索引

ハイファルボディ 128
培養液 103
ハエ 258
ハエカビ目 126
パエキロミケス(属) 185, 219
葉枯れ型 248
ハギ 69
バキュロウイルス 137
ハキリアリ 143
白(黄)きょう病 11
白色腐朽菌(-材) 22, 49, 92, 213, 305
バクテリア 106, 143
ハチミツガ 116
ハチ目 218
バチラス科 218
バチルス(属) 6, 23, 74, 137
発芽管 128
バッカクキン(目, 科) 30, 225
発芽胞子 129
ハツタケ 97
パッチ 140, 210
ハネミジカキクイムシ 192
ハバチ 11, 218
葉ふるい病菌 34
ハプロキシロン(亜属) 36
ハマキガ(科) 135, 172, 178
ハラアカマイマイ 218
バラ科 72
ハラタケ 23, 230
パラフィン 23
バランシア(属) 40
バルサムモミ 172
ハルティッヒネット 57, 230
盤菌類 32, 42
バンクシアナマツ 65
半子のう菌類 184
繁殖源 145, 148, 176, 262
繁殖成功度 174, 305
繁殖戦略 41, 140, 173, 180
ハンセニュラ 153
汎先駆腐生菌 27, 30
ハンノキ(属) 7, 70
ハンノキイグチ 43

ひ

被圧木 148
ヒアロリノクラディエラ(世代) 158
ヒース 66
被害許容水準 227
ヒゲナガカミキリ(族, 属) 196, 260
飛翔期 188
微小遷移(系列) 30
ヒステランギウム(属) 47
微生物活性 5, 19
微生物殺虫剤 12, 227
微生物食(者) 84
微生物的防除 138
微生物農薬 137, 138, 227
皮層細胞 230
ヒダハタケ 43
ピチア 153
ヒッポファエ(属) 70
ヒトリガ(科) 127
ピネン(α-, β-) 169
ヒノキ 165, 216, 259
微胞子虫門 138
非マメ科根粒 68
非マメ科植物 41
ヒメコバチ科 225
ヒメミミズ 87
ヒメワカフサタケ 43
皮目枝枯病菌 34
病原菌 7, 29, 126, 211, 220, 244
病原性 9, 154, 195, 199, 212, 219, 246, 259
病原体 9, 196, 219
病原貯蔵器 136
病原微生物 8, 137, 257
標識炭素高分子 20
病徴 8, 38, 93, 162, 201, 246
表皮細胞 112, 230
表面汚染菌 22
表面殺菌 32, 123, 249
日和見感染 305
ヒラアシキバチ亜科 165
ヒラタケ(属) 92
ヒラタケシラコブセンチュウ 93
ヒラタケ白こぶ病 92
ピルソニフィア 111
ピンホール 182, 266

ふ

フィアロセファラ(属) 32
フウセンタケ(属) 44, 96
フェノール(物質) 3, 49, 62, 211, 224
フェノールオキシダーゼ 49
フェロモン 121, 161, 305
フォトラブダス(属) 116
フォモプシス(属) 246
不可給態 61
不完全菌(類) 10, 30, 56, 137, 183, 219, 234, 305
腐朽(材) 23, 74, 101, 194, 214, 254
腐朽菌 172, 213
腐朽倒木型 252
副次的アンブロシア菌 185
フザリウム(属) 22, 62, 246
フジ 69
腐植 3, 41, 101
腐植形成 2, 305
腐植食 85
腐植層 3, 19, 29, 46
腐食連鎖 2, 16, 78, 91, 140, 305
腐生菌 28, 41, 85
腐生者 257
腐生性樹皮下キクイムシ 149
フタバガキ(科) 65
物質循環 16, 83, 114, 140, 257
不動化(期) 18, 76
フトカミキリ亜科 196
フトモモ科 57
ブナ 5, 35, 216, 245
ブナアオシャチホコ 12, 79, 216, 229
ブナ科 30, 57, 265
ブナ(の)立枯病 246
不妊化 99
負のフィードバック 220
部分自己相関係数 220
不飽和脂肪酸 204, 305
フミヅキタケ 94
腐葉層 29
フラス 264, 306
ブラディリゾビウム(属) 6, 69
フランキア(属) 7, 41, 68
ブランコヤドリバエ 217
フルクトース 17
プロテウス(属) 218
プロトプラスト 128
ブロムチモールブルー 69
分解酵素 19, 194, 211
分解者 14, 230, 244
分解速度 306

索引

粉砕 83
分散型第3(-4)期幼虫 204, 306
糞生菌 126
分生子 126, 150, 183, 188, 203
分生子柄 128, 158, 183
分離試(-実)験 185, 267

へ

平板培養法 2
ベールマン・ロート法 92, 115, 306
ヘキサチリナ亜目 94
ベクター 51
ペスタロチア(属) 251
ペスタロチオプシス(属) 201
ペゾトゥム(世代) 158
ヘテロラブディティ(チ)ス(科, 属) 91, 115
ペニシリウム(属) 22, 29, 87
ベニタケ(科, 属) 45, 58, 97, 232
ペプトン 23
ヘミセルロース 4, 17, 164, 214
ペラミン 211
辺材(部) 23, 145, 148, 175, 266
変色域 267
変色材 22
変動主要因分析 220
鞭毛菌類 218
片利共生 142, 173, 302

ほ

ホウキタケ 48
胞子 5, 35, 40, 51, 64, 85, 128, 138, 143, 162, 183, 219, 241, 267
胞子塊 70
胞子虫類 218
胞子貯蔵器官 152, 214, 259
胞子のう 54
胞子分散者 146
防除 12, 176, 197, 226
放線菌(目) 4, 22, 50, 67
放線菌根性植物 70
包埋体 219
ホウライタケ(属) 29, 41
ボーベリア(属) 219

母孔 153
補酵素 21
星型変色(材) 163
保持線虫数 205
母樹 234
捕食・寄生圧 175
捕食寄生(者) 175, 217, 228
捕食者(-性昆虫) 80, 84, 145, 163, 217
没食子酸 20, 28
北方針葉樹(林) 251
ホメオスタシス 306
ポリドナウイルス 12
ポリフェノール 5
ボルバキア 12
ホワルデュラ(属) 100
ホンシメジ 49

ま

マイカンギア 10, 152, 164, 187, 195, 214, 259
マイクロコズム 89
マイマイガ 79, 127, 216
マグネシウム 17, 47, 71
マクロフォーマ(属) 201
マスアタック 148
マダラクワガタ 214
マツ(科, 属) 7, 29, 57, 153, 160, 178, 196, 207, 212
マツカレハ 12, 218
マツ皮目枝枯病菌 33
松くい虫 207
松くい虫被害対策(松くい虫防除-)特別措置法 197
マツケミン(マツカレハCPV) 12, 227
マツ材線虫病 8, 196, 212, 227, 259
マツタケ 7, 14, 48, 58
マット 46
マツノキクイムシ 148
マツノキハバチ 218
マツノクロホシハバチ 218
マツノザイセンチュウ 196, 212, 259, 306
マツノマダラカミキリ 196, 212, 227, 259
マツバノタマバエ 37
マツ葉ふるい病菌 32
マテバシイ 265
マメ亜科 69
マメ科(植物) 6, 68

マンガン 17
マントル 45
マンネンハリタケ 73

み

ミイラ穂病菌 40
ミオフィラメント 124
ミカドキクイムシ 185
実生(苗) 7, 71, 215, 230, 244
水ストレス 162, 177
ミズナラ 264
未成熟成虫期 191
密度依存的(-性) 220
密度逆依存的 224
密度制御機構 12
密度変動 13, 220
ミツバチ 137
ミトコンドリア 124, 141
ミトコンドリア DNA 272
緑の地球仮説 80
ミドリババヤスデ 89
ミミズ 3, 10, 19, 54, 84
ミューカス 99, 164

む

ムカシシロアリ 102
ムギ 6
無機化 65, 67, 76, 78, 89
無機化期 19
無機態窒素 75, 306
無機土壌 3
無菌培養 121
無傷接種 249
無病徴 31, 40
無胞子菌 30
無葉緑ラン 7
ムル 3, 80, 86

め

メガリッサ(属) 100, 175
芽枯病 254
メタリジウム(属) 219
メタン還元菌 75
メタン(生成)菌 75, 108
芽生え 232, 252
メラニン 42
メルミス(属) 119

も

モーダー 80, 86
木材腐朽菌 73, 175, 266, 301
モクマオウ(科, 属) 57, 69

モグラ　48
モニリア　184
モニリオイドチェーン　184
モノゼニック培養　119
モミ　11, 29, 43, 64, 165, 178, 232, 239, 241
モリノカレバタケ(属)　29
モリブデン　71
モル　3, 80, 86
モルティエレラ(属)　29

や

ヤガ　130
ヤスデ　84
ヤツバキクイムシ　148, 213
ヤドリバエ　220
ヤマイグチ　43
ヤマトシロアリ　102
ヤマハンノキ　50, 54
ヤマモモ(属)　68

ゆ

有機化　76
有機酸　22, 27, 69
有機態窒素　61, 75, 306
有傷接種　248
有性世代　183
有性胞子　24, 306
優占度　170, 240
誘導防御(反応)　211, 222
ユーラシア系統　262
雪腐病菌　252
ゆるい共生　67

よ

養菌性キクイムシ　148, 180, 194, 259
葉圏　306
蛹室　153, 198, 204
溶脱　19
幼虫孔　153
葉面菌　27
葉面微生物　27, 75
ヨーロッパアカマツ　19, 63, 199
ヨコバイ　258
予測性　146, 175

ら

落葉食者　84
落葉性菌類　30
落葉分解(菌)　28
落葉(・落枝)(-層)　4, 17, 27, 46, 226, 249
ラジアータマツ　99, 177
ラッカセイ　69
ラビリンチュラ　55
ラファエレラ(属)　267
ラブジチス目　115
卵菌門　137
卵孔　186
藍色細菌　67

り

リグニン　3, 17, 49, 62, 72, 80, 84, 140, 164, 194, 214, 306
リケッチア　137, 218
リゾクトニア(属)　248
リゾビウム(属)　6, 68
リター　2, 22, 79, 88, 141
リター層　29, 43
リターバッグ(法)　5, 89
リターフォール　79
リッサ(属)　175
リティズマ科　32
リボソーム RNA　55, 115, 236
流行病　127, 137, 199, 210, 259
リン　17, 47, 61, 72
林冠木　210
リン酸溶解細菌　21

る

ルーピン　6

れ

レプトグラフィウム(世代)　158
レンゲツツジ　254

ろ

ロッジポールマツ　153
ロフォデルミウム　29
ロリトレム B　211
ロリナルカロイド　211

わ

ワカフサタケ(属)　44, 230
ワタ　137
ワックス　19

英文索引

A

AAF　185, 186
absorbing hyphae　50
ACF　220
actinorhizal plants　70
actinorhizal root nodule　70
adaptive radiation　304
ADP　18
alkaloid　211
AM(fungi)　41, 45, 49, 50, 53, 54, 58, 69-71, 301
ambrosia　10, 179
ambrosia beetle　10, 145, 148, 180, 214, 259
ambrosia fungi　10, 153, 180, 214
ammnonia fungi　49
anamorph　158, 301
anthracnose disease　253
antibiotic activity　302
AR(2)　220, 221, 223
arbuscular mycorrhiza　58

arbuscular mycorrhizal fungi　41
arbuscule　58, 301
arbutoid mycorrhiza　58
archaebacteria　55
ARIMA　220, 221, 223
Armillaria root rot　263
artificial acid rain　303
ascospore　226
ATP　18, 21
autocorrelation function　220

autoregressive integrated moving average model 220
auxiliary ambrosia fungi 185
azygospore 53

B

bacteria 137, 218
bacterium 14
Baermann funnel (extraction) 92, 115, 306
bait trap 116
bark beetle 9, 144, 148
bioassay 304
Biolog 25
biomass 80, 240, 305
biopesticide 136
blastospore 53
blue stain 149
blue-stain fungus(-gi) 149, 201, 213
brachypterous form 130
breakdown 5
brown rot fungi 22, 213, 301
BrS 32, 33
BT 12, 137, 227

C

C/N 19, 20, 66
care 301
cellulase 84, 102, 143
cellulose 17, 28, 49, 80, 84, 140, 164, 214, 304
chestnut blight 212, 259
chlamydospore 53
clade 115
classical biological control 136
clump connection 236
CMCase 110
coevolution 101, 212, 302
commensalism 142, 302
comminution and channelling 83
common primary saprophyte 27
conditioned medium 103
conidiophore 128
conidium(-dia) 126
conjugation 129

constitutive defense 211
CPV 12, 137, 218, 226, 227
crista 124
cyanobacteria 67
cystidium(-dia) 236
cytoplasm polyhedrosis virus 218

D

damping off 215
delayed density dependent factor 220
delayed induced defensive response 222
Densovirus 218
detritus 82
detritus food chain 16, 78, 305
dictyospore 53
digestive enzyme 303
dilution plate method 302
disease 217
disease triangle 9
dispersal 83, 84
dispersal form 204
DNA 24, 195, 218, 236, 238
drought stress 216
Dutch elm disease 9, 40, 211, 259, 261

E

EAN 262
early-stage 44
ECM fungi 41
ecological specificity 50
ecosystem engineer 84
ectoendomycorrhiza 58
ectomycorrhiza 57, 230
ectomycorrhizal fungus (-gi) 41, 230
ectoparasite 202
egg gallery 153
egg niche 186
endogenous endo-β-1, 4-glucanase cDNAs 102
endoparasite 202
endophyte 211, 244
endophytic fungi 31, 255
entomogenous nematode 199
entomopathogenic nematode 115

entomophilic nematode 198
Entomopoxvirus 218
environment 9
ephemeral 101
epigeous fungi 51
epizootiology 220
EPV 137, 317
ericoid 58, 65, 66
ESS 212, 303
eubacteria 55
eukaryote 55
evolutionary stable strategy 212, 303
expansive tree plantation 301
external rumen 88, 301
extramatrical hyphae 60

F

F 420 108
facultative parasite 251
facultative parasitism 303
facultative symbiosis 302
fairy ring 42
felt 258
fiber 223
fine root 78
fitness 142, 304
fluorescent microscope 302
food habit 303
frass 264, 306
free living nematode 91, 303
fructose 17
fruiting body 91, 230
fungal endophyte 255
fungal sheath 230
fungus(-gi) 137, 218, 255
fungus gnat 95

G

gallic acid 20
gap 302
germ-conidia 129
germ tube 128
gill-knot disease 92
gill-knot nematode 93
gradation 304
granulosis virus 218
grass endophyte 31

grazing 83, 84
grazing food chain 78, 304
guild 302
GV 137, 218

H

Hartig('s) net 57, 230
hemicellulose 17, 164, 214
hemocoel 94, 128, 302
heterotrophic respiration 59
Holling 224
homeostasis 210, 216, 306
horizontal transmission 131, 219
host 9, 197
host range 42
host specificity 302
humification 305
hydrophilic 48
hydrophobic 47
hyphal body 128
hypogeous fungus(-gi) 51, 234

I

inbreeding polygamy 182
induced defense 211
infectivity 219
ingestion of proctodeal food 302
inner bark 153, 305
inorganic nitrogen 306
insect gall 304
insect pollinator 258
internal transcribed spacer 236
intestinal bacteria 304
inversely density dependent 224
Iridovirus 218
ITS 236

J

Janzen-Connel 215

K

kairomone 301
key-factor analysis 220
keystone species 89
KOH 32

L

Large European elm bark beetle 262
larval gallery 153
late-stage 44
leaching 5
life-stages of *Bursaphelenchus xylophilus* 306
lignin 17, 49, 80, 84, 140, 164, 214, 306
litter(-fall) 2, 79
litter transformer 84

M

macropterous form 130
mantle 45, 57
mass attack 148
mat 46
maturation feeding 197
metabolic products 304
methane bacteria 108
microbe 257
microcosm 89
microflora 83, 84
micrograzer 84
microorganism 257
Middle European elm bark beetle 262
middle lamella 28
Mitosporic fungi 56
moder 80
mold 14
monilioid chain 184
monoxenic culture 119
mor 3, 80
Morris 220, 222
most probable number 24
mountain pine beetle 148
MPN method 302
mucus 99, 164, 177
mull 3, 80
multi-stage 44
multipartite symbiosis 46
mushroom 14
mutualism 142, 302
mutualistic symbiosis 29
mycangium(-gia) 10, 152, 164, 187, 214, 259
mycophagous nematode 200
mycophagous small animal 53

mycorrhiza 41, 57
mycorrhiza helper bacteria 46
mycorrhizal fungi 57
mycorrhizosphere 46
mykorrhiza 7
myofilament 124

N

NAD, NADP 21
NAN 262
Native elm bark beetle 262
natural bioregulation complex 224
natural enemy 216, 304
natural regeneration 305
negative feedback 226
nematode 217, 258
nematode-trapping fungus 202
nematophagous fungus 202
neuraminidase 105
niche 195, 215, 305
nitidulid beetle 263
nitrogenase 70
nitrogen-(N_2-)fixing bacteria 67
non-leguminous root nodule 68
NPV 11, 134, 135, 137, 217, 218, 226
nuclear polyhedrosis virus 218

O

oak wilt 263
obligatory parasitism 303
obligatory symbiosis 302
occlusion body 219
omnivora 304
ophiostomatoid fungi 151
opportunistic infection 305
organic nitrogen 306
oribatid mites 84, 302
ostreatin 93
oyster mushroom 92

P

PACF 220

PAF 185, 192
parasite 217, 257
parasitism 142, 302
parasitoid 217
partial autocorrelation
    function 220
pathogen 196
pathogen reservoir 136
pathogen virulence 9
pathogenicity 219
pathogenic fungi 29
PCR 236, 238
PCR-RFLP 238
PDA 166, 167, 201
pectinase 28
pH 4, 65, 69, 76, 88, 111, 241
phenol 211
pheromone 305
phylloplane population 27
phyllosphere 306
pine wilt disease 196, 212, 259
pinene(α-, β-) 169
pinhole 266
plant parasitic fungi 255
plant pathogenic fungi 255
pleomorphism 158, 189
polydnavirus 12
polymerase chain reaction 236
polyxeny 304
population ecology 220
post-emergence damping off 248
pre-emergence damping off 252
predator 217
prespore 129
primary ambrosia fungi 185
primary bark beetle 148
primary resin 155
proctodeal food 302
propagative form 204
protoplast 128
protozoan 102
pupal chamber 153

R

rate of decomposition 306
red ring disease 200

reproductive isolation 304
reproductive success 305
resin 211, 303
resistance 219
resting spore 126
restriction enzyme 304
restriction fragment length polymorphism 238
RFLP 135, 238
rhizoplane 41
rhizomorph 41, 302
rhizosphere 41, 302
RNA 55, 218, 236
runner hyphae 49, 60
rust fungi 258

S

safe site 215, 252
saprophyte 149, 257
saprophytic fungi 28
saprophytic microorganism 78
sap-sucking insect 258
sclerophyllous 66
sclerotium 42
secondary bark beetle 148
secondary resin 155
selection 304
SEM 183, 190
sexual spore 306
sheath 57
Sigmavirus 218
sink 57
Small European elm bark beetle 262
snow blight 215
soft rot fungi 214
soil aggregate 89
soil borne vesicle 53
soil respiration 305
Solution U 103, 107
sooty mold 258
southern pine beetle 148
speciation 303
sporangium 54, 70
spore 219
standing crop 305
subsocial 301
substrate 48, 301
sucrose 17
sugar fungi 22

susceptibility 9, 219, 301
symbiont 257
symbiosis 29, 142, 302
symptom 246

T

teleomorph 158, 301
termite 102
time-delayed density-dependent mortality factor 303
tip 45
tolerance 219
transmission 196
truffle 51

U

unsaturated fatty acid 305

V

VA 301
VAM (fungi) 41, 53
Varley-Gradwell 222
vector 51, 93, 175, 195, 196, 227, 258
vegetative hypha 91
verbenol 156
verbenone 156
vertical transmission 219
vesicle 54, 58, 70, 301
Vesicular-Arbuscular mycorrhiza 301
virulence 219
virus 137, 218

W

western pine beetle 148
white pine blister rust 259
white rot fungi 22, 92, 213, 305
white sterile fungus 30
wing form 130
wood-rotting fungi 254, 301
woodwasp 99

Y

yeast 302

Z

zygospore 53

学名索引

A

Abies balsamea 172
Abies firma 165, 232
Abies sachalinensis 251
Acer platanoides 27
Acremonium 39
Aesalus asiaticus 214
Agaricales 230
Agrobacterium 6
Agrocybe praecox 94
Alnus 68
Alnus glutinosa 7, 70
Alnus hirsuta var. *sibirica* 50
Alnus rubra 72
Alnus sieboldiana 71
Alternaria 22
Alternaria alternata 33
Amanita 44, 233
Amanitaceae 58
Ambrosiella 184–186, 190–192
Amylostereum 99, 164, 166, 170–177
Amylostereum areolatum 99, 166
Anoplophora malasiaca 196
Aphelenchida 198
Aphelenchoididae 198
Apheloria montana 88
Araucaria 65
Arbutus 58
Arctiidae 135
Arctostaphylos uva-ursi 35
Armillaria bulbosa 272
Armillaria mellea 7
Arthrobotrys 203
Ascomycota 138, 219
Aspergillus 22
Aureobasidium 29, 30
Azospirillum 73, 74
Azotobacter 74

B

Bacillaceae 218
Bacillus 6, 23, 74, 137
Bacillus popilliae 218
Bacillus thuringiensis 12, 137, 218, 227
Balansia 40
Basidiobolaceae 126
Beauberia 219
Beauveria bassiana 11, 219
Beauveria brongniartii 12
Beijerinkia 73, 74
Betulaceae 57
Betula papyrifera 242
Boletaceae 49, 58
Boletus 233
Botrytis cinerea 200, 251
Bradyrhizobium 6, 69
Bursaphelenchus lignicolus 259
Bursaphelenchus mucronatus 199, 212, 261
Bursaphelenchus xylophilus 196, 212, 259

C

Caenorhabditis elegans 115, 122
Caesalpiniodeae 69
Callitaera argentata 216
Calosoma maximowiczi 217
Carpinus laxiflora 43
Castanopsis 264
Casuaria 69
Casuarinaceae 58
Cenangium 29
Cenangium ferruginosum 32
Cenococcum geophilum 42, 230, 234
Cephalcia isshikii 218
Ceratocystiopsis 150, 156
Ceratocystis 150, 258
Ceratocystis fagacearum 263
Ceratocystis laricicola 160
Ceratocystis polonica 159, 160
Ceratocystis sensu lata 151
Ceratocystis sensu stricto 150
Ceratocystis ulmi 9, 262
Ceruchus liganarius 214

Chalara australis 266
Chamaecyparis obtusa 165
Chlamydia 218
Chroogomphus 45
Chytridiomycota 137
Ciliophora 218
Citrus 65
Cladosporium 22, 29, 30, 87
Clavicipitaceae 225
Clavicipitales 225
Clostridium 23, 73, 74
Cocos nucifera 200
Coffea arabica 62
Collembola 84, 305
Colletotrichum 256
Colletotrichum dematium 215, 247–250, 253, 254
Collybia 29
Completoriaceae 126
Comptonia peregrina 70
Conidiobolus 129, 132
Coptotermes lacteus 102
Cordyceps 219
Cordyceps militaris 219
Cordyceps sinensis 219
Coriaria 69
Cortinarius 44, 96, 233
Cortinarius subalboviolaceus 96
Cortinarius subporphyropus 43
Cryptoblabes loxiella 216
Cryptomeria japonica 165
Cylindorocarpon 246
Cylindorocarpon destructans 246, 247

D

Deladenus 98, 99, 175
Deladenus siricidicola 99
Dendorolimus superans 218
Dendrobaena octaedra 89
Dendroctonus 258
Dendroctonus brevicomis 148, 150, 152, 155, 160
Dendroctonus frontalis 148, 150, 152, 155, 160
Dendroctonus ponderosae

148, 150, 152-155, 160
Dendroctonus rufipennis 148
Dendrolimus spectabilis 11, 178, 218
Dendrolimus superans 218
Deuteromycetes 219, 305
Deuteromycotina 138
Dinenympha parva 108, 111
Diploxylon 36
Diprion heryciniae 218, 220, 228
Diprion nipponica 218
Dipterocarpaceae 66
Discosia 251
Dryas 69

E

Echinodontium tinctorium 73
Elaeagnaceae 70
Elaphomyces 42
Eleaegnus 68
Endoclyta excrescens 219
Enterobacter 218
Enterobacteriaceae 218, 304
Entobacter 74
Entomophaga 219
Entomophaga aulicae 132, 135
Entomophaga grylli 127, 132
Entomophaga maimaiga 127, 131-135, 217, 219
Entomophthora gammae 130
Entomophthora sphaerosperma 130
Entomophthorales 126
Epicloë 40
Ericaceae 58
Erynia neoaphidis 132
Eucaryota (-te) 26, 218
Eulophus larvarum 225, 229
Euproctis subflava 218
Exechia dorsalis 97
Exorista japonica 217

F

Fabaceae 68

Fagaceae 57, 264
Fagus 5
Fagus crenata 216, 245
Folsomia candida 81, 87
Fomes fomentarius 73
Fomitopsis pinicola 73
Frankia 7, 41, 54, 68-72
Fusarium 22, 62, 246, 248
Fusarium oxysporum 247

G

Galeora septentrionalis 7
Galleria mellonella 116
Gastrodia elata 7
Gautieria 47
Gigaspora gigantea 53
Gigaspora margarita 71
Glomales 58
Glomeris 87
Glomus 65
Glomus clarum 53
Gomphidius 45
Gomphus 233
Gomphus floccosus 48
Guignardia 170
Gunnera 67
Gyrodon lividus 43

H

Hansenula 153
Haploxylon 36
Hebeloma 44, 230
Hebeloma crustuliniforme 44, 73
Hebeloma radicosum 48
Hebeloma sacchariolens 43
Heterorhabditidae 115, 123
Heterorhabditis 91, 115-117
Hexatylina 94, 98, 100
Hippophae 70
Howardula 100
Hyalorhinocladiella 158
Hylurgopinus rufipes 262
Hymenoptera 218
Hyphantria cunea 218
Hysterangium 46
Hysterangium setchllis 47

I

Inocybe 44, 233
Iotonchium 94, 96-101

Iotonchium californicum 94-98
Iotonchium cateniforme 96-98
Iotonchium ungulatum 94
Ips 258
Ips cembrae 148, 150
Ips pini 148
Ips typographus 148, 150
Ips typographus japonicus 148, 150, 213

L

Laccaria 44, 97
Laccaria amethystea 97
Laccaria laccata 64, 73
Lactarius 46, 97, 232, 233
Lactarius chrysorrheus 97
Lactarius hatsudake 97
Lactarius pubescens 44
Lactarius quietus 49
Lamiinae 196
Lamiini 196
Larix 160
Larix leptolepis 216
Leccinum scabrum 43
Lepidoptera 218
Leptographium 158
Lindera triloba 182
Lophodermium 29, 32-38, 40
Lophodermium pinastri 33
Lymantria dispar 79, 127, 216
Lymantria fumida 218
Lymantria monacha 11
Lyophyllum shimeji 49

M

Macrophoma 201, 202
Marasmius 29, 41
Mastigophora 218
Mastotermes darwiniensis 102
Megarhyssa 100, 175
Meristacraceae 126
Mermis 119
Mermithida 218
Metarhizium 219
Metarhizium anisopliae 12, 225
Microsporea 138

Mimosoideae 69
Monilia 184
Monochamus 199, 260
Monochamus alternatus 196, 227, 259
Monochamus saltuarius 207
Mortierella 29, 30
Mucorales 22
Mycetophila fungorum 94
Mycetophilidae 94
Myrica 68
Myrica gale 72
Myrtaceae 57

N

Nematoda 218
Neodiprion sertifer 218
Neotyphodium 39
Neozygites fresenii 132
Nilaparvata lugens 130
Nitrosobacter 76
Nitrosomonas 76
Nosema 138
Nothofagus 266
Nothofagus cunninghamii 266

O

Odontoterme formosanus 113
Oomycota 137
Ophiostoma 22, 150, 201–206, 258
Ophiostoma clavigerum 150, 154, 156, 157, 160
Ophiostoma himal-ulmi 263
Ophiostoma minus 150, 152, 155, 156
Ophiostoma montium 154–156
Ophiostoma novo-ulmi 262, 263
Ophiostoma penicillatum 159
Ophiostoma piceae 150, 152
Ophiostoma ulmi 9, 211, 262, 263
Ophiostomaceae 151

P

Paecilomyces 185, 186, 190, 219
Paecilomyces farinosus 225
Paecilomyces fumosoroseus 225
Pales pavida 225
Panagrellus redivivus 121
Papilionaceae 69
Parafontaria tonominea 89
Pasania edulis 264
Paxillus filamentosus 43
Paxillus involutus 43
Penicillium 22, 29, 30, 87
Pesotum 158
Pestalotia 251
Pestalotiopsis 201
Pesudomonas 23
Phialocephala 32, 38, 40
Phlebopus sudanics 43
Phomopsis 246
Phomopsis oblonga 211
Photorhabdus 116, 123
Phyllactinia corylea 251
Phytophthora 263
Phytophthora cinnamomi 263
Picea abies 148
Picea glehnii 252
Picea jezoensis 215, 251
Pichia 153
Pinaceae 57
Pinus 153
Pinus banksiana 65
Pinus caribaea 65
Pinus contorta var. *latifolia* 153
Pinus densiflora 27, 165, 197
Pinus radiata 99, 177
Pinus sylvestris 19, 63, 199
Pinus taeda 65
Pinus thunbergii 29, 51, 165, 197
Pisolithus tinctorius 41, 64, 230
Platypodidae 143, 179, 264
Platycerus acuticollis 214
Platypus cylindrus 266, 267
Platypus quercivorus 264
Platypus sugbranosus 266

Pleurotus ostreatus 92
Pleurotus pulmonarius 96
Prismognathus anglaris 214
Pristiphora erichsoni 216
Prokaryota (-te) 26, 218
Proteus 218, 304
Protozoa 218
Pseudomonadaceae 219
Pseudomonas 23, 137, 219
Pseudoplusia includens 130
Pseudotsuga menziesii 31, 64, 242
Pucciniastrum fagi 251
Purshia 72
Pyrsonympha 111

Q

Quercus 5, 216, 263
Quercus acuta 264, 266
Quercus mongolica var. *grosseserrata* 264, 266
Quercus myrsinaefolia 265, 266
Quercus phillyraeoides 265, 266
Quercus rubra 267
Quercus serrata 264
Quercus suber 267

R

Racodium therryanum 215, 252
Raffaelea 267
Raffaelea montetyi 267
Ramaria botrytis 48
Reticulitermes speratus 102
Rhabditida 115, 122, 218
Rhabdocline parkeri 31, 40
Rhabdocline pseudotsugae 34
Rhadinaphelenchus cocophilus 200
Rhizobium 6, 68, 70
Rhizoctonia 248
Rhizopogon 45, 51
Rhizopogon rubescens 49, 234
Rhizopogon vinicolor 64, 73
Rhododendron japonicum 254

Rhodophyllus rhodopolius 47
Rhymosia domestica 95
Rhynchophorus palmarum 200
Rhyssa 100, 175
Rickettsia 218
Rosaceae 72
Russula 45, 97, 232, 233
Russula japonica 97
Russula nigricans 97
Russula sanguinaria 97
Russulaceae 58, 232

S

Sarcodina 218
Scleroderma 73
Scolytidae 143, 148, 179, 262
Scolytoplatypus mikado 185
Scolytoplatypus tycon 181, 193
Scolytus acolytus 262
Scolytus laevis 262
Scolytus multistriatus 262
Serratia 137, 218
Shepherdia 70
Sirex 100, 259
Sirex juvencus 178
Sirex nitobei 165, 178
Sirex noctilio 99, 165, 177
Siricidae 164
Siricinae 165
Spiroplasma 218
Sporozoa 218
Steinernema 91, 114–117
Steinernema carpocapsae 116–121
Steinernema feltiae 120

Steinernema glaseri 116, 121
Steinernematidae 114, 123
Streptococcus faecalis 211
Streptomyces 23
Strobilomyces confusus 233, 238
Strobilomycetaceae 49
Suillus 45
Suillus bovinus 60
Syntypistis punctatella 12, 79, 216

T

Teratonympha 111
Thecodiplosis japonensis 37
Thelephora terrestris 48, 64
Tirmania 52
Tomicus piniperda 148, 150
Tortricidae 135
Tremecinae 165
Trichaptum abietinum 172
Trichoderma 22, 29, 30, 170, 171, 201–206
Tricholoma matsutake 7, 48
Trichonympha 103–106, 111
Tuber 7, 51
Tuber magnatum 52
Tylospora fibrilosa 45

U

Ulmus americana 263
Ulmus carpinifolid 263
Ulmus davidiana var. *japonica* 263

Ulmus glabra 263
Ulmus parvifolia 263
Ulmus pumila 263
Uncinula curvispora 251
Urocerus 259
Urocerus japonicus 165

V

Verticillium 202, 203

W

Walbachia 12

X

Xanthobacter 74
Xenorhabdus 116
Xeris 100
Xeris spectrum 165
Xerocomus porosporus 43
Xylariaceae 33
Xyleborus amputatus 181, 193
Xylosandrus brevis 181, 192, 193
Xylosandrus crasiussculus 181, 192, 193
Xylosandrus germanus 181, 193
Xylosandrus mutilatus 180, 181, 195

Z

Zeiraphera diniana 221
Zelleromyces 52
Zoophthora radicans 130, 132
Zygomycota 137, 219

編著者略歴

二井一禎（ふたい・かずよし）
1947年　京都府に生まれる
1977年　京都大学大学院農学研究科博士課程単位修得
現　在　京都大学大学院農学研究科助教授
　　　　農学博士
専　攻　農林生物学

肘井直樹（ひじい・なおき）
1957年　愛知県に生まれる
1985年　名古屋大学大学院農学研究科博士後期課程単位取得
現　在　名古屋大学大学院生命農学研究科助教授
　　　　農学博士
専　攻　森林保護学，森林生態学

森林微生物生態学　　　　　　　　　定価はカバーに表示

2000年11月10日　初版第1刷
2012年 2月25日　　第5刷

　　　　　　　編著者　二　井　一　禎
　　　　　　　　　　　肘　井　直　樹
　　　　　　　発行者　朝　倉　邦　造
　　　　　　　発行所　株式会社　朝　倉　書　店
　　　　　　　　　　　東京都新宿区新小川町6-29
　　　　　　　　　　　郵便番号　162-8707
　　　　　　　　　　　電　話　03（3260）0141
　　　　　　　　　　　FAX　03（3260）0180
〈検印省略〉　　　　　　http://www.asakura.co.jp

　ⓒ 2000〈無断複写・転載を禁ず〉　　　印刷・製本　真興社

　ISBN 978-4-254-47031-4 C 3061　　　Printed in Japan

JCOPY ＜(社)出版者著作権管理機構　委託出版物＞

本書の無断複写は著作権法上での例外を除き禁じられています．複写される場合は，
そのつど事前に，(社)出版者著作権管理機構（電話 03-3513-6969，FAX 03-3513-
6979, e-mail: info@jcopy.or.jp）の許諾を得てください．

好評の事典・辞典・ハンドブック

火山の事典（第2版）	下鶴大輔ほか 編	B5判 592頁
津波の事典	首藤伸夫ほか 編	A5判 368頁
気象ハンドブック（第3版）	新田 尚ほか 編	B5判 1032頁
恐竜イラスト百科事典	小畠郁生 監訳	A4判 260頁
古生物学事典（第2版）	日本古生物学会 編	B5判 584頁
地理情報技術ハンドブック	高阪宏行 著	A5判 512頁
地理情報科学事典	地理情報システム学会 編	A5判 548頁
微生物の事典	渡邉 信ほか 編	B5判 752頁
植物の百科事典	石井龍一ほか 編	B5判 560頁
生物の事典	石原勝敏ほか 編	B5判 560頁
環境緑化の事典	日本緑化工学会 編	B5判 496頁
環境化学の事典	指宿堯嗣ほか 編	A5判 468頁
野生動物保護の事典	野生生物保護学会 編	B5判 792頁
昆虫学大事典	三橋 淳 編	B5判 1220頁
植物栄養・肥料の事典	植物栄養・肥料の事典編集委員会 編	A5判 720頁
農芸化学の事典	鈴木昭憲ほか 編	B5判 904頁
木の大百科［解説編］・［写真編］	平井信二 著	B5判 1208頁
果実の事典	杉浦 明ほか 編	A5判 636頁
きのこハンドブック	衣川堅二郎ほか 編	A5判 472頁
森林の百科	鈴木和夫ほか 編	A5判 756頁
水産大百科事典	水産総合研究センター 編	B5判 808頁

価格・概要等は小社ホームページをご覧ください．